石油和化工行业"十四五"规划教材

高等学校**材料类新形态**系列教材

无机材料科学基础

Fundamentals of Inorganic Materials Science

张伟彬　　钱磊　等编著

龚红宇　　主审

化学工业出版社

·北京·

内 容 简 介

本书主要介绍了无机非金属材料领域内的各种材料及其制品的基础共性规律，阐述无机非金属材料的组分、结构和性能之间相互关系和内在机理，主要内容有晶体几何基础、晶体化学基础、晶体结构、晶体结构缺陷、固溶体、熔体和非晶态固体、固体的表面与界面、浆体的胶体化学原理、相平衡和相图、扩散与固相反应以及烧结等。

本书可作为高等院校无机非金属材料专业本科生的专业基础课程教材，也可作为材料科学与工程和材料学相关专业本科生的教学用书和参考书，同时也可作为无机非金属材料领域科技人员的参考用书。

图书在版编目（CIP）数据

无机材料科学基础 / 张伟彬等编著. -- 北京 ：化学工业出版社，2025. 7. --（高等学校材料类新形态系列教材）. -- ISBN 978-7-122-47958-7

Ⅰ. TB321

中国国家版本馆 CIP 数据核字第 20252NC577 号

责任编辑：王清颢　　　　　　文字编辑：林　丹　李　欣
责任校对：王鹏飞　　　　　　装帧设计：王晓宇

出版发行：化学工业出版社
　　　　　（北京市东城区青年湖南街 13 号　邮政编码 100011）
印　　装：河北延风印务有限公司
710mm×1000mm　1/16　印张 20　字数 373 千字
2025 年 9 月北京第 1 版第 1 次印刷

购书咨询：010-64518888　　　　　　售后服务：010-64518899
网　　址：http://www.cip.com.cn
凡购买本书，如有缺损质量问题，本社销售中心负责调换。

定　　价：68.00 元

　　材料是人类社会发展的物质基础，随着科学技术的飞速发展，材料学领域已取得丰硕的研究成果。然而，现代材料科学和技术的高速发展给新时期材料工程技术人才的培养提出了更高的要求。立德树人是高等教育的根本任务，高校课程教学应秉承"学生中心、产出导向、持续改进"的教育教学理念，实现复合型人才的培养目标。

　　无机非金属材料、金属材料和高分子材料是材料领域中三大主体体系，由于各种材料体系中化学键性质不同，其展现出不同的结构和性质。无机非金属材料主要由离子键和化学剂键构成，在现代材料科学技术中占有举足轻重的地位，广泛应用于航空航天、电子信息、半导体、能源储存与转换和生物医药等领域。

　　本教材由教学团队在多年实践教学的基础上编写而成，以满足新时期新工科人才培养的需求。内容主要包括晶体几何基础、晶体化学基础、晶体结构、晶体结构缺陷、固溶体、熔体和非晶态固体、固体的表面与界面、浆体的胶体化学原理、相平衡和相图、扩散与固相反应以及烧结等。通过学习，学生可以掌握无机非金属材料中的基本概念、微观结构和影响规律，熟悉无机非金属材料的成分和组织结构等与性质之间的关系，深入了解无机非金属材料的扩散、固相反应和烧结等过程的特点和规律，为无机非金属材料的设计制备奠定理论基础，培养运用专业基础理论知识解决实际复杂工程问题的能力。为了更好地提高教学效果，本教材在每章内容之前绘制了思维导图，对本章的内容进行概括，突出章节的重点和难点，方便学生把握整体章节内容、建立整体的知识框架结构和后续的课后复习。另外，考虑到在学习该课程之前，学生已经学习了一些基础类课程，因此删减了与物理化学和大学化学等基础课程内容重复的部分，以更好地体现无机非金属材料的特色内容。

　　本书共 11 章，由山东大学材料科学与工程学院的无机非金属材料研究所张伟彬教授和钱磊教授主编，龚红宇教授主审。教材具体编写分工如下：

　　龚红宇教授编写第一、三章；孙晓宁高级实验师编写第二章；韩桂芳教授编写第四、五章；王素梅副教授编写第六章；张子栋教授编写第七、八章；张伟彬教授编写第九章；钱磊教授编写第十、十一章。

　　感谢一些同行在本书编写过程中给予的支持和帮助，感谢化学工业出版社对本书编写工作的指导。由于作者水平和经验有限，书中难免有疏漏和不妥之处，敬请广大读者批评指正。

编著者

2025 年 2 月

目录 CONTENTS

第二章
晶体化学基础　26

第七章
固体的表面与界面　133

第八章
浆体的胶体化学原理 162

第九章
相平衡和相图 183

第十章
扩散与固相反应　　　　246

第一节　扩散动力学方程　　　　247

第十一章

烧结　　　　　　　　　　　　　　　　　276

第一章　晶体几何基础

本章知识框架图

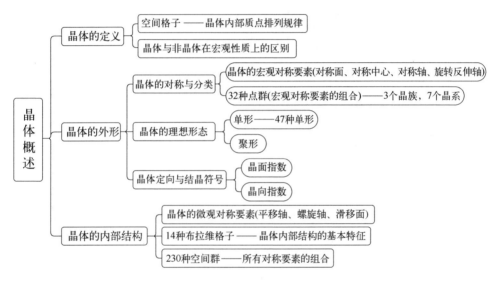

本章内容简介

　　不同材料具有不同的物理、化学性质，这些性质主要由材料的化学组成及结构状态所决定。材料的组分原子或离子通过化学键结合在一起，形成规则排列的晶态结构或不规则排列的非晶态结构。金属和陶瓷等很多材料主要是由晶体组成的晶质材料。在晶质材料中，晶体本身的性质是影响材料性质的最主要因素之一。例如，氮化铝陶瓷良好的导热性是因为氮化铝晶粒具有高的热导率等。一般来讲，一种晶体的物质组成确定后，晶体的性质主要与其内部结构（内部质点的排列方式）有关。例如，金刚石和石墨都是由碳构成的，由于两者的内部结构（碳原子的排列方式）不同，金刚石具有很高的硬度，而石墨则较软。当然，不同的物质成分，也可具有相同的排列方式。本章以几何学的方法研究晶体的外形几何特征，阐述晶体所遵循的几何规律，建立晶体宏观形态规律与内部质点排列规律的联系，从本质上揭示晶体的外部形态与其内部结构之间的相互关系。

本章学习目标

1. 掌握晶体的概念和晶体与非晶体在结构和性质上的区别。
2. 理解晶体对称的概念，掌握晶体对称要素及对称操作，了解对称要素的组合定理。
3. 掌握点群概念，分析晶体的宏观形态。
4. 了解晶体定向原则，熟练掌握晶面及晶向的表示方法。
5. 理解晶体内部结构的几何特征及布拉维格子。
6. 掌握晶体的微观对称要素，理解空间群的概念。

第一节 晶体的概述

一、晶体的定义

自然界中的许多晶体呈现出规则的外形。例如，呈立方体的食盐、菱面体的方解石、八面体的萤石等。人们起初将晶体定义为天然的呈几何多面体的固体。实际上，任何晶体物质在适宜的生长条件下都有生长为一个具有对称形态的规则多面体的可能性，这是晶体的一个基本特征。但这并不是晶体的本质特征，它只是晶体本质特征的反映。因为，如果生长条件和环境不佳，它们就不能形成规则的多面体外形。例如，在多晶材料中，由于晶体受其生长空间、时间和其他物理化学条件的限制，它们多数情况下不能形成规则的外形，而呈不规则的颗粒状，这种颗粒状的晶体被称为晶粒。

有关晶体本质的认识直到 20 世纪初（1912 年）应用 X 射线对晶体的内部结构进行研究后才开始。研究发现，一切晶体，不论外形如何，它的内部质点（原子、离子或分子）都是规则排列的，而非晶体的内部质点的排列则不具有这种周期性。所以现代对晶体的定义是：内部质点在三维空间呈周期性重复排列的固体。

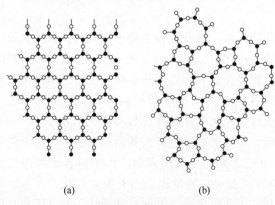

(a)   (b)

图 1-1　物质内部的平面结构示意图

（a）晶体；（b）非晶体

图 1-1 是晶体与非晶体（玻璃）的平面结构特点示意

图。可见，晶体的内部结构中原子、离子是有规律排列的；而非晶体的内部结构中原子、离子排列是不规律的。但是非晶体的内部结构在很小的范围内也具有某些有序性（如 1 个小黑点周围分布着 3 个小圆圈）。这种局部的有序性被称为短程有序，而在整个结构范围内的有序被称为远程有序。显然，晶体既有短程有序，也有远程有序，但非晶体只有短程有序。

二、空间格子

空间格子是表明晶体内部质点在三维空间周期性排列规律的几何图形。它是探讨晶体结构规律性的基础。下面以食盐（NaCl）的晶体结构模型为例来说明空间格子的概念。

在 NaCl 结构［图 1-2（a）］中，离子的分布是有规律的，为了更好地表达这种规律，就需要画出其空间格子。我们可以在 NaCl 结构中任选一个点，例如选择某个 Cl^- 的中心，然后在结构中找出此点的等同点。晶体结构中在同一取向上几何环境和物质环境皆相同的点称为等同点。我们可以看到结构中所有 Cl^- 的前后、左右、上下相同的距离上（0.2814nm）都是 Na^+，也就是所有的 Cl^- 周围环境都是相同的，这些 Cl^- 可视为等同点。所有等同点形成图 1-2（b）所示的空间分布。

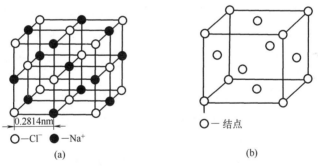

图 1-2　NaCl 晶体结构

（a）结构示意图；（b）空间点阵

晶体结构内的等同点可以位于任意位置。例如，所有 Na^+ 在同一取向上所处的几何环境和物质环境皆相同，Na^+ 所在点也是一类等同点。在 Na^+ 和 Cl^- 之间的中点处，其所处的环境皆相同，是又一类等同点。在同一 NaCl 晶体结构中，我们可以找出无穷多类等同点，但每一类等同点集合而成的图形都呈现如图 1-2（b）所示的相同图形。因此图 1-2（b）是 NaCl 晶体结构中各类等同点所共有的几何图像。

这种概括地表示晶体结构中等同点排列规律的几何图形称为空间点阵。空间点阵中的点称为结点。同一直线方向上的结点构成一个行列。同一平面上的结点

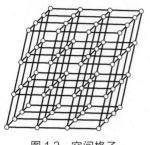

图1-3 空间格子

构成一个面网。空间点阵可用不同平面三个方向的直线沿结点连接成空间格子，将空间点阵划分成许多平行六面体（图1-3）。当然，空间格子连接方法多种多样，在晶体研究中，一般采用能够反映晶体结构特征的连接方式，这将在后面讲述。

在几何结晶学中，研究晶体内部结构，主要是研究空间格子及其对称规律，并不涉及具体晶体结构中的离子、原子等。空间格子这一简单的几何图形包含了晶体结构中最重要、最本质的规律，它在研究晶体宏观与微观对称、晶体生长等方面起着非常重要的作用。

三、晶体的基本性质

晶体是格子构造的固体，因此也就具备晶体所共有的由格子构造所决定的基本性质。

1. 自限性

自限性指晶体在适当的条件下可以自发形成几何多面体外形的性质。图1-4是宏观晶体的晶面、晶棱、顶角与空间格子构造中的面网、行列及结点的对应关系示意图。可以看出，晶体为平的晶面所包围，晶面相交成直的晶棱，晶棱又会聚成顶角。晶体的多面体形态是其格子构造在外形上的反映，它遵循一定的结晶学规律。

2. 均一性和异向性

由于内部质点周期性重复排列，晶体中的任何一部分在结构上是相同的，因此晶体任何部分的性质都是一样的，这是晶体的均一性。在同一晶体中的不同方向上，内部质点的排列一般是不同的，因而表现出不同的性质。这种晶体性质随方向而异的特性称为晶体的异向性。例如，一块石英单晶的弹性系数和弹性模量在各个测试方向上具有不同的数值。

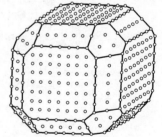

图1-4 晶面、晶棱、顶角与空间格子中的面网、行列、结点的关系示意图

3. 对称性

晶体的对称性是指晶体的相同部分有规律地重复，这种重复既包括其几何要素，也包括其物理性质。晶体虽具有异向性，但这并不妨碍它在特定方向上所表现出的对称性。这与晶体内部质点排列的对称性密切相关。

4. 最小内能和最大稳定性

在相同的热力学条件下，晶体与同种化学成分的气体、液体及非晶体相比较，内能最小。这是因为在晶体中，规则排列质点间的引力和斥力达到了平衡。在这种情况下，无论质点间距离增大或减小，都将导致质点相对势能的增大。也就是说，对于化学组成相同但处于不同物态下的物体而言，晶体最为稳定。自然界的非晶体可以自发地向晶体转变，但晶体不可能自发地转变为其他物态。

例题 1-1：图 1-5（a）为某晶体的平面结构图，请找出该结构的等同点，并画出其空间格子。

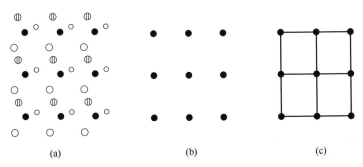

(a)　　　　　　　　　(b)　　　　　　　　　(c)

图 1-5　某晶体的平面结构图及其空间格子

（a）结构示意图；（b）等同点；（c）空间格子

答：在结构中任选一个点，例如选择黑点所代表的离子中心，然后在结构中找出此点的等同点。在这一结构中所有的黑点都彼此为等同点，将这套等同点抽取出来，形成如图 1-5（b）所示的分布。再将等同点按一定规则相连，就形成了该结构的空间格子平面图［图 1-5（c）］。等同点可以选在结构中的任意位置。不同套的等同点在空间的分布是一样的，所以由等同点组成的空间格子也是一样的。

第二节　晶体的对称与分类

晶体的格子构造决定了所有晶体都是对称的，可根据晶体不同的对称特点对晶体进行分类。

一、对称的概念

对称是指物体相同部分做有规律的重复。

对称含有两个要素：其一是物体必须有两个以上相同图形；其二是物体中相同的图形通过一定的操作可以发生有规律的重复。

图 1-6 是不同形式放置的两个全等三角形。图 1-6（a）中两个全等三角形不做有规律的重复，呈不对称关系；而图 1-6（b）中两个全等三角形可以通过中间直线 P 互成镜像而重复，具有对称关系。

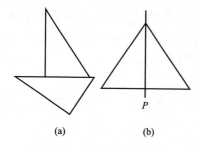

图 1-6　不同形式放置的两个
全等三角形

（a）不对称关系；（b）对称关系

晶体中的内部质点呈规律性重复排列，对称分布，具有对称性，由此决定的晶体多面体上的晶面、晶棱及顶角皆作有规律的排列，这就是晶体的宏观对称性。但晶体的对称是有限的，只有符合格子构造的对称才能在晶体上表现出来。

二、对称操作及对称要素

使晶体相同部分有规律地重复所进行的操作（反映、旋转、反伸、平移等）叫对称操作。进行对称操作时所借助的几何要素（点、线、面）称为对称要素。

晶体外形可能的对称要素及相应的对称操作如下。

1. 对称面（P）

对称面以 P 表示，是一个假想平面，它将晶体分成互为镜像的两个部分。对称面的对称操作就是对此平面的反映，如图 1-7 所示。

2. 对称中心（C）

对称中心以 C 表示，是晶体内一个假想的点，过此点作任意直线，则在此直线上距对称中心等距离的两端上必定可以出现晶体的相同部分，如图 1-8 所示。

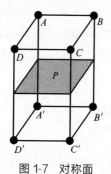

图 1-7　对称面

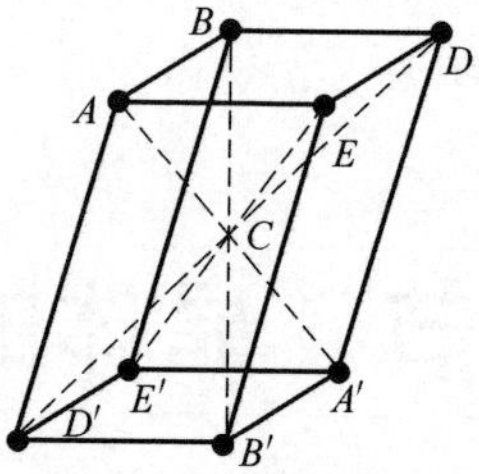

图 1-8　对称中心

3. 对称轴（L^n）

对称轴是通过晶体的一条假想的直线，相应的对称操作是围绕此直线的旋转。晶体绕此直线旋转一定角度后，可使相同部分重复。旋转一周重复的次数称为轴次（n），此轴称为 n 次对称轴，用 L^n 表示。重复时所旋转的最小角度称为基转角（α）。两者之间的关系为：$n = 360°/\alpha$。

在晶体中，只可能出现轴次为一次、二次、三次、四次和六次的对称轴，而不可能存在五次和高于六次的对称轴，这称为晶体对称定律。图 1-9 为垂直对称轴的面网，其中呈五次及高于六次对称的图形出现了中空的部位，不能无间隙地

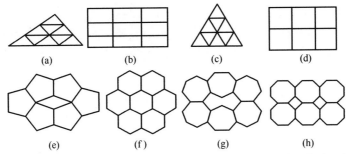

图 1-9 垂直对称轴所形成的多边形网孔 [（a）、（b）、（c）、（d）、（e）、
（f）、（g）、（h）分别表示垂直 L^1、 L^2、 L^3、 L^4、
L^5、 L^6、 L^7、 L^8 的多边形网孔]

排列，不符合晶体的格子构造规律，因而不可能存在。

晶体的对称定律可由图 1-10 证明。设点 A_1、A_2、A_3、A_4 间距为一个平移单位 a。以 a 为半径，基转角 $\alpha=360°/n$，A_1 点绕 A_2 点顺时针转动到 B_1 点，A_4 点绕 A_3 点逆时针转动到 B_2 点。则线 B_1B_2 与线 A_1A_4 平行，B_1B_2 线段必是 a 的整数倍，设为 ma，可得：

$$a+2a\cos\alpha=ma \tag{1-1}$$

则：

$$\cos\alpha=\frac{m-1}{2} \tag{1-2}$$

因此：

$$\left|\frac{m-1}{2}\right|\leqslant 1 \tag{1-3}$$

满足式（1-3）的 m 值为：$m=-1$，0，1，2，3。

将 m 值代入式（1-2），得到相应的 α 值为：$\alpha=180°$，$120°$，$90°$，$60°$，$0°$。

由此证明了在晶体中只可能出现轴次为一次、二次、三次、四次和六次的对称轴，而不可能存在五次和高于六次的对称轴。

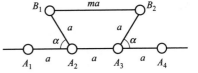

图 1-10 晶体对称定律的证明图解

图 1-11 是晶体中对称轴 L^2、L^3、L^4 和 L^6 的实例。

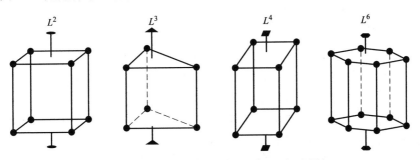

图 1-11 晶体中的 L^2、 L^3、 L^4 和 L^6 对称轴

4. 旋转反伸轴（L_i^n）

旋转反伸轴（又称倒转轴）是一根假想的直线，晶体围绕此直线旋转一定的角度，再通过此直线上一点反伸，可使晶体复原，即所对应的对称操作是旋转和反伸的复合操作。与对称轴一样，旋转反伸轴有一次、二次、三次、四次和六次，基转角分别为 $360°$、$180°$、$120°$、$90°$、$60°$，分别用以 L_i^1、L_i^2、L_i^3、L_i^4、L_i^6 表示，如图 1-12 所示。

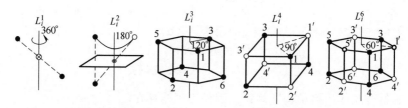

图 1-12　晶体中的 L_i^1、L_i^2、L_i^3、L_i^4 和 L_i^6 对称轴

L_i^1 为旋转 $360°$ 后再反伸，等于单纯的反伸，因此 $L_i^1=C$。同理可得，在 5 个旋转反伸轴中，$L_i^2=P$、$L_i^3=L^3+C$、$L_i^6=L^3+P$。鉴于以上的替代关系，通常只考虑 L_i^4 和 L_i^6。保留 L_i^4 是因为它不能被其他简单对称要素所代替，保留 L_i^6 是因为它在晶体的对称分类中有意义。

三、对称要素的组合定理

前面讨论了各种对称要素和对称操作，对称要素有时并不是孤立存在的，并且对称要素（操作）的组合也可以导出新的对称要素。对称要素的组合不是任意的，必须符合对称要素的组合定理。

定理一　如果有一个对称面 P 包含 L^n，则必有 n 个对称面包含 L^n，且任意两个相邻 P 之间的交角 $\delta=360°/(2n)$。其示意公式可以表示为：

$$L^n \times P_{\parallel} \rightarrow L^n np \tag{1-4}$$

逆定理一　如果两个对称面 P 以 δ 角相交，则对称面的交线必为一个 n 次对称轴 L^n，且 $n=360°/(2\delta)$。

定理二　如果有一个二次对称轴 L^2 垂直 L^n，则必有 n 个 L^2 垂直 L^n，且任意两个相邻 L^2 之间的交角 $\delta=360°/(2n)$。其示意公式可以表示为：

$$L^n \times L_{\perp}^2 \rightarrow L^n nL^2 \tag{1-5}$$

逆定理二　如果有相邻的 L^2 以 δ 角相交，则这两个 L^2 交点的公共垂线必为一个 n 次对称轴 L^n，且 $n=360°/(2\delta)$。

定理三　如果有一个偶次对称轴 L^n 垂直对称面 P，其交点必为对称中心 C。其示意公式可以表示为：

$$L^n \times P_{\perp} \rightarrow L^n P_{\perp} C \ (n \text{ 为偶数}) \tag{1-6}$$

逆定理三（一） 如果有一个对称面和对称中心组合，必有一个垂直于对称面的偶次对称轴。其示意公式可以表示为：

$$P \times C \to L^n P_\perp C \quad (n \text{ 为偶数}) \tag{1-7}$$

逆定理三（二） 如果有一个偶次轴 L^n 和对称中心 C 组合，必产生垂直该 L^n 的对称面 P。

$$L^n \times C \to L^n P_\perp C \quad (n \text{ 为偶数}) \tag{1-8}$$

定理四 如果有一个二次对称轴 L^2 垂直 L_i^n（或者有一个对称面 P 包含 L_i^n），当 n 为偶数时，则必有 $n/2$ 个 L^2 垂直 L_i^n 和 $n/2$ 个 P 包含 L_i^n；当 n 为奇数时，则必有 n 个 L^2 垂直 L_i^n 和 n 个 P 包含 L_i^n，而且对称面 P 的法线与相邻 L^2 之间的交角 δ 均为 $360°/(2n)$。其示意公式可以表示为：

$$L_i^n \times L_\perp^2 = L_i^n \times P_\parallel \to L_i^n \frac{n}{2} L_\perp^2 \frac{n}{2} P_\parallel \quad (n \text{ 为偶数}) \tag{1-9}$$

$$L_i^n \times L_\perp^2 = L_i^n \times P_\parallel \to L_i^n n L_\perp^2 n P_\parallel \quad (n \text{ 为奇数}) \tag{1-10}$$

逆定理四 如果有一个 L^2 与一个 P 斜交，P 的法线与 L^2 的交角为 δ，则包含 P 且垂直于 L^2 的直线必为一个 n 次旋转反伸轴，$n = 360°/(2\delta)$。

对称要素的组合定理在推导晶体的对称型及判断晶体中哪些对称要素能共存且共存后会产生的对称要素时非常有用。

四、对称型

晶体结构中所有点对称要素（对称面、对称中心、对称轴和旋转反伸轴）的组合称为对称型，又称点群。这是因为在晶体形态中，全部对称要素相交于一点（晶体中心），在进行对称操作时至少有一点不移动，并且各对称要素可构成一个群，符合数学中群的概念。一般来说，当强调对称要素时称对称型，强调对称操作时称点群。

根据晶体中可能出现的点对称要素种类及对称要素的组合规律，可以推导出，在晶体中总共有 32 种不同的对称要素组合方式，即 32 种对称型（点群）。表 1-1 为根据对称要素组合定理直观推导出的对称型。

定义一次、二次轴为低次轴，三次、四次和六次轴为高次轴。

首先考虑高次轴不多于一个的情况。单独一个对称轴 L^n，称为原始式；如果是单独一个倒转轴 L_i^n，就是倒转原始式；在 L^n 和 L_i^n 的基础上增加 C 时，即得出中心式；增加垂直 L^n 的 L^2 或包含 L^n 的 P 时，将分别得出轴式和面式；当在 L_i^n 上增加包含它的 P 则得到倒转面式；如果在 L^n 上同时增加包含 L^n 的 P 及垂直 L^n 的 L^2，则为面轴式。根据对称要素组合定理，可得出 27 种不同的对称要素的集合，即 27 种对称型，为 A 类对称型。

表 1-1　晶体的 32 种对称型

名称	原始式	倒转原始式	中心式	轴式	面式	倒转面式	面轴式	晶系
对称要素组合方式	L^n	L_i^n	$L^n \times P_\perp$	$L^n \times L_\perp^2$	$L^n \times P_\parallel$	$L_i^n \times P_\parallel$	$L^n \times P_\parallel \times L_\perp^2$	晶系
对称要素组合结果	L^n	L_i^n	$L^n PC$	$L^n nL^2$	$L^n nP$	$L_i^n nL^2 nP$① $L_i^n \frac{n}{2}L^2 \frac{n}{2}P$②	$L^n nL^2 nPC$① $L^n nL^2(n+1)PC$②	
A类对称型 $n=1$	L^1	$L_i^1=C$	—	—	—	—	—	三斜晶系
A类对称型 $n=2$	L^2	$L_i^2=P$	$L^2 PC$	—	—	—	—	单斜晶系
A类对称型	—	—	—	$3L^2$	$L^2 2P$	—	$3L^2 3PC$	斜方晶系
A类对称型 $n=3$	L^3	$L_i^3=L^3 C$	—	$L^3 3L^2$	$L^3 3P$	$L_i^3 3L^2 3P=L^3 3L^2 3PC$	—	三方晶系
A类对称型 $n=4$	L^4	L_i^4	$L^4 PC$	$L^4 4L^2$	$L^4 4P$	$L_i^4 2L^2 2P$	$L^4 4L^2 5PC$	四方晶系
A类对称型 $n=6$	L^6	L_i^6	$L^6 PC$	$L^6 6L^2$	$L^6 6P$	$L_i^6 3L^2 3P$	$L^6 6L^2 7PC$	六方晶系
B类对称性	$3L^2 4L^3$	—	$3L^2 4L^3 3PC$	$3L^4 4L^3 6L^2$	$3L_i^4 L^3 6P$	—	$3L^4 4L^3 6L^2 9PC$	等轴晶系

① 表示 n 为奇数。
② 表示 n 为偶数。

当高次轴多于一个时，可以把 $3L^2 4L^3$ 作为原始形式，在此基础上再增加对称中心、对称轴、对称面等其他可能的对称要素与它组合，最终将得到 5 种新的对称型，它们分别是原始式、中心式、轴式、面式和面轴式，为 B 类对称型。

综合以上，可得到晶体中一切可能的 32 种对称型，这里不再详细讨论推导过程。

五、晶体的对称分类

根据晶体的对称型中含对称要素的特点，可以对晶体进行合理的科学分类。分类依据及分类体系见表 1-2。

表 1-2　晶体的分类及晶体定向

晶族	晶系	对称特点	对称型种类	国际符号	晶体定向 晶轴的选择原则	晶体常数特点
低级晶族	三斜	无 L^2 或 无 P	L^1 C	1 $\bar{1}$	以不在同一平面内的三个主要的晶棱的方向为 X、Y、Z 轴	$a\neq b\neq c$ $\alpha\neq\gamma\neq\beta\neq90°$
低级晶族	单斜	L^2 或 P 不多于 1 个	L^2 P $L^2 PC$	2 m $2/m$	L^2 或 P 法线为 Y 轴，两个垂直 Y 轴的晶棱为 X、Z 轴，X 轴向正向前下倾	$a\neq b\neq c$ $\alpha=\gamma=90°$ $\beta\neq90°$
低级晶族	斜方	L^2 或 P 多于 1 个	$3L^2$ $L^2 2P$ $3L^2 3PC$	222 $mm(mm2)$ mmm	以三个互相垂直的 L^2 为 X、Y、Z 轴；或以 L^2 为 Z 轴，两个 P 的法线为 X、Y 轴	$a\neq b\neq c$ $\alpha=\beta=\gamma=90°$

晶族	晶系	对称特点	对称型种类	国际符号	晶体定向	
					晶轴的选择原则	晶体常数特点
	三方	有一个 L^3	L^3 $L^3 3L^2$ $L^3 3P$ $L^3 C$ $L^3 3L^2 3PC$	3 32 $3m$ $\overline{3}$ $\overline{3}m$	以 L^3 为 Z 轴直立向上；三个 L^2 或 P 的法线或晶棱的方向为 X、Y、U 轴，在水平方向互成 $120°$	$a=b\ne c$ $\alpha=\beta=90°$ $\gamma=120°$
中级晶族	四方	有一个 L^4 或 L_i^4	L^4 $L^4 4L^2$ $L^4 PC$ $L^4 4P$ $L^4 4L^2 5PC$ L_i^4 $L_i^4 2L^2 2P$	4 42(422) $4/m$ $4mm$ $4/mmm$ $\overline{4}$ $\overline{4}2m$	以 L^4 或 L_i^4 为 Z 轴直立向上；两个 L^2 或 P 的法线或晶棱的方向为 X、Y 轴	$a=b\ne c$ $\alpha=\beta=\gamma=90°$
	六方	有一个 L^6 或 L_i^6	L_i^6 $L_i^6 3L^2 3P$ L^6 $L^6 6L^2$ $L^6 PC$ $L^6 6P$ $L^6 6L^2 7PC$	$\overline{6}$ $\overline{6}2m$ 6 62(622) $6/m$ $6mm$ $6/mmm$	以 L^6 或 L_i^6 为 Z 轴直立向上；三个 L^2 或 P 的法线或晶棱的方向为 X、Y、U 轴，在水平方向互成 $120°$	$a=b\ne c$ $\alpha=\beta=90°$ $\gamma=120°$
高级晶族	等轴	有 4 个 L^3	$3L^2 4L^3$ $3L^2 4L^3 3PC$ $3L_i^4 L^3 6P$ $3L^4 4L^3 6L^2$ $3L^4 4L^3 6L^2 9PC$	23 $m3$ $\overline{4}3m$ 43 $m3m$	三个相互垂直的 L^4、L_i^4 或 L^2 为 X、Y、Z 轴	$a=b=c$ $\alpha=\beta=\gamma=90°$

首先，将对称型相同的晶体归为一类，称为晶类，即晶体共有 32 个晶类。对称型、点群、晶类是相对应的。对称型强调的是对称要素组合。点群强调的是对称操作复合。晶类强调的是属于这种对称型的所有晶体的归类，例如，具有 $L^2 PC$ 对称的晶体有正长石、石膏、单斜辉石等等，这些晶体都归为一个晶类。

这 32 个晶类，按其对称型中有无高次轴和高次轴的多少分为三个晶族。对称型中无高次轴的为低级晶族，对称型中只有一个高次轴的为中级晶族，对称型中高次轴多于一个的为高级晶族。

在各晶族中，根据其对称特点共划分为 7 个晶系。

低级晶族中，根据有无 L^2 或 P 以及 L^2 或 P 是否多于一个，划分为三个晶系：三斜晶系（无 L^2 或 P）、单斜晶系（L^2 或 P 不多于一个）、斜方晶系（L^2 或 P 多于一个）。

中级晶族中，根据唯一的高次轴的轴次分为三个晶系：三方晶系（有 1 个 L^3）、四方晶系（有 1 个 L^4 或 L_i^4）、六方晶系（有 1 个 L^6 或 L_i^6）。

高级晶族（有 4 个 L^3）不再进一步划分，称为等轴晶系。

六、对称型的国际符号

1. 对称型中对称要素的国际符号

对称型国际符号所采用的对称要素为对称面、对称轴和旋转反伸轴，对应符号如下。

对称面：m；

一次、二次、三次、四次和六次对称轴分别为：1、2、3、4、6；

一次、二次、三次、四次和六次旋转反伸轴分别为：$\bar{1}$、$\bar{2}$、$\bar{3}$、$\bar{4}$、$\bar{6}$。

由于 $L_i^1 = C$，$L_i^2 = P$，在国际符号中用 $\bar{1}$ 表示对称中心 C，用 m 表示 L_i^2。旋转反伸轴国际符号的读法为：先读旋转轴次，再读"一横"。例如 $\bar{4}$ 读成"四，一横"。

2. 对称型国际符号的表示方法

对称型的国际符号不超过三位，书写顺序有严格规定，根据晶系的不同而不同，具体顺序见表 1-3。

表 1-3　对称型国际符号中三个序位所代表的方向

晶系	第 I 方向	第 II 方向	第 III 方向	说明
等轴	c	$(a+b+c)$	$(a+b)$	(1) a、b、c 分别代表 X、Y、Z 轴方向；$(a+b)$ 代表 X 轴与 Y 轴角平分线方向；$(a+b+c)$ 代表 X、Y、Z 三轴对角线方向；
四方	c	a	$(a+b)$	
三方、六方	c	a	$(2a+b)$	
斜方	a	b	c	(2) 三方晶系和六方晶系均按四轴定向
单斜	b	—	—	
三斜	c（或任意）	—	—	

国际符号的书写方法就是按表 1-3 中要求的顺序写出各方向所含的对称要素符号。对称面的方向是其法线的方向。当轴向与对称面法线处同一方向时用分式表示，轴次作分子，对称面作分母。例如四次轴和对称面法线方向一致，此方向的国际符号写成 $4/m$。下面以对称型 $L^4 4P$ 为例来说明国际符号的书写方法。

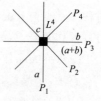

图 1-13　$L^4 4P$ 对称要素方位

$L^4 4P$ 对称要素的配置如图 1-13 所示，此对称型属四方晶系，其国际符号的第一位为 c（或 Z）方向，此方向的对称要素是

L^4，其国际符号为 4；第二位为 a（或 X）方向，此方向是对称面 P_3 法线的方向，国际符号为 m；第三位为 $(a+b)$ 方向（X 轴和 Y 轴角平分线方向），此方向是对称面 P_4 法线的方向，国际符号为 m。因此，此对称型的国际符号可写成 $4mm$。

第三节　晶体的理想形态

晶体的理想形态是指晶体在理想情况下发育时，晶体外形所可能具有的几何形态。晶体的理想形态有两类：单形和聚形。

一、单形

单形是由一组同形等大的晶面所组成的，这些晶面可以借助其所属对称型的对称要素彼此实现重复。也就是说，单形是由对称要素联系起来的一组晶面的集合。现以对称型 $L^2 2P$ 为例说明单形的推导。对称型 $L^2 2P$ 的对称要素在空间的分布见图 1-14。原始晶面与对称要素之间的相对位置只有 5 种，根据这 5 个位置可以凭借对称要素推导出所有 5 种单形，如图 1-15。

实际上，每一晶类（对称型）都对应一定数量的单形。按照上述的方法，对 32 种对称型逐一进行推导，可得到结晶学上 146 种不同单形。在 146 种单形中，单就几何形态讲，它们有些是相同的。例如单面在中、低级晶族中的 10 个对称型中都出现，立方体在高级晶族的 5 个对称型中都出现。尽管理论上，相同形状的几何体出现在不同的对称型中，仍是不同的单形，但是为了研究上的方便，只考虑单形的形状，则 146 种结晶单形可以归纳为 47 种几何单形（图 1-16）。

图 1-14　$L^2 2P$
对称要素分布

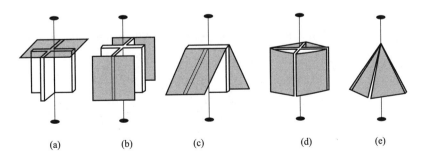

(a)	(b)	(c)	(d)	(e)

图 1-15　对称型 $L^2 2P$ 导出的中 5 种单形

(a) 单面；(b) 平行双面；(c) 双面；(d) 斜方柱；(e) 斜方双锥

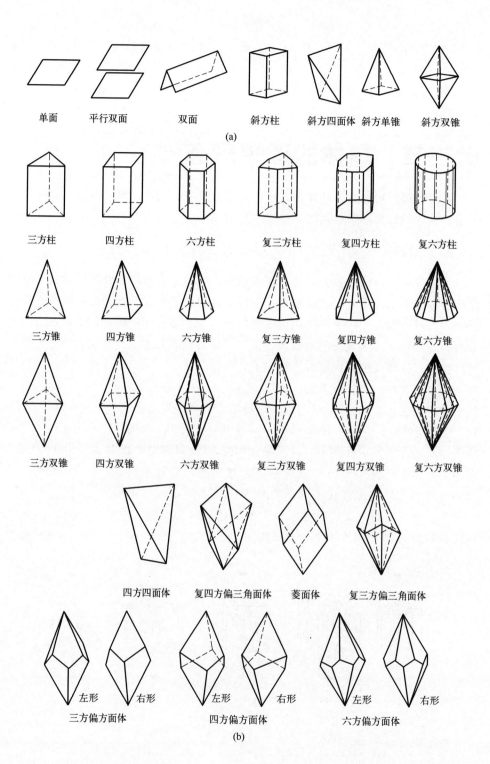

单面　　　平行双面　　　双面　　　斜方柱　　斜方四面体　斜方单锥　斜方双锥

(a)

三方柱　　　四方柱　　　六方柱　　　复三方柱　　　复四方柱　　　复六方柱

三方锥　　　四方锥　　　六方锥　　　复三方锥　　　复四方锥　　　复六方锥

三方双锥　　四方双锥　　六方双锥　　复三方双锥　　复四方双锥　　复六方双锥

四方四面体　复四方偏三角面体　菱面体　复三方偏三角面体

左形　右形　　　左形　　　右形　　　左形　　　右形

三方偏方面体　　　四方偏方面体　　　六方偏方面体

(b)

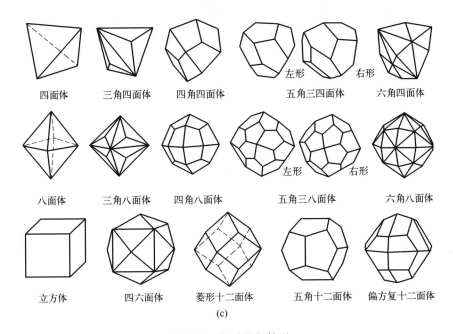

四面体　　　三角四面体　　四角四面体　　　五角三四面体　　　六角四面体
左形　右形

八面体　　　三角八面体　　四角八面体　　　五角三八面体　　　六角八面体
左形　右形

立方体　　　四六面体　　菱形十二面体　　　五角十二面体　　偏方复十二面体

(c)

图 1-16　47 种几何单形

（a）低级晶族的单形；（b）中级晶族的单形；（c）高级晶族的单形

二、聚形

两个或两个以上的单形按照一定的对称规律组合起来构成的几何多面体称为聚形。图 1-17（a）是组成聚形的一个四方柱单形和另一个四方双锥单形的位置关系，图 1-17（b）是它们的聚形。此聚形含有八个四方双锥晶面和四个四方柱晶面。

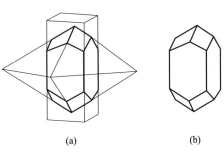

(a)　　　　　　　　(b)

图 1-17　四方柱和四方双锥的聚形

（a）四方柱和四方双锥的组合；

（b）四方柱和四方双锥组合后构成的聚形

晶体大多数呈聚形，属于中、低级晶族的晶体尤其如此。但出现在聚形上的单形不是任意的，只有属于同一对称型的单形才能在一个晶体上出现，形成此晶体的聚形。上述两种单形之所以能形成聚形，是因为它们属于同一对称型 L^4PC、L^44L^2、L^44L^25PC 或 $L_i^4L^22P$。

聚形中各单形的晶面可借助其对称型中的对称要素彼此重复，而不同单形的晶面则不能，可由此判断哪些晶面属于哪一个单形。

第四节 晶体定向与结晶符号

一、晶体的定向

为了用数字具体表示晶体中点、线、面的相对位置关系，就在晶体中引入一个坐标系。晶体的定向就是在晶体中建立一个坐标系统。

在晶体中以晶体中心为原点建立坐标系，该坐标系一般由三根晶轴 X、Y、Z 轴（也可用 a、b、c 轴）组成，三晶轴间正向夹角分别表示为 $\alpha(b \wedge c)$、$\beta(a \wedge c)$、$\gamma(a \wedge b)$，如图 1-18（a）所示。对于三、六方晶系的晶体，通常要用四轴定向法，其四根晶轴分别为 X、Y、U、Z 轴，晶轴的分布如图 1-18（b）。在四轴定向中，Z 轴和 Y 轴与三轴定向规定相同，X 轴正端则向左偏转 $30°$，增加的 U 轴正端处于 X 轴负端和 Y 轴负端中间，X、Y、U 三轴正方向互成 $120°$。

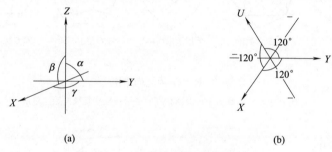

图 1-18 三轴定向和四轴定向轴分布

（a）三轴定向；（b）四轴定向

那么选择晶体中哪些方向上的直线作为晶轴呢？选择的原则有两点：a. 与晶体的对称特点相符合（即一般都以对称要素作晶轴）；b. 在遵循上述原则的基础上尽量使晶轴的夹角为 $90°$。各晶系对称特点不同，选择晶轴的方法也不同。各晶系晶轴的选择及安置见表 1-2。

注意，这里在晶体宏观形态中按对称特点选出的晶轴，实际上与晶体内部结构中空间格子的 3 个不共面的主要行列方向是一致的。晶轴所在行列的结点间距称为轴单位，或称为轴长。X、Y、Z 晶轴的轴单位分别表示为 a_0、b_0、c_0。晶轴间的夹角称为轴角，表示为 α、β、γ。晶体定向时所确定的轴单位 a_0、b_0、c_0 和轴角 α、β、γ 称为晶体的几何常数，简称为晶体常数。

从晶体宏观形态是确定不了具体轴长的。用几何结晶学方法根据对称特点确定的轴长比率 $a_0 : b_0 : c_0$（或表示为 $a : b : c$）称为轴率。

晶体常数的特点可以在晶体宏观形态上体现出来，例如高级晶族等轴晶系晶体对称程度高，晶轴 X、Y、Z 为彼此对称的行列，它们通过对称要素的作用可以相互重合，因此它们的轴长相等，即 $a_0 = b_0 = c_0$，轴率 $a:b:c=1:1:1$。中级晶族（三方、四方、六方晶系）中，$a_0 = b_0 \neq c_0$；低级晶族（三斜、单斜、斜方晶系）中 $a_0 \neq b_0 \neq c_0$。

二、晶面指数和晶向指数

晶体中各个晶面、晶棱以及对称要素可以在坐标系中标定方位。这种表示晶面、晶棱及对称要素等方位的符号统称为结晶符号。

1. 晶面指数（晶面符号）

晶体定向后，晶面在空间的相对位置即可根据它与晶轴的关系予以确定。表征晶面空间方位的符号称为晶面指数（晶面符号）。通常采用 1839 年英国学者米勒（Miller）创立的米氏符号表示。米氏符号用晶面在晶轴上的截距系数的倒数比来表示。确定方法如下。

① 确定晶体的轴单位或轴率。

② 用晶面在各晶轴上的截距分别除以对应的轴单位或轴率系数，得到晶面在各晶轴的截距系数。

③ 按 X、Y、Z（三轴定向）或 X、Y、U、Z（四轴定向）顺序求出截距系数的倒数之比，并化简成简单的整数比，去掉比号，加上小括号，即为米氏符号。三轴定向时为 (hkl)，四轴定向时为 $(hkil)$。

例如，有一单斜晶系晶体的晶面 ABC 在 X、Y、Z 轴上的截距分别为 $3a$、$2b$、$6c$（图 1-19）。

其晶面指数求解过程如下。

X、Y、Z 三晶轴的轴单位分别为 a、b、c，因此其截距系数分别为 3、2、6，其倒数比为 $\frac{1}{3}:\frac{1}{2}:\frac{1}{6}=$

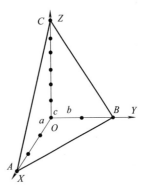

图 1-19 晶面 ABC 的
晶面指数图解

$2:3:1$，因此其晶面指数为 (231)。

对于三方晶系和六方晶系的四轴定向中晶面指数的求法与三轴相同，只是在其晶面指数 $(hkil)$ 中，由于 X、Y、U 轴同处于一个平面上，故此三轴与晶面的截距是相关的三个量，其中一个量可用另外两个量表示。具体表现在晶面指数上为 $h+k+i=0$。

需要注意的是：选定的坐标轴不要与晶面重合。因为这会使某一轴上的截距是零，零的倒数是无穷大而变得无意义了。选定坐标轴与晶面平行是可以的，截距是无穷大，倒数是零可以作为指数因子。

2. 晶向指数（晶棱符号）

晶向指数是表征晶向（晶棱）的符号，它不涉及晶棱的具体位置，即所有平行晶棱具有同一个晶向指数。

晶向指数求法如下。

① 确定坐标系。

② 将晶棱平移，过坐标原点 O，作直线与待求晶向平行。

③ 在该直线上任取一点，得到此点的坐标。

④ 将该坐标值化成最小整数并加以方括号 $[uvw]$（代表一组互相平行、方向一致的晶向）。

如图 1-20，设晶体上有一晶棱 OP，将其平移通过晶轴的交点，并在其上取任意一点 M，M 的坐标为（1，2，3），则该晶向指数为 [123]。

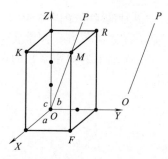

图 1-20　晶向指数 [123]

与晶面符号相似，晶棱符号中的指数也有正、负之分，但是，因为任一晶棱都有两端，而在这两端所选取的点写出的晶棱符号必定是正负号相反的。所以，对应指数符号相反但绝对值相同的晶棱符号表示的是同一晶棱，如 [102] 与 $[\bar{1}0\bar{2}]$ 表示的是同一晶棱。

同样，可用上述规则确定三、六方晶系四轴定向的四指数晶棱符号 $[uvpw]$，其中 $u+v+p=0$。四指数晶棱符号也可以转换成三指数晶棱符号 $[rst]$，它们之间的转换关系为：

$$u : v : p : w = (2r-s) : (2s-r) : (-r-s) : 3t \tag{1-11}$$

$$r : s : t = (u-p) : (v-p) : w \tag{1-12}$$

将三、六方晶系的四指数符号转换成三指数符号是为了与其他晶系的晶棱符号类比。例如，对于其他晶系平行 X 轴方向的晶棱符号是 [100]。转化为三指数符号后，三、六方晶系平行与 X 轴方向的晶棱符号也是 [100]，但其四指数符号是 $[2\bar{1}\bar{1}0]$。值得注意的是，上述三指数符号是针对四轴定向的坐标系，而不是三、六方晶系的三轴菱面体定向坐标系下的三指数符号。

图 1-21 为采用四轴定向的相关晶面和晶向指数。

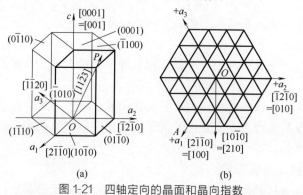

(a)　(b)

图 1-21　四轴定向的晶面和晶向指数

（a）四指数及三指数晶面符号；（b）四指数和三指数晶棱符号

三、晶向符号和晶面符号的关系

通过坐标原点而与晶面（hkl）平行的晶棱方向 $[uvw]$ 必然包含在晶面内，一定满足关系式：$hu+kv+lw=0$。应用这个关系式可以用已知晶面求晶向或者用已知晶向求晶面。

在立方晶系中，同指数的晶面和晶向之间有严格的对应关系，即同指数的晶向与晶面相互垂直，也就是说，$[hkl]$ 晶向是（hkl）晶面的法向。

四、晶带定律

晶带：交棱相互平行的一组晶面的组合，称为一个晶带。这组晶棱的符号就是此晶带轴的符号。

晶带定律：晶体上任一晶面至少属于两个晶带。这就是晶带定律。根据这一规律，可以由若干已知晶面或晶带推导出晶体上一切可能的晶面位置。晶带定律阐述了晶面和晶棱相互依存的几何关系，被广泛运用于晶体定向、投影和运算中。

五、晶面间距与晶面指数的关系

晶面间距是现代测试中一个重要的参数。在简单点阵中，通过晶面指数（hkl）可以方便地计算出相互平行的一组晶面之间的距离 d。计算公式见表1-4。

表1-4　不同晶系的晶面间距

晶系	立方	正方	六方	斜方
晶面间距	$\dfrac{1}{d^2}=\dfrac{h^2+k^2+l^2}{a^2}$	$\dfrac{1}{d^2}=\dfrac{h^2+k^2}{a^2}+\dfrac{l^2}{c^2}$	$\dfrac{1}{d^2}=\dfrac{4}{3}\left(\dfrac{h^2+hk+k^2}{a^2}\right)+\dfrac{l^2}{c^2}$	$\dfrac{1}{d^2}=\dfrac{h^2}{a^2}+\dfrac{k^2}{b^2}+\dfrac{l^2}{c^2}$

例题1-2： 在立方晶系中画出下面晶面或晶向：（001）、$[210]$、（$1\bar{1}0$）、$[111]$。

答： 见图1-22。

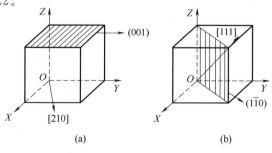

(a)　　　　　　　　　(b)

图1-22　立方晶系中晶面及晶向

(a)（001）晶面及 $[210]$ 晶向；(b)（$1\bar{1}0$）晶面和 $[111]$ 晶向

第五节　晶体内部结构的基本特征

晶体是内部质点在三维空间作周期性重复排列的固体。这种排列方式可用空间点阵来表示。晶体结构的另一基本特征是它的对称性，即晶体的内部质点呈对称分布。因此，从空间点阵所划分出的空间格子应反映出晶体空间点阵对称性这一基本特征。

一、空间格子的选择

对于每一种晶体结构，其结点（等同点）的分布是客观存在的，但平行六面体的选择是人为的。如图 1-23 所示，同一种结构，其平行六面体的选择可有多种方法。因此，选择空间格子的平行六面体需遵循一定原则：a. 在不违反对称性的条件下，棱与棱之间直角关系应最多；b. 在不违反前述条件下，所选平行六面体体积应最小；c. 当对称性规定棱间的交角不为直角时，在满足以上条件下，应选择结点间距小的行列作为平行六面体的棱，且棱间的交角接近于直角。下面以二维结点平面说明。

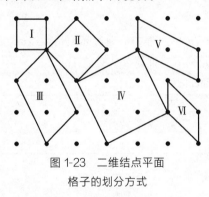

图 1-23　二维结点平面
格子的划分方式

图 1-23 是具有 $L^4 4P$ 对称型、垂直 L^4 方向的二维结点平面。按照上述划分格子的原则，只有格子 I 符合 $L^4 4P$ 对称特点，即棱之间呈直角、面积最小等要求，故格子 I 应是划分这个二维点阵的基本单位。在实际晶体结构中，这种被选取的重复单位（平行六面体）即为晶胞，整个晶体结构就是晶胞在三维空间平行地、毫无间隙地重复堆砌而成的。

二、平行六面体中结点的分布及格子类型

在选择出的平行六面体中，结点（等同点）在平行六面体中的分布只有 4 种可能，与其对应的有 4 种格子类型，即原始格子（P）、底心格子（C、A、B）、体心格子（I）、面心格子（F），如图 1-24 所示。

三、14 种空间格子

平行六面体是空间格子的最小重复单位，反映了晶体结构中质点的排列规律。法国学者 A. 布拉维根据晶体结构的最高点群对称和平移群（所有平移轴的组合）对称及以上原则，将所有晶体结构的空间点阵划分成 14 种不同的平行六

面体，也称 14 种空间格子或布拉维格子（图 1-25）。

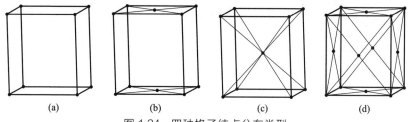

图 1-24　四种格子结点分布类型

（a）原始格子；（b）底心格子；（c）体心格子；（d）面心格子

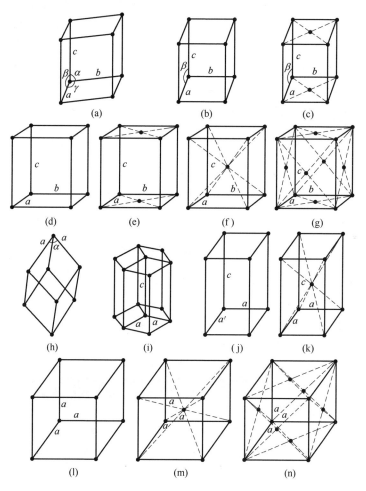

图 1-25　14 种布拉维格子

（a）三斜原始格子；（b）单斜原始格子；（c）单斜底心格子；（d）斜方原始格子；（e）斜方底心格子；

（f）斜方体心格子；（g）斜方面心格子；（h）三方原始格子；（i）六方原始格子；（j）四方原始格子；

（k）四方体心格子；（l）立方原始格子；（m）立方体心格子；（n）立方面心格子

图1-26　NaCl晶胞

1—Cl$^-$；2—Na$^+$

任何晶体都对应一种布拉维格子，因此任何晶体都可划分出与此种布拉维格子平行六面体相对应的部分，这一部分晶体就称为晶胞。晶胞是能够反映晶体结构特征的最小单位，并由一组具体的晶胞参数（晶体常数）来表征［a、b、c、$\alpha(b \wedge c)$、$\beta(a \wedge c)$、$\gamma(a \wedge b)$］。例如 NaCl 晶体的晶胞，对应的是立方面心格子，$a=b=c=0.5628nm$，$\alpha=\beta=\gamma=90°$（图1-26）。许许多多该晶胞在三维空间无间隙地排列就构成了 NaCl 晶体。

"晶胞"与"布拉维格子"的区别在于：晶胞是具体晶体结构中的最小重复单位，里面有具体的原子、离子在空间的占位；而布拉维格子是空间格子的最小重复单位，它是一个几何图形，不考虑具体晶体结构中原子、离子的占位情况，只考虑等同点的分布规律，即只考虑空间格子及其平行六面体的形状特点，由此研究晶体内部结构几何特点的对称性。

例题 1-3： 从面心立方格子中划分出一个三方菱面体格子，并给出其晶格常数。说明为什么在选取单位平行六面体时不选后者而选前者？

答： 此三方菱面体格子的划分方法如图 1-27 所示。设立方面心格子的晶格常数为 a_0，从图示的几个关系算得此三方格子的晶格常数 $a=b=c=\frac{\sqrt{2}}{2}a_0$，$\alpha=\beta=\gamma=60°$。由于用这种面心立方格子（晶胞）很容易看出晶体的对称性，使用起来比较方便；而使用这种三方格子（原胞），虽然满足了

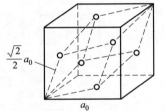

图1-27　面心立方格子中划分出一个三方菱面体格子

体积最小原则，但是不能直观地反映晶体的对称性，使用起来不方便。因此应选前者而不能选后者作为此点阵的单位平行六面体。此即晶胞和原胞的区别。

第六节　晶体内部结构的微观对称要素

晶体外形的对称取决于晶体内部结构的对称，两者是相互联系、彼此统一的。但是晶体外形是有限图形，它的对称是宏观有限图形的对称；而晶体内部质点可以看作是无限的，其对称属于微观无限图形的对称。因此这两者又是有所区别的。

首先，在晶体微观结构中平行于任何一个对称要素有无穷多与之相同的对称要素。其次，在晶体微观结构中出现了一种在晶体宏观外形上不可能有的对称操作——平移操作，从而使晶体内部结构除了具备外形上的对称要素之外，还出现

了一些特有的对称要素。

一、平移轴

平移轴为一直线，图形沿此直线移动一定距离，可使相等部分重合。空间格子中的任一行列就是代表平移对称的平移轴。但是，具体晶体结构中的某些直线并不一定是平移轴，只有空间格子中的行列一定是平移轴。

二、螺旋轴

螺旋轴为晶体结构中一条假想的直线，当晶体围绕此直线旋转一定的角度，并沿此直线移动一定的距离后晶体中的每一种质点仍然占据相同的位置，这就是晶体复原。旋转时可能的基转角分别为 $360°$、$180°$、$120°$、$90°$、$60°$。每一种螺旋轴的平移距离 t 与平行该轴的结点间距 T 的相对大小分为一种或几种：一次轴实际上是沿螺旋轴方向行列的平移；二次轴只有一种，$t = (1/2)T$，用 2_1 表示；三次轴有两种，$t = (1/3)T$，$t = (2/3)T$，表示为 3_1、3_2；四次轴有三种，$t = (1/4)T$、$t = (2/4)T$、$t = (3/4)T$，表示为 4_1、4_2、4_3；六次轴有五种，$t = (1/6)T$、$t = (2/6)T$、$t = (3/6)T$、$t = (4/6)T$、$t = (5/6)T$，表示为 6_1、6_2、6_3、6_4、6_5。如图 1-28 所示。

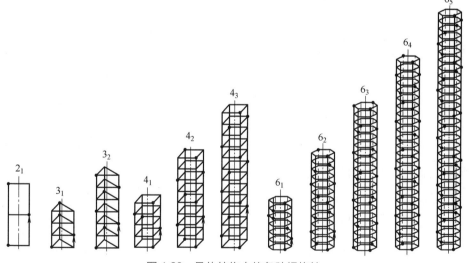

图 1-28　晶体结构中的各种螺旋轴

三、滑移面

滑移面是晶体结构中的一个假想平面，凭借此平面反映之后，再沿平行反映面的某一行列方向平移 t，晶体中的质点全部被重复。根据 t 与 a、b、c 的方向和大小（见晶体定向），滑移面有以下五种。

$t=(1/2)a$ 的滑移面，符号 a ［图 1-29 （a）］。

$t=(1/2)b$ 的滑移面，符号 b ［图 1-29 （b）］。

$t=(1/2)c$ 的滑移面，符号 c ［图 1-29 （c）］。

$t=(1/2)(a+b)$ 或 $t=(1/2)(b+c)$ 或 $t=(1/2)(c+a)$ 或 $t=(1/2)(a+b+c)$ 的滑移面，符号 n ［图 1-29 （d）］。

$t=(1/4)(a+b)$ 或 $t=(1/4)(b+c)$ 或 $t=(1/4)(c+a)$ 或 $t=(1/4)(a+b+c)$ 的滑移面，符号 d ［图 1-29 （e）］。

上述 a、b、c 为轴向滑移，n 为对角线滑移，d 为金刚石型滑移。

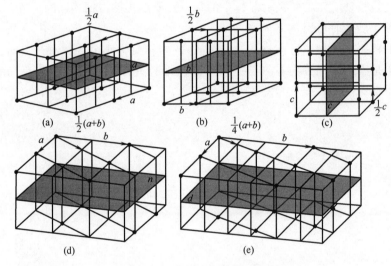

图 1-29　晶体结构中的滑移面

（a）滑移面 a；（b）滑移面 b；（c）滑移面 c；（d）滑移面 n；（e）滑移面 d

第七节　空间群

一、空间群的概念

空间群是指一个晶体结构中所有对称要素的集合。晶体结构中所能出现的空间群总共有 230 种。

晶体的内部结构被看作是一个无限图形。因此，一方面，空间群中的对称要素除了包括晶体外形所出现的对称面、对称中心、对称轴和旋转反伸轴等点对称要素，还含有平移对称操作的螺旋轴、滑移面等对称要素。从而，空间群的数目也远多于对称型的数目，从 32 种点群增加到 230 种空间群。另一方面，空间群中的每一种对称要素，其数量在晶体结构中是无限的。

尽管对称型和空间群所包含的对称要素和数量不同，但对称型和空间群又是统一的。因为平移操作中平移的长度仅为数十个纳米到数百个纳米，这在宏观上是观察不到的。因此，在宏观上，螺旋轴和滑移面的平移操作将隐藏起来，螺旋轴将与同方向同轴次的旋转轴合并，滑移面将与同方向的对称面合并，结果使230种空间群在宏观条件下只能表现出在晶形上的32种对称型。因此，从这个意义上讲，对称面、对称中心、对称轴、旋转反伸轴等被称为宏观对称要素，螺旋轴和滑移面等被称为微观对称要素。

二、空间群的国际符号

空间群的国际符号由两个部分组成。前一部分为大写英文字母，代表布拉维格子类型：P 代表原始格子，I 表示体心格子，$C(A、B)$ 代表底心格子，F 代表面心格，三方菱面体格子用专门的符号 R 表示。后一部分与对称型的国际符号相对应，只是将对称型的对称要素符号换成了含平移操作的对称要素符号。例如，$I4_1/amd$ 空间群。从中可以看出，此晶体空间格子属于四方体心格子，它对应的对称型为 $4/mmm$，即 $L^4 4L^2 5PC$。在此晶体结构中，平行 Z 轴方向为螺旋轴 4_1，垂直 Z 轴为滑移面 a，垂直 X 轴为对称面 m，垂直 X 轴与 Y 轴角平分线则为滑移面 d。

习　题

1-1　解释概念：晶体、等同点、结点、空间点阵、对称、对称型、晶类、晶体定向、空间群、布拉维格子、晶胞、晶胞参数。

1-2　晶体与非晶体在宏观性质上的区别是什么？

1-3　晶体结构的两个基本特征是什么？哪种几何图形可表示晶体的基本特征？

1-4　晶体中有哪些对称要素，用国际符号表示。

1-5　图 1-30 中两晶形是对称型为 L^4PC 的理想形态，判断其是单形还是聚形，并说明对称要素是如何将其联系起来的。

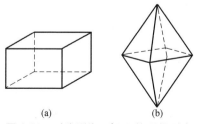

图 1-30　对称型为 L^4PC 的理想形态

1-6　一个四方晶系晶体的晶面，在轴上的截距分别为 $3a$、$4b$、$6c$，求该晶面的晶面指数。

1-7　试解释对称型 $4/m$ 及 $\overline{3}2/m$ 所表示的意义。

第二章　晶体化学基础

本章知识框架图

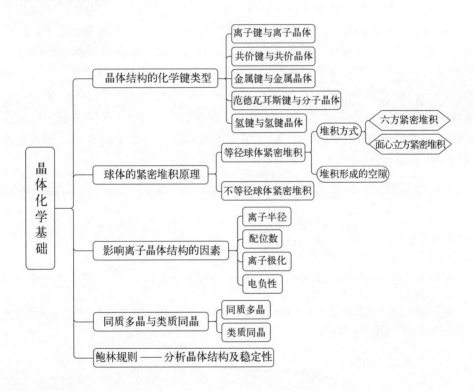

本章内容简介

晶体化学又称结晶化学，是研究晶体结构、组成和性质之间相互关系和规律的一门学科。前面在讨论晶体结构特点时，是将晶体结构中的点作为几何点来考虑的，但实际晶体中这些点是各种具体的原子、离子和分子，它们是晶体的化学组成。晶体的化学组成和晶体的内部结构是决定晶体各种性质的两个最基本的因素，这两者既紧密联系，又相互制约，有其自身内在的规律性。这些规律就是晶体化学所要研究的内容。

本章学习目标

1. 了解晶体化学键的类型特点及对应晶体的基本性能。
2. 掌握球体紧密堆积原理，包括球体的堆积方式及形成的空隙位置和种类。
3. 掌握影响离子晶体结构的因素。
4. 掌握同质多晶和类质同晶的定义，理解晶体结构的转变和内部离子的取代。
5. 熟练掌握鲍林规则，并用以分析常见晶体结构。

第一节　晶体中的化学键及结构概述

当分立的原子相互靠拢时，在邻近的原子之间就存在力的作用。这种使原子相结合的相互作用力就是化学键。在晶体结构中，原子间相互作用力较强时形成的化学键，主要有离子键、共价键和金属键。此外还有一些较弱的化学键，如氢键和范德瓦耳斯键。相应地，晶体按化学键分为离子晶体、共价晶体、金属晶体、分子晶体和氢键晶体。一种晶体中可以同时存在几种化学键合，一种化学键合中也可能同时存在两种性质的化学键。

一、离子键

离子键是由电负性相差较大的两种原子（如碱金属元素与卤素元素的原子）之间形成的化学键合。其中电负性较小的原子失去电子成为阳离子，电负性较大的原子得到电子成为阴离子，两种离子靠静电作用结合在一起而形成离子键。

得到或失去电子后形成的离子，其电荷分布一般是球形对称的，在各个方向上都可以与带相反电荷的离子结合，因此离子键没有方向性。并且离子可以同时与几个异号离子相结合（可以直接键合的异号离子数与阴、阳离子半径比值有关），所以离子键没有饱和性。离子键的键强度遵从静电作用定律。

离子键的结合力很大，故离子晶体的结构非常稳定。反映在宏观性质上，晶体的熔点高、硬度大、热膨胀系数小。离子晶体如果发生相对移动，将破坏体系静电平衡，故离子晶体是脆性的。离子键中很难产生可以自由运动的电子，因此离子晶体都是良好的绝缘体，但熔融后能够导电。大多数离子晶体对可见光是透明的。离子晶体在无机材料中占有重要地位，例如 MgO、$NaCl$ 等都是具有明显离子键的晶体材料。

二、共价键

共价键指原子间借由共用电子对结合而形成的化学键。当电负性相近或相同的两个原子化合时，各自提供一定数目的电子形成共用电子对。这些共用电子对同时围绕这两个原子核运动，即共用电子同时被两个原子核吸引，从而把两个原子结合起来。由于形成共价键时，两个原子的电子云必须沿着电子云密度最大的方向彼此接近，发生最大重叠，才能形成稳定的共价键，因此共价键具有方向性。并且因为每个原子只能提供一定数量的电子与另外的原子形成共用电子对，所以共价键还具有饱和性。

共价键的结合力很大，所以共价晶体具有强度大、熔点高、硬度大等性质。在外力作用下，原子发生位移时，键将遭到破坏，故脆性也大。共价键具有方向性和饱和性，没有自由电子，所以具有良好的绝缘性。金刚石（C）是典型的共价晶体。

三、金属键

金属原子的最外层电子少，容易失去。当金属原子相互接近时，其外层价电子脱离原子成为自由电子。这种由金属离子和自由电子相互作用而形成的化学键合称为金属键。金属晶体可以看作是失去了最外层电子的正离子"沉浸"在价电子海洋中，其内部结合力为正离子和电子云之间的库仑力。

金属键没有方向性和饱和性。金属原子一般按紧密堆积原理进行排列，因此金属的晶体结构大多具有高对称性。在金属中，当原子发生相对位移时，自由电子的作用使滑移到一个新位置的原子重新键合起来，因而金属表现出良好的延展性和塑性。另外，由于这些自由电子的作用，金属还具有良好的导电、导热性质。

四、范德瓦耳斯键

范德瓦耳斯键又称分子间力，是分子与分子接近时所显示出来的相互作用力。范德瓦耳斯键的本质是分子接近时由于取向、诱导或色散作用而极化，因此形成微弱的静电引力。范德瓦耳斯键是所有键合中最弱的，也是最普遍存在的。范德瓦耳斯键一般表现为引力，只有当分子间距离很近时，才表现为斥力。

靠范德瓦耳斯键结合的晶体称为分子晶体。分子晶体的基本质点是分子，分子内原子大多以共价键结合。分子晶体在形成时不发生价电子的转移和共有，分子与分子之间以范德瓦耳斯力相结合，因此分子晶体的熔点和硬度都很低，很多分子晶体在室温下已经是气态了。惰性元素在低温下形成的晶体是典型的分子晶体，它们是透明的绝缘体，如 Ar、N_2、O_2 等。

以范德瓦耳斯力为主要结合力的分子晶体在陶瓷材料中几乎没有，但这种结合力在各种晶体的粉末颗粒之间以及各种层状硅酸盐如滑石、云母等层与层之间却普遍存在。金属和合金中这种键不多，而聚合物通常链内是共价键，链与链之间以范德瓦耳斯力结合。

五、氢键

氢键是一种特殊的化学键。化合物的分子通过其中的氢原子与同一分子或另一分子中电负性较大的原子间产生吸引作用。氢键发生于一些极性分子之间，具有方向性。氢键可以看成是方向性很强的范德瓦耳斯键，具有饱和性。氢键比范德瓦耳斯键要强得多，但比其他化学键弱。

冰（H_2O）是一种氢键晶体，铁电材料磷酸二氢钾（KH_2PO_4）也具有氢键结合。在层状硅酸盐结构的高岭石中层与层之间以氢键结合，结合力较强；而滑石中层与层之间以范德瓦耳斯键结合，结合力较弱，所以滑石更容易沿层间解理。

以上主要根据化学键性质，把晶体分为5种类型。但对于大多数晶体来说，结合力的性质是综合性的。实际上，很多晶体中的键既有离子键成分又有共价键成分，有的还有范德瓦耳斯键或氢键。

六、极性共价键

两种原子的电负性差值较大时形成离子键（极性键），电负性差值较小时形成共价键，电负性差值居中时，所形成的化学键同时具有离子键和共价键的性质，称之为极性共价键。极性共价键中离子键的强度与电负性差值相关。最典型的极性共价键是 Si—O 键，其离子键和共价键各占 50％左右。SiO_2 是典型的玻璃形成体氧化物。

七、半金属共价键

所谓半金属共价键指金属键向共价键过渡的混合键。在金属中加入场强大的半金属离子（B^{3+}、Si^{4+}、P^{5+} 等）或过渡元素时，它们对金属原子产生强烈的极化作用，从而形成 spd 或 spdf 杂化轨道，使半金属离子或过渡元素与金属原子产生化学键合。具有半金属共价键是形成金属玻璃的重要条件。

第二节　球体的紧密堆积原理

离子或原子一般都具有球形对称的电子分布，且都有一定的有效半径，因而可以把离子或原子看成球体。由于离子键和金属键没有方向性和饱和性，因此在晶体中离子或原子之间的相互结合，可以看作刚性球体的相互堆积。晶体中离子或原子的相互结合都要遵循内能最小的原则。从球体堆积角度来看，球体的堆积密度越大，系统的内能就越小，这就是球体紧密堆积原理。

球体的紧密堆积分为等径球体和不等径球体两种情况。如果晶体由一种元素构成，如 Cu、Ag、Au 等单质，晶体为等径球体紧密堆积；如果由两种以上元素构成，如 NaCl、MgO 等化合物，则大多为不等径球体紧密堆积。

一、等径球体紧密堆积

1. 等径球体紧密堆积结构

由于叠加的方式不同，等径球体紧密堆积有六方和面心立方紧密堆积两种不同的形式。

等径球体在一层平面上进行紧密排列的方式只有一种［图 2-1（a）］，每个球周围与 6 个球直接相邻，形成密排层。每三个球围成一个空隙（三角形），其中一半是尖角向下的 B 空隙，一半是尖角向上的 C 空隙，两种空隙相间分布。当紧密排列从一层平面向空间发展时，可以看作将一层层密排层依次叠加起来。

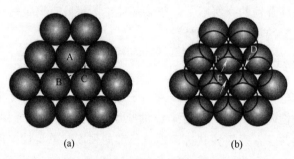

图 2-1 等径球体的密排层及两层密排层堆积方式

(a) 密排层；(b) 两层密排层的堆积

继续堆积第二层球时，球置于第一层球的三角形空隙上才是最紧密的，即置于图 2-1（a）中的 B 或 C 处。这两种放置方式的结构是一样的，只是方位不同，所以说两层球做紧密堆积的方式依然只有 1 种。

但两层球体堆积后，例如第二层球置于尖角向下的 B 位时［图 2-1（b）］，两层之间会形成两种空隙。一种是连续穿透两层的 D 空隙，由上下两个密排层在 C 空隙上叠加而成，称为八面体空隙。另一种是未穿透两层的空隙，由一层的 3 个球和另一层的 1 个球，共 4 个球包围形成，如两个密排层在 B 空隙位置上形成的 E 空隙或在 A 球位置上形成的 F 空隙。球体的中心连线形成正四面体，称为四面体空隙。

叠加第三层球体时，则有两种完全不同的方式。若将第三层的球体落在 F 空隙上，从垂直于图面的方向上观察时，第三层球体正好与第一层球体重复。此后继续堆积时，第四层与第二层重复，第五层与第三层重复等，即按 ABABAB…的顺序进行堆积。将第一、三层球体的球心连接起来，便形成了六方底心格子，即可以在这种堆积中找出六方晶胞，所以称为六方紧密堆积。其中构成六方紧密堆积的密排层与（0001）面平行（图 2-2）。

第三层球的另一种放法是将第三层的球体放在连续穿透第一、二层的D空隙上，这样第三层与第一、二层都不重复，在叠放第四层时，才与第一层重复。此后第五层与第二层重复，第六层与第三层重复……，即按 ABCABCABC… 的顺序进行堆积 ［图 2-3 （a）］。因为在这种堆积方式中可以找出面心立方的晶胞，其球体在空间的分布与面心立方格子相

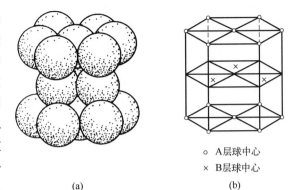

（a）

（b）

○ A层球中心
× B层球中心

图 2-2　六方紧密堆积

（a）球体堆积方式；（b）球中心的分布（六方格子）

同，所以称为面心立方紧密堆积 ［图 2-3 （b）］。从图 2-3 （b）中可见，在面心立方紧密堆积中，密排层与立方体中三次对称轴相垂直，即与（111）面相平行。

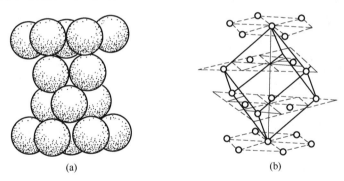

（a）

（b）

图 2-3　面心立方紧密堆积

（a）球体堆积方式；（b）球中心的分布（面心立方格子）

2. 等径球体紧密堆积形成的空隙

如前所述，等大球体紧密堆积可形成两种空隙，一种为四面体空隙，如图 2-1 中的 E 或 F 空隙，由 4 个球体所包围形成，连接球体中心可构成四面体 ［图 2-4 （a）］。另一种为八面体空隙，如图 2-1 中 D 空隙，由 6 个球所包围形成，其中 3 个球在下层，3 个球在上层，连接 6 个球体中心可构成八面体 ［图 2-4 （b）］。

六方紧密堆积的空隙位置和数量可以根据图 2-1 （b）分析。以图 2-1 （b）中第二个密排层最中央（即"E"空隙上面）的一个球体为例，它的正下方有 1 个四面体空隙 E，在其前方、左后方和右后方与第一层又各形成 1 个四面体空隙，在其左前方、右前方和下方各有 1 个八面体空隙。由于六方紧密堆积的第一、三层是重复排列（相对于第二层对称的），所以这个球体上面与第三层之间

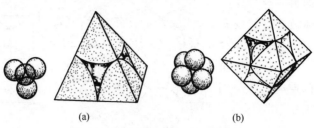

图 2-4　四面体空隙和八面体空隙

(a) 四面体空隙；(b) 八面体空隙

也同样有 4 个四面体空隙和 3 个八面体空隙。因此，由这一个球参与构成的空隙合计为四面体空隙 8 个、八面体空隙 6 个。由于每个四面体空隙由 4 个球体构成，每个八面体空隙由 6 个球体构成，真正属于这一个球体的空隙只有 $8 \times 1/4 = 2$ 个四面体空隙和 $6 \times 1/6 = 1$ 个八面体空隙。因此，若有 n 个等径球体作六方紧密堆积，必定有 n 个八面体空隙和 $2n$ 个四面体空隙。对于面心立方紧密堆积也能得到同样的结论。

利用简单的几何关系很容易证明，六方和面心立方紧密堆积的空隙率相同，均为 25.95%，并且每个球体都同时与周围 12 个球体直接相邻。

等径球体堆积除了六方、面心立方紧密堆积外，还有一种体心立方结构 [图 2-5 (a)] 的堆积方式。虽然不是紧密的，但却是比较简单、高对称性的，是金属中常见的三种原子堆积方式之一。在平面上每个球体与 4 个球紧密相邻，形成近似密排面 [图 2-5 (b)]。近似密排面平行于 (110) 面作 ABAB⋯堆积 [图 2-5 (c)]。其单位晶胞中含 2 个球，每个球体同时与周围 8 个球体直接相邻，空隙率为 31.98%。

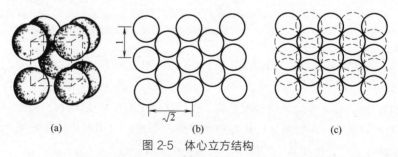

(a)　　　　　　　(b)　　　　　　　(c)

图 2-5　体心立方结构

(a) 体心立方格子；(b) 近似密排面；(c) 近似密排面的堆积

二、不等径球体紧密堆积

不等径球体紧密堆积时，可以看成由大球按等径球体紧密堆积后，小球按其大小分别填充到其空隙中，稍大的小球填充八面体空隙，稍小的小球填充四面体空隙，形成不等径球体的紧密堆积。如果小球过大，空隙填不下时，将把空隙略微撑开或者使大球的堆积方式发生改变，以产生较大的空隙；如果小球过小，不是刚好填满空隙（与组成空隙的几个大球同时接触）时，小球将在空隙中位移。小球与大球的半径比决定了小球应该填充何种空隙。

例题 2-1：指出等径球体面心立方紧密堆积单位晶胞中的八面体和四面体空隙数及空隙位置。

答：如图 2-6 所示，等径球单位晶胞中球体的数目为 $8 \times 1/8 + 6 \times 1/2 = 4$ 个，则八面体空隙数为 4 个，四面体空隙数为 $2 \times 4 = 8$ 个。

八面体空隙分别位于体中心和每条棱的中心。位于晶胞棱中心的八面体空隙有 12 个，但由于每条棱属于单位晶胞的仅为 1/4，因此单位晶胞的八面体空隙共有 $12 \times 1/4 = 3$ 个。加上体心的 1 个，单位晶胞的八面体空隙共有 4 个。

四面体空隙位于单位晶胞的四条对角线上，每条对角线的 1/4 和 3/4 位置上为 2 个四面体空隙。单位晶胞共有 8 个四面体空隙，每个四面体空隙由顶角球与其相邻的三个面心球围成。

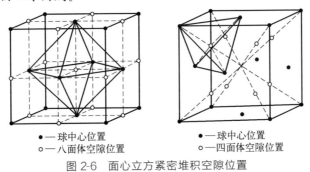

●—球中心位置
○—八面体空隙位置

●—球中心位置
○—四面体空隙位置

图 2-6　面心立方紧密堆积空隙位置

第三节　影响离子晶体结构的因素

在离子晶体结构中，半径较大的阴离子通常作紧密堆积或近似紧密堆积，半径较小的阳离子则填充在其空隙中。阳离子填充的空隙位置除了与阴、阳离子半径比有关外，还与其键性、电子构型以及极化性能有关。

一、原子半径和离子半径

在晶体化学中，一般都采用原子或离子的有效半径。所谓有效半径指原子或离子在晶体结构中相接触时的半径。在这种状态下，原子或离子相互间的静电吸引和排斥作用达到平衡。对于离子晶体，相邻的一对阴、阳离子的中心距即为该阴、阳离子的离子半径之和，对于共价晶体，两个相邻键合原子的中心距即为这两个原子的共价半径之和；对于金属晶体，两个相邻原子的中心距即为这两个金属原子的原子半径之和。如果能够确定化合物中某一元素的原子半径或离子半径，可以根据两个相邻原子或离子的中心距推算出其他元素的原子半径或离子半径。

原子半径或离子半径是晶体化学中一个非常重要的基本参数，常常作为衡量键的极性、键强度、配位情况、极化情况的重要数据，对离子的结合状态和晶体性质都有很大的影响。但是，应当注意，离子半径这个概念并不十分严格。

二、配位数和配位多面体

配位数和配位多面体是描述晶体结构时经常使用的术语。所谓配位数是指在晶体结构中，一个原子或离子周围与其直接相邻的原子或异号离子的个数。例如，在 $NaCl$ 晶体结构中，每个 Cl^- 周围有 6 个 Na^+，所以 Cl^- 的配位数为 6；而每个 Na^+ 周围也有 6 个 Cl^-，所以 Na^+ 的配位数也为 6。

离子的配位数主要与正、负离子半径比值有关。表 2-1 为阴离子作紧密堆积时，根据其几何关系计算出来的正离子配位数与正、负离子半径比值之间的关系。对于八面体配位，对应的正、负离子半径比值范围为 0.414～0.732。从晶体结构的稳定性考虑，八面体配位稳定存在的正、负离子半径比值范围的下限是 0.414，所对应的是正、负离子之间正好相互接触，负离子之间也正好相互接触的状态。若比值小于 0.414，则负离子之间相互接触，而正、负离子之间不相互接触，导致晶体结构不稳定，使正离子配位数下降。若比值大于 0.414，正、负离子之间仍然相互接触，但负离子之间逐渐脱离接触。从结构稳定性出发，正离子将尽可能地吸引更多的负离子与其配位，从而使其配位数上升。当其比值大于 0.732 时，正离子配位数将为 8。所以，0.732 是八面体配位的正、负离子半径比值的上限。

表 2-1 正、负离子半径比值（r^+/r^-）与阳离子配位数

r^+/r^-	0	0.155	0.225	0.414	0.732	1	
正离子配位数	2	3	4	6	8	12	
配位多面体形状	哑铃状	正三角形	四面体	八面体	立方体	截角立方体（立方最紧密堆积）	截顶两个正方双锥的聚形（六方紧密堆积）
实例	干冰 CO_2	B_2O_3	闪锌矿 β-ZnS	食盐 NaCl	萤石 CaF_2	铜 Cu	锇 Os

配位多面体指在晶体结构中，与某一个阳离子直接相邻，形成配位关系的各个阴离子的中心连线所构成的多面体。阳离子位于配位多面体的中心，各个配位阴离子（或原子）处于配位多面体的顶角上。图 2-7 给出阳离子常见配位方式及其配位多面体。

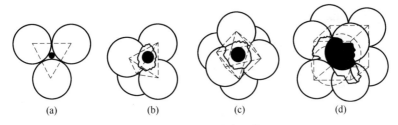

图 2-7　常见配位多面体

（a）三角体；（b）四面体；（c）八面体；（d）立方体

三、离子的极化

在研究离子晶体结构时，为了方便起见，往往把离子看作一个球体，把离子作为点电荷来处理，并且认为离子的正、负电荷中心是重合的，且位于离子中心。但是实际上，在外电场的作用下，离子的正、负电荷中心不再重合，产生偶极距，离子的形状和大小将发生改变，这种现象称为离子的极化。

在离子晶体中，每个阴、阳离子都具有自身被极化和极化周围离子的双重作用。一个离子在其他离子电场作用下发生的极化称为被极化，被极化程度用极化率表示。而一个离子的电场作用于周围离子，使其发生极化称为主极化，主极化能力用极化力来表示。

一般阳离子的离子半径小、电价高，主要表现为主极化。阴离子则相反，主要表现为被极化。半径大、电价低的阴离子如 I^-、Br^- 的极化率特别大。因此，考虑离子间相互作用时，一般只考虑阳离子对阴离子的极化作用。但是当阳离子最外层为 18 或 18＋2 电子构型时（如 Cu^+、Ag^+、Pb^{2+}、Cd^{2+} 等）极化率也较大，应该考虑阳离子的被极化。

离子极化对晶体结构具有重要的影响。在离子晶体中，由于离子极化，电子云相互重叠，缩短了阴、阳离子之间的距离，使离子的配位数降低，离子键性减少，晶体结构类型和性质也将发生变化。表 2-2 为离子极化对卤化银晶体结构的影响，由于极化作用，AgI 的配位数降低。

表 2-2　离子极化对卤化银晶体结构的影响

卤化银	AgCl	AgBr	AgI
Ag^+ 与 X^- 半径之和/nm	0.296(0.115＋0.181)	0.311(0.115＋0.196)	0.335(0.115＋0.220)
Ag^+ 与 X^- 中心距/nm	0.227	0.288	0.299
极化靠近值/nm	0.019	0.023	0.036
r^+/r^-	0.635	0.587	0.523
理论结构类型	NaCl	NaCl	NaCl
实际结构类型	NaCl	NaCl	立方 ZnS
实际配位数	6	6	4

四、电负性

电负性是各种元素的原子在形成价键时吸引电子的能力，用来表示其形成负离子倾向的大小。元素的电负性值越大，越易得到电子，即越容易成为负离子。表 2-3 列出了由鲍林给出的电负性值（χ），金属元素的电负性较低，非金属元素的电负性较高。两种元素的电负性差值越大，形成的化学键合的离子键就越强；反之，共价键就越强。电负性差值较小的两个元素形成化合物时，主要为非极性共价键或半金属共价键。

表 2-3　元素的电负性值（χ）

Li	Be											B	C	N	O	F
1.0	1.5											2.0	2.5	3.0	3.5	4.0
Na	Mg											Al	Si	P	S	Cl
0.9	1.2											1.5	1.8	2.1	2.5	3.0
K	Ca	Sc	Ti	V	Cr	Mn	Fe	Co	Ni	Cu	Zn	Ga	Ge	As	Se	Br
0.8	1.0	1.3	1.5	1.6	1.6	1.5	1.8	1.8	1.8	1.9	1.6	1.6	1.8	2.0	2.4	2.8
Rb	Sr	Y	Zr	Nb	Mo	Tc	Ru	Rh	Pd	Ag	Cd	In	Sn	Sb	Te	I
0.8	1.0	1.2	1.4	1.6	1.8	1.9	2.2	2.2	2.2	1.9	1.7	1.7	1.8	1.9	2.1	2.5
Cs	Ba	La～Lu	Hf	Ta	W	Re	Os	Ir	Pt	Au	Hg	Tl	Pb	Bi	Po	At
0.7	0.9	1.1～1.2	1.3	1.5	1.7	1.9	2.2	2.2	2.2	2.4	1.9	1.8	1.8	1.9	2.0	2.2
Fr	Ra	Ac	Th	Pa	U	Np～No										
0.7	0.9	1.1	1.3	1.5	1.7	1.3										

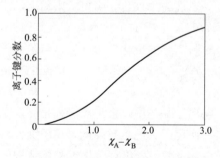

图 2-8　离子键分数与电负性差值
（$\chi_A - \chi_B$）的关系

A、B 两元素形成化学键中离子键所占比例可以用式（2-1）计算。

$$离子键 = 1 - \exp\left[-\frac{1}{4}(\chi_A - \chi_B)^2\right]$$
$$(2\text{-}1)$$

式中，χ_A 及 χ_B 分别为 A 元素和 B 元素的电负性值。

图 2-8 所示为电负性差值与离子键分数的关系。大多数硅酸盐晶体都是介于离子键与共价键之间的混合键。

综上，晶体中组成质点的大小不同，即阳、阴离子半径比值（r^+/r^-）不同，配位数和晶体结构也不相同。并且，晶体中化学键性质以及极化性能也会影响配位数和晶体结构类型。

例题 2-2： 计算 MgO 和 GaAs 晶体中离子键的成分。

答： 由表 2-3 的电负性数据可知：$\chi_{Mg} = 1.2$，$\chi_O = 3.5$，$\chi_{Ga} = 1.6$，$\chi_{As} = 2.0$，则

$$MgO \text{ 离子键}=1-\exp\left[-\frac{1}{4}(1.2-3.5)^2\right]=0.73$$

$$GaAs \text{ 离子键}=1-\exp\left[-\frac{1}{4}(1.6-2.0)^2\right]=0.04$$

因此，MgO 晶体的化学键以离子键为主，而 GaAs 则是典型的共价键晶体。

例题 2-3：计算配位八面体的正、负离子半径比的下限值。

答：在配位八面体中，正离子的配位数为 6，正离子周围的负离子分布于八面体的 6 个顶角。通过 4 个负离子中心的切面如图 2-9 所示。

由图可以看出 $\sqrt{2}(2r^-)=2(r^++r^-)$，由此可得 $r^+/r^-=0.414$。也就是当配位数为 6 时，如果 $r^+/r^-=0.414$，正负离子正好接触；如果 $r^+/r^->0.414$，则正离子会"撑开"结构，直到 $r^+/r^-=0.732$ 时，有更多的负离子与正离子形成配位关系；而如果 $r^+/r^-<0.414$ 时，结构不稳定，正负离子分离，向配位数小的构型转化。

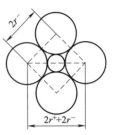

图 2-9　配位数为 6 时的正负离子正好接触

第四节　同质多晶与类质同晶

一、同质多晶与类质同晶概念

同一化学组成在不同外界条件下（温度、压力、pH 值等），结晶成为两种以上不同结构晶体的现象称为同质多晶或同质多象。由此而产生的化学组成相同、结构不同的晶体称为变体。

金刚石和石墨的化学组成都是碳，但晶体结构和物理性质差异很大。金刚石是在较高的温度和极大的静压力下形成的，属于立方晶系 $Fd3m$ 空间群，配位数为 4，呈四面体配位，碳原子之间形成共价键。金刚石是目前已知硬度最高的材料，并且具有极好的导热性，还具有半导体性。石墨却属于六方晶系 $P6_3/mmc$ 空间群，配位数为 3，具有平面三角形配位，同一层中的碳原子之间形成共价键，而层与层之间的碳原子以范德瓦耳斯键结合。石墨硬度低，熔点高，导电性良好，并且有润滑性。再如 SiO_2 在不同条件下会形成 α-石英、β-石英、α-鳞石英、β-鳞石英、γ-鳞石英、α-方石英和 β-方石英 7 种变体（其中 α 表示高温稳定的变体，β、γ 依次表示低温稳定的变体）。

在自然界还存在另一种现象，在晶体结构中，原有原子或离子被其他性质相似的离子或原子代替，但是并没有引起键的极性、晶体结构的变化，这种现象被称为类质同晶现象。这是自然界很多矿物经常共生在一起的根源。例如菱镁矿

（MgCO₃）和菱铁矿（FeCO₃）因其组成接近，结构相同，经常共生在一起。又例如方解石 CaCO₃ 和菱镁矿 MgCO₃ 常常共生成白云石 [(Ca,Mg)CO₃]。类质同晶对矿物提纯与分离、固溶体的形成及材料改性具有重要意义。

二、同质多晶转变

每种变体都有自己的热力学稳定范围。因此，当外界条件改变到一定程度时，各种变体之间就可能发生结构转变。从一种变体转变成为另一种变体，这种现象称为多晶转变。对于无机材料而言，多晶转变主要是通过改变温度条件来实现的。

根据多晶转变前后晶体结构的变化程度和转变速度，可以将多晶转变分为位移性转变和重建性转变两类。位移性转变又称高低温转变，这种转变不打开任何键，也不改变原子最邻近的配位数，仅仅使结构发生畸变，原子从原来位置发生少许位移，使次级配位有所改变 [图 2-10（a）]。这类转变所需的能量较低，转变速度很快，并且在一个确定的温度下完成。例如 α-石英与 β-石英，α-方石英与 β-方石英以及 α-鳞石英、β-鳞石英与 γ-鳞石英之间所发生的转变都是位移性转变。在具有位移性转变的硅酸盐矿物的变体中，高温型变体常常具有较高的对称性、较疏松的结构，表现出较大的比容、热容和较高的熵。

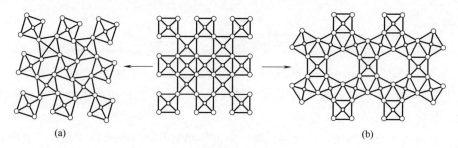

(a)   (b)

图 2-10　两类多晶转变
（a）位移性转变；（b）重建性转变

重建性转变是破坏原有原子间化学键，改变原子最邻近配位数，使晶体结构完全改变的一种多晶转变形式 [图 2-10（b）]。重建性转变需要先破坏原来的化学键，因而所需的能量较高，转变速度较慢。如果冷却速度过快的话，高温型变体经常以介稳态保留到低温而不发生这种转变。α-石英、α-鳞石英与 α-方石英之间的转变属于重建性转变。

根据多晶转变的方向可以将多晶转变分为可逆转变与不可逆转变两类。可逆转变又称双向转变，指在一定温度下，同质多晶变体可以相互转变，即当温度高于或低于转变点时，两种变体可以反复瞬时转变，位移性转变都属于可逆转变。不可逆转变又称单向转变，指在转变温度下，一种变体可以转变为另一种变体，而反向转变却几乎不可能。少数重建性转变是不可逆转变。例如，α-石英在温度超过870℃并有矿化剂存在时，可转变成 α-鳞石英。但 α-鳞石英冷却到870℃以下却不转变为 α-石英，而转变为 β-鳞石英、γ-鳞石英。又如 β-C_2S（β-2CaO·SiO_2）在500℃以下可以转变成 γ-C_2S。但重新升温后，γ-C_2S 却不能转变为 β-C_2S，需要先在较高温度下转变成 α-C_2S，然后通过快速冷却才能再转变为 β-C_2S。在无机材料制备过程中，利用多晶转变的不可逆性，可以得到一些有用的介稳晶体。

第五节　鲍林规则

鲍林（Pauling）根据离子晶体的晶体化学原理，通过对一些较简单的离子晶体结构进行分析，总结归纳出五条规则。

一、第一规则

第一规则又称配位体规则。在晶体结构中，围绕每个阳离子，形成一个阴离子配位多面体。阴、阳离子的距离决定于它们的半径之和，阳离子的配位数取决于它们的半径比值，与电价无关。

必须指出，实际晶体结构往往受多种因素影响，并不完全符合这一规则，会出现一些例外情况。当值处于临界值（如0.414、0.732等）附近时，在不同的晶体中同一阳离子的配位数可能不同，如 Al^{3+} 与 O^{2-} 配位时，既可以形成铝氧四面体，又可以形成铝氧八面体。表2-4列出了一些常见阳离子与 O^{2-} 的配位数，大多数阳离子的配位数在4~8之间。其次，当阴离子不是紧密堆积时，可能出现5、7、9、11等配位数。另外，当阴、阳离子产生明显极化时，也会使阳离子配位数降低。

表2-4　氧离子对一些常见离子的配位数

配位数	阳离子
3	B^{3+},C^{4+},N^{5+}
4	Be^{2+},Mn^{2+},Zn^{2+},B^{3+},Al^{3+},Si^{4+},Ge^{4+},P^{5+},As^{5+},V^{5+},S^{6+},Se^{6+},Cr^{6+}
6	Li^+,Mg^{2+},Mn^{2+},Fe^{2+},Co^{2+},Ni^{2+},Cu^{2+},Zn^{2+},Al^{3+},Ga^{3+},Cr^{3+},Fe^{3+},Se^{3+},Ti^{4+},Sn^4
6~8	Na^+,Ca^{2+},Ba^{2+},Sr^{2+},Cd^{2+},Y^{3+},Sm^{3+},Lu^{3+},Zr^{4+},Ce^{4+},Hf^{4+},Th^{4+},U^{4+}
8~12	Na^+,K^+,Rb^+,Ca^{2+},Sr^{2+},Cs^{2+},Ba^{2+},Pb^{2+},La^{3+},Ce^{3+},Sm^{3+}

二、第二规则

第二规则又称静电价规则。在一个稳定的离子化合物结构中，每一个阴离子的电价等于或近似等于相邻阳离子分配给这个阴离子的静电价强度总和。即使是稳定性较差的结构，偏差一般也不超过 1/4 价。对于一个规则的配位多面体而言，中心阳离子分配给每一个配位阴离子的静电价强度 S 等于该阳离子的电价 Z 除以它的配位数 n，即 $S=Z/n$。第二规则可以表示为：

$$S = \sum_i S_i = \sum_i \frac{Z_i}{n_i} \tag{2-2}$$

式中，S 为某阴离子的电价；S_i 为第 i 种阳离子分配给该阴离子的静电价强度；Z_i 为第 i 种阳离子的电价；n_i 为第 i 种阳离子的配位数。

以 NaCl 晶体为例，每一个 Na^+ 处在 6 个 Cl^- 所形成的配位体中，所以其静电强度为 $S=1/6$；而每一个 Cl^- 同时与 6 个 Na^+ 相配位，Cl^- 得到的阳离子静电价强度总和为 $6 \times 1/6 = 1$，正好等于 Cl^- 的电价，所以 NaCl 晶体结构是稳定的。

离子静电价的饱和对于晶体结构的稳定性是相当重要的。它不仅可以保证晶体在宏观上的电中性，还能在微观上使阴、阳离子的电价得到满足，使配位体和整个晶体结构稳定。静电价规则对于了解和分析硅酸盐晶体结构是非常重要的。这一规则可以用于判断某种晶体结构是否稳定，还可以用于确定共用同一质点（即同一个阴离子）的配位多面体的数目。

例如，在 $[SiO_4]$ 四面体中，Si^{4+} 位于由四个 O^{2-} 构成的四面体的中央。根据静电价规则，从 Si^{4+} 分配至每一个 O^{2-} 的静电键强度为 $4/4=1$，而 O^{2-} 的电价为 2，所以这样的 O^{2-} 还可以和其他的 Si^{4+} 或金属离子相配位。若在 $[AlO_6]$ 八面体中，从 Al^{3+} 分配至每一个 O^{2-} 的静电键强度为 1/2，而在 $[MgO_6]$ 八面体中，从 Mg^{2+} 分配至每一个 O^{2-} 的静电键强度则为 1/3。因此，$[SiO_4]$ 四面体中的每个 O^{2-} 还可同时与另一个 $[SiO_4]$ 四面体中的 Si^{4+} 相配位，或同时与两个 $[AlO_6]$ 八面体中的 Al^{3+} 相配位，或同时与三个 $[MgO_6]$ 八面体中的 Mg^{2+} 相配位（即这个 $[SiO_4]$ 四面体中的一个 O^{2-} 可以同时与另外一个、两个或三个配位多面体共用），使 $[SiO_4]$ 四面体中的每个 O^{2-} 的电价得到饱和。

三、第三规则

第三规则即阴离子配位多面体的共顶、共棱和共面规则。在一个配位结构中，两个阴离子配位多面体共棱，特别是共面时，结构的稳定性会降低。对于电价高、配位数小的阳离子，这个效应特别显著。并且当阴、阳离子半径比值接近于该配位多面体稳定的下限值时，这个效应更加显著。

这一规则的实质在于：随着相邻两配位多面体从共用一个顶角到共用一条棱，再到共用一个平面，其中心阳离子之间的距离逐渐变小（图 2-11），库仑力迅速增大。这样就导致结构趋向不稳定。如两个配位四面体共顶、共棱和共面相连时，其中心阳离子间的距离之比为 1：0.58：0.33；而配位八面体则为 1：0.71：0.58。

这个规则说明了为什么［SiO₄］四面体在相互连接时，两个四面体一般只共用一个顶点（共顶），而［AlO₆］八面体却可以共棱，在特殊情况下，两个［AlO₆］八面体还可以共面。事实上，在硅酸盐矿物中，只发现［SiO₄］共顶相连，没有共棱、共面相连的。

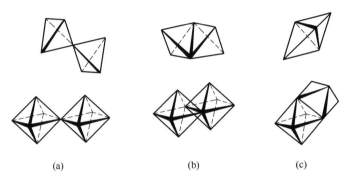

图 2-11　配位多面体共顶、共棱和共面连接的情况
（a）共顶；（b）共棱；（c）共面

四、第四规则

在一个含有多种阳离子的晶体结构中，电价高、配位数小的阳离子，倾向于相互不共享配位多面体的几何要素。

所谓配位多面体的几何要素是指配位多面体的顶角、棱、面等。第四规则实际上是第三规则的延伸。在一个稳定的晶体结构中，若有多种阳离子，则电价高、配位数小的阳离子的配位多面体趋向于尽可能不相互连接，而通过其他阳离子的配位多面体分隔开来，最多也只能共顶相连。如具有岛状结构的硅酸盐矿物镁橄榄石（Mg_2SiO_4）中的 Si^{4+} 之间斥力较大，［SiO₄］四面体之间互不结合而孤立存在，但是 Si^{4+} 和 Mg^{2+} 之间的斥力较小，故［SiO₄］四面体和［MgO₆］八面体之间共顶或共棱相连，这样形成较稳定的结构。

五、第五规则

第五规则又称节约规则。在同一个晶体结构中，本质上不同的结构单元的数目趋向于最少。

例如，含有氧、硅及其他阳离子的晶体中，不会同时出现［SiO₄］四面体、［Si₂O₇］双四面体等不同组成的离子团（结构单元），尽管这两种配位体都符合静电价规则。又如，上述的镁橄榄石（Mg_2SiO_4），其结构中 O^{2-} 呈六方最紧密堆积。在每个 O^{2-} 周围既有四面体空隙也有八面体空隙。阳离子 Si^{4+} 和 Mg^{2+} 可随机填充四面体空隙或者八面体空隙，但事实上 Si^{4+} 只填充四面体空隙，Mg^{2+} 只填充八面体空隙，并且它们只按特定的方式排列且贯穿于整个晶体。

必须指出，鲍林规则仅适用于带有不明显共价键的离子晶体，而且还有少数例外情况。例如，链状硅酸盐矿物透辉石，硅氧链上的活性氧得到的阳离子静电价强度总和为 23/12 或 19/12（小于 2），而硅氧链上的非活性氧得到的阳离子静电价强度总和为 5/2（大于 2），不符合静电价规则，但仍然能在自然界中稳定存在。

习　　题

2-1　名词解释：配位数与配位体、同质多晶与类质同晶、位移性转变与重建性转变。

2-2　面排列密度的定义为：在平面上球体所占的面积分数。

画出 MgO（NaCl 型）晶体（111）、（110）和（100）晶面上的原子排布图，并计算这三个晶面的面排列密度。

2-3　试证明等径球体六方紧密堆积的六方晶胞的轴径比 $c/a \approx 1.633$。

2-4　设原子半径为 R，试计算体心立方堆积结构的（100）（110）和（111）面的面排列密度和晶面族的面间距。

2-5　以 NaCl 晶胞为例，试说明面心立方紧密堆积中的八面体和四面体空隙的位置和数量。

2-6　临界半径比的定义是：紧密堆积的阴离子恰好互相接触，并与中心的阳离子也恰好接触的条件下，阳离子半径与阴离子半径之比，即每种配位体的阳、阴离子半径比的下限。计算下列配位的临界半径比：①立方体配位；②八面体配位；③四面体配位；④三角形配位。

2-7　一个面心立方紧密堆积的金属晶体，其相对原子质量为 M，密度是 $8.94g/cm^3$。试计算其晶格常数和原子间距。

2-8　试根据原子半径 R 计算面心立方晶胞、六方晶胞、体心立方晶胞的体积。

2-9　MgO 具有 NaCl 结构。根据 O^{2-} 半径为 0.140nm 和 Mg^{2+} 半径为 0.072nm，计算球状离子所占据的体积分数和 MgO 的密度，并说明为什么其体积分数小于 74.05%。

2-10　半径为 R 的球，相互接触排列成体心立方结构，试计算能填入其空隙中的最大小球半径 r。体心立方结构晶胞中最大空隙的坐标为（0，1/2，1/4）。

2-11　纯铁在 912℃ 由体心立方结构转变成面心立方，体积随之减小 1.06%。根据面心立方结构的原子半径 $R_{面心}$ 计算体心立方结构的原子半径 $R_{体心}$。

第三章 晶 体 结 构

本章知识框架图

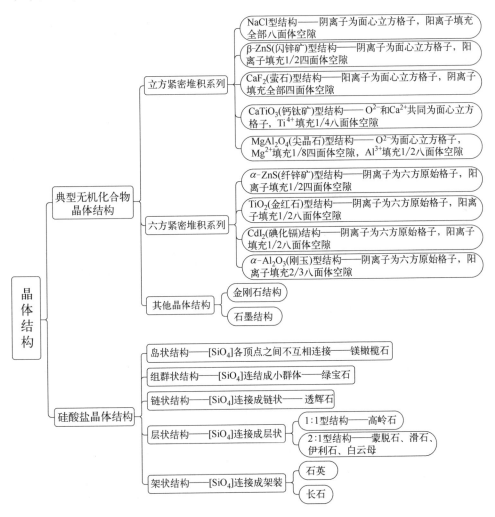

本章内容简介

　　材料的性质是晶体内部结构的反映，人们可以通过材料组成、结构、性质关系的研究揭示材料的光、电、磁、热及其他宏观性质产生的机理，进一步通过改变其内部结构和组织状态，达到改变材料的性能，实现材料在更广泛领域中应用的目的。固体材料在高温条件下的物理化学过程，如晶体结构的缺陷、扩散、相变、固相反应和烧结，是晶体结构中质点通过扩散、迁移完成的，其动力学过程与晶体结构密切相关。晶体结构也是研究晶体生长及新材料制备的重要基础。

　　由晶体化学基本原理可知，决定晶体结构的主要因素为球体紧密堆积方式、离子半径、离子的极化以及元素电负性等，此外还受到组成晶体质点的种类和相对数量的影响。典型无机化合物晶体结构，按化学式可分为 AB 型、AB_2 型、A_2B_3 型、ABO_3 型、AB_2O_4 型等。晶体结构可以用坐标系法、紧密堆积法和配位多面体配置法进行描述。

本章学习目标

1. 掌握利用鲍林规则分析晶体结构的方法。
2. 掌握晶体结构的描述方法。
3. 掌握立方紧密堆积系列晶体的结构特点及性能。
4. 了解六方紧密堆积系列晶体的结构特点及性能。
5. 熟悉硅酸盐晶体结构组成特点和分类，掌握相关晶体结构及性能对应关系。

第一节　典型无机化合物晶体结构

一、立方紧密堆积系列

1. NaCl 型结构

　　NaCl 的晶体结构如图 3-1 所示，属立方晶系，$Fm3m$ 空间群，面心立方格子，$a_0=0.563nm$。

　　在 NaCl 晶体中，Cl^- 按面心立方排列，即 Cl^- 分布于晶胞的八个顶角和六个面心，Na^+ 位于结构中心及棱中心位置。因为离子在面心立方晶胞的顶角、棱、面心和体心时，属于这个晶胞的离子分别为 1/8、1/4、1/2 和 1 个，所以每个 NaCl 晶胞中，分子数 $Z=4$。晶胞中 4 个 Cl^- 离子和 Na^+ 离子的坐标分别是：

$$Cl^-：(0, 0, 0)、\left(\frac{1}{2}, \frac{1}{2}, 0\right)、\left(\frac{1}{2}, 0, \frac{1}{2}\right)、\left(0, \frac{1}{2}, \frac{1}{2}\right)$$

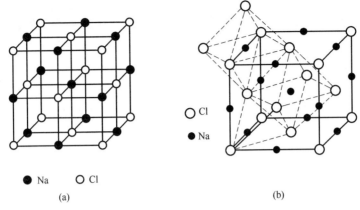

图 3-1 NaCl 晶体结构

(a) 晶体结构；(b) ［NaCl$_6$］八面体之间共棱连接

$$\text{Na}^+: \left(\frac{1}{2}, 0, 0\right)、\left(0, \frac{1}{2}, 0\right)、\left(0, 0, \frac{1}{2}\right)、\left(\frac{1}{2}, \frac{1}{2}, \frac{1}{2}\right)$$

位于顶角 (0, 0, 0) 的 Cl$^-$ 与其他 7 个顶角的 Cl$^-$ 是等效的，故不需要列出所有坐标。

可以用鲍林规则分析晶体结构特点。根据鲍林第一规则，Na$^+$ 与 Cl$^-$ 的半径比 (r^+/r^-) 为 0.639，在 0.414～0.732 之间，Na$^+$ 的配位数为 6，即 Na$^+$ 填充于 Cl$^-$ 形成的八面体空隙中，构成 ［NaCl$_6$］ 八面体。由于在面心立方紧密堆积系统中，n 个球体形成的八面体空隙为 n 个，在 NaCl 单位晶胞中有 4 个 Cl$^-$，构成 4 个八面体空隙，因此 Na$^+$ 填充了全部八面体空隙，填充率 $P=1$。根据鲍林第二规则，Na$^+$ 分配给每一个配位 Cl$^-$ 的静电价强度 ($S=Z/n$) 为 1/6，而 Cl$^-$ 的电价为 1，因此 Cl$^-$ 的配位数为 6 时，NaCl 的结构稳定。在这样的配位关系下，NaCl 晶体中 Na$^+$ 与 Cl$^-$ 形成的八面体之间是共棱相连的。对于一般化学式为 A$_m$B$_n$ 的结构，阳、阴离子的配位数 (CN) 一般有下述关系：$m \times CN_A = n \times CN_B$。如果组成晶体质点极化影响显著，则考虑极化对配位数的影响。

NaCl 型结构的晶体中，LiF、KCl、KBr 和 NaCl 等晶体是重要的光学材料。很多二价碱金属和二价过渡金属的氧化物和硫化物都具有 NaCl 型晶体结构，如 MgO、CaO、SrO、MnO、FeO、CoO、NiO、CaS、BaSe 等。氮化物 TiN、LaN、CrN 以及碳化物 TiC 也具有 NaCl 型结构。这些化合物由于化学组成不同，正负离子半径不同，性能各不相同。例如，死烧 MgO、CaO 因工艺或操作不当会出现在水泥熟料中，由于它们水化后形成的氢氧化物体积增大，若分布不均，含量超过一定限度，将造成水泥开裂等问题。相比而言，Ca^{2+} 的半径比 Mg^{2+} 的半径大得多，填充在 O^{2-} 形成的八面体空隙中，将其"撑开"。这样，

CaO 的结构不如 MgO 的结构稳定，游离的 CaO 水化速度更快且水化放热量大，因此水泥熟料中更应避免过量的 CaO。而 MgO 的水化速度相对平稳，如果能加以控制，也可以利用其水化产物体积膨胀的特点，将其作为膨胀剂加入以弥补水泥的后期收缩。

在研究晶体结构时，常常讨论晶胞常数 a_0 和理论密度 D_0。对于一般稳定晶体结构，r^+/r^- 并不处于临界状态。因此阳、阴离子配置关系为阳、阴离子密切接触，阴离子之间不接触。对于 NaCl 型晶体结构，晶胞常数 $a_0=2(r^++r^-)$。其密度通过下式计算：

$$D_0=\frac{nM}{Na_0^3} \tag{3-1}$$

式中，n 为每个晶胞中化合物的分子数；M 为化合物的相对分子质量；N 为阿伏伽德罗常数。

例题 3-1： 面排列密度定义为在平面上球体所占的面积分数。MgO 具有 NaCl 结构形式，计算 MgO (111) 晶面的面排列密度。已知 O^{2-} 离子的半径为 0.140nm，Mg^{2+} 离子的半径为 0.072nm。

答： 首先画出 (111) 晶面上的原子排布图，如图 3-2 所示。

图 3-2 MgO (111)
晶面原子排布

可见，(111) 晶面上排布全是 O^{2-}。如图单元中的 O^{2-} 一共为 6 个，而属于该单元的 O^{2-} 则只有 2 个（$N=3\times1/6+3\times1/2=2$）。

该单元三角形的边长为面心立方结构的面对角线，即为 $\sqrt{2}\,a$。由于 $a=2\times(0.140+0.072)=0.424nm$。则 (111) 晶面的面密度为：

$$\frac{N}{A}=\frac{2\pi\times0.140^2}{\frac{1}{2}\times(\sqrt{2}\times0.424)\times(\sqrt{2}\times0.424)\times\sin60°}=0.791$$

2. β-ZnS（闪锌矿）型结构

闪锌矿晶体结构属立方晶系 $F\bar{4}3m$ 空间群，$a_0=0.540nm$，$Z=4$。如图 3-3 (a) 所示，在闪锌矿中 S^{2-} 位于立方面心的结点位置，Zn^{2+} 交错分布在立方体内的 8 个小立方体的中心，占据了 8 个小立方体的 1/2。图 3-3 (b) 为晶胞的投影图。晶胞中 4 个 S^{2-} 和 Zn^{2+} 的坐标分别是：

S^{2-}：$(0, 0, 0)$、$\left(\frac{1}{2}, \frac{1}{2}, 0\right)$、$\left(\frac{1}{2}, 0, \frac{1}{2}\right)$、$\left(0, \frac{1}{2}, \frac{1}{2}\right)$

Zn^{2+}：$\left(\frac{1}{4}, \frac{1}{4}, \frac{3}{4}\right)$、$\left(\frac{1}{4}, \frac{3}{4}, \frac{1}{4}\right)$、$\left(\frac{3}{4}, \frac{1}{4}, \frac{1}{4}\right)$、$\left(\frac{3}{4}, \frac{3}{4}, \frac{3}{4}\right)$

Zn^{2+} 与 S^{2-} 的半径比（r^+/r^-）为 0.436，在 0.414～0.732 之间，理

论上 Zn^{2+} 的配位数为 6，但由于 Zn^{2+} 具有 18 电子构型，而 S^{2-} 半径大，易于变形，且受到极化作用的影响，因此 Zn^{2+} 的实际配位数为 4，即 Zn^{2+} 填充于四面体空隙。Zn^{2+} 的填充率 $P=1/2$，分别占据面心立方晶胞八个顶角部位的四个四面体空隙。[ZnS_4] 四面体之间以共顶的方式相连而成，如图 3-3（c）所示。

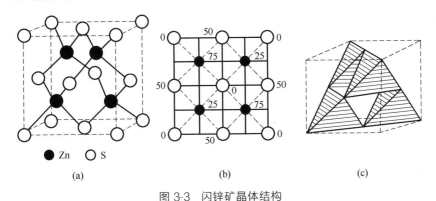

图 3-3 闪锌矿晶体结构
（a）晶体结构；（b）晶胞投影；（c）配位多面体连接方式

具有 β-ZnS 型结构的还有 β-SiC、GaAs、InSb、CuCl 以及 Be、Cd、Hg 的硫化物、硒化物、碲化物等。其中 β-SiC 由于质点间的键较强，晶体硬度大、熔点高、热稳定性好，是很有前途的高温结构材料。

3. CaF₂（萤石）型结构

萤石型晶体结构为立方晶系 $Fm3m$ 空间群，$a_0 = 0.545nm$，$Z = 4$。如图 3-4，在 CaF_2 型晶体结构中，Ca^{2+} 按面心立方分布，即 Ca^{2+} 占据晶胞的八个顶角和六个面心，而 F^- 填充在立方体内 8 个小立方体的中心。

从配位多面体的角度看，由于 $r^+/r^- = 0.975$，Ca^{2+} 的配位数为 8，Ca^{2+} 位于 F^- 构成的立方体中心，形成 [CaF_8] 配位立方体。根据鲍林第二规则，可求得 F^- 的配位数为 4，即 [CaF_8] 配位体之间共棱连接形成整个萤石结构 [图 3-4（c）]。

从离子堆积的角度看，Ca^{2+} 按立方面心紧密堆积排列，而 F^- 充填于全部四面体空隙之中。也可以看作，CaF_2 的结构是 F^- 作简单立方堆积，Ca^{2+} 填充半数的立方体空隙。若把晶胞看成是 [CaF_8] 多面体的堆积，晶胞中有一半的立方体空隙被 Ca^{2+} 填充，而半数的立方体空隙未被填满，且立方体空隙体积又比较大，因此萤石结构比较"疏松"，有利于形成负离子填隙，也为负离子扩散提供了条件。所以在萤石结构中比较容易形成弗仑克尔缺陷，而且往往存在着阴离子扩散机制。

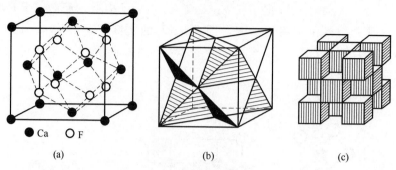

● Ca ○ F

(a)　　　　　　　　(b)　　　　　　　　(c)

图 3-4　萤石晶体结构

(a) 晶体结构；(b)〔CaF_4〕配位多面体；(c)〔CaF_8〕配位多面体

萤石在水泥、玻璃、陶瓷等工业生产中作矿化剂和助熔剂。属于萤石型结构的晶体有 ThO_2、CeO_2、UO_2、PbF_2 等。低温型 ZrO_2（单斜晶系）结构类似于萤石结构。ZrO_2 的熔点很高（2680℃），是一种优良的高温结构陶瓷。ZrO_2又是一种高温固体电解质，利用其氧空位的电导性能，可以制备氧敏传感器元件。利用 ZrO_2 晶形转变时的体积变化，可对陶瓷材料进行相变增韧。

另外，碱金属氧化物 Li_2O、Na_2O、K_2O、Rb_2O 的结构与萤石结构相同，只是阴、阳离子位置完全相反，即碱金属离子占据 F^- 的位置，O^{2-} 占据 Ca^{2+} 的位置。这种结构属于反萤石型结构。

4. $CaTiO_3$（钙钛矿）型结构

钙钛矿结构的通式为 ABO_3 型，其中 A 代表二价或一价阳离子，B 代表四价或五价阳离子。

$CaTiO_3$ 在 600℃ 以下属正交晶系 $PCmm$ 空间群，$a_0 = 0.537nm$，$b_0 = 0.764nm$，$c_0 = 0.544nm$，$Z = 4$。600℃ 以上高温时属立方晶系 $Pm3m$ 空间群，$a_0 = 0.385nm$，$Z = 1$。图 3-5（a）为立方晶系 $CaTiO_3$ 的晶胞结构。因 O^{2-} 和 Ca^{2+} 的半径相近，共同构成面心立方堆积，Ca^{2+} 占据晶胞 8 个顶角的位置，O^{2-} 占据 6 个面心的位置。Ti^{4+} 位于晶胞的体心，由于 $r_{Ti^{4+}}/r_{O^{2-}} = 0.522$，$Ti^{4+}$ 配位数为 6，Ti^{4+} 填充于八面体空隙中，填充率 $P = 1/4$。〔TiO_6〕八面体通过共顶连接成三维空间的结构〔图 3-5（b）〕。另外，$r_{Ca^{2+}}/r_{O^{2-}} = 1.08$，$Ca^{2+}$ 的配位数为 12〔图 3-5（b）、(c)〕。据阳、阴离子的配位关系式可知，4 个 Ca^{2+}、2 个 Ti^{4+} 与 O^{2-} 相配位。

由图 3-5（a）可见，在理想对称的 $CaTiO_3$（ABO_3）型结构中，三种离子的半径 r_A、r_B、r_O 存在下述关系：$r_A + r_O = \sqrt{2}(r_B + r_O)$。但在实际研究中发现，只要满足条件 $r_A + r_O = t\sqrt{2}(r_B + r_O)$ 就可得到钙钛矿结构。式中 t 为容许

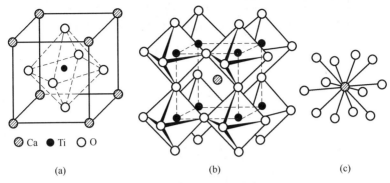

图 3-5　钙钛矿晶体结构

（a）晶胞结构；（b）［TiO_6］配位体连接方式；（c）Ca^{2+} 的配位

因子，其值约在 $0.77 \sim 1.10$ 范围。A 与 B 离子的电价也不仅限于 2 价与 4 价，任意一对阳离子半径适合于配位条件，且其离子电价之和为 6，那么它们就可能形成这种结构。因此，钙钛矿型晶体结构十分丰富，钙钛矿型晶体主要化合物如表 3-1 所列。

表 3-1　钙钛矿型晶体主要化合物

氧化物(1+5)	氧化物(2+4)			氧化物(3+3)	氟化物(1+2)
$NaNbO_3$	$CaTiO_3$	$SrZrO_3$	$CaCeO_3$	$YAlO_3$	$KMgF_3$
$KNbO_3$	$SrTiO_3$	$BaZrO_3$	$BaCeO_3$	$LaAlO_3$	$KNiF_3$
$NaWO_3$	$BaTiO_3$	$PbZrO_3$	$PbCeO_3$	$LaCrO_3$	$KZnF_3$
	$PbTiO_3$	$CaSnO_3$	$BaPrO_3$	$LaMnO_3$	
	$CaZrO_3$	$BaSnO_3$	$BaHfO_3$	$LaFeO_3$	

一些铁电、压电材料属于钙钛矿型结构，在电子陶瓷中十分重要。$BaTiO_3$ 的结构与性能研究得比较早也比较深入。现已发现在居里温度以下，$BaTiO_3$ 晶体不仅是良好的铁电材料，而且是一种很好地用于光存信息的光折变材料。$Pb(ZrTi)O_3$ 具有优良的压电性。超导材料 YBaCuO 体系具有钙钛矿型结构，钙钛矿结构的研究对揭示这类材料的超导机理有重要的作用。

5. $MgAl_2O_4$（尖晶石）型结构

尖晶石型晶体结构属于立方晶系 $Fd3m$ 空间群，$a_0 = 0.808nm$，$Z = 8$。尖晶石结构的通式为 AB_2O_4，式中 A 为二价阳离子，B 为三价阳离子。$MgAl_2O_4$ 晶体的基本结构基元为 A、B 块 ［图 3-6（a）］，单位晶胞由 4 个 A、B 块拼合而成 ［图 3-6（b）］。在 $MgAl_2O_4$ 晶胞中，O^{2-} 作面心立方紧密排列；Mg^{2+} 进入四面体空隙，占有四面体空隙的 1/8；Al^{3+} 进入八面体空隙，占有八面体空隙的 1/2。不论是四面体空隙还是八面体空隙都没有填满。按照阴、阳离子半径比与配位数的关系，Al^{3+} 与 Mg^{2+} 的配位数都为 6，都填入八面体空隙。但根据鲍林第三规则，高电价离子填充于低配位的四面体空隙中，排斥力要比填充在八面体空隙中大，稳定性要差，所以 Al^{3+} 填充了八面体空隙，而 Mg^{2+} 填入了四面体空隙。尖晶石晶胞中有八个"分子"，即 $Mg_8Al_{16}O_{32}$，有 64 个四面体空隙，Mg^{2+} 只占有 8 个；有 32 个八面体空隙，Al^{3+} 只占有 16 个。

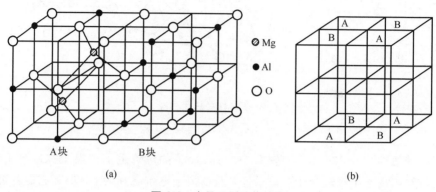

图 3-6　尖晶石型晶体结构

（a）晶体结构；（b）基本结构基元分布

尖晶石结构可分为正尖晶石结构和反尖晶石结构两类：二价阳离子 A 填充于四面体空隙，三价阳离子 B 填充于八面体空隙的叫正尖晶石，如 $MgAl_2O_4$ 尖晶石；如果二价阳离子 A 分布在八面体空隙中，而三价阳离子 B 一半填充于四面体空隙，另一半填充于八面体空隙中，称为反尖晶石型，如 $MgFe_2O_4$ $[Fe^{3+}(Mg^{2+}Fe^{2+})O_4]$ 尖晶石。许多过渡金属离子填充空隙的规律并不完全服从阳、阴离子半径比与配位数的关系，而是由晶体场中的择位能来决定的。

在 $MgAl_2O_4$ 尖晶石结构中，Al—O、Mg—O 均形成较强的离子键，结构牢固，硬度大（莫氏硬度 8），熔点高（2135℃），相对密度大（3.55），化学性质稳定，无解理，是重要的高温结构材料。

许多重要的氧化物磁性材料都具有反尖晶石型结构，例如 $Fe^{3+}(Mg^{2+}Fe^{2+})O_4$、$Fe^{3+}(Fe^{2+}Fe^{3+})O_4$。氧化物磁性材料称为铁氧体，作为磁性介质又被称为铁氧体磁性材料。高频无线电新技术要求材料既具有铁磁性，又有很高的电阻，根据晶体场理论中的择位能，控制阳离子在 A 和 B 位置上的分布，从而使尖晶石型晶体满足这类性能要求。

二、六方紧密堆积系列

六方紧密堆积系列晶体结构分析步骤与面心立方紧密堆积系列相同。一般为负离子作六方紧密堆积结构，正离子填充到负离子形成的空隙中。

1. α-ZnS（纤锌矿）型结构

纤锌矿晶体结构属六方晶系 $P6_3mc$ 空间群，晶胞参数 $a_0=0.382\text{nm}$，$c_0=$

0.625nm，$Z=2$。六方 ZnS 晶体结构如图 3-7 所示，单位晶胞中质点的坐标是：

S^{2-}：$(0，0，0)$，$\left(\dfrac{2}{3}，\dfrac{1}{3}，\dfrac{1}{2}\right)$

Zn^{2+}：$(0，0，u)$，$\left[\dfrac{2}{3}，\dfrac{1}{3}，\left(u-\dfrac{1}{2}\right)\right]$ $(u=0.875)$

S^{2-} 按六方紧密堆积形式分布，$r^+/r^-=0.436$，因极化影响，Zn^{2+} 的配位数降低为 4，Zn^{2+} 填充四面体空隙。填充率 $P=1/2$，即 Zn^{2+} 占据四面体空隙的一半。闪锌矿与纤锌矿晶体结构的区别主要在于二者的〔ZnS_4〕四面体层的配置情况不同，闪锌矿是 ABCABC…堆积，而纤锌矿是 ABAB…堆积。

属于纤锌矿结构的晶体有 α-SiC、BeO、ZnO 和 AlN 等。其中 BeO 晶格常数小，Be^{2+} 半径小，极化能力强，Be—O 键基本属于共价键性质。因此 BeO 具有熔点高（2550℃）、硬度大（莫氏硬度 9）、热导率高和耐热冲击性能良好等优点，常被用于导弹燃烧室内衬等材料。

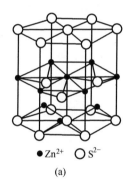 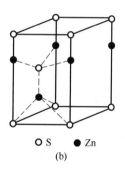

●Zn^{2+}　○S^{2-}　　　　　　　○ S　　●Zn
(a)　　　　　　　　　　　(b)

图 3-7　纤锌矿晶体结构

（a）晶体结构；（b）小晶胞结构

2. TiO₂（金红石）型结构

TiO_2 共有 3 种不同的晶体结构：金红石、锐钛矿和板钛矿。其中金红石是稳定型结构。金红石结构属四方晶系 $P4_2/mnm$ 空间群。$a_0=0.459nm$，$c_0=0.296nm$，$Z=2$。如图 3-8（a）所示，金红石为四方原始格子，Ti^{4+} 在四方原始格子的顶角位置。体中心的 Ti^{4+} 不属于这个四方原始格子，而自成另一套四方原始格子。6 个 O^{2-} 中有 4 个位于上、下底面平行的对角线上，另外 2 个 O^{2-} 位于通过体心 Ti^{4+} 且与上、下底面两条对角线方向垂直的对角线上，坐标为：

Ti^{4+}：$(0，0，0)$，$\left(\dfrac{1}{2}，\dfrac{1}{2}，\dfrac{1}{2}\right)$

O^{2-}：$(u，u，0)$，$[(1-u)，(1-u)，0]$，$\left[\left(\dfrac{1}{2}+u\right)，\left(\dfrac{1}{2}-u\right)，\dfrac{1}{2}\right]$，

$$\left[\left(\frac{1}{2}-u\right), \left(\frac{1}{2}+u\right), \frac{1}{2}\right], (u=0.31)$$

从离子堆积的角度看，$r^+/r^-=0.522$，Ti^{4+} 的配位数为 6，O^{2-} 作畸变的六方紧密堆积排列，Ti^{4+} 填充于 1/2 八面体空隙之中。O^{2-} 的配位数为 3，金红石结构中 $[TiO_6]$ 八面体是共棱连接的，它们在 c 轴方向连接成链。晶胞中心的链和四角的八面体的链的排列方向相差 $90°$，链与链之间的 $[TiO_6]$ 八面体是共顶的 [图 3-8 (b)]。

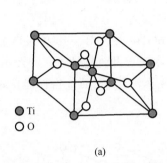

● Ti
○ O

(a)

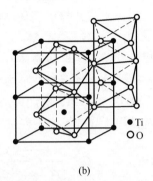

● Ti
○○ O

(b)

图 3-8　金红石晶体结构

(a) 晶体结构；(b) $[TiO_6]$ 配位体连接方式

TiO_2 具有较大的折射率和较高的介电常数，是制备高折射率玻璃的原料，在电子陶瓷中也占有重要的地位。属于金红石型结构的晶体还有 GeO_2、SnO_2、PbO_2、MnO_2、MoO_2、NbO_2、WO_2、CoO_2、MnF_2、MgF_2 等。

3. CdI_2（碘化镉）结构

CdI_2 晶体属三方晶系 $P3m$ 空间群，$a_0=0.424nm$，$c_0=0.684nm$，$Z=1$。其结构如图 3-9 所示，Cd^{2+} 位于六方柱状晶胞的各个顶角和底心，I^- 位于 Cd^{2+} 组成的三角形重心位置上方或下方。

从离子堆积的角度看，$r^+/r^-=0.483$，Cd^{2+} 的配位数为 6。即 I^- 作六方紧密堆积排列，Cd^{2+} 填充 1/2 八面体空隙。根据鲍林规则，I^- 的配位数为 3。如图 3-9 (a) 所示，Cd^{2+} 填满全部八面体空隙，所有八面体空隙未被 Cd^{2+} 占据。若以两层 I^- 中间夹一层 Cd^{2+} 称为一片，那么，CdI_2 晶胞由两片构成，片内由于极化作用，Cd—I 之间为具有离子键性质的共价键，键力较强，片与片之间由范德瓦耳斯力相连，范德瓦耳斯力较弱，因此，存在平行 (0001) 的解理。

属于 CdI_2 型结构的晶体有 $Ca(OH)_2$、$Mg(OH)_2$、CaI_2、MgI_2 等。$Ca(OH)_2$、$Mg(OH)_2$ 是水泥熟料中游离 CaO、MgO 的水化产物，由于前者较后者体积空旷得多，因此水化时引起体积膨胀。

4. α-Al_2O_3（刚玉）型结构

刚玉晶体结构属三方晶体 $R3C$ 空间群，$a_0=0.514nm$，$\alpha=55°17'$，

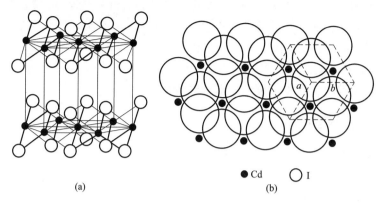

图 3-9 碘化镉晶体结构

(a) 晶体结构；(b) 晶胞投影

$Z=2$（图 3-10）。若用六方大晶胞表示，则 $a_0 = 0.475\text{nm}$，$c_0 = 1.297\text{nm}$，$Z=6$。$\alpha\text{-Al}_2\text{O}_3$ 晶体结构中，O^{2-} 近似地作六方紧密堆积排列。$r^+/r^- = 0.431$，Al^{3+} 的配位数为 6，即 Al^{3+} 填充于八面体空隙，填充率 $P=2/3$。图 3-11 (a) 为 Al^{3+} 在空隙位的分布情况。由于 Al^{3+} 只填充了 2/3 的空隙，其余的 1/3 是空着的，因此 Al^{3+} 的分布必须有一定的规律。其原则就是，Al^{3+} 在同一层及层与层之间的距离应保持最远，这是符合鲍林规则的。图 3-11 (b) 为 Al^{3+} 在三层 O^{2-} 堆积系统的分布，根据上述规律，只有当排列到第 13 层时，才出现重复。

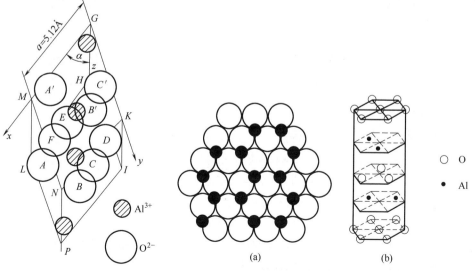

图 3-10 $\alpha\text{-Al}_2\text{O}_3$ 晶体结构

图 3-11 $\alpha\text{-Al}_2\text{O}_3$ 中 Al^{3+} 的三种不同排列方式

(a) 铝离子的分布；(b) 三层氧堆积系统的分布

刚玉极硬（莫氏硬度为 9），仅次于金刚石和某些碳化物。其熔点高（2050℃），力学性能好，这与结构中 Al—O 键的强度有关。刚玉可作陶瓷、磨料、催化载体、激光基质材料等。属于刚玉型结构的有 α-Fe_2O_3、Cr_2O_3、V_2O_3 等氧化物，此外，$FeTiO_3$、$LiNbO_3$ 等钛铁矿族的菱面体晶体也都属于刚玉型结构，不过因含两种正离子，对称性较低。

三、其他晶体结构

1. 金刚石结构

金刚石的晶体结构为立方晶系 $Fd3m$ 空间群，$a_0 = 0.356nm$。从图 3-12 可以看出，金刚石的结构是面心立方格子，碳原子分布于八个顶角和六个面心。在晶胞内部，有四个碳原子交叉地位于 4 条体对角线的 1/4、3/4 处。每个碳原子周围都有四个碳原子，碳原子之间形成共价键，一个碳原子位于正四面体的中心，另外四个与之共价的碳原子在正四面体的顶角上。

与金刚石结构相同的有 Si、Ge、α-Sn 和人工合成的氮化硼（BN）等。金刚石是硬度最高的材料，纯净的金刚石具有极好的导热性，金刚石还具有半导体性。因此，金刚石可作为高硬度切割材料、磨料及钻井用钻头、集成电路中的散热片和高温半导体材料。

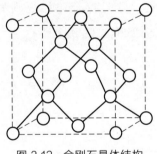

图 3-12　金刚石晶体结构

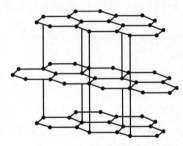

图 3-13　石墨晶体结构

2. 石墨结构

石墨的晶体结构为六方晶系，$P6_3/mmc$ 空间群，$a_0 = 0.146nm$，$c_0 = 0.670nm$。图 3-13 为石墨晶体结构，碳原子为层状排列，同一层中，碳原子连成六边环状，每个碳原子与相邻三个碳原子之间的距离相等，都为 0.142nm，但层与层之间碳原子的距离为 0.335nm，同一层内碳原子之间为共价键，而层与层之间的碳原子以范德瓦耳斯键相连。碳原子的四个外层电子在层内形成三个共价键，多余的一个电子可以在层内部移动，与金属中自由电子类似，因此，在平行碳原子层的方向上具有良好的导电性。

石墨硬度低，易加工，熔点高，有润滑感，导电性良好。可以用于制作高温坩埚、发热体和电极，可在机械工业上用作润滑剂。人工合成的六方氮化硼与石墨的结构相同。

第二节　硅酸盐晶体结构

硅、铝、氧是地壳上分布最广的三种元素，这就决定了地壳中的优势矿物为硅酸盐和铝硅酸盐。硅酸盐类矿物是水泥、陶瓷、玻璃、耐火材料等硅酸盐工业的主要原料及成品，有非常重要的用途。

硅酸盐晶体化学组成复杂，通常用两种方法进行表征。

① 化学式法，又称氧化物表示法。把构成硅酸盐晶体的所有氧化物按一定的比例全部写出来，然后按照 1 价、2 价、3 价金属氧化物的顺序写，最后是 SiO_2 和 H_2O。例如，钾长石的化学式写为 $K_2O \cdot Al_2O_3 \cdot 6SiO_2$。

② 结构式法，又称络阴离子表示法。把构成硅酸盐晶体的所有离子按照一定比例写出来，按照 1 价、2 价的金属离子写，其次是 Al^{3+} 和 Si^{4+}，然后是 O^{2-}。最后把相关的络阴离子用中括号（［ ］）括起来即可。例如，钾长石为 $K[AlSi_3O_8]$。

用化学式可以一目了然地反映出晶体的化学组成，而结构式法可以比较直观地反映出晶体所属的结构类型，进而对晶体结构和性质做出一定程度上的预测。两种表示方法之间可以相互转换。

硅酸盐晶体结构比较复杂，其结构有以下特点。

① 根据鲍林第一规则，硅酸盐中 $r_{Si}/r_O = 0.295$，Si^{4+} 的配位数为 4，Si^{4+} 和 O^{2-} 形成 $[SiO_4]$ 四面体，是构成硅酸盐结构的基本单元。硅酸盐结构中，硅离子之间不存在直接结合键，键的连接必须通过氧离子来实现，即硅酸盐晶体是通过 $[SiO_4]$ 四面体连接的。

② 根据鲍林第二规则，Si^{4+} 分配给每一个配位 O^{2-} 的静电价强度（$S = Z/n$）为 4/4，而 O^{2-} 的电价为 2，因此 O^{2-} 的配位数为 2，也就是每个 O^{2-} 最多只能为 2 个 $[SiO_4]$ 四面体所共有。如果结构中只有一个 Si^{4+} 提供给 O^{2-} 电价，那么 O^{2-} 的另一个未饱和的电价将由其他正离子如 Al^{3+}、Mg^{2+} 等提供，这就形成各种不同类型的硅酸盐晶体。在硅酸盐结构中，Al^{3+} 的配位数可以是 6 或 4，铝氧间可以形成 $[AlO_6]$ 八面体，也可以形成 $[AlO_4]$ 四面体。这样 $[SiO_4]$ 四面体中的 Si^{4+} 也可能被 Al^{3+} 所取代，其他正离子间也可能互相取代。

③ 根据鲍林第三规则，$[SiO_4]$ 四面体可以相互孤立地在结构中存在，或者是共顶相连，但不能共棱或共面连接。且同一类型硅酸盐中，$[SiO_4]$ 四面体间

的连接方式一般只有一种。

④ Si—O—Si 结合键通常不是一条直线，而是一条折线，其 Si—O—Si 键角并不完全一致，在桥氧上的这个键角一般都在 145° 左右。

根据 $[SiO_4]$ 在结构中排列结合的方式，硅酸盐晶体结构可以分为五类：岛状、组群状、链状、层状和架状。硅酸盐晶体结构和组成上的特征如表 3-2 所示。

表 3-2　硅酸盐晶体的结构类型

结构类型	$[SiO_4]$ 共用 O^{2-} 数	形状	络阴离子团	Si : O	实例
岛状	0	四面体	$[SiO_4]^{4-}$	1 : 4	镁橄榄石 $Mg_2[SiO_4]$
	1	双四面体	$[Si_2O_7]^{6-}$	2 : 7	硅钙石 $Ca_3[Si_2O_7]$
组群状	2	三节环 四节环 六节环	$[Si_3O_9]^{6-}$ $[Si_4O_{12}]^{8-}$ $[Si_6O_{18}]^{12-}$	1 : 3	蓝锥矿 $BaTi[Si_3O_9]$ 绿宝石 $Be_3Al_2[Si_6O_{18}]$
链状	2	单链	$[Si_2O_6]^{4-}$	1 : 3	透辉石 $CaMg[Si_2O_6]$
	2、3	双链	$[Si_4O_{11}]^{6-}$	4 : 11	透闪石 $Ca_2Mg_5[Si_4O_{11}]_2(OH)_2$
层状	3	平面层	$[Si_4O_{10}]^{4-}$	4 : 10	滑石 $Mg_3[Si_4O_{10}](OH)_2$
架状	4	骨架	$[SiO_4]^{4-}$ $[(Al_xSi_{4-x})O_8]^{x-}$	1 : 2	石英 SiO_2 钠长石 $Na[AlSi_3O_8]$

一、岛状结构

岛状结构的特点是 $[SiO_4]$ 四面体以孤岛状存在，$[SiO_4]$ 之间通过其他阳离子的配位多面体连接起来。$[SiO_4]$ 各顶点之间不互相连接，每个 O^{2-} 一侧与 1 个 Si^{4+} 连接，另一侧与其他金属离子相配位来使其电价平衡。岛状硅酸盐晶体主要有镁橄榄石（Mg_2SiO_4）、锆英石（Zr_2SiO_4）、蓝晶石（$Al_2O_3 \cdot SiO_2$）、莫来石（$3Al_2O_3 \cdot 2SiO_2$）以及水泥熟料中的 $\gamma\text{-}Ca_2SiO_4$（$\gamma\text{-}C_2S$）、$\beta\text{-}Ca_2SiO_4$（$\beta\text{-}C_2S$）等。现以镁橄榄石为例加以讨论。

镁橄榄石（Mg_2SiO_4）属于斜方晶系 $Pbnm$ 空间群。$a_0 = 0.476nm$，$b_0 = 1.021nm$，$c_0 = 0.598nm$，$Z = 4$。$[SiO_4]$ 以孤立状态存在，它们之间通过 Mg^{2+} 连接起来，即一个 $[SiO_4]$ 四面体与三个 $[MgO_6]$ 八面体共用一个顶点。图 3-14 为镁橄榄石结构（100）面投影图，可以看出，氧离子近似六方紧密堆积排列，其高度为 25、75；硅离子填充于四面体空隙之中，填充率为 1/8；镁离子填充于八面体空隙之中，填充率为 1/2。Si^{4+}、Mg^{2+} 的高度为 0、50。在该结构中，与 O^{2-} 相连接的是三个 Mg^{2+} 和一个 Si^{4+}，电价是平衡的。

若镁橄榄石结构中 Mg^{2+} 被 Ca^{2+} 所置换，即为水泥熟料中 $\gamma\text{-}C_2S$ 的结构。因为它的结构是稳定的，所以在常温下不能与水反应。水泥中另一种熟料矿物

β-C$_2$S 虽为岛状结构，但与 Mg$_2$SiO$_4$ 结构不同，结构中 Ca^{2+} 的配位数有 8 和 6 两种。由于 Ca^{2+} 的配位不规则，因此 β-C$_2$S 具有水化物活性和胶凝性能。

二、组群状结构

组群状结构是由两个、三个、四个或六个［SiO$_4$］通过共用氧相连的硅氧四面体群体，分别称为双四面体、三节环、四节环、六节环（图 3-15），这些群体在结构中单独存在，由其阳离子连接起来。在群体内，［SiO$_4$］中 O^{2-} 的作用分为两类：连接［SiO$_4$］之间的共用 O^{2-} 电价已经饱和，该 O^{2-} 称为非活性氧或桥氧；若［SiO$_4$］中 O^{2-} 仅与一个 Si^{4+} 相连，尚有剩余的电价与其他阳离子相配位，这样的 O^{2-} 称为活性氧或非桥氧。组群状硅酸盐晶体主要有镁方柱石（Ca$_2$Mg［Si$_2$O$_7$］）、堇青石（Mg$_2$Al$_3$［AlSi$_5$O$_{18}$］）、绿宝石（Be$_3$Al$_2$［Si$_6$O$_{18}$］）等。下面以绿宝石为例加以讨论。

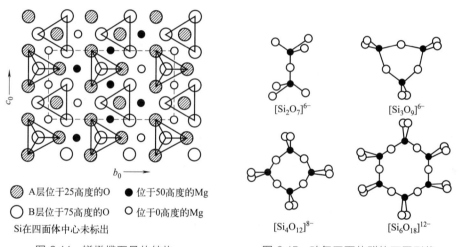

A层位于25高度的O　　●位于50高度的Mg
B层位于75高度的O　　○位于0高度的Mg
Si在四面体中心未标出

图 3-14　镁橄榄石晶体结构　　　图 3-15　硅氧四面体群的不同形状

绿宝石（Be$_3$Al$_2$［Si$_6$O$_{18}$］）的晶体结构属于六方晶系 $P6/mcc$ 空间群，$a_0 = 0.921$nm，$c_0 = 0.917$nm，$Z = 2$。图 3-16 是绿宝石结构在（0001）面上的投影，表示绿宝石的半个晶胞。从图中可以看出：6 个［SiO$_4$］构成六节环组群，两个六节环上下叠置。其中 50 高度的六节环中，6 个 Si^{4+}、6 个桥氧的高度都为 50，与六节环中每一个 Si^{4+} 键合的两个非桥氧的高度分别为 35、75；100 高度的六节环中，6 个 Si^{4+}、6 个桥氧的高度为 100，与每一个 Si^{4+} 键合的两个非桥氧的高度分别为 85、115。50 与 100 高度的六节环错开 30°。75 高度的 5 个 Be^{2+}、2 个 Al^{3+} 通过非桥氧把 50、100 高度各四个六节环连起来，Be^{2+} 连接 2 个 85、2 个 65 高度的非桥氧，构成［BeO$_4$］，Al^{3+} 连接 3 个 85、3 个 65 高

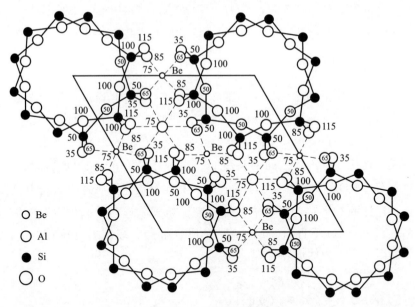

图 3-16　绿宝石晶体结构

度的非桥氧，构成 $[AlO_6]$。

　　绿宝石结构中上下叠置的六节环内形成了一个空腔，如果有价数低、半径小的离子（如 Na^+）存在，将呈现显著的离子电导，具有较大的介电损耗。空腔结构不仅可以成为离子迁移的通道，也可以使存在于腔内的离子受热后振幅增大又不发生明显的膨胀，呈现较小的热膨胀系数。

　　堇青石（$Mg_2Al_3[AlSi_5O_{18}]$）的结构与绿宝石相同，但六元环中有一个 $[SiO_4]$ 四面体中的 Si^{4+} 被 Al^{3+} 所取代。堇青石膨胀系数小，受热而不易开裂，常用作电工陶瓷，但又因其在高频下使用介质损耗大，不宜作无线电陶瓷。

三、链状结构

　　在链状结构中，硅氧四面体通过共用的氧离子相连接，形成向一维方向延伸的链。按照硅氧四面体共用顶点数目的不同，链状结构分为单链和双链两类（图 3-17）。单链结构的基本结构单元为 $[Si_2O_6]^{4-}$。在单链中根据 $[SiO_4]$ 重复出现的周期又可以分为一节链、二节链、三节链、四节链、五节链、六节链、七节链等。双链结构的基本结构单元为 $[Si_4O_{11}]^{6-}$。辉石类硅酸盐，如透辉石、顽辉石等具有单链结构；角闪石类硅酸盐，如斜方角闪石、透闪石等具有双链结构。现以透辉石为例加以介绍。

　　透辉石（$CaMg[Si_2O_6]$）具有二节单链结构，属于单斜晶系 $C2/c$ 空间群。$a_0=0.971nm$，$b_0=0.889nm$，$c_0=0.524nm$，$\beta=105°37'$，$Z=4$。图 3-18（a）

为透辉石结构，单链沿 C 轴伸展，$[SiO_4]$ 的顶角一左一右更迭排列，相邻两条单链略有偏离。链之间则由 Ca^{2+} 和 Mg^{2+} 相连，Ca^{2+} 的配位数为 8，与 4 个桥氧和 4 个非桥氧相连；Mg^{2+} 的配位数为 6，与 6 个非桥氧相连。图 3-18（b）画出了阳离子配位关系。根据 Mg^{2+} 和 Ca^{2+} 的这种配位形式，Ca^{2+}、Mg^{2+} 分配给 O^{2-} 的静电键强度不等于氧的 -2 价，但总体电价仍然平衡，尽管不符

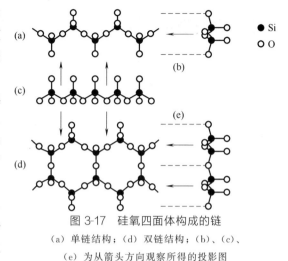

图 3-17　硅氧四面体构成的链

（a）单链结构；（d）双链结构；（b）、（c）、（e）为从箭头方向观察所得的投影图

合鲍林静电价规则，但这种晶体结构仍然是稳定的。

　　辉石类晶体从离子堆积结合状态来看，比绿宝石类晶体要紧密。透辉石结构中的 Ca^{2+} 全部被 Mg^{2+} 替代，则为斜方晶系的顽火辉石 $Mg_2[Si_2O_6]$；以 Li^+ 和 Al^{3+} 共同取代 $2Ca^{2+}$，则得到锂辉石 $LiAl[Si_2O_6]$。两者都有良好的电绝缘性能，是高频无线电陶瓷和微晶玻璃中的主要晶相。但当结构中存在变价正离子时，又可以呈现显著的电子电导。一般来说，具有链状结构的硅酸盐晶体矿物中，链内的 Si—O 键要比链间的 M—O 键（M 为结构中其他成键正离子）强得多。因此，这些矿物极易沿链间结合较弱处劈裂，即具有柱状或纤维状解理特性。

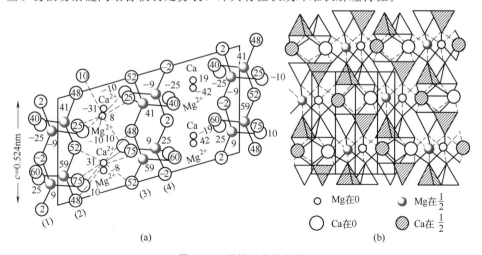

图 3-18　透辉石晶体结构

（a）（010）面上的投影；（b）（001）面上的投影

四、层状结构

层状结构的特点是：$[SiO_4]$ 之间通过 3 个顶角上的共用氧相连接，构成向二维空间无限延伸的四面体层，在层内 $[SiO_4]$ 之间形成六节环，另外一个顶角共同朝一个方向（图 3-19）。层状结构的基本结构单位为 $[Si_4O_{10}]^{4-}$，结构参数按硅氧四面体的特点 $a_0=0.52nm$，$b_0=0.90nm$。

在层状硅酸盐中，非桥氧可以和 Al^{3+}、Mg^{2+}、Fe^{2+} 等阳离子结合从而保持电价平衡。这些离子的配位数为 6，构成 $[AlO_6]$、$[MgO_6]$ 等，形成铝氧八面体层或镁氧八面体层。硅氧四面体和铝氧或镁氧八面体层的连接方式有两种：一种是由一层四面体层和一层八面体层相连，称为 1：1 型、两层型或单网层结构 [图 3-20（a）]；另一种是由两层四面体层中间夹一层八面体层构成，称为 2：1 型、三层型或复网层结构 [图 3-20（b）]。在层状结构中，层与层之间是分子键力或氢键结构，比层内的 Si—O 键结合力小得多，容易产生层与层之间的滑移。

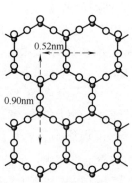

图 3-19 硅氧四面体层状结构

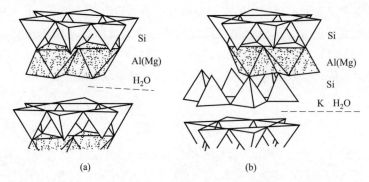

(a)　　　　　　(b)

图 3-20 层状硅酸盐晶体中硅氧四面体与铝氧或镁氧八面体的连接方式

（a）1：1 型；（b）2：1 型

层状结构中，常会发生离子取代现象。如果在 $[SiO_4]$ 层中，部分 Si^{4+} 被 Al^{3+} 代替，或在 $[AlO_6]$ 层状结构中，部分 Al^{3+} 被 Mg^{2+}、Fe^{2+} 代替时，结构单元中会出现多余的负电价，这时，结构中就可以进入一些电价低而离子半径大的水化阳离子（如 K^+、Na^+ 等水化阳离子）来平衡多余的负电荷。如果结构中取代主要发生在 $[AlO_6]$ 层中，进入层间的阳离子与层的结合并不是很牢固，在一定条件下可以被其他阳离子交换，可交换量的大小称为阳离子交换容量。如果取代发生在 $[SiO_4]$ 中，且量较多时，进入层间的阳离子与层之间有离子键作用，则结合较牢固。

在硅氧四面体层中，非桥氧形成六边形网络和与其等高在网络中心的 OH^- 一起可近似地看作是密堆积的底层 A 层，在其上一个高度的 OH^- 或 O^{2-} 构成密堆积的 B 层，阳离子 Al^{3+}、Mg^{2+}、Fe^{2+} 等填充于其间的八面体空隙之中。若有 2/3 的八面体空隙被阳离子所填充称二八面体型结构，若全部的八面体空隙被阳离子所填充称三八面体型结构。上述结构可以根据鲍林规则来解释：处于网络中心的 O^{2-}，除了与 H^+

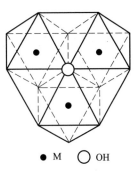

● M   ○ OH

图 3-21 三八面体结构

结合外，尚有一价可以跟其他填隙阳离子结合。其周围有三个八面体空隙；对于三价阳离子，其静电键强度为 $3/6=1/2$，从电荷平衡考虑，每个非桥氧只能与两个三价阳离子相连，即三价阳离子填充于三个八面体空隙中的两个，这是二八面体型；对于二价阳离子，静电键强度为 $1/3$，则每个非桥氧可与三个二价阳离子相连，即三价阳离子填充于全部三个八面体空隙中，这就是三八面体型（图 3-21）。

1. 高岭石结构

高岭石 $\{Al_2O_3 \cdot 2SiO_2 \cdot 2H_2O$ 或 $Al_4[Si_4O_{10}](OH)_8\}$ 是一种重要的黏土矿物，由长石、云母风化而成，是应用于陶瓷工业中的优质原材料。

高岭石结构属三斜晶系 $C1$ 空间群，$a_0=0.514nm$，$b_0=0.893nm$，$c_0=0.737nm$，$\alpha=91°36'$，$\beta=104°48'$，$\gamma=89°54'$，$Z=1$。如图 3-22 所示，高岭石的结构为 1:1 型，由一层 $[SiO_4]$ 四面体层与一层水铝石 $[AlO_2(OH)_4]$ 八面体层沿 C 轴方向无限重复而成。在八面体层中，Al^{3+} 的配位数为 6，与四个

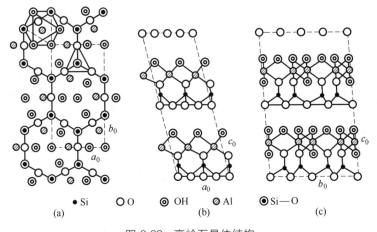

●Si   ○O   ◎OH   ⊘Al   ◉Si—O

(a)   (b)   (c)

图 3-22 高岭石晶体结构

(a)（001）面投影；(b)（010）面投影；(c)（100）面投影

OH^- 和两个 O^{2-} 相连，Al^{3+} 填充了八面体空隙的 2/3，为二八面体型。单网层与单网层之间以氢键相连，层间结合力较弱，因此高岭石易成碎片。但氢键又强于范德瓦耳斯键，高岭石结构不易发生同晶取代，水化阳离子不易进入层间，因此可交换的阳离子容量也较低。

2. 蒙脱石结构

蒙脱石（$Al_2O_3 \cdot 4SiO_2 \cdot nH_2O$）是膨润土的主要成分。单斜晶系 $C2/m$ 空间群，$a_0 = 0.523nm$，$b_0 = 0.906nm$，c_0 的数值随层间水及水化阳离子的含量变化于 $0.96 \sim 2.14nm$ 之间，$Z = 2$。如图 3-23 所示，蒙脱石为 2:1 型结构，由两层硅氧四面体层夹一层铝氧八面体层构成，复网层沿 C 轴方向无限重复。在铝氧八面体层中，铝与两个 OH^- 和四个 O^{2-} 相配位，为二八面体型结构，大约有 1/3 的 Al^{3+} 被 Mg^{2+} 所取代，水化阳离子进入复网层间以平衡多余的负电荷。因此，蒙脱石加水膨胀，高温脱水收缩，体积变化较大，具有膨胀性和可压缩性。

像这种 Mg^{2+}、Ca^{2+} 等离子取代八面体层中的 Al^{3+}，或 Al^{3+} 等离子取代硅氧四面体层中 Si^{4+} 的现象称同晶取代。这种取代使结构带有少量的负电荷，需要随层间水进入的水化阳离子来平衡电价，这些正离子又易被其他水化阳离子交换。蒙脱石具有很高的阳离子交换能力，被广泛应用于医药、化工和结合剂等方面。

在蒙脱石中，硅氧四面体层中的 Si^{4+} 很少被取代，水化阳离子与硅氧四面体层中的 O^{2-} 的作用力较弱。复网层间以范德瓦耳斯键相连，层间联系较弱，使其呈现出良好的片状解理，且晶粒细小，可塑性好，干燥强度高。陶瓷工业中常用蒙脱石以提高制品成型时的塑性及增加生坯强度，但用量过多时将引起干燥收缩过大。

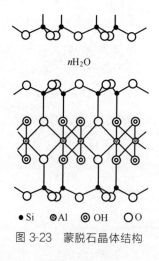

● Si　◉ Al　◎ OH　○ O

图 3-23　蒙脱石晶体结构

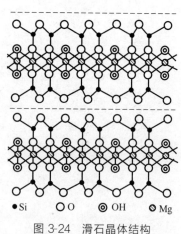

● Si　○ O　◎ OH　◒ Mg

图 3-24　滑石晶体结构

3. 滑石结构

滑石 $\{3MgO \cdot 4SiO_2 \cdot H_2O$ 或 $Mg_3[Si_4O_{10}](OH)_2\}$ 属单斜晶系 $C2/c$ 空间群，$a_0=0.526nm$，$b_0=0.910nm$，$c_0=1.881nm$，$\beta=100°$。如图 3-24 所示，滑石的结构与蒙脱石结构相似，为 2∶1 型结构，可以看作是蒙脱石中的 Al^{3+} 全部被 Mg^{2+} 所取代，由于 Mg^{2+} 为二价，其中八面体层为三八面体型结构。

滑石结构的复网层中电价饱和，呈电中性。层与层之间为较弱的范德瓦耳斯力，层间相对容易滑动。因此，滑石具有良好的片状解理特性，具有滑腻感。滑石是玻璃和陶瓷工业的重要原料，可用于制备绝缘、介电性良好的滑石瓷。

4. 伊利石结构

伊利石 $\{K_{1\sim1.5}Al_4[Si_{7\sim6.5}Al_{1\sim1.5}O_{20}](OH)_4\}$ 属单斜晶系 $C2/c$ 空间群，$a_0=0.520nm$，$b_0=0.900nm$，$c_0=1.000nm$，β 无确定值，$Z=2$。伊利石结构可视为在蒙脱石结构中，硅氧四面体中约 1/6 的 Si^{4+} 被 Al^{3+} 所取代，1~1.5 个 K^+ 进入复网层间以平衡多余的负电荷。K^+ 位于上下两层硅氧层六边形网络的中心，构成 $[KO_{12}]$，与硅氧层结合力较牢，因此这种阳离子不易被交换。

5. 白云母结构

白云母 $\{KAl_2[AlSi_3O_{10}](OH)_2\}$ 属单斜晶系 $C2/c$ 空间群，$a_0=0.519nm$，$b_0=0.900nm$，$c_0=2.000nm$，$\beta=95°47'$，$Z=2$。白云母的结构与伊利石结构相似，如图 3-25 所示。

在硅氧四面体层中约有 1/4 的 Si^{4+} 被 Al^{3+} 所取代，平衡负电荷的 K^+ 量也增多，从伊利石的 1~1.5 上升到 2.0。由于 K^+ 增多，复网层之间结合力也增强，但较 Si—O、Al—O 键弱许多，因此，云母易从层间解理成片状。云母具有良好的耐腐蚀性、耐热冲击性和高温介电性能，可用作电绝缘材料。

例题 3-2：石墨、云母和高岭石具有相似的结构，说明它们的结构区别及由此引起的性能上的差异。

答：石墨、云母与高岭石均具有层状结构，但层的形状及层间情况各有不同。石墨每层基面上的碳原子由强共价键结合在一起形成六角形排列，层与层之间由微弱的范德瓦耳斯力键合，使石墨结构具有很强的方向性，表现为垂直于层方向的线膨胀系数比层平面方向大 27 倍。

云母具有复网层（2∶1 型）结构，其硅氧层中有 1/4 的 Si^{4+} 被 Al^{3+} 所取代。为平衡结构中多余的负电荷，在复网层 $[SiO_4]$ 形成的六节环间隙中，存在着配位数为 12 的 K^+。K^+ 呈统计性分布，与硅氧层的结合力较弱，所以云母在层面上易于发生解理，可被剥成片状。

高岭石的结构是单网层（1∶1 型）结构，层与层间以氢键结合。由于层间的结合力弱（比范德瓦耳斯力强），使它容易解离成片状小晶体，但 OH—O 之

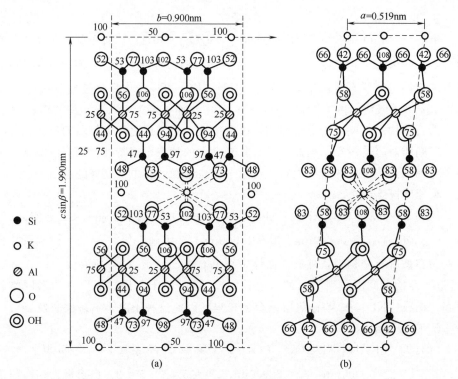

图 3-25　白云母晶体结构

(a)（100）面投影；（b)（010）面投影

间仍有一定的吸引力，单网层间不易进入水分子，故高岭石不因含水量增加而发生膨胀。

五、架状结构

　　硅氧四面体之间通过四个顶角的桥氧连起来，向三维空间无限发展，这种骨架状结构称为架状结构，作为骨架的硅氧结构单元的化学式为 SiO_2。

　　若硅氧四面体中的 Si^{4+} 不被其他阳离子取代，$Si：O=1：2$，其结构是电中性的，石英族属于这种类型，称架状硅酸盐矿物。若硅氧四面体中的 Si^{4+} 被 Al^{3+} 取代，则结构单元的化学式可写成 $[AlSiO_4]$ 或 $[AlSi_3O_8]$，其中（Al+Si)：O 仍为 1：2。此时，由于结构中有剩余负电荷，一些电价低、半径大的正离子（如 K^+、Na^+、Ca^{2+}、Ba^{2+} 等）会进入结构中。长石族属于这一类型，称架状铝硅酸盐矿物。

1. 石英晶体结构

　　石英具有复杂的多晶转变，在不同热力学条件下具有不同的变体，它们之间的转变关系如图 3-26。

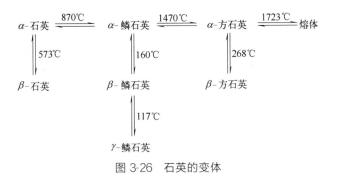

图 3-26　石英的变体

石英的三个主要变体 α-石英、α-鳞石英和 α-方石英在结构上的主要差别在于 $[SiO_4]$ 四面体之间的连接方式不同。如图 3-27 所示，α-方石英有对称中心，Si—O—Si 键角为 $180°$；α-鳞石英有一个对称面，Si—O—Si 键角也为 $180°$；而 α-石英没有对称中心，Si—O—Si 键角为 $150°$。由于这三种主要变体的 $[SiO_4]$ 的连接方式不同，因此它们之间的转变需要打开 Si—O—Si 键，然后形成新的骨架，为一级转变或重建型转变。图 3-27 中的纵向系列晶型之间的转变，如 α-石英与 β-石英之间的转变，为二级转变或位移型转变，晶型转变时，化学键不破坏，只是键角位移，因此所需能量小，转变迅速。

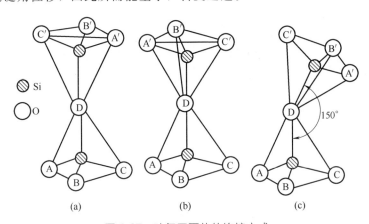

图 3-27　硅氧四面体的连接方式

（a）α-方石英；（b）α-鳞石英；（c）α-石英

(1) α-石英结构

在 SiO_2 常见的同质多晶变体中，β-石英在 $573 \sim 870℃$ 范围内稳定，低于 $573℃$ 将转变为 α-石英，二者之间的转变是可逆的。自然界所见的石英往往是 α-石英，通常未加特别说明的"石英"，即指 α-石英。

α-石英属六方晶系 $P6_4 22$ 或 $P6_2 22$ 空间群，$a_0 = 0.501nm$，$c_0 = 0.547nm$，$Z = 3$。图 3-28 为 α-石英在（0001）面上的投影。每一个硅氧四面体中异面垂直

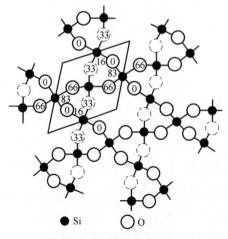

● Si　　○ O

图 3-28　α-石英晶体结构

的两条棱平行于（0001）面，投影到该面上为正方形。O^{2-} 的高度为 0、33、66，局部存在三次螺旋轴；结构的总体为六次螺旋轴，围绕螺旋轴的 O^{2-} 在（0001）面上可连接成正六边形。α-石英有左形和右形之分，因而分别为 $P6_422$ 和 $P6_222$ 空间群。

β-石英属于三方晶系 $P3_121$ 或 $P3_221$ 空间群，$a_0 = 0.491nm$，$c_0 = 0.540nm$，$Z=3$。β-石英是 α-石英的低温变体，两者之间通过位移性转变实现结构的相互转换。两种结构中的硅氧四面体在（0001）面上的投影如图 3-29 所示。β-石英的对称性从 α-石英的六次螺旋轴降低为三次螺旋轴，O^{2-} 在（0001）面上的投影不是正六边形，而是复三角形。β-石英也有左形和右形之分。β-石英不具有对称中心，高纯的 β-石英可用作压电材料。

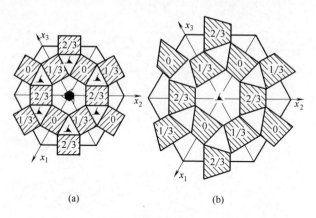

(a)　　　　　(b)

图 3-29　α-石英与 β-石英的关系　[硅氧四面体在
（0001）面上的投影]
（a）α-石英；（b）β-石英

(2) α-鳞石英

α-鳞石英属六方晶系 $P6_3/mmc$ 空间群，$a_0 = 0.504nm$，$c_0 = 0.825nm$，$Z=4$。α-鳞石英晶体结构如图 3-30 所示，由交替指向相反方向的硅氧四面体组成的六节环状的硅氧层平行与（0001）面叠放而形成架装结构。平行叠放时，硅氧层中的四面体共顶连接，并且共顶的两个四面体处于镜面对称状态，Si—O—Si

键角为 $180°$。

(3) α-方石英结构

α-方石英属立方晶系 $Fd3m$ 空间群，$a_0 = 0.713$nm，$Z = 8$。α-方石英结构可与 β-ZnS 结构类比，若将 Si^{4+} 占据全部的 β-ZnS 结构中 Zn^{2+}、S^{2-} 的位置，且 O^{2-} 位于 Si^{4+} 与 Si^{4+} 连线中间，则为 α-方石英晶体结构（图 3-31）。α-方石英和 α-鳞石英中硅氧四面体的不同连接方式如图 3-32 所示。

在石英结构中只有 Si—O 键，强度高且不易被其他离子所取代，因此石英具有熔点高、硬度大、化学稳定性好、无明显解理的特点。高纯的石英称为水晶，可做宝石。石英是玻璃、水泥、耐火材料的重要工业原料。

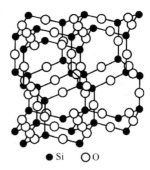

● Si　○ O

图 3-30　α-鳞石英晶体结构

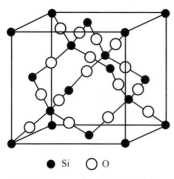

● Si　○ O

图 3-31　α-方石英晶体结构

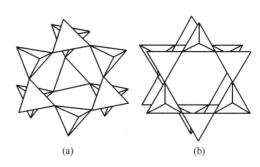

(a)　　　　　　(b)

图 3-32　α-方石英和 α-鳞石英中硅氧四面体的不同连接方式

（a）α-方石英；（b）α-鳞石英

2. 长石晶体结构

长石也属于架状结构，其特点是结构中［SiO_4］四面体有部分 Si^{4+} 为 Al^{3+} 所取代，为保持整体结构的电中性，则有一些低电价正离子进入结构的空隙中，如 K^+、Ba^{2+}、Na^+、Ca^{2+} 等进入结构形成钾长石 $K［AlSi_3O_8］$、钠长石 $Na［AlSi_3O_8］$、钙长石 $Ca［Al_2Si_2O_8］$、钡长石 $Ba［Al_2Si_2O_8］$ 等。由于钠、钾离子半径分别为 0.095nm 和 0.133nm，钾长石和钠长石在高温时形成连续固溶体，在低温时为有限固溶体，这些固溶体为碱性长石。钙离子半径为 0.099nm，与钠离子相近，通过 $Na^+ + Si^{4+}$ 与 $Ca^{2+} + Al^{3+}$ 的置换形成连续固溶体，这种固溶体称为斜长石系列。

在碱性长石中，当钠长石在固溶体中的摩尔分数为 0~67% 时，晶体结构为单斜晶系，称为透长石，它是长石族晶体结构中对称性最高的。下面通过透长石结构的介绍来了解长石结构。

透长石化学式为 K[AlSi$_3$O$_8$]，单斜晶系 $C2/m$ 空间群，$a_0 = 0.856$nm，$b_0 = 1.303$nm，$c_0 = 0.718$nm，$\alpha = 90°$，$\beta = 115°59'$，$\gamma = 90°$，$Z = 4$。透长石结构的基本单位是四个 [SiO$_4$] 四面体相互共顶形成一个四联环，四联环之间又通过共顶相连，成为平行于 a 轴的曲轴状的链，链间以桥氧相连，形成三维结构（图 3-33）。链与链之间，由于键的密度降低，结合力减弱，存在较大的空腔，Al^{3+} 取代 Si^{4+} 时，K$^+$ 进入该空腔以平衡负电荷（图 3-34）。

长石的相对密度为 2.56～3.37，莫式硬度为 6～6.5，熔点为 1100～1715℃。颜色有无色、白色、灰白色、浅黄、肉红色。长石是重要的陶瓷和玻璃原料。

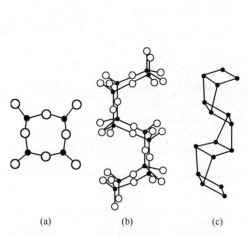

图 3-33 长石中的四联环和曲轴状链

(a) 四联环；(b) 曲轴状链；(c) 三维结构

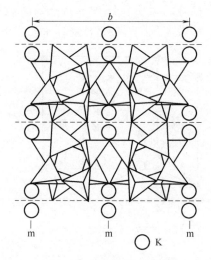

图 3-34 透长石晶体结构

(m—K 的位置)

例题 3-3：Si 与 Al 的原子量非常接近（分别为 28.09 和 26.98），但石英和刚玉的密度相差很大（分别为 2.65 g/cm^3 和 3.96 g/cm^3），请用晶体结构及鲍林规则说明两者密度相差大的原因。

答：根据密度和元素原子量可计算出刚玉（Al$_2$O$_3$）和石英（SiO$_2$）的堆积系数（球状离子所占据晶胞的体积分数）分别为 0.69 和 0.46。

根据鲍林规则：Al$_2$O$_3$ 结构中 Al^{3+} 的配位数为 6，静电键强度为 1/2，要求四个 Al^{3+} 与每个 O^{2-} 直接相邻；而 O^{2-} 采取六方紧密堆积排列，Al^{3+} 填充于 2/3 的八面体空隙中，使 Al$_2$O$_3$ 结构紧密，孔隙率较小。

在 SiO$_2$ 结构中，Si 属高电价、低配位性质的正离子，为求结构稳定，整个结构以硅氧四面体 [SiO$_4$] 顶角相连成骨架状的结构，结构疏松，空隙率大。

从而可知，SiO_2 的单位晶胞体积比 Al_2O_3 大得多。在两者原子量相接近的情况下，SiO_2 晶体的密度就会小得多。

习　题

3-1　名词解释：

萤石型和反萤石型；

类质同晶和同质多晶；

二八面体型与三八面体型；

同晶取代与阳离子交换；

尖晶石与反尖晶石。

3-2　在氧离子面心立方紧密堆积的晶胞中，写出适合氧离子位置的间隙类型及位置坐标。八面体间隙位置数与氧离子数之比为多少？四面体间隙位置数与氧离子数之比又为多少？

3-3　在氧离子密堆积结构中，对于获得稳定结构各需何种价离子，并对每一种堆积方式举一晶体实例说明之。其中：

① 所有八面体间隙位置均填满；

② 所有四面体间隙位置均填满；

③ 填满一半八面体间隙位置；

④ 填满一半四面体间隙位置。

3-4　MgO 晶体结构中，Mg^{2+} 半径为 0.072nm，O^{2-} 半径为 0.140nm，计算 MgO 晶体中离子堆积系数（球状离子所占据晶胞的体积分数）以及 MgO 的密度。

3-5　Li_2O 晶体中，Li^+ 的半径为 0.074nm，O^{2-} 的半径为 0.140nm，其密度为 1.646g/cm^3，求晶胞常数 a_0 以及晶胞中 Li_2O 的分子数。

3-6　试解释：

① 在 AX 型晶体结构中，NaCl 型结构最多。

② $MgAl_2O_4$ 晶体结构中，按 r^+/r^- 与 CN（配位数）关系，Mg^{2+}、Al^{3+} 都填充八面体空隙，但在该结构中 Mg^{2+} 进入四面体空隙，Al^{3+} 填充八面体空隙；而在 $MgFe_2O_4$ 结构中，Mg^{2+} 填充八面体空隙，而一半 Fe^{3+} 填充四面体空隙。

③ 绿宝石和透辉石中 Si∶O 都为 1∶3，前者为环状结构，后者为链状结构。

3-7　叙述硅酸盐晶体结构分类原则及各种类型的特点，并举一例说明。

3-8　堇青石与绿宝石有相同结构，分析其有显著的离子电导、较小的热膨胀系数的原因。

3-9　回答问题：

① 从结构上说明高岭石、蒙脱石阳离子交换容量差异的原因。

② 比较蒙脱石、伊利石同晶取代的不同，说明在平衡负电荷时为什么前者以水化阳离子形式进入结构单元层，而后者以配位阳离子形式进入结构单元层。

3-10　在透辉石 $CaMg[Si_2O_6]$ 晶体结构中，O^{2-} 与阳离子 Ca^{2+}、Mg^{2+}、Si^{4+} 配位形式有哪几种？符合鲍林静电价规则吗？为什么？

3-11　同为碱土金属阳离子 Be^{2+}、Mg^{2+}、Ca^{2+}，其卤化物 BeF_2 和 SiO_2 结构相同，MgF_2 与 TiO_2（金红石型）结构相同，CaF_2 则有萤石型结构，分析其原因。

3-12　金刚石结构中 C 原子按面心立方排列，为什么其堆积系数仅为 34%？

第四章　晶体结构缺陷

本章知识框架图

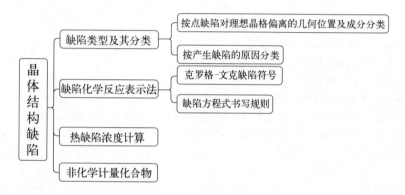

本章内容简介

在前面章节中，我们讨论晶体的几何和化学特性时，将晶体视为理想状态，不同原子严格按照晶体学原则占据各自的位置。在真实晶体中，在高于 0K 的任何温度下，不可避免地或多或少存在着对理想晶体结构的偏离，即存在结构缺陷。结构缺陷的存在及其运动规律与高温过程中的扩散、晶粒生长、相变、固相反应、烧结等机理以及材料的物理化学性能都密切相关。晶体缺陷对晶体的某些性质甚至有着决定性的作用。如半导体的导电性质主要是由外来掺杂的杂质原子和缺陷的存在所决定的，有些离子晶体的颜色也是由缺陷决定的。研究缺陷及其运动规律，有助于我们寻找排除或减少缺陷的方法，从而提高材料的质量和性能；有助于我们理解烧结、蠕变等高温过程的微观机制；有助于我们利用缺陷来调控材料的性能。因此，晶体结构缺陷的知识是材料科学的重要基础知识。

本章主要介绍晶体中结构缺陷的类型及其分类和表示方法，缺陷化学反应方程式的书写规则，据此来计算热缺陷的浓度，最后详细介绍非化学计量化合物及其缺陷形成过程。

本章学习目标

1. 了解缺陷类型及其分类方法。
2. 了解点缺陷的形成原因。
3. 掌握晶体的点缺陷类型、特性及其分类方法。
4. 掌握缺陷的表示方法。
5. 重点掌握缺陷方程式的书写方法和规则，并能熟练书写。
6. 掌握热缺陷浓度的计算方法。
7. 理解非化学计量缺陷及其化合物的形成原理，掌握其缺陷方程式书写及缺陷浓度计算方法。

第一节　晶体结构缺陷的类型

按几何形态特征，晶体结构缺陷一般可分为点缺陷、线缺陷和面缺陷三大类型。

点缺陷：是在三维方向上的尺寸都很小，其尺寸处在 1～2 个原子大小的级别，亦称零维缺陷。如空位、间隙原子和杂质原子等。

线缺陷：是仅在一维方向上的尺寸较大，另外二维方向上的尺寸都很小，也称一维缺陷，如位错。

面缺陷：是仅在二维方向上的尺寸较大，另外一维方向上的尺寸很小，也称二维缺陷，如晶体表面、晶界和相界面等。

根据几何形态划分的晶体结构缺陷的主要类型如表 4-1 所示。在这三类缺陷中，因为点缺陷是无机材料中最基本也是最重要的，所以本节主要讨论点缺陷的类型、表示方法等内容。点缺陷主要有以下两种分类方法。

表 4-1　根据几何形态划分的晶体结构缺陷的主要类型

种类	类型	种类	类型
点缺陷	空位	面缺陷	晶体表面
	间隙原子		晶界
	杂质原子		相界面
线缺陷	位错	—	—

一、按点缺陷对理想晶格偏离的几何位置及成分分类

根据点缺陷对理想晶格偏离的几何位置及成分，可将其划分为间隙原子、空位和杂质原子三种类型，如图 4-1 所示。

1. 间隙原子

原子进入晶格中正常结点之间的间隙位置，称为间隙原子或填隙原子。

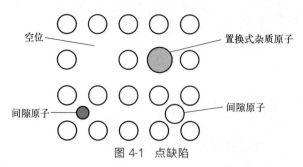

空位 —— 置换式杂质原子

间隙原子 —— 间隙原子

图 4-1 点缺陷

2. 空位

正常结点没有被原子或离子所占据，成为空结点，称为空位。

3. 杂质原子

外来原子进入晶格，成为晶体中的杂质。

若杂质原子取代原来晶格中的原子进入正常结点位置，则为置换式杂质原子；若进入本来就没有原子的间隙位置，成为间隙式杂质原子。这类缺陷统称为杂质缺陷。

杂质进入晶体可以看作是一个溶解的过程，将原晶体看作溶剂，杂质看作溶质，这种溶解了杂质原子的晶体称为固体溶液（简称固溶体）。杂质进入晶体之后，使原有晶体的晶格发生局部的变化，性能也相应地发生变化。如果杂质原子的离子价与被取代原子的价数不同，还会引起空位或离子价态的变化。在陶瓷材料及耐火材料中，往往有意地添加杂质形成杂质缺陷以获得某些特定性能或调节材料的某些性能。

二、按产生缺陷的原因分类

在点缺陷中，根据产生缺陷的原因来划分，可以分为下列三种类型。

1. 热缺陷

当热力学温度高于 0K 时，晶格内原子的热振动，使一部分能量较大的原子离开正常的平衡位置，形成缺陷，这种由于原子热振动而产生的缺陷称为热缺陷。热缺陷有两种基本形式：弗仑克尔（Frenkel）缺陷和肖特基（Schottky）缺陷。

在晶格内原子热振动时，一些能量足够大的原子离开平衡位置后，进入晶格点的间隙位置，变成间隙原子，而在原来的位置上形成一个空位，这种缺陷称为弗仑克尔缺陷，如图 4-2 （a）所示。如果正常格点上的原子，热起伏过程中获得能量离开平衡位置，跳跃到晶体的表面，在原正常格点上留下空位，这种缺陷称为肖特基缺陷，如图 4-2 （b）所示。

离子晶体形成肖特基缺陷时，为了保持晶体电中性，正离子空位和负离子空位是同时成对产生的，同时伴随着晶体体积的增加，这是肖特基缺陷的特点。例如在 NaCl 晶体中，产生一个 Na^+ 空位，同时要产生一个 Cl^- 空位。晶体形成弗仑克尔缺陷时，间隙原子与空位是成对产生的，晶体的体积不发生改变。在晶体中，两种缺陷可以同时存在，但通常有一种是主要的。一般说，正负离子半径相差不大时，肖特基缺陷是主要的；两种离子半径相差大时，弗仑克尔缺陷是主要的。

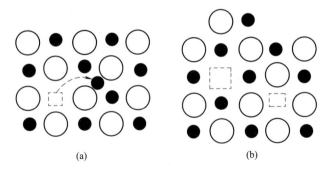

图 4-2　热缺陷

（a）弗仑克尔缺陷；（b）肖特基缺陷

　　热缺陷的浓度随着温度的上升而呈指数上升，对于某一种特定材料，在一定温度下，都有一定浓度的热缺陷。

2. 杂质缺陷

　　杂质缺陷：由于杂质进入晶体而产生的缺陷。

　　杂质原子又叫掺杂原子，其含量一般少于 0.1%，进入晶体后，因杂质原子和原有原子的性质不同，故它不仅破坏了原有原子规则的排列，而且还引起了杂质原子周围周期势场的改变，从而形成缺陷。

　　杂质原子可分为置换杂质原子和间隙杂质原子两种。前者是杂质原子替代原有晶格中的原子；后者是杂质原子进入原有晶格的间隙位置（图 4-3）。如果晶体中杂质原子含量未超过其固溶度，杂质缺陷的浓度与温度无关。即当杂质含量一定而且在极限之内，温度变化，杂质缺陷的浓度并不发生变化，这是与热缺陷的不同之处。

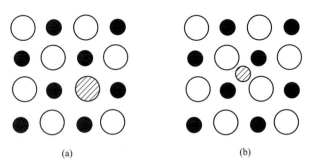

图 4-3　杂质原子

（a）置换杂质原子；（b）间隙杂质原子

3. 非化学计量结构缺陷

　　非化学计量结构缺陷：由于化学组成明显地随着周围气氛的性质和压力大小的变化而变化，组成偏离化学计量而产生的缺陷，称为非化学计量结构缺陷。

有一些易变价的化合物，在外界条件的影响下，很容易形成空位和间隙原子，造成组成上的非化学计量化，这主要是因为它们能够比较容易地通过自身的变价来平衡由组成的非化学计量化而引起的电荷不中性。这种由组成的非化学计量化造成的空位、间隙原子以及电荷转移引起的晶体内势场畸变，使晶体的完整性遭到破坏，即产生非化学计量结构缺陷。它是生成 n 型或 p 型半导体的重要基础。例如，TiO_2 在还原气氛下形成 TiO_{2-x}（$x = 0 \sim 1$），这是一种 n 型半导体。

非化学计量缺陷也是一种重要的缺陷类型。虽然所产生化学计量组成上的偏离很少超过 1%，但是它对催化、烧结、半导体等领域有重大影响，所以将在非化学计量化合物一节详细讨论。

点缺陷在实践中有重要意义。在材料工艺中，有大量的烧成、烧结和固相反应过程，这些过程是和原子在晶体内或表面上的运动有关的，通常缺陷能加速这些过程。研究点缺陷的生成规律，达到有目的地控制材料中某种点缺陷的种类和浓度是制备功能无机非金属材料的关键。点缺陷的存在，有时可以通过改变电子的能量状态而对半导体的电学性能产生重要影响。此外，点缺陷的存在，有时由于缺陷与光子发生作用，还可使某些晶体产生颜色。间隙离子能阻止晶格面相互间的滑移，使晶体的强度增加。正是这些点缺陷的存在给材料带来一些性质上的变化，从而赋予材料某种新的功能。

第二节　缺陷化学反应表示法

从理论上定性定量地把材料中的点缺陷看作化学物质，并用化学热力学的原理来研究缺陷的产生、平衡及其浓度等问题的学科称为缺陷化学。

缺陷化学所研究的对象主要是晶体缺陷中的点缺陷。点缺陷既然被看作化学物质，就可以像原子、分子一样，在一定的条件下发生一系列类似化学反应的缺陷化学反应。固体材料中可能同时存在各种点缺陷，为了便于讨论缺陷反应，就需要有一整套的符号来表示各种点缺陷。在缺陷化学发展史上，很多学者采用过多种不同的符号系统，目前广泛采用克罗格-文克（Kröger-Vink）的点缺陷符号。

一、克罗格-文克缺陷符号

在克罗格-文克符号系统中，用一个主要符号来表示缺陷的种类，而用一个下标来表示这个缺陷所在的位置，用一个上标来表示缺陷所带的电荷。如用上标点"·"表示正电荷，用撇"'"表示负电荷，有时用"×"表示中性。一撇或一点表示一价，两撇或两点表示二价，以此类推。下面以 MX 离子晶体（M 为二价阳离子、X 为二价阴离子）为例来说明缺陷化学符号的具体表示方法。

1. 空位

当出现空位时，对于 M 原子空位和 X 原子空位分别用 V_M 和 V_X 表示，V 表示这种缺陷是空位，下标 M、X 表示空位分别位于 M 和 X 原子的位置上。而对于像 NaCl 那样的离子晶体，V_{Na} 的意思是当 Na^+ 被取走时，一个电子同时被取走，留下一个不带电的 Na 原子空位；同样 V_{Cl} 表示缺了一个 Cl^-，同时增加一个电子，留下一个不带电的 Cl 原子空位。

2. 间隙原子

当原子 M 和 X 处在间隙位置上，分别用 M_i 和 X_i 表示。例如，Na 原子填隙在 KCl 晶格中，可以写成 Na_i。

3. 置换原子

L_M 表示 M 位置上的原子被 L 原子所置换，S_X 表示 X 位置上的原子被 S 原子所置换。例如 NaCl 进入 KCl 晶格中，K 被 Na 所置换写成 Na_K。

4. 自由电子及电子空穴

在强离子性材料中，通常电子位于特定的原子位置上，这可以用离子价来表示。但在有些情况下，电子可能不位于某一个特定的原子位置上，它们在某种光、电、热的作用下，可以在晶体中运动，可用 e' 来表示这些自由电子。同样，不局限于特定位置的电子空穴用 $h^{\bullet}$ 表示。自由电子和电子空穴都不属于某一个特定位置的原子。

5. 带电缺陷

其包括离子空位以及由于不等价离子之间的替代而产生的带电缺陷。如离子空位 V_X'' 和 $V_X^{\bullet\bullet}$，分别表示带二价电荷的正离子和负离子空位，如图 4-4（a）所示。例如，在 KCl 离子晶体中，如果从正常晶格位置上取走一个带正电的 K^+，这和取走一个钾原子相比，少了一个钾电子，因此，剩下的空位必伴随着一个带有负电荷的过剩电子，过剩电子记作 e'，如果这个过剩电子被局限于空位，这时空位写成 V_K'。同样，如果取走一个带负电的 Cl^-，即相当于取走一个氯原子和一个电子，剩下的那个空位必然伴随着一个正的电子空穴，记作 $h^{\bullet}$，如果这个过剩的正电荷被局限于空位，这时空位写成 $V_{Cl}^{\bullet}$。用缺陷反应式表示为：

$$V_K' \longrightarrow V_K + e' \tag{4-1}$$

$$V_{Cl}^{\bullet} \longrightarrow V_{Cl} + h^{\bullet} \tag{4-2}$$

用 $M_i^{\bullet\bullet}$ 和 X_i'' 分别表示 M 及 X 离子处在间隙位置上，如图 4-4（b）所示。

若是离子之间由于不等价取代而产生了带电缺陷，如一个三价的 Al^{3+} 替代在镁位置上的一个 Mg^{2+} 时，由于 Al^{3+} 比 Mg^{2+} 高一价，因此与这个位置原有的电价相比，它高出一个单位正电荷，写成 $Al_{Mg}^{\bullet}$。如果 Ca^{2+} 取代了 ZrO_2 晶体中的 Zr^{4+} 则写成 Ca_{Zr}''，表示 Ca^{2+} 在 Zr^{4+} 位置上同时带有两个单位负电荷。这里应该注意的是上标"＋"和"－"是用来表示实际的带电离子，而上标"·"和"'"则表示相对于基质晶格位置上有效的正、负电荷。

6. 错位原子

当 M 原子被错放在 X 位置上用 M_X 表示，下标是指晶格中某个特定的原子位置。这种缺陷一般很少出现，如图 4-4（c）所示。

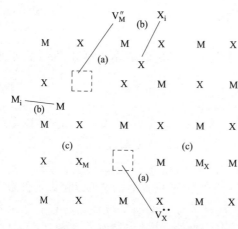

图 4-4 M_X 化合物基本点缺陷

7. 缔合中心

一个带电的点缺陷也可能与另一个带有相反符号的点缺陷相互缔合成一组或一群，这种缺陷把发生缔合的缺陷放在括号内来表示。例如 V''_M 和 $V^{··}_X$ 发生缔合，可以记为 $(V''_M V^{··}_X)$，类似地还可以有 $(M''_i X^{··}_i)$。在存在肖特基缺陷和弗仑克尔缺陷的晶体中，有效电荷符号相反的点缺陷之间，存在着一种库仑力，当它们靠得足够近时，在库仑力作用下，就会产生一种缔合作用。例如，在 MgO 晶体中，最邻近的镁离子空位和氧离子空位就可能缔合成空位对，形成缔合中心，可以用反应式表示如下：

$$V''_{Mg} + V^{··}_O \Longrightarrow (V''_{Mg} V^{··}_O) \tag{4-3}$$

以 $M^{2+} X^{2-}$ 晶体为例，克罗格-文克符号表示的点缺陷如表 4-2 所示。

表 4-2 克罗格-文克缺陷符号（以 $M^{2+} X^{2-}$ 为例）

缺陷类型	符号	缺陷类型	符号
M^{2+} 在正常格点上	M_M	M 原子在 X 位置	M_X
X^{2-} 在正常格点上	X_X	X 原子在 M 位置	X_M
M 原子空位	V_M	L^{2+} 溶质置换 M^{2+}	L_M
X 原子空位	V_X	L^+ 溶质置换 M^{2+}	L'_M
阳离子空位	V''_M	L^{3+} 溶质置换 M^{2+}	$L^{·}_M$
阴离子空位	$V^{··}_X$	L 原子在间隙	L_i
M 原子在间隙位	M_i	自由电子	e'
X 原子在间隙位	X_i	电子空穴	$h^{·}$
阳离子间隙	$M^{··}_i$	缔合中心	$(V''_M V^{··}_X)$
阴离子间隙	X''_i	无缺陷状态	0

为了能把缺陷的形成原因、形成缺陷的类型用简便的方法明确地表达出来，可采用缺陷反应方程式。在离子晶体中，每个缺陷如果看作化学物质，那么材料中的缺陷及其浓度就可以和一般的化学反应一样用热力学函数如反应热效应来描

述，也可以把质量作用定律和平衡常数之类概念应用于缺陷反应。这对于掌握在材料制备过程中缺陷的产生和相互作用等是很重要和很方便的。

二、缺陷反应方程式书写规则

在写缺陷反应方程式时，也与化学反应式一样，必须遵守一些基本原则，缺陷反应方程式应满足以下几个规则。

1. 位置关系

在化合物 M_aX_b 中，M 位置的数量必须永远与 X 位置的数量保持 $a:b$ 的比例关系。例如，在 MgO 中，Mg : O=1 : 1，在 Al_2O_3 中，Al : O=2 : 3。只要保持比例不变，每一种类型的位置总数可以改变。如果在实际晶体中，M 与 X 的比例不符合位置的比例关系，表明晶体中存在缺陷。例如，在 TiO_2 中，Ti : O=1 : 2，而实际上当它在还原气氛中，由于晶体中氧不足而形成 TiO_{2-x}，此时在晶体中生成氧空位，因而 Ti 与 O 之比由原来的 1 : 2 变为 1 : (2−x)。

2. 位置增殖

当缺陷发生变化时，有可能引入 M 空位 V_M，也有可能把 V_M 消除。当引入空位或消除空位时，相当于增加或减少 M 的点阵位置数。但发生这种变化时，要服从位置关系。能引起位置增殖的缺陷有 V_M、V_X、M_M、M_X、X_M、X_X 等。不发生位置增殖的缺陷有 e'、$h^·$、M_i、X_i 等。例如，发生肖特基缺陷时，晶格中原子迁移到晶体表面，在晶体内留下空位时，增加了位置的数目。当表面原子迁移到晶体内部填补空位时，减少了位置的数目。在离子晶体中这种增殖是成对出现的，因此它是服从位置关系的。

3. 质量平衡

和在化学反应中一样，缺陷方程的两边必须保持质量平衡，必须注意的是缺陷符号的下标只是表示缺陷的位置，对质量平衡没有作用。如 V_M 为 M 位置上的空位，它不存在质量。

4. 电中性

在缺陷反应前后晶体必须保持电中性。电中性的条件要求缺陷反应式两边必须具有相同数目的总有效电荷，但不必等于零。例如，TiO_2 在还原气氛下失去部分氧，生成 TiO_{2-x} 的反应可写为：

$$2Ti_{Ti}O_2 - \frac{1}{2}O_2 \uparrow \longrightarrow 2Ti'_{Ti} + V_O^{··} + 3O_O \tag{4-4}$$

$$2TiO_2 \longrightarrow 2Ti'_{Ti} + V_O^{··} + 3O_O + \frac{1}{2}O_2 \uparrow \tag{4-5}$$

$$2Ti_{Ti} + 4O_O \longrightarrow 2Ti'_{Ti} + V_O^{··} + 3O_O + \frac{1}{2}O_2 \uparrow \tag{4-6}$$

方程表示，晶体中的氧气以电中性的氧分子的形式从 TiO_2 中逸出，同时，在晶体内产生带正电荷的氧空位和与其符号相反的带负电荷的 Ti'_{Ti} 来保持电中性，方程两边总有效电荷都等于零。Ti'_{Ti} 可以看成是 Ti^{4+} 被还原为 Ti^{3+}，三价 Ti 占据了四价 Ti 的位置，因而带一个有效负电荷。而两个 Ti^{3+} 替代了两个 Ti^{4+}，由原来 2：4 变为 2：3，因而晶体中出现一个氧空位。

5. 表面位置

当一个 M 原子从晶体内部迁移到表面时，用符号 M_S 表示，下标表示表面位置，在缺陷化学反应中表面位置一般不用特别表示。

缺陷化学反应式在描述固溶体的生成和非化学计量化合物的反应中都是很重要的，为了加深对上述规则的理解，掌握其在缺陷反应中的应用，现举例说明如下。

例题 4-1： $CaCl_2$ 溶质溶解到 KCl 溶剂中的固溶过程。

答： 第一种可能是当引入一个 $CaCl_2$ 分子到 KCl 中时，同时带进两个 Cl^- 和一个 Ca^{2+}。考虑置换杂质的情况，一个 Ca^{2+} 置换一个 K^+，Cl 处在 Cl 的位置上。由于引入两个 Cl^-，但作为基体的 KCl 中，K：Cl＝1：1，因此，根据位置关系，为保持原有晶格，必然出现一个 K 离子空位。

$$CaCl_2 \xrightarrow{KCl} Ca_K^{\bullet} + V_K' + 2Cl_{Cl} \tag{4-7}$$

第二种可能是一个 Ca^{2+} 置换一个 K^+，而多出的一个 Cl 离子进入间隙位置。

$$CaCl_2 \xrightarrow{KCl} Ca_K^{\bullet} + Cl_i' + Cl_{Cl} \tag{4-8}$$

第三种可能是 Ca^{2+} 进入间隙位置，Cl 仍然在 Cl 位置，为了保持电中性和位置关系，必须同时产生两个 K 离子空位。

$$CaCl_2 \xrightarrow{KCl} Ca_i^{\bullet\bullet} + 2V_K' + 2Cl_{Cl} \tag{4-9}$$

在上面三个缺陷反应式中，$\longrightarrow$ 号上面的 KCl 表示溶剂，溶质 $CaCl_2$ 进入 KCl 晶格，写在箭头左边。以上三个缺陷反应式都符合缺陷反应方程的规则，反应式两边保持电中性、质量平衡和正确的位置关系。它们中究竟哪一种是实际存在的缺陷反应式呢？正确判断它们是否合理还需根据固溶体的生成条件及固溶体研究方法并用实验进一步验证。但是可以根据离子晶体结构的一些基本知识，粗略地分析判断它们的正确性。式（4-9）的不合理性在于离子晶体是以负离子作紧密堆积，正离子位于紧密堆积所形成的空隙内。既然有两个钾离子空位存在，一般 Ca^{2+} 首先应填充到空位中，而不会挤到间隙位置，增加晶体的不稳定因素。式（4-8）由于 Cl^- 半径大，离子晶体的紧密堆积中一般不可能挤进间隙离子，因而上面三个反应式以式（4-7）最合理。

例题 4-2：MgO 溶质溶解到 Al_2O_3 溶剂中的固溶过程。

答：固溶过程有两种可能，两个反应式如下：

$$2MgO \xrightarrow{Al_2O_3} 2Mg'_{Al} + V_O^{\cdot\cdot} + 2O_O \tag{4-10}$$

$$3MgO \xrightarrow{Al_2O_3} 2Mg'_{Al} + Mg_i^{\cdot\cdot} + 3O_O \tag{4-11}$$

两个方程分别表示，2 个 Mg^{2+} 置换了 2 个 Al^{3+}，Mg 占据了 Al 的位置，由于价数不同产生了 2 个负的有效电荷，为了保持正常晶格的位置关系 Al：O = 2：3，可能出现一个 O^{2-} 的空位或多余的一个 Mg^{2+} 进入间隙位置两种情况，都产生 2 个正的有效电荷，等式两边有效电荷相等，保持了电中性，而且质量平衡，位置关系正确，说明两个反应方程式都符合缺陷反应规则。根据离子晶体结构的基本知识，可以分析出式（4-10）更为合理，因为在 NaCl 型的离子晶体中，Mg^{2+} 进入晶格间隙位置这种情况不易发生。

例题 4-3：ZrO_2 掺入 Y_2O_3 形成缺陷。

答：Zr^{4+} 置换了 Y^{3+}，Zr 占据了 Y 的位置，由于价数不同产生了一个正的有效电荷，有一部分 O^{2-} 进入了间隙位置，产生了两个负的有效电荷，正常晶格的位置保持 2：3，质量是平衡的，在等式两边都是两个 ZrO_2，等式两边有效电荷相等，说明反应方程式符合缺陷规则。实际是否能按此方程进行，还需进一步实验验证。

$$2ZrO_2 \xrightarrow{Y_2O_3} 2Zr_Y^{\cdot} + O_i'' + 3O_O \tag{4-12}$$

对缺陷反应方程进行适量处理和分析，可以找到影响缺陷种类和浓度的各因素，从而为制备某种功能性材料提供理论上的指导作用。

第三节　热缺陷浓度的计算

在纯的化学计量的晶体中，热缺陷是一种最基本的缺陷。在任何高于绝对零度的温度下，晶体中由于晶格的热振动而产生的缺陷和复合处于一种平衡的状态。因此，也可以用化学反应平衡的质量作用定律来处理。以弗仑克尔缺陷的生成为例来说明。弗仑克尔缺陷可以看作是正常格点离子和间隙位置反应生成间隙离子和空位的过程：

（正常格点离子）＋（未被占据的间隙位置）$\longrightarrow$（间隙离子）＋（空位）

弗仑克尔缺陷反应可以写成：

$$M_M + V_i \rightleftharpoons M_i^{\cdot\cdot} + V_M'' \tag{4-13}$$

式中，M_M 表示 M 在 M 位置上；V_i 表示未被占据的间隙即空间隙；$M_i^{\cdot\cdot}$ 表示 M 在间隙位置，并带二价正电荷；V_M'' 表示 M 离子空位，带二价负电荷。

平衡常数：
$$K_F = \frac{[M_i^{\bullet\bullet}][V_M'']}{[M_M][V_i]} \tag{4-14}$$

在 AgBr 中，弗仑克尔缺陷的生成可写成：
$$Ag_{Ag} + V_i \Longrightarrow Ag_i^{\bullet} + V_{Ag}' \tag{4-15}$$

根据质量作用定律可知：
$$K_F = \frac{[Ag_i^{\bullet}][V_{Ag}']}{[Ag_{Ag}][V_i]} \tag{4-16}$$

令：N 为在单位体积中正常格点总数；N_i 为在单位体积中可能的间隙位置总数；n_i 为在单位体积中平衡的间隙离子的数目；n_v 为在单位体积中平衡的空位的数目。

则式（4-16）可以写为：
$$K_F = \frac{n_i n_v}{(N - n_v)(N_i - n_i)} \tag{4-17}$$

在弗仑克尔缺陷中，间隙离子和空位数量相等，因此 $n_i = n_v$。如果缺陷的数目很小，那么 $n_i \leqslant N$、N_i，因而，$n^2 = NN_i K_F$。如果 ΔG_F 为生成弗仑克尔缺陷的形成自由焓，并且在反应过程中体积不变，根据热力学原理，则有：
$$K_F = \exp\left(-\frac{\Delta G_F}{2kT}\right) \tag{4-18}$$

式中，k 为玻尔兹曼常数；T 为热力学温度。由此可得：
$$n_i = \sqrt{(NN_i)}\, K_F = \sqrt{(NN_i)} \exp\left(-\frac{\Delta G_F}{2kT}\right) \tag{4-19}$$

在六方和立方紧密堆积的晶体中，n 个球体堆积产生 n 个八面体空隙，如果离子进入的是八面体空隙，则 $N \approx N_i$，式（4-19）可改写为：
$$\frac{n_i}{N} = \exp\left(-\frac{\Delta G_F}{2kT}\right) \tag{4-20}$$

式中，$\dfrac{n_i}{N}$ 为弗仑克尔缺陷的浓度。此式表示了弗仑克尔缺陷的浓度与缺陷的形成自由焓及温度的关系。

对于肖特基缺陷，假设正离子和负离子与表面上"假定"的位置反应，生成空位和表面上的离子对，在表面上有反应能力的结点数目和每单位表面积上的离子对数目平衡。若 MO 氧化物形成肖特基缺陷，例如 BeO、MgO、CaO 等，空位用 V_M 和 V_O 表示，则有：
$$0 \Longrightarrow V_M'' + V_O^{\bullet\bullet} \tag{4-21}$$

因此，肖特基缺陷的平衡常数是：
$$K_S = [V_M''][V_O^{\bullet\bullet}] \tag{4-22}$$

$$K_S^{1/2} = [V_M''] = [V_O^{\bullet\bullet}] = \exp\left(-\frac{\Delta G_S}{2kT}\right) \qquad (4\text{-}23)$$

式中，ΔG_S 为肖特基缺陷形成自由熵，表示同时生成一个正离子和一个负离子空位所需要的能量。

对于 MgO，镁离子和氧离子必须离开各自的位置，迁移到表面或晶面上，反应如下：

$$\mathrm{Mg_{Mg} + O_O \rightleftharpoons V_{Mg}'' + V_O^{\bullet\bullet} + Mg_{Mg(表面)} + O_{O(表面)}} \qquad (4\text{-}24)$$

方程（4-24）左边表示离子都在正常的位置上，是没有缺陷的，反应之后，变成表面离子和内部的空位。因为从晶体内部迁移到表面上的镁离子和氧离子是在表面生成一个新的离子层，这一层和原来的表面离子层并没有本质的差别，因此对肖特基缺陷反应方程式（4-24）可以写成：

$$0 \rightleftharpoons V_{Mg}'' + V_O^{\bullet\bullet} \qquad (4\text{-}25)$$

根据式（4-22）MgO 中肖特基缺陷平衡可以写成：

$$K_S = [V_{Mg}''][V_O^{\bullet\bullet}] \qquad (4\text{-}26)$$

根据质量作用定律可得：

$$\frac{n_V N_S}{(N - n_V) N_S} = \exp\left(-\frac{\Delta G_S}{2kT}\right) \qquad (4\text{-}27)$$

式中，n_V 为空位对数；N 为晶体中离子对数。

当缺陷浓度不大时，$n_V \ll N$，得：

$$\frac{n_V}{N} = \exp\left(-\frac{\Delta G_S}{2kT}\right) \qquad (4\text{-}28)$$

比较式（4-20）和式（4-28）可见，弗仑克尔缺陷和肖特基缺陷的浓度公式具有相同的形式。因此，可以把热缺陷的浓度与缺陷形成自由熵及温度的关系归纳为：

$$\frac{n}{N} = \exp\left(-\frac{\Delta G}{2kT}\right) \qquad (4\text{-}29)$$

第四节　非化学计量化合物

在普通化学中所介绍的化合物其化学式符合定比定律。也就是说，构成化合物的各个组成，其含量相互间是成比例的，而且是固定的。但是实际的化合物中，有一些化合物如 $\mathrm{Fe_{1-x}O}$、$\mathrm{TiO_{2-x}}$ 就并不符合定比定律，正、负离子的比例并不是一个简单的固定比例关系，这些化合物称为非化学计量化合物。这是一种由于在化学组成上偏离化学计量而产生的缺陷。

严格地说，所有晶体都或多或少偏离理想的化学计量，但有较大偏差的非化学计量化合物却不是很多。例如，具有稳定价态的阳离子形成的化合物中要产生明显的非化学计量是困难的。在具有比较容易变价的阳离子形成的化合物中则比较容易出现明显的非化学计量，比如含有过渡金属和稀土金属化合物。这种晶体缺陷可分为四种类型。

1. 由于负离子缺位，使金属离子过剩

TiO_2、ZrO_2 就会产生这种缺陷，分子式可以写为 TiO_{2-x}、ZrO_{2-x}。从化学计量的观点看，在 TiO_2 晶体中，正离子与负离子的比例是 Ti∶O = 1∶2，但由于环境中氧离子不足，晶体中的氧可以逸出到大气中，这时晶体中出现氧空位，使得金属离子与化学式比较起来显得过剩。从化学的观点来看，缺氧的 TiO_2 可以看作是四价钛和三价钛氧化物的固溶体，即 Ti_2O_3 在 TiO_2 中的固溶体。也可以把它看作是为了保持电中性，部分 Ti^{4+} 降价为 Ti^{3+}。其缺陷反应如下：

$$2Ti_{Ti} + 4O_O \longrightarrow 2Ti'_{Ti} + V_O^{\cdot\cdot} + 3O_O + \frac{1}{2}O_2 \uparrow \tag{4-30}$$

式中，Ti'_{Ti} 为三价钛位于四价钛位置，这种离子变价的现象总是和电子相联系的，也就是说 Ti^{4+} 是由于获得电子变成 Ti^{3+} 的。但这个电子并不是固定在一个特定的钛离子上，而是容易从一个位置迁移到另一个位置。更确切地说，可把它看作是在负离子空位的周围，束缚了过剩电子，以保持电中性，如图 4-5 所示。因为氧空位是带正电的，在氧空位上束缚了两个自由电子，这种电子如果与附近的 Ti^{4+} 相联系，Ti^{4+} 就变成 Ti^{3+}。但这些电子并不属于某一个具体固定的 Ti^{4+}，在电场的作用下，它可以从这个 Ti^{4+} 迁移到邻近的另一个 Ti^{4+} 上，而形成电子导电，所以具有这种缺陷的材料，是一种 n 型半导体。

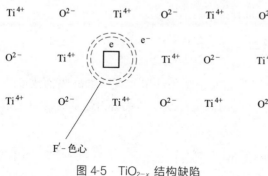

图 4-5 TiO_{2-x} 结构缺陷

凡是自由电子陷落在阴离子缺位中而形成的一种缺陷又称为 F'-色心。它是由一个负离子空位和一个在此位置上的电子组成的，即捕获了电子的负离子空位。陷落电子能吸收一定波长的光使晶体着色而得名 F'-色心。例如，TiO_2 在还原气氛下由黄色变成灰黑色，NaCl 在 Na 蒸气中加热呈黄棕色等。

反应式（4-30）又能简化为下列形式：

$$O_O \longrightarrow V_O^{\cdot\cdot} + 2e' + \frac{1}{2}O_2 \uparrow \tag{4-31}$$

式中，$e' = Ti'_{Ti}$。根据质量作用定律，平衡时：

$$K = \frac{[V_O^{\cdot\cdot}][P_{O_2}]^{\frac{1}{2}}[e']^2}{[O_O]} \tag{4-32}$$

如果晶体中氧离子的浓度基本不变，而过剩电子的浓度比氧空位大两倍，即 $[e'] = 2[V_O^{\cdot\cdot}]$，则可简化为：

$$[V_O^{\cdot\cdot}] \propto [P_{O_2}]^{-\frac{1}{6}} \tag{4-33}$$

这说明氧空位的浓度和氧分压的 1/6 次方成反比。所以 TiO_2 的非化学计量材料对氧压力是十分敏感的，在烧结含有 TiO_2 的陶瓷时，要注意氧的压力。

2. 由于间隙正离子，使金属离子过剩

具有这种缺陷的结构如图 4-6 所示。$Zn_{1+x}O$ 和 $Cd_{1+x}O$ 属于这种类型。过剩的金属离子进入间隙位置，它是带正电的，为了保持电中性，等价的电子被束缚在间隙正离子周围，这也是一种色心。例如：ZnO 在锌蒸气中加热，锌蒸气中一部分锌原子会进入 ZnO 晶格的间隙位置，成为 $Zn_{1+x}O$。缺陷反应式可以表示如下：

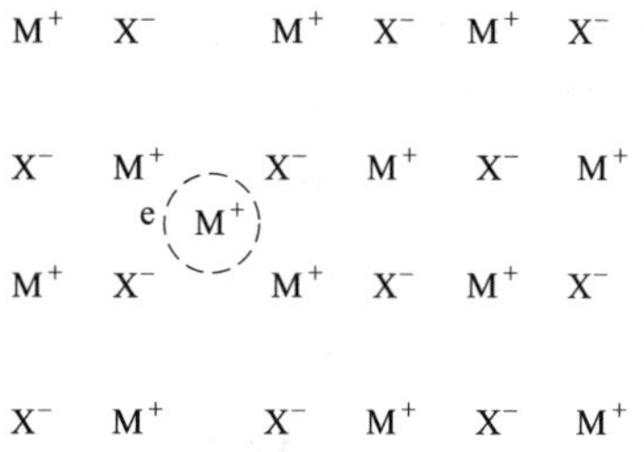

$$ZnO \Longrightarrow Zn_i^{\cdot\cdot} + 2e' + \frac{1}{2}O_2 \uparrow \tag{4-34}$$

或

$$Zn(g) \Longrightarrow Zn_i^{\cdot\cdot} + 2e' \tag{4-35}$$

图 4-6　由于间隙正离子，使
金属离子过剩型结构缺陷

根据质量作用定律：

$$K = \frac{[Zn_i^{\cdot\cdot}][e']^2}{[P_{Zn}]} \tag{4-36}$$

间隙锌离子的浓度与锌蒸气压的关系为：

$$[Zn_i^{\cdot\cdot}] \propto [P_{Zn}]^{\frac{1}{3}} \tag{4-37}$$

如果锌离子化程度不足，可以有：

$$Zn(g) \Longrightarrow Zn_i^{\cdot} + e' \tag{4-38}$$

得

$$[Zn_i^{\cdot\cdot}] \propto [P_{Zn}]^{\frac{1}{2}} \tag{4-39}$$

从上述理论关系分析可见，控制不同的锌蒸气压可以获得不同的缺陷形式，究竟属于什么样的缺陷模型，要经过实验才能确定。

3. 由于间隙负离子，使负离子过剩

具有这种缺陷的结构如图 4-7 所示。目前只发现 UO_{2+x} 具有这样的缺陷。

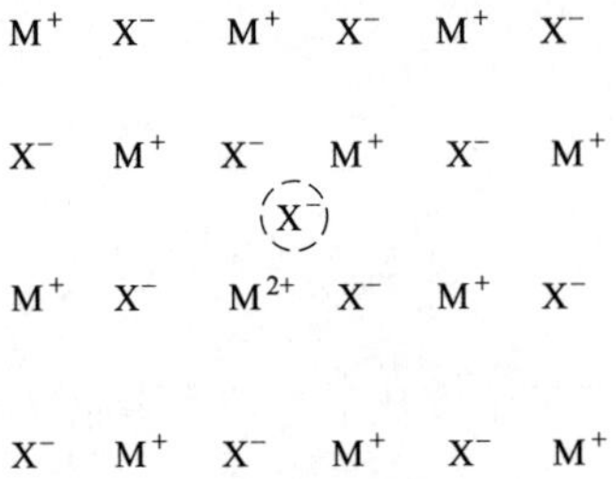

$$M^+ \quad X^- \quad M^+ \quad X^- \quad M^+ \quad X^-$$

$$X^- \quad M^+ \quad X^- \quad M^+ \quad X^- \quad M^+$$
$$\textcircled{X}$$
$$M^+ \quad X^- \quad M^{2+} \quad X^- \quad M^+ \quad X^-$$

$$X^- \quad M^+ \quad X^- \quad M^+ \quad X^- \quad M^+$$

图 4-7 由于间隙负离子，使
负离子过剩型结构缺陷

它可以看作是 U_3O_8 在 UO_2 中的固溶体。当在晶格中存在间隙负离子时，为了保持结构的电中性，结构中必然要引入电子空穴，相应的正离子升价。电子空穴也不局限于特定的正离子，它在电场作用下会运动。因此，这种材料为 p 型半导体。对于 UO_{2+x} 中缺陷反应可以表示为：

$$\frac{1}{2}O_2 \longrightarrow O_i'' + 2h^\cdot \tag{4-40}$$

由上式可得：

$$[O_i''] \propto [P_{O_2}]^{\frac{1}{6}} \tag{4-41}$$

随着氧压力的增大，间隙氧浓度增大。

4. 由于存在正离子空位，引起负离子过剩

图 4-8 为这种缺陷的示意图。由于存在正离子空位，为了保持电中性，在正离子空位的周围捕获电子空穴。因此，它也是 p 型半导体。$Cu_{2-x}O$ 和 $Fe_{1-x}O$ 属于这种类型的缺陷。在 FeO 中，可以写成 $Fe_{1-x}O$，在 FeO 中，由于 V_{Fe}'' 的存在，O^{2-} 过剩，每缺少一个 Fe^{2+}，就出现一个 V_{Fe}''，为了保持电中性，要有两个 Fe^{2+} 转变成 Fe^{3+} 来保持电中性，可以写成 $Fe_{1-x}O$。从化学观点看，$Fe_{1-x}O$ 可以看作是 Fe_2O_3 在 FeO 中的固溶体，为了保持电中性，三个 Fe^{2+} 被两个 Fe^{3+} 和一个空位所代替。从缺陷的生成反应可以看出缺陷浓度也和气氛有关：

$$2Fe_{Fe} + \frac{1}{2}O_2(g) \longrightarrow 2Fe_{Fe}^\cdot + V_{Fe}'' + O_O \tag{4-42}$$

$$\frac{1}{2}O_2(g) \longrightarrow O_O + V_{Fe}'' + 2h^\cdot \tag{4-43}$$

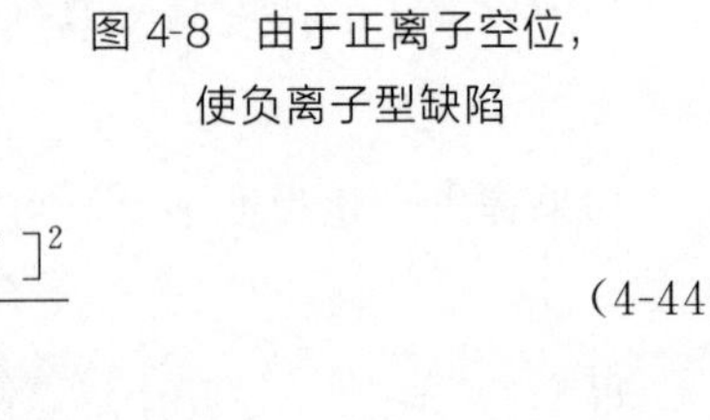

$$M^+ \quad X^- \quad M^+ \quad X^- \quad M^+ \quad X^-$$

$$X^- \quad \square \quad X^- \quad M^+ \quad X^- \quad M^+$$

$$M^{2+} \quad X^- \quad M^+ \quad X^- \quad M^+ \quad X^-$$

$$X^- \quad M^+ \quad X^- \quad M^+ \quad X^- \quad M^+$$

图 4-8 由于正离子空位，
使负离子型缺陷

从方程式（4-43）可见，铁离子空位带负电，为了保持电中性，两个电子空穴被吸引到铁离子空位周围，形成一种 V-色心。根据质量作用定律可得：

$$K = \frac{[O_O][V_{Fe}''][h^\cdot]^2}{[P_{O_2}]^{\frac{1}{2}}} \tag{4-44}$$

由此可得：

$$[h^\cdot] \propto [P_{O_2}]^{\frac{1}{6}} \tag{4-45}$$

随着氧分压增大，电子空穴的浓度增大，电导率也相应增大。

由上述可见，非化学计量化合物的产生及其缺陷的浓度与气氛的性质及气压

的大小有密切关系，这是它与其他缺陷的最大不同之处。非化学计量化合物是由于不等价置换使化学计量的化合物变成了非化学计量，而这种不等价置换是发生在同一种离子中的高价态与低价态之间的相互置换。因此，非化学计量化合物往往是发生在具有变价元素的化合物中的，而且缺陷的浓度随气氛的改变而变化。

习　　题

4-1　名词解释：

① 弗仑克尔缺陷与肖特基缺陷。

② 非化学计量化合物。

4-2　试述晶体结构中点缺陷的类型。以通用的表示法写出晶体中各种点缺陷的表示符号。试举例写出 $CaCl_2$ 中 Ca^{2+} 置换 KCl 中 K^+ 或进入 KCl 间隙中去的两种点缺陷反应方程式。

4-3　在缺陷反应方程式中，所谓位置平衡、电中性、质量平衡是指什么？

4-4

① 在 MgO 晶体中，肖特基缺陷的生成能为 6eV（$1eV = 1.6022 \times 10^{-19}$ J），计算在 25℃ 和 1600℃时热缺陷的浓度。

② 如果 MgO 晶体中，含有 0.01mol 的 Al_2O_3 杂质，则在 1600℃时，MgO 晶体中是热缺陷占优势还是杂质缺陷占优势？说明原因。

4-5　对某晶体的缺陷测定生成能为 84kJ/mol，计算该晶体在 1000K 和 1500K 时的缺陷浓度。

4-6　试写出在下列两种情况中，生成什么缺陷？缺陷浓度是多少？

① 在 Al_2O_3 中，添加 0.01%（摩尔分数）的 Cr_2O_3，生成淡红宝石。

② 在 Al_2O_3 中，添加 0.5%（摩尔分数）的 NiO，生成黄宝石。

4-7　非化学计量缺陷的浓度与周围气氛的性质、压力大小相关，如果增大周围氧气的分压，非化学计量化合物 $Fe_{1-x}O$ 及 $Zn_{1-x}O$ 的密度将发生怎样变化？是增大还是减少？为什么？

4-8　非化学计量化合物 Fe_xO 中，$Fe^{3+}/Fe^{2+} = 0.1$（离子比），求 Fe_xO 中的空位浓度及 x 值。

4-9　非化学计量氧化物 TiO_{2-x} 的制备强烈依赖于氧分压和温度：

① 试列出其缺陷反应式。

② 求其缺陷浓度表达式。

第五章　固　溶　体

本章知识框架图

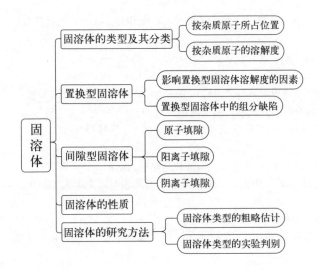

本章内容简介

　　本章主要介绍固溶体的分类，并重点介绍影响置换型固溶体固溶度的因素及其组分缺陷，介绍间隙型固溶体的类型与实例，阐述固溶体对材料性能的影响，最后介绍固溶体的研究方法，如何结合试验数据来判断所形成固溶体的类型等内容。

本章学习目标

1. 了解固溶体的基本类型及其分类方法。
2. 重点掌握置换型固溶体的形成条件以及影响其固溶度的因素。
3. 掌握间隙型固溶体的形成条件、缺陷类型及相关实例。
4. 熟练掌握固溶化学反应方程式及固溶体化学式的书写方法。

5. 了解固溶体对材料性质的影响。

6. 掌握固溶体的研究方法，能够结合试验结果判断所形成固溶体的类型。

液体有纯净液体和含有溶质的液体之分。固体中也有纯晶体和含有外来杂质原子的固体溶液之分，这样类比就可以把含有外来杂质原子的晶体称为固体溶液，简称固溶体。

为了便于理解，可以把原有的晶体看作溶剂，把外来原子看作溶质，这样可以把生成固溶体的过程看成是溶解过程。如果原始晶体为 AC 和 BC，生成固溶体之后，分子式可以写成（A_xB_y）C。例如，MgO 和 CoO 生成固溶体，可以写成（$Mg_{1-x}Co_x$）O。在固溶体中不同组分的结构基元之间是以原子尺度相互混合的，这种混合并不破坏原有晶体的结构。以 Al_2O_3 晶体中溶入 Cr_2O_3 为例，Al_2O_3 为溶剂，Cr^{3+} 溶解在 Al_2O_3 中以后并不破坏 Al_2O_3 原有晶格构造。少量 Cr^{3+} [0.5%～2%（质量分数）] 溶入 Al_2O_3 中，由于 Cr^{3+} 能产生受激辐射，原来没有激光性能的白宝石（α-Al_2O_3）变为有激光性能的红宝石。

固溶体普遍存在于无机固体材料中，材料的物理化学性质随着固溶程度的不同可在一个较大的范围内变化。现代材料研究经常采用生成固溶体的方法来提高和改善材料性能，在功能材料、结构材料中都离不开它。例如，$PbTiO_3$ 与 $PbZrO_3$ 生成锆钛酸铅压电陶瓷 $Pb(Zr_xTi_{1-x})O_3$ 结构，广泛应用于电子、无损检测、医疗等技术领域；Si_3N_4 与 Al_2O_3 之间形成的固溶体（赛龙）是新型的高温结构材料；在耐火材料的生产和使用过程中难免会遇到各种杂质，这些杂质究竟是固溶到主晶相中还是在基质中形成液相，对耐火材料性能有重大影响，因此需要了解固溶体的基本知识和变化规律。

固溶体可以在晶体生长过程中形成，也可以在溶液或熔体中析晶时形成，还可以通过烧结过程由原子扩散而形成。固溶体、机械混合物和化合物三者之间是有本质区别的。表 5-1 列出固溶体、化合物和机械混合物三者之间的区别。若晶体 A、B 形成固溶体，A 和 B 之间以原子尺度混合成为单相均匀晶态物质。机械混合物 AB 是 A 和 B 以颗粒态混合，A 和 B 分别保持本身原有的结构和性能，AB 混合物不是均匀的单相而是两相或多相。若 A 和 B 形成化合物 A_mB_n，A：B=m：n 有固定的比例，A_mB_n 化合物的结构不同于 A 和 B。若 AC 与 BC 两种晶体形成固溶体（A_xB_{1-x}）C，A 与 B 可以任意比例混合，x 在 0～1 范围内变动，该固溶体的结构仍与主晶相 AC 相同。

表 5-1　固溶体、化合物和机械混合物比较

比较项	固溶体	化合物	机械混合物
形成方式	掺杂,溶解	化学反应	机械混合
反应式	$2AO \xrightarrow{B_2O_3} 2A'_B + V_O^{\cdot\cdot} + 2O_O$	$AO + B_2O_3 \longrightarrow AB_2O_4$	$AO + B_2O_3$ 均匀混合

比较项	固溶体	化合物	机械混合物
化学组成	$B_{2-x}A_xO_{3-x/2}(x=0\sim2)$	AB_2O_4	$AO+B_2O_3$
混合尺度	原子(离子)尺度	原子(离子)尺度	晶体颗粒态
结构	与 B_2O_3 相同	AB_2O_4 型结构	AO 结构+B_2O_3 结构
相组成	均匀单相	单相	两相有界面

第一节　固溶体的分类

固溶体有两种分类的方法。

一、按杂质原子在固溶体中的位置分类

按杂质原子所占位置，固溶体可以分为置换型固溶体和间隙型固溶体两种类型。置换型固溶体是指杂质原子进入晶体中正常格点位置所生成的固溶体。在无机固体材料中所形成的固溶体绝大多数都属于这种类型。例如，MgO-CoO、MgO-CaO、Al_2O_3-Cr_2O_3、$PbZrO_3$-$PbTiO_3$ 等都属于这种类型。

MgO 和 CoO 都是 NaCl 型结构，Mg^{2+} 半径为 0.072nm，Co^{2+} 半径为 0.074nm。这两种晶体因为结构相同，离子半径接近，MgO 中的 Mg^{2+} 位置可以无限制地被 Co^{2+} 取代，生成无限互溶的置换型固溶体，图 5-1 和图 5-2 为 MgO-CoO 的相图及固溶体结构。

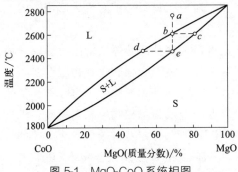

图 5-1　MgO-CoO 系统相图

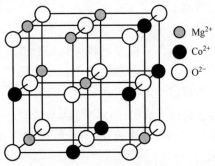

图 5-2　MgO-CoO 固溶体结构

杂质原子进入溶剂晶格中的间隙位置所生成的固溶体就是间隙型固溶体。在无机固体材料中，间隙型固溶体一般发生在阴离子或阴离子团所形成的间隙中。一些碳化物晶体就能形成这种固溶体。

不等价的离子置换或生成间隙离子时，所形成的固溶体中还会出现离子空位结构。例如，MgO 在 Al_2O_3 中有一定的溶解度，当 Mg^{2+} 进入 Al_2O_3 晶格时，它占据 Al^{3+} 的位置，Mg^{2+} 比 Al^{3+} 低一价，为了保持电中性和位置关系，在

Al_2O_3 中产生 O 空位 $V_O^{··}$，反应如下：

$$2MgO \xrightarrow{Al_2O_3} 2Mg_{Al}' + V_O^{··} + 2O_O \qquad (5-1)$$

这显然是一种置换型固溶体。

二、按杂质原子在晶体中的溶解度分类

按杂质原子的溶解度，固溶体分为无限固溶体和有限固溶体两类。无限固溶体是指溶质和溶剂两种晶体可以按任意比例无限制地相互固溶。例如，在 MgO 和 NiO 生成的固溶体中，MgO 和 NiO 各自都可当作溶质也可当作溶剂，如果把 MgO 当作溶剂，MgO 中的 Mg 可以被 Ni 部分或完全取代，其分子式写成 $(Mg_xNi_{1-x})O$，其中 $x=0\sim1$。当 $PbTiO_3$ 与 $PbZrO_3$ 生成固溶体时，结构中的 $PbTiO_3$ 中的 Ti 也可以全部被 Zr 取代，形成无限固溶体，分子式可以写成 $Pb(Zr_xTi_{1-x})O_3$，其中 $x=0\sim1$。在无限固溶体中，溶质和溶剂两个晶体呈无限溶解时，其固溶体成分可以从一个晶体连续改变成另一晶体，所以又称它为连续固溶体或完全互溶固溶体。

因此，在无限固溶体中溶剂和溶质都是相对的。在二元系统中无限型固溶体的相平衡图是连续的曲线，如图 5-1 所示是 MgO-CoO 的相图。有限型固溶体则表示溶质只能以一定的溶解限量溶入溶剂中，即杂质原子在固溶体中的溶解度是有限的，超过这一限度即出现第二相。例如，MgO-CaO 系统，虽然两者都是 NaCl 型结构，但离子半径相差较大，Mg^{2+} 的半径为 $0.072nm$，Ca^{2+} 的半径为 $0.100nm$，相互取代存在着一定的限度，所以生成的是有限固溶体。MgO-CaO 系统相图如图 5-3 所示，在 $2000℃$ 时，约有质量分数

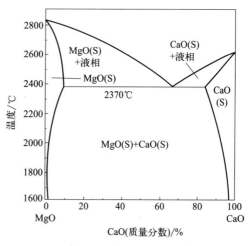

图 5-3　MgO-CaO 系统相图

为 3% 的 CaO 溶入 MgO 中。超过这一限量，便出现第二相——氧化钙固溶体。从相图中可以看出，溶质的溶解度和温度有关，温度升高，溶解度增加。

第二节　置换型固溶体

溶质离子置换溶剂中的一些溶剂离子所形成的固溶体称为置换型固溶体。图 5-4 是置换型固溶体结构，图中白球代表溶剂离子，黑球代表溶质离子。

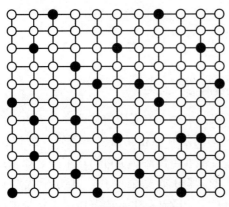

图 5-4　置换型固溶体结构

在硅酸盐的形成过程中，常遇到 NiO 或 FeO 固溶到 MgO 晶体内，即 Ni^{2+} 或 Fe^{2+} 置换晶体中的 Mg^{2+} 生成置换型固溶体，而且是连续固溶体。固溶体组成可以写成 $(Mg_x Ni_{1-x})O$，其中 $x = 0 \sim 1$。能生成连续固溶体的实例还有 Al_2O_3-Cr_2O_3、ThO_2-UO_2、$PbZrO_3$-$PbTiO_3$、钠长石和钾长石等。另外像 MgO 和 Al_2O_3、MgO 和 CaO、ZrO_2 和 CaO 等，它们的正离子间相互置换，生成置换型固溶体，但置换的量是有限的，所以生成的是有限固溶体。

一、影响置换型固溶体中溶质离子溶解度的因素

从热力学观点分析，杂质原子进入晶格，会使系统的熵值增大，并且有可能使自由焓下降，因此在任何晶体中，外来杂质原子都可能有一些溶解度。置换型固溶体有连续置换型和有限置换型固溶体两种类型，那么影响置换型固溶体中杂质原子溶解度的因素究竟是什么呢？虽然目前影响置换型固溶体中溶解度的因素及程度还不能进行严格定量的计算，但通过实践经验的积累，已归纳出一些重要的影响因素，现分述如下。

1. 离子尺寸因素

在置换固溶体中，离子的大小对形成连续或有限置换型固溶体有直接的影响。离子尺寸差对溶解度的影响是由于溶质离子的溶入会使溶剂的晶体结构点阵产生局部的畸变，若溶质离子的尺寸大于溶剂离子，则溶质离子将排挤它周围的溶剂离子，如图 5-5（a）所示；若溶质离子的尺寸小于溶剂离子，则其周围的溶剂离子将向溶质离子靠拢，如图 5-5（b）所示。两者的尺寸相差越大，点阵畸变的程度也越大，畸变能越高，晶体结构的稳定性就越低，从而限制了溶质离子的进一步溶入，使固溶体的溶解度减小。

因此从晶体稳定的观点看，相互替代的离子尺寸愈相近，则固溶体愈稳定。经验证明的规律是只有当溶质和溶剂离子半径的相对差小于 15% 时，才可能形成连续固溶体。若以 r_1 和 r_2 分别代表半径大和半径小的溶剂或溶质离子的半径，形成连续固溶体的尺寸条件的表达式为：

$$\left| \frac{r_1 - r_2}{r_1} \right| < 15\% \tag{5-2}$$

当符合式（5-2）时，溶质和溶剂之间有可能形成连续固溶体，若此值在

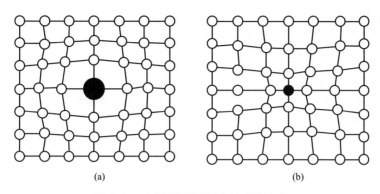

图 5-5　形成置换型固溶体的点阵畸变

（a）溶质离子大于溶剂离子时产生的畸变；（b）溶质离子小于溶剂离子时产生的畸变

15％～30％之间时，可以形成有限置换型固溶体，而此值＞30％时，不能形成固溶体。例如，MgO-NiO 之间 $r_{Mg^{2+}} = 0.072nm$，$r_{Ni^{2+}} = 0.070nm$。通过式（5-2）计算得 2.8％，因而它们可以形成连续固溶体。而 CaO-MgO 之间，计算离子半径差别近于 30％，它们不易生成固溶体。在硅酸盐材料中多数离子晶体是金属氧化物，形成固溶体主要是阳离子之间取代。因此，阳离子半径的大小直接影响了离子晶体中正负离子的结合能，从而对固溶的程度和固溶体的稳定性产生影响。

2. 离子的电价因素

离子价对固溶体的生成有明显的影响。只有离子价相同时或离子价总和相同时才可能生成连续置换型固溶体。因此，这也是生成连续置换型固溶体的必要条件。已知生成的连续固溶体系统，相互取代的离子价都是相同的。例如，MgO-NiO、Al_2O_3-Cr_2O_3、$PbZrO_3$-$PbTiO_3$、MgO-CoO 等系统，都是离子电价相等的阳离子相互取代以后形成的连续固溶体。如果取代离子价不同，则要求用两种以上不同离子复合取代，离子价总和相同，满足电中性取代的条件才能生成连续固溶体。典型的实例有天然矿物，如钙长石 $Ca[Al_2Si_2O_8]$ 和钠长石 $Na[AlSi_3O_8]$ 所形成的固溶体，Ca^{2+} 和 Al^{3+} 同时被 Na^+ 和 Si^{4+} 所取代，其中一个 Al^{3+} 代替一个 Si^{4+}，同时有一个 Ca^{2+} 取代一个 Na^+，即 $Ca^{2+} + Al^{3+} \longrightarrow Na^+ + Si^{4+}$，保证取代离子价总和不变，因此也形成连续的固溶体。

这种例子在压电陶瓷材料中很多，也正是对固溶体的研究使得压电陶瓷材料取得迅速的发展。如 $PbZrO_3$ 和 $PbTiO_3$ 是 ABO_3 型钙钛矿型的结构，是两种典型的具有压电、铁电和介电性能的功能陶瓷，可以用众多离子价相等而半径相差不大的离子去取代 A 位上的 Pb^{2+} 或 B 位上的 Zr^{4+}、Ti^{4+}，从而制备出一系列具有各种特殊性能的复合钙钛矿型连续固溶体，使压电陶瓷材料的性能在更大的范围内变化，得到新的材料。例如，$Pb(Fe_{1/2}Nb_{1/2})O_3$-$PbZrO_3$ 是发生在 B 位取代的铌铁酸铅和锆酸铅，$Fe^{3+} + Nb^{5+} \longrightarrow 2Zr^{4+}$，满足电中性要求，A 位替代如 $(Na_{1/2}Bi_{1/2})TiO_3\text{-}PbTiO_3$。

3. 晶体的结构因素

晶体结构因素是与离子尺寸的大小和离子价相联系的，可以认为是由于离子半径和离子价的不同引起了结构的差别。晶体结构相同是生成连续固溶体的必要条件，结构不同最多只能生成有限固溶体。MgO-NiO、Al_2O_3-Cr_2O_3、Mg_2SiO_4-Fe_2SiO_4、ThO_2-UO_2 等，都是形成固溶体的两个组分具有相同的晶体结构类型。又如 $PbZrO_3$-$PbTiO_3$ 系统中，Zr^{4+} 与 Ti^{4+} 计算半径之差，$r_{Zr^{4+}} = 0.072nm$，$r_{Ti^{4+}} = 0.061nm$，$\dfrac{0.072 - 0.061}{0.072} = 15.28\% > 15\%$。但由于处于相变温度以上，任何锆钛比下，立方晶系的结构是稳定的，虽然半径相对差略大于 15%，但它们之间仍能形成连续置换型固溶体 $Pb(Zr_x Ti_{1-x})O_3$。

又如 Fe_2O_3 和 Al_2O_3 的半径差计算为 18.4%，虽然它们都是刚玉型结构，但它们也只能形成有限置换型固溶体。但是在复杂构造的石榴子石 $Ca_3Al_2(SiO_4)_3$ 和 $Ca_3Fe_2(SiO_4)_3$ 中，它们的晶胞比氧化物大 8 倍，对离子半径相对差的宽容性就提高，因而在石榴子石中 Fe^{3+} 和 Al^{3+} 能连续置换。

4. 电负性因素

溶质和溶剂之间的化学亲和力对固溶体的溶解度有显著的影响，如果两者之间的化学亲和力很强，则倾向于生成化合物而不利于形成固溶体。生成的化合物越稳定，则固溶体的溶解度就越小。通常以电负性因素来衡量化学亲和力，两元素的电负性相差越大，则它们之间的化学亲和力越强，生成的化合物越稳定。因此，只有电负性相近的元素，固溶体才可能具有大的溶解度。

因此，离子电负性对固溶体及化合物的生成有一定的影响。电负性相近，有利于固溶体的生成；电负性差别大，倾向于生成化合物。

达肯和久亚雷考察固溶体时，曾将电负性和离子半径分别作为坐标轴，取溶质与溶剂半径之差为 ±15% 作为椭圆的一个轴，又取电负性差 ±0.4 为椭圆的另一个轴，画一个椭圆。发现在这个椭圆之内的系统，65% 具有很大的固溶度，而椭圆范围之外有 85% 的系统固溶度小于 5%。因此电负性之差小于 ±0.4 也是衡量固溶度大小的一个边界。但与 15% 的离子尺寸规律相比，离子尺寸的影响要大得多，因为在尺寸之差大于 15% 的系统中，有 90% 是不生成固溶体的。对于氧化物系统，固溶体的生成主要还是取决于离子尺寸和离子价因素的影响。

以上就是影响置换型固溶体中溶质离子溶解度的四个主要因素。置换型固溶体普遍存在于无机非金属材料中，例如在水泥生产中，$\beta\text{-}Ca_2SiO_4$ 是波特兰水泥熟料中的一种重要成分，但它易发生晶形转变，造成水泥质量的下降。但通过人为地添加 MgO、SrO 或 BaO（5%～10%）到熟料中，就可以和 $\beta\text{-}Ca_2SiO_4$ 生成置换型固溶体，可以有效地阻止 $\beta\text{-}Ca_2SiO_4$ 发生晶形转变。

二、置换型固溶体中的"组分缺陷"

置换型固溶体可以有等价置换和不等价置换之分，在不等价置换的固溶体中，为了保持晶体的电中性，必然会在晶体结构中产生"组分缺陷"，即在原来结构的结点位置上产生空位或嵌入新质点。这种"组分缺陷"与热缺陷是不同的，热缺陷浓度只是温度的函数；而"组分缺陷"仅发生在不等价置换固溶体中，其缺陷浓度取决于掺杂量和固溶度。不等价离子化合物之间只能形成有限置换型固溶体，由于它们的晶格类型及电价不同，因此它们之间的固溶度一般仅为百分之几。

不等价置换固溶体中，在高价置换低价时，会产生带有正电荷的带电缺陷，为了保持晶体的电中性，必然要产生带有负电荷的带电缺陷，可能出现两种情况，产生阳离子空位，或是出现间隙阴离子。同样在低价置换高价时，也有两种可能情况，产生阴离子空位或是出现间隙阳离子。不等价置换固溶体中，可能出现的置换类型如下。

高价置换低价 $\begin{cases} \text{阳离子出现空位} & Al_2O_3 \xrightarrow{MgO} 2Al_{Mg}^{\cdot} + V_{Mg}'' + 3O_O \\ \text{阴离子进入间隙} & Al_2O_3 \xrightarrow{MgO} 2Al_{Mg}^{\cdot} + O_i'' + 2O_O \end{cases}$

低价置换低价 $\begin{cases} \text{阴离子出现空位} & CaO \xrightarrow{ZrO_2} Ca_{Zr}'' + V_O^{\cdot\cdot} + O_O \\ \text{阳离子进入间隙} & 2CaO \xrightarrow{ZrO_2} Ca_{Zr}'' + Ca_i^{\cdot\cdot} + 2O_O \end{cases}$

在具体的系统中，究竟出现哪一种"组分缺陷"，一般通过实验测定和理论计算来确定，这将在第五节固溶体的研究方法中详细介绍判别方法。

第三节　间隙型固溶体

若杂质原子比较小，当它们加入溶剂中时，由于与溶剂的离子半径相差较大，不能形成置换型固溶体。但是，如果它们能进入晶格的间隙位置内，这样形成的固溶体称为间隙型固溶体。其结构如图 5-6 所示。

间隙型固溶体在无机非金属固体材料中是不普遍的。间隙型固溶体的溶解度不仅与溶质离子的大小有关，而且与溶剂晶体结构中所形成间隙的形状和大小等因素有关。常见的间隙

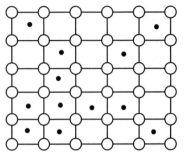

图 5-6　间隙型固溶体结构

型固溶体有以下几种。

1. 原子填隙

金属晶体中，原子半径较小的 H、C、B 元素容易进入晶格间隙中形成间隙型固溶体。如钢就是碳在铁中形成的间隙型固溶体。

2. 阳离子填隙

CaO 加入 ZrO_2 中，形成（$Zr_{1-x}Ca_xO_2$）固溶体。当 CaO 加入量小于 0.15 时，在 1800℃高温下发生下列反应：

$$2CaO \xrightarrow{ZrO_2} Ca''_{Zr} + Ca_i^{\cdot\cdot} + 2O_O \qquad (5-3)$$

3. 阴离子填隙

将 YF_3 加入 CaF_2 中，形成（$Ca_{1-x}Y_xF_{2+x}$）固溶体，其缺陷反应式为：

$$YF_3 \xrightarrow{CaF_2} Y_{Ca}^{\cdot} + F_i' + 2F_F \qquad (5-4)$$

在无机非金属材料中，溶质离子要进入间隙位置，也同样与溶剂晶体结构中的间隙状态有关。例如，面心结构的 MgO 只有四面体空隙可以利用；而在 TiO_2 晶格中还有八面体空隙可以利用；在 CaF_2 型结构中则有配位为 8 的较大空隙存在；架状硅酸盐片沸石结构中的空隙就更大。所以在以上这几类晶体中形成间隙型固溶体的次序必然是片沸石＞CaF_2＞TiO_2＞MgO。另外，当外来杂质离子进入间隙时，必然引起晶体结构中电价的不平衡，和置换型固溶体一样，间隙型固溶体也必须保持电价的平衡。这可以通过部分取代或离子的价态变化来达到。如在前面所举的例子中，将 YF_3 加入 CaF_2 中形成固溶体，F^- 跑到 CaF_2 晶格的间隙位置中，同时 Y^{3+} 置换了 Ca^{2+}，保持了电中性。此外，在许多硅酸盐固溶体中，Be^{2+}、L^+ 或 Na^+ 等离子进入晶格间隙位置中，额外电荷则通过 Al^{3+} 置换一些 Si^{4+} 来达到平衡，如 $Be^{2+} + 2Al^{3+} \Longleftrightarrow 2Si^{4+}$。

第四节　固溶体的性质

固体溶液就是含有杂质原子的晶体，这些杂质原子的进入使原有晶体的性质发生了很大变化，为新材料的来源开辟了一个广阔的领域。因此了解固溶体的性质是具有重要意义的。

一、活化晶格，促进烧结

物质间形成固溶体时，由于晶体中出现了缺陷，故使晶体内能大大提高，活化了晶格，促进烧结进行。

Al_2O_3 陶瓷是使用非常广泛的一种陶瓷，它的硬度大、强度高、耐磨、耐高温、抗氧化、耐腐蚀，可用作高温热电偶保护管、机械轴承、切削工具、导弹鼻锥体等，但其熔点高达 $2050℃$，依塔曼温度可知，很难烧结。而形成固溶体后则可大大降低烧结温度。加入 3% Cr_2O_3 形成置换型固溶体，可在 $1860℃$ 烧结；加入 $1\%\sim2\%$ 的 TiO_2，形成缺位固溶体，只需在 $1600℃$ 即可烧结致密化。

Si_3N_4 也是一种性能优良的材料，某些性能优于 Al_2O_3，但因 Si_3N_4 为共价化合物，很难烧结。然而 β-Si_3N_4 与 Al_2O_3 在 $1700℃$ 可以固溶形成置换固溶体，即生成 $Si_{6-0.5x}Al_{0.67x}O_xN_{8-x}$，晶胞中被氧取代的数目最大值为 6，此材料即为赛龙材料，其烧结性能好，且具有很高的机械强度。

二、稳定晶型

ZrO_2 熔点很高，高达 $2700℃$，是一种极有价值的材料。但其在 $1000℃$ 左右会由单斜晶型变成四方晶型，伴随较大体积收缩（$7\%\sim9\%$），且转化迅速、可逆，从而导致制品烧结时开裂。为改善此问题，可加入稳定剂（CaO、MgO、Y_2O_3），当加入 CaO 并在 $1600\sim1800℃$ 处理时即可生成稳定的立方 ZrO_2 固溶体，在加热过程中不再出现像纯的 ZrO_2 那样异常的体积变化，从而提高了 ZrO_2 材料的性能。

三、催化剂

汽车或燃烧器排出的气体中有害成分已成公害，解决此问题一直是人们关心的热点。以往使用贵重金属和氧化物作催化剂均存在一定的问题。氧化物催化剂虽然价廉，但只能消除有害气体中的还原性气体，而贵重金属催化剂价格昂贵。用锶、镧、锰、钴、铁等氧化物之间形成的固溶体消除有害气体很有效。这些固溶体具有可变价阳离子，可随不同气氛变化，使得在其晶格结构不变的情况下容易做到对还原性气体赋予其晶格中的氧以及从氧化性气体中取得氧溶入晶格中，从而起到催化消除有害气体的作用。

四、固溶体的电性能

固溶体的形成对材料的电学性能有很大影响，几乎所有功能陶瓷材料均与固溶体的形成有关。在电子陶瓷材料中可制造出各种奇特性能的材料，下面介绍固溶体形成对材料电学性能影响的两个应用。

1. 超导材料

超导材料可用在高能加速器、发电机、热核反应堆及磁浮列车等方面。所谓超导体即冷却到 0K 附近时，其电阻变为零，在超导状态下导体内的损耗或发热都为零，故能通过大电流。超导材料的基本特征有临界温度 T_C、上限临界磁场 H_{C_2} 和临界电流密度 J_C 三个临界值，超导材料只有在这些临界值以下的状态才显示超导性，故临界值愈高，使用愈方便，利用价值愈高。

表 5-2 列出了部分单质及形成固溶体的 T_C 和 H_{C_2}。由表可见，生成固溶体不仅使得超导材料易于制造，而且 T_C 和 H_{C_2} 均升高，为实际应用提供了方便。

表 5-2 部分材料 T_C 和 H_{C_2}

物质	临界温度/K	临界磁场/T	物质	临界温度/K	临界磁场/T
Nb	9.2	2.0	$Nb_3Al_{0.8}Ge_{0.2}$	20.7	41
Nb_3Al	18.9	32	Pb	7.2	0.8
Nb_3Ge	23.2	—	$BaPb_{0.7}Bi_{0.3}O_3$	13	—
$Nb_3Al_{0.95}Be_{0.05}$	19.6	—	—	—	—

2. 压电陶瓷

$PbTiO_3$ 是一种铁电体，纯的 $PbTiO_3$ 陶瓷，烧结性能极差，在烧结过程中晶粒长得很大，晶粒之间结合力很差，居里点为 490℃，发生相变时伴随着晶格常数的剧烈变化。它一般在常温下会发生开裂，所以没有纯的 $PbTiO_3$ 陶瓷。$PbZrO_3$ 是一个反铁电体，居里点约 230℃。$PbTiO_3$ 和 $PbZrO_3$ 两者都不是性能优良的压电陶瓷，但它们两者结构相同，Zr^{4+} 与 Ti^{4+} 尺寸差不多，可生成连续固溶体 $Pb(Zr_xTi_{1-x})O_3$，$x=0\sim1$。随着组成的不同，在常温下有不同晶体结构的固溶体，而在斜方铁电体和四方铁电体的边界组成 $Pb(Zr_{0.54}Ti_{0.46})O_3$ 处，压电性能、介电常数都达到最大值，从而得到了优于纯 $PbTiO_3$ 和 $PbZrO_3$ 的压电陶瓷材料，称为 PZT，其烧结性能也很好。也正是利用了固溶体的特性，在 $PbZrO_3$-$PbTiO_3$ 二元系统的基础上又发展了三元系统、四元系统的压电陶瓷。

在 $PbZrO_3$-$PbTiO_3$ 系统中发生的是等价取代，因此对它们的介电性能影响不大，在不等价的取代中，引起材料绝缘性能的重大变化，可以使绝缘体变成半导体，甚至导体，而且它们的导电性能是与杂质缺陷浓度成正比的。例如，纯的 ZrO_2 是一种绝缘体，当加入 Y_2O_3 生成固溶体时，Y^{3+} 进入 Zr^{4+} 的位置，在晶格中产生氧空位。缺陷反应如下：

$$Y_2O_3 \xrightarrow{ZrO_2} 2Y'_{Zr} + V_O^{\cdot\cdot} + 3O_O \tag{5-5}$$

从式（5-5）可以看到，每进入一个 Y^{3+}，晶体中就产生一个准自由电子 e'，而电导率 σ 是与自由电子的数目 n 成正比的，电导率当然随着杂质浓度的增加直线地上升。电导率与电子数目的关系如下：

$$\sigma = ne\mu \tag{5-6}$$

式中，σ 为电导率；n 为自由电子数目；e 为电子电荷；μ 为电子迁移率。

五、透明陶瓷及人造宝石

加入杂质离子可以对晶体的光学性能进行调节或改变。例如，在 PZT 中加

入少量的氧化镧 La_2O_3，生成的 PLZT 陶瓷就成为一种透明的压电陶瓷材料，开辟了电光陶瓷的新领域。这种陶瓷的一个基本配方为：

$$Pb_{1-x}La_x(Zr_{0.65}Ti_{0.35})_{1-x/4}O_3 \qquad (5-7)$$

式（5-7）中，$x=0.9$，这个组成常表示为 9/65/35。这个公式是假设 La^{3+} 取代钙钛矿结构中的 A 位的 Pb^{2+}，并在 B 位产生空位以获得电荷平衡。PLZT 可用热压烧结或在高 PbO 气氛下通氧烧结而达到透明。为什么 PZT 用一般烧结方法达不到透明，而 PLZT 能透明呢？陶瓷达到透明的主要关键在于消除气孔，烧结过程中气孔的消除主要靠扩散。在 PZT 中，因为是等价取代的固溶体，因此扩散主要依赖于热缺陷，而在 PLZT 中，由于不等价取代，La^{3+} 取代 A 位的 Pb^{2+}，为了保持电中性，不是在 A 位便是在 B 位必须产生空位，或者在 A 位和 B 位都产生空位。这种 PLZT 的扩散，主要通过由于杂质引入的空位而扩散。这种空位的浓度要比热缺陷浓度高出许多数量级。在扩散一章中将讨论到，扩散系数与缺陷浓度成正比，由于扩散系数的增大，加速了气孔的消除，这是在同样有液相存在的条件下，PZT 不透明，而 PLZT 能透明的根本原因。

利用固溶体特性制造透明陶瓷的除了 PLZT 之外，还有透明 Al_2O_3 陶瓷。在纯 Al_2O_3 中添加 $0.3\%\sim0.5\%$ 的 MgO，氢气气氛下，在 1750℃ 左右烧成透明 Al_2O_3 陶瓷。之所以可得到 Al_2O_3 透明陶瓷，就是由于 Al_2O_3 与 MgO 形成固溶体，MgO 杂质的存在，阻碍了晶界的移动，使气孔容易消除，从而得到透明 Al_2O_3 陶瓷。下面讨论由于生成固溶体对单晶光学性能的影响。

表 5-3 列出了若干人造宝石的组成。可以看到，这些人造宝石全部是固溶体，其中掺钛蓝宝石是非化学计量的。同样以 Al_2O_3 为基体，通过添加不同的着色剂可以制出四种不同美丽颜色的宝石来，这都是由于不同的添加物与 Al_2O_3 生成固溶体的结果。纯的 Al_2O_3 单晶是无色透明的，称白宝石。利用 Cr_2O_3 能与 Al_2O_3 生成无限固溶体的特性，可获得红宝石和淡红宝石。Cr^{3+} 能使 Al_2O_3 变成红色的原因与 Cr^{3+} 造成的电子结构缺陷有关。在材料中，引进价带和导带之间产生能级的结构缺陷，可以影响离子材料和共价材料的颜色。

表 5-3　人造宝石

宝石名称	基体	颜色	着色剂/%
淡红宝石	Al_2O_3	淡红色	Cr_2O_3 0.01~0.05
红宝石	Al_2O_3	红色	Cr_2O_3 1~3
紫罗蓝宝石	Al_2O_3	紫色	TiO_2 0.5，Cr_2O_3 0.1，Fe_2O_3 1.5
黄玉宝石	Al_2O_3	金黄色	NiO 0.5，Cr_2O_3 0.01~0.05
海蓝宝石(蓝晶)	$Mg(AlO_2)_2$	蓝色	CoO 0.01~0.5
橘红钛宝石	TiO_2	橘红色	Cr_2O_3 0.05
掺钛蓝宝石	TiO_2	蓝色	不添加，氧气不足

在 Al_2O_3 中，由少量的 Ti^{3+} 取代 Al^{3+}，使蓝宝石呈现蓝色；少量 Cr^{3+} 取代 Al^{3+} 呈现作为红宝石特征的红色。红宝石强烈地吸收蓝紫色光线，随着 Cr^{3+} 浓度的不同，由浅红色到深红色，从而出现表 5-3 中淡红宝石及红宝石。Cr^{3+} 在红宝石中是点缺陷，其能级位于 Al_2O_3 的价带与导带之间，能级间距正好可以吸收蓝紫色光线而发射红色光线。红宝石除了作为装饰用之外，还广泛地作为手表的轴承材料（即所谓钻石）和激光材料。

第五节　固溶体的研究方法

物质间可否形成固溶体，形成何种类型的固溶体，可根据前面所述的固溶体形成条件及影响固溶体溶解度的因素进行粗略的估计。但究竟是完全互溶、部分互溶，还是根本不生成固溶，还需应用某些技术做出它们的相图。但相图仍不能告诉我们所生成的固溶体是置换型还是间隙型，或者是两者的混合型。这里主要介绍判别固溶体类型的方法。

一、固溶体生成类型的粗略估计

生成间隙固溶体比置换固溶体困难。因为形成间隙固溶体除了考虑尺寸因素外，晶体中是否有足够大的间隙位置是非常重要的，只有当晶体中有很大空隙位置时，才可形成间隙型固溶体。

在 NaCl 型结构中，因为只有四面体空隙是空的，而金属离子尺寸又比较大，所以不易形成间隙型固溶体，这种在结构上只有四面体空隙是空的，可以基本上排除生成间隙型固溶体的可能性。而在金红石型和萤石型结构中，因为有空的八面体空隙和立方体空隙，空的间隙较大，金属离子才能填入，类似这样的结构才有可能生成间隙型固溶体。但究竟是否生成还有待于实验验证。

二、固溶体类型的实验判别

固溶体类型的实验判别可分成下面几个步骤，下面以 CaO 加入 ZrO_2 中生成固溶体为例。

1. 写出可能形成固溶体的缺陷反应式

模型 I：生成置换型固溶体——阴离子空位型模型：

$$CaO \xrightarrow{ZrO_2} Ca''_{Zr} + V_O^{\cdot\cdot} + O_O \tag{5-8}$$

模型 II：生成间隙型固溶体——阳离子间隙模型：

$$2CaO \xrightarrow{ZrO_2} Ca''_{Zr} + Ca_i^{\cdot\cdot} + 2O_O \tag{5-9}$$

式（5-8）与式（5-9）究竟哪一种正确，它们之间形成何种组分缺陷，可从计算和实测固溶体密度的对比来决定。

2. 写出固溶体的化学式

根据式（5-8）可以写出置换型固溶体的化学式为 $Zr_{1-x}Ca_xO_{2-x}$，x 表示 Ca^{2+} 进入 Zr 位置的摩尔分数。根据式（5-9）可以写出间隙型固溶体的化学式为 $Zr_{1-x}Ca_{2x}O_2$。

3. 计算理论密度 d_t

理论密度 d_t 的计算，是根据 X 射线分析，得到不同溶质含量时形成固溶体的晶格常数 a，计算出固溶体不同固溶量时晶胞体积 V，再根据固溶体缺陷模型计算出含有一定杂质的固溶体的晶胞质量 W，可得 $d_t = W/V$。其中，$W = \sum_{i=1}^{n} W_i$，i 为固溶体晶胞中所含的原子；n 为所含原子的种类数。

$$W_i = \frac{\text{晶胞中 } i \text{ 原子的位置数} \times i \text{ 原子实际占据摩尔分数} \times i \text{ 原子量}}{\text{阿伏伽德罗常数}} \quad (5\text{-}10)$$

以添加的 $x=0.15$ CaO 的 ZrO_2 固溶体为例。设 CaO 与 ZrO_2 形成置换型固溶体，生成固溶体的缺陷反应式如式（5-8）所示，则固溶式可表示为 $Zr_{0.85}Ca_{0.15}O_{1.85}$。$ZrO_2$ 属萤石结构，每个晶胞应有 4 个阳离子和 8 个阴离子。则：

$$W = \frac{(4 \times 0.85 \times 91.22 + 4 \times 0.15 \times 40.08 + 4 \times 1.85 \times 16)}{6.02 \times 10^{23}}$$

$$= 7.518 \times 10^{-22}(\text{g})$$

X 射线分析测定，当 $x=0.15\text{mol}$，1600℃时晶格常数为 $5.131 \times 10^{-8}\text{cm}$。$ZrO_2$ 属于立方晶系，所以晶胞体积 $V = a^3 = (5.131 \times 10^{-8})^3 = 135.1 \times 10^{-24}\text{cm}^3$，求得理论密度 $d_{t1} = \dfrac{75.18 \times 10^{-23}}{135.1 \times 10^{-24}} = 5.565\text{g/cm}^3$。

同理可计算出 $x=0.15$ 时，CaO 与 ZrO_2 形成的间隙型固溶体的理论密度 $d_{tⅡ} = 5.979\text{g/cm}^3$。

4. 理论密度与实测密度比较，确定固溶体类型

在 1600℃时实测 CaO 与 ZrO_2 形成固溶体，当加入摩尔分数为 15％的 CaO 时，固溶体密度为 5.477g/cm^3，与置换型固溶体密度 5.565g/cm^3 相比，仅差 0.088g/cm^3，数值是相当一致的，这说明在 1600℃时，方程（5-8）是合理的。化学式 $Zr_{0.85}Ca_{0.15}O_{1.85}$ 是正确的。图 5-7（a）表示了按不同固溶体类型计算和实测的结果。曲线表明，在 1600℃时形成阴离子空位型固溶体，但当温度升高到 1800℃急冷后所测得的密度和计算值比较，发现该固溶体是阳离子间隙的形式。从图 5-7（b）可以看出，两种不同类型的固溶体，密度值有很大不同，用对比密度值的方法可以很准确地定出固溶体的类型。

因此，固溶体类型主要通过测定晶胞参数并计算出固溶体的密度，和由实验精确测定的密度数据对比来判断。

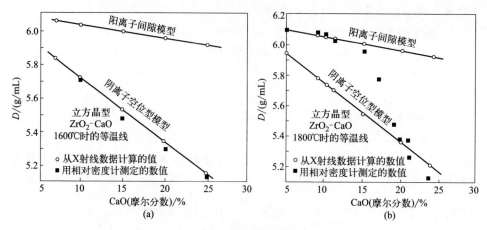

图 5-7 添加 CaO 的 ZrO$_2$ 固溶体的密度与 CaO 含量的关系

(a) 1600℃的淬冷试样；(b) 1800℃的淬冷试样

习　题

5-1　影响置换型固溶体固溶度的条件有哪些？

5-2　从化学组成、相组成等方面比较固溶体、化合物与机械混合物的差别。

5-3　试列表阐明固溶体、晶格缺陷和非化学计量化合物三者之间的异同点。

5-4　试写出少量 MgO 掺杂到 Al$_2$O$_3$ 中，少量 YF$_3$ 掺杂到 CaF$_2$ 中的缺陷方程。

① 判断方程的合理性。

② 写出每一方程对应的固溶体化学式。

5-5　一块金黄色的人造黄玉，化学分析结果认为，是在 Al$_2$O$_3$ 中添加了 0.5%（摩尔分数）的 NiO 和 0.02%（摩尔分数）的 Cr$_2$O$_3$。试写出缺陷反应方程（置换型）及化学式。

5-6　ZnO 是六方晶系，$a=0.3242$nm，$c=0.5195$nm，每个晶胞中含两个 ZnO 分子，测得晶体密度分别为 5.74g/cm^3、5.606g/cm^3，求这两种情况下各产生什么类型的固溶体。

5-7　正、负离子半径为 $r_{Mg^{2+}}=0.072$nm、$r_{Cr^{3+}}=0.064$nm、$r_{Al^{3+}}=0.057$nm、$r_{O^{2-}}=0.132$nm。问：

① Al$_2$O$_3$ 和 Cr$_2$O$_3$ 形成连续固溶体。这个结果可能吗？为什么？

② MgO-Cr$_2$O$_3$ 系统的固溶度如何？为什么？

5-8　Al$_2$O$_3$ 在 MgO 中将形成有限固溶体，在低共熔温度 1995℃时，约有质量分数为 18% 的 Al$_2$O$_3$ 溶入 MgO 中，MgO 单位晶胞尺寸减小。试预计下列情况下密度的变化。

① Al^{3+} 为间隙离子；

② Al^{3+} 为置换离子。

5-9　用 0.2%（摩尔分数）YF$_3$ 加入 CaF$_2$ 中形成固溶体，实验测得固溶体的晶胞参数 $a=0.55$nm，测得固溶体密度 $\rho=3.64$g/cm^3，试计算说明固溶体的类型 [元素的相对原子质量：$M(Y)=88.90$；$M(Ca)=40.08$；$M(F)=19.00$]。

第六章　熔体和非晶态固体

本章知识框架图

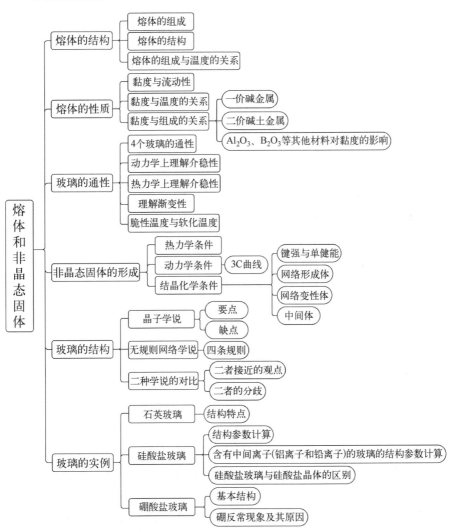

本章内容简介

固体分为晶体和非晶体。金属和陶瓷等很多材料为晶体材料，具有自限性、均一性、异向性、对称性及最小内能和最大稳定性等特点。非晶体包括玻璃体和高聚体（树脂、橡胶、沥青等），结构特征是它们内部均为远程无序。固体的熔融状态称为熔体。玻璃是熔体过冷而制得的。无机非晶态固体包括传统玻璃和用非熔融法（如气相沉积、真空蒸发和溅射、离子注入和激光等）所获得的新型玻璃。

学习和研究熔体和玻璃体的结构和性能，掌握相关的基本知识，对于开发新材料、控制材料的制造过程和改善材料性能都是很重要的。本章主要讲述无机材料的熔体与非晶态的结构及其性能，为学习与研究无机材料的熔体与非晶态提供基本知识。

本章学习目标

1. 掌握熔体的结构，熔体的组成与温度的关系，熔体的黏度与组成的关系。
2. 了解黏度与流动性的定义，掌握黏度与温度的关系。
3. 重点掌握玻璃的 4 个通性，理解熔体向玻璃转变的可逆性与渐变性。
4. 了解非晶态固体的形成方法，掌握玻璃形成的热力学条件、动力学条件及结晶化学条件，了解 3C 曲线，重点掌握网络形成体、网络变形体、网络中间体。
5. 掌握晶子学说与无规则网络学说的要点。
6. 重点掌握玻璃结构参数的计算方法，会通过计算玻璃的结构参数判断玻璃的特性。
7. 了解硅酸盐玻璃与硅酸盐晶体的结构差别，了解石英玻璃、硼酸盐玻璃的应用。掌握硼酸盐玻璃中的硼反常现象和硅酸盐玻璃中的硼反常现象。了解石英玻璃、硼酸盐玻璃的应用。

第一节　熔体的结构

一、熔体的结构特点

根据二氧化硅的晶体、熔体等四种不同状态物质的 X 射线衍射试验结果（图 6-1）分析，当 θ 角很小时，气体的散射强度极大，熔体和玻璃并无显著散射现象；当 θ 角增大时，在对应于石英晶体的衍射峰位置，熔体和玻璃体均呈弥散状的散射强度最高值。这说明熔体和玻璃体结构很相似，它们的结构中存在着短程有序的区域。

近年来随着结构检测方法和计算技术的发展，熔体的有序部分被证实。石英熔体由大大小小的含有序区域的熔体聚合体构成。这些聚合体是石英晶体在高温下分化的产物，因此，局部的有序区域保持了石英晶体的短程有序特征。

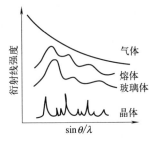

图 6-1　SiO_2 的气体、熔体、玻璃体、晶体的 X 射线衍射图谱

熔体结构特点是熔体内部存在着短程有序区域，熔体是由晶体在高温分化的聚合体构成的。

熔体的组成与结构有着密切的关系。组成的变化会改变结构形式。

二、熔体组成与结构

现在以硅酸盐熔体为例进行分析说明熔体组成与结构的变化关系。

Si—O 键的特点。在硅酸盐熔体中最基本的离子是硅、氧和碱土或碱金属离子。由于 Si^{4+} 电荷高、半径小，因此有着很强的形成硅氧四面体的能力。根据鲍林电负性计算，Si—O 间电负性差值 $\Delta \chi = 1.7$，所以 Si—O 键既有离子键又有共价键成分，为典型的极性共价键。从 Si 原子的电子轨道分布来看，Si 原子位于 4 个 sp^3 杂化轨道构成的四面体中心。当 Si 与 O 结合时，可与 O 原子形成 sp^3、sp^2、sp 三种杂化轨道，从而形成 σ 键。同时 O 原子已充满的 p 轨道可以作为施主与 Si 原子全空着的 d 轨道形成 d_π-p_π 键，这时 π 键叠加在 σ 键上，使 Si—O 键增强，距离缩短。Si—O 键的键合方式，决定了其具有高键能、方向性和低配位等特点。

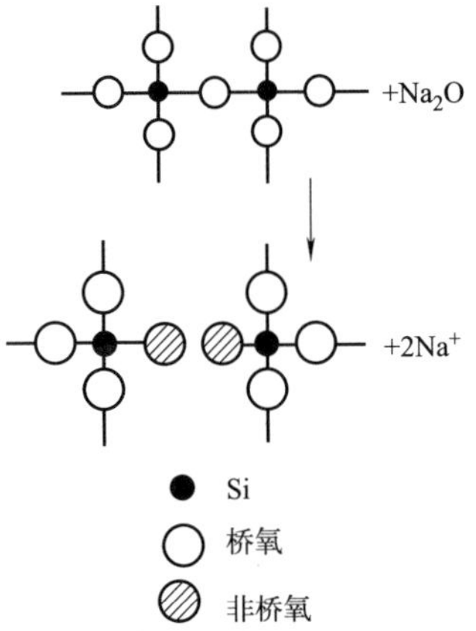

熔体中的 R—O 键。这里 R 指碱金属或碱土金属，R—O 键的键型以离子键为主。当 R_2O、RO 引入硅酸盐熔体中时，由于 R—O 键的键强比 Si—O 键弱得多，因此 Si 能把 R—O 上的氧离子拉在自己周围，如图 6-2 所示。在熔体中与两个 Si 相连的氧称为桥氧，与一个 Si 相连的氧称为非桥氧。在 SiO_2 熔体中，由于 RO 的加入使桥氧断裂，结果使 Si—O 键强度、键长、键角都发生变动。

图 6-2　[SiO_4] 桥氧断裂过程

在熔融 SiO_2 中，O、Si 比为 2∶1，[SiO_4] 连接成架状。若加入 Na_2O，则使 O、Si 比例升高，随着加入量增加，O、Si 比可由原来的 2∶1 逐步升高至 4∶1，此时 [SiO_4] 连接方式可从架状变为层状、带状、链状、环状直至最后桥氧全部断裂

而形成 [SiO_4] 岛状。

这种架状 [SiO_4] 断裂过程称为熔融石英的分化过程，如图 6-3 所示。在石英熔体中，部分石英颗粒表面带有断键，这些断键与空气中水汽作用生成 Si—OH 键。若加入 Na_2O，断键处发生离子交换，大部分 Si—OH 键变成 Si—O—Na 键，由于 Na 在硅氧四面体中存在而使 Si—O 键的键强度发生变化。在含有一个非桥氧的二元硅酸盐中，Si—O 键的共价键成分由原来四个桥氧的 52% 下降为 47%。因而在有一个非桥氧的硅氧四面体中，由于 Si—O—Na 的存在，而 O—Na 连接较弱，使 Si—O 相对增强。而与 Si 相连的另外三个 Si—O 变得较弱，很容易受碱的侵蚀而断裂，形成更小的聚合体。

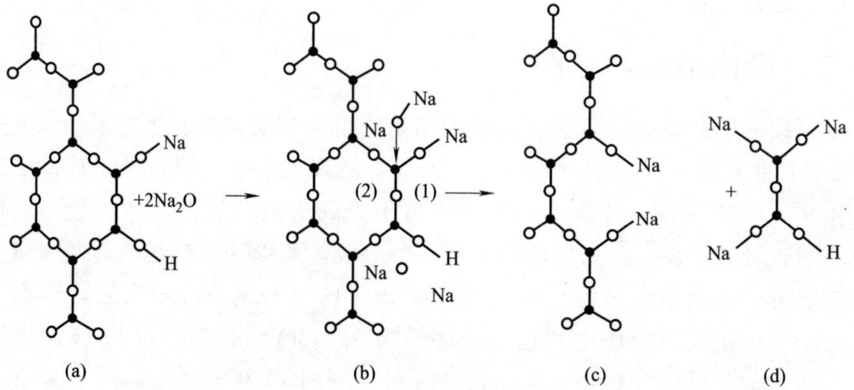

图 6-3　石英熔体网络分化过程

熔体的分化最初阶段尚有未被侵蚀的石英骨架，称为三维晶格碎片，用 $[SiO_2]_n$ 表示。在熔融过程中随时间延长，温度上升，不同聚合程度的聚合物发生变形。一般链状聚合物易围绕 Si—O 轴转动同时弯曲；层状聚合物使层体本身发生褶皱、翘曲；架状 $[SiO_2]_n$ 由于热振动使许多桥氧键断裂（缺陷数目增多），同时 Si—O—Si 键角发生变化。分化过程产生的低聚合物不是一成不变的，它们可以相互作用，形成级次较高的聚合物，同时释放部分 Na_2O，该过程称为缩聚。

缩聚释放的 Na_2O 又能进一步侵蚀石英骨架而使其分化出低聚物，如此循环，最后体系出现分化缩聚平衡。这样熔体中就有各种不同聚合程度的负离子团同时并存，有 $[SiO_4]^{4-}$（单体）、$(Si_2O_7)^{6-}$（二聚体）、$(Si_3O_{10})^{8-}$（三聚体）……$(Si_nO_{3n+1})^{(2n+1)-}$（n 聚体，$n=1, 2, 3, …, \infty$）。此外还有三维晶格碎片 $(SiO_2)_n$，其边缘有断键，内部有缺陷。这些硅氧团除 $[SiO_4]$ 是单体外，统称聚硅酸离子或简称聚离子。多种聚合物同时并存而不是一处独存，这就是熔体结构远程无序的实质。

三、熔体温度与结构

在熔体的组成确定后，熔体结构内部的聚合物的大小和数量与温度有密切关系。

图 6-4 表示了一个硅酸盐熔体中聚合物分布与温度的关系。从图中可以看出，温度升高，低聚物浓度增加；温度降低，低聚物浓度也快速降低。说明熔体中的聚合物和三维晶格碎片由于温度的变化存在着聚合和解聚的平衡。温度高时，分化成低聚物，这时低聚物的数量大且以分立状态存在；随着温度降低其低聚物又不断碰撞聚合成高聚物，或者黏附在三维晶格碎片上。

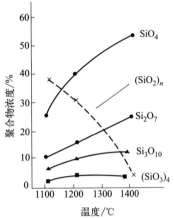

图 6-4　硅酸盐熔体中聚合物分布与温度的关系

综上所述，聚合物的形成可分为三个阶段：

初期：主要是石英粒分化；

中期：缩聚并伴随变形；

后期：在一定时间和一定温度下，聚合和解聚达到平衡。熔体的内部有低聚物、高聚物、三维碎片及吸附物、游离碱。最后得到的熔体是不同聚合程度的各聚合物的混合物。熔体内部聚合体的种类、大小和数量随熔体的组成和温度而变化。

第二节　熔体的性质

一、黏度

1. 黏度的概念

熔体流动时，上下两层熔体相互阻滞，其阻滞力 F 的大小与两层接触面积 S 及垂直流动方向的速度梯度 dv/dx 成正比，即如下式：

$$F = \eta S \, dv/dx \tag{6-1}$$

式中，η 为黏度或内摩擦力。

因此黏度 η 是指相距一定距离的两个平行平面以一定速度相对移动的摩擦力。黏度单位为帕秒（$Pa \cdot s$），它表示相距 1m 的两个面积为 $1m^2$ 的平行平面相对移动 1s 所需的力为 1N。因此 $1Pa \cdot s = 1N \cdot s/m^2$。黏度的倒数称为流动度：$\phi = 1/\eta$。

黏度在材料生产工艺上有很多应用。例如，熔制玻璃时，黏度小，熔体内气泡容易逸出。玻璃制品的加工范围和加工方法的选择也和熔体黏度及其随温度变化的速率密切相关；黏度还直接影响水泥、陶瓷、耐火材料烧成速度的快慢；此外，熔渣对耐火材料的腐蚀，高炉和锅炉的操作也和黏度有关。

由于硅酸盐熔体的黏度相差很大，从 $10^{-2} \sim 10^{15}$ Pa·s，因此不同范围的黏度用不同方法来测定。范围在 $10^6 \sim 10^{15}$ Pa·s 的高黏度用拉丝法，根据玻璃丝受力作用的伸长速度来确定。范围在 $10 \sim 10^7$ Pa·s 的黏度用转筒法，利用细铂丝悬挂的转筒浸在熔体内转动，使丝受熔体黏度的阻力作用扭成一定角度，根据扭转角的大小确定黏度。范围在 $(1.3 \sim 31.6) \times 10^5$ Pa·s 的黏度可用落球法，根据斯托克斯沉降原理，测定铂球在熔体中的下落速度进而求出黏度。

此外，很小的黏度（10^{-2} Pa·s），可以用振荡阻滞法，利用铂摆在熔体中振荡时，振幅受到阻滞逐渐衰减的原理来测定。

2. 黏度-温度关系

从熔体结构中知道，熔体中每个质点（离子或聚合体）都处在相邻质点的键力作用下，即每个质点均落在一定大小的势垒之间。因此要使质点流动，就得使它活化，即要有克服势垒（Δu）的足够能量。因此这种活化质点的数目越多，流动性就越大。按玻尔兹曼分布定律，活化质点的数目是和 $e^{-\Delta u/(kT)}$ 成比例的，即：

$$\Phi = A_1 e^{-\Delta u/kT} \text{ 或 } \eta = A_1 e^{\Delta u/(kT)} \tag{6-2}$$

式中，A_1、$\Delta u/k$ 都是和熔体组成有关的常数；k 为玻尔兹曼常数；T 为温度。在温度范围不大时，该公式是和实验符合的。但是 SiO_2 钠钙硅酸盐熔体在较大的温度范围内和该式有较大偏离，活化能不是常数；低温时的活化能比高温时大，这是由于低温时负离子团聚合体的缔合程度较大。

温度对玻璃熔体的黏度影响很大，在玻璃成型退火工艺中，温度稍有变动就造成黏度较大的变化，导致控制上的困难。为此提出用特定黏度的温度来反映不同玻璃熔体的性质差异，见图 6-5。

从图中可以看出：应变点是指黏度相当于 4×10^{13} Pa·s 时的温度，在该温度下黏性流动事实上不存在，玻璃在该温度退火时不能除去应力。退火点是指黏度相当于 10^{12} Pa·s 时的温度，也是消除玻璃中应力的上限温度，在此温度时应力在 15min 内除去。软化点是指黏度相当于 4.5×10^6 Pa·s 时的温度，它是用 $0.55 \sim 0.75$mm 直径、23cm 长的纤维在特制炉中以 5℃/min 速率加热，在自重下达到每分钟伸长 1mm 时的温度。以上这些特性温度都是用标准方法测定的。

玻璃生产中可从成型黏度范围（$n = 10^3 \sim 10^7$ Pa·s）所对应的温度范围推知玻璃料性的长短，生产中调节料性的长短或凝结时间的快慢来适应各种不同的成型方法。

图 6-6 显示出了不同组成熔体的黏度与温度的关系，从中可以看出总的趋势是：温度升高黏度降低，温度降低黏度升高，硅含量多黏度高。

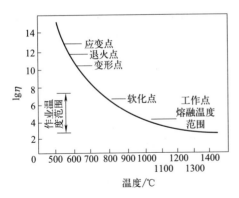

图 6-5　硅酸盐熔体的黏度-温度曲线图

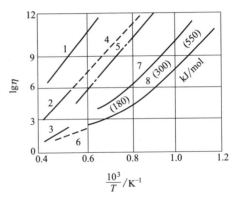

图 6-6　不同组成熔体的黏度与温度的关系

1—石英玻璃；2—90％SiO_2＋10％Al_2O_3；

3—50％ SiO_2＋50％Al_2O_3；

4—钾长石；5—钠长石；6—钙长石；

7—硬质瓷釉；8—钠钙玻璃

3. 黏度-组成关系

熔体的组成对黏度有很大影响，这与组成的价态和离子半径有关。分析和讨论熔体的组成对黏度的影响，对于学习理解黏度是有帮助的。

一价碱金属氧化物都是降低熔体黏度的，但 R_2O 含量较低与较高时对黏度的影响不同，这和熔体的结构有关。如图 6-7 所示，当 SiO_2 含量较高时，对黏度起主要作用的是 ［SiO_4］四面体之间的键力，熔体中硅氧负离子团较大，这时加入的一价正离子的半径越小，夺取硅氧负离子团中"桥氧"的能力越大，硅氧键越易断裂，因而降低黏度的作用越大。Li_2O 降低系统黏度的能力是最大的，即熔体黏度按 Li_2O、Na_2O、K_2O 次序增加。含有 Li_2O 的硅酸盐熔体的黏度最小，而含有 K_2O 的硅酸盐熔体的黏度最大。

当 R_2O 含量较高时，亦即 O/Si 比高，熔体中硅氧负离子团接近最简单的形式，甚至呈孤岛状结构，因而四面体间主要依靠键

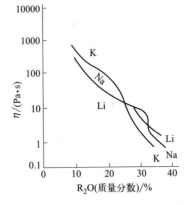

图 6-7　R_2O-SiO_2 在 1400℃ 温度时熔体的不同组成与黏度的关系

力 R—O 连接，键力最大的 Li^+ 具有最高的黏度，黏度按 Li_2O、Na_2O、K_2O 顺序递减。

二价金属离子 R^{2+} 在无碱及含碱玻璃熔体中，对黏度的影响有所不同。见图 6-8，在不含碱金属的 RO-SiO_2 与 RO-Al_2O_3-SiO_2 熔体中，当硅氧比不大时，

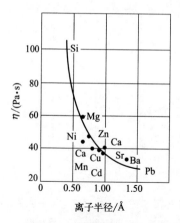

图 6-8 二价阳离子对硅
酸盐熔体的影响

$(1\text{Å}=10^{-10}\text{m})$

黏度随离子半径增大而上升。而在含碱熔体中，实验结果表明，随着 R^{2+} 半径增大，黏度却下降。

离子间的相互极化对黏度也有显著影响。由于极化使离子变形，共价键成分增加，减弱了 Si—O 间的键力。因此含 18 电子层的离子 Zn^{2+}、Cd^{2+}、Pb^{2+} 等的熔体比含 8 电子层的碱土金属离子具有更低的黏度。

CaO 在低温时增加熔体的黏度；而在高温下，当含量＜（10％～12％）时，黏度降低；当含量≥（10％～12％）时，黏度增大。

B_2O_3 含量不同时对黏度有不同影响，这和硼离子的配位状态有密切关系。B_2O_3 含量较少时，硼离子处于 ［BO_4］ 状态，使结构紧密，黏度随其含量增加而升高。当较多量的 B_2O_3 引入时，部分 ［BO_4］ 会变成 ［BO_3］ 三角形，使结构趋于疏松，致使黏度下降，这称为"硼反常现象"。

Al_2O_3 的作用是复杂的，因为 Al^{3+} 的配位数可能是 4 或 6。一般在碱金属离子存在下，Al_2O_3 可以 ［AlO_4］ 配位形式与 ［SiO_4］ 连成较复杂的铝硅氧负离子团而使黏度增加。

加入 CaF_2 会使熔体黏度急剧下降。主要是氟离子和氧离子的离子半径相近，很容易发生取代。氟离子取代氧离子的位置，使硅氧键断裂，硅氧网络被破坏，黏度就降低了。

二、导电性能

硅酸盐熔体的另一个重要性质是电导。钠钙硅酸盐熔体的电阻率低至 0.3～1.1Ω·cm。玻璃的电流主要是由碱金属离子（尤其是 Na^+）传递的。在任何温度下这些离子的迁移能力远比网络形成离子大。

碱金属离子既降低黏度，又增加电导率。熔体的电导率 σ 和黏度 η 的关系为：$\sigma^n\eta=$ 常数，n 是和熔体组成有关的常数。由此可从熔体电导率推导黏度。

1. 电导率和温度的关系

熔体的电导率随温度升高而迅速增大。在一定温度范围内，电导率可用下列关系式表示：

$$\sigma=\sigma_0\exp\left(-\frac{E}{RT}\right) \tag{6-3}$$

式中，E 为实验求得的电导活化能。活化能和电导温度曲线在熔体的转变温度范围表现出不连续性。这可联系到结构疏松的淬火玻璃的电导率比网络结合紧密的退火玻璃大。

2. 电导率和组成的关系

硅酸盐熔体的电导取决于网络改变剂离子的种类和数量，尤其是碱金属离子。在钠硅酸盐玻璃中，电导率和 Na^+ 浓度成正比。曾测得熔融石英的活化能为 595kJ/mol，加 50％ Na_2O 的碱硅酸盐的活化能为 209kJ/mol。相应的电阻率（350℃）分别是 $10^{12}\Omega \cdot cm$ 和 $10^2\Omega \cdot cm$。碱硅酸盐在一定温度下的电导率按以下次序递减 Li＞Na＞K。其相应的活化能随碱金属氧化物含量的增加而降低。

混合碱效应（又称中和效应或双碱效应）即当一种碱金属氧化物被另一种置换时电阻率不随置换量呈直线变化。一般当两种 R_2O 物质的量几近相等时，电阻率达最大值。Na^+ 置换 Li^+ 的硅酸盐熔体的电阻率变化见图 6-9。活化能和两种 R_2O 的浓度比率有同样的变化。在机械性质和介电弛豫性质中也显示有混合碱效应，这和不同离子间的相互作用有关。不同碱金属离子半径相差越大，相互作用就越明显，混合碱效应也就越大，而它随总碱量的降低而减小。因为总碱量小，离子间距相对就大，相互作用就小，效应就越不明显。

在同样的 Na^+ 浓度下，当 CaO、MgO、BaO 或 PbO 置换了部分 SiO_2 后，电导率降低。原因是荷电较高，半径较大的离子阻碍了碱金属离子的迁移行径。图 6-10 表示电阻率随二价金属离子半径的增加而增加，次序是：$Ba^{2+}＞Pb^{2+}＞Sr^{2+}＞Ca^{2+}＞Mg^{2+}＞Be^{2+}$。

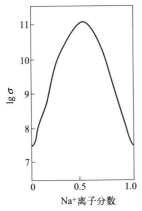

图 6-9 含 26% 总碱量的硅酸盐玻璃中 Na^+ 置换 Li^+ 的电阻率变化

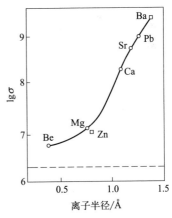

图 6-10 二价金属离子半径对硅酸盐玻璃电阻率的影响

三、表面张力

将表面增大一个单位面积所需做的功称为表面能。将表面增大一个单位长度所需要的力称为表面张力。熔体的表面能和表面张力在数值上是相同的。它们的单位分别是 J/m^2 或 N/m。

硅酸盐熔体的表面张力比一般液体高，随其组成而变化，一般波动在 $220 \sim 380mN/m$ 之间。一些熔体的表面张力数值列于表 6-1。

表 6-1 氧化物和硅酸盐熔体的表面张力

熔体	温度/℃	表面张力/(mN/m)	熔体	温度/℃	表面张力/(mN/m)
硅酸钠	1300	210	Al_2O_3	1300	380
钠钙硅玻璃	1000	320	B_2O_3	900	80
硼硅玻璃	1000	260	P_2O_5	100	60
瓷釉	1000	$250 \sim 280$	PbO	1000	128
瓷中玻璃	1000	320	Na_2O	1300	450
石英	1800	310	Li_2O	1300	450
珐琅	900	$230 \sim 270$	CeO_2	1150	250
水	0	70	NaCl	1080	95
ZrO_2	1300	350	FeO	1400	585

化学组成对表面张力的影响不同。Al_2O_3、SiO_2、CaO、MgO、Na_2O、Li_2O 等氧化物能够提高表面张力。B_2O_3、P_2O_5、PbO、V_2O_5、SO_3、Cr_2O_3、K_2O、Sb_2O_3 等氧化物加入量较大时能够显著降低熔体表面张力。

B_2O_3 是陶瓷釉中降低表面张力的首选组分，因为 B_2O_3 熔体本身的表面张力就很小。主要因为硼氧三角体平面可以按平行表面的方向排列，使得熔体内部和表面之间的能量差别较小。而且，平面 $[BO_3]$ 团可以铺展在熔体表面，从而大幅度降低表面张力。PbO 也可以较大幅度地降低表面张力，主要是因为二价铅离子极化率较高。

熔体内原子（离子或分子）的化学键对其表面张力有很大影响，其规律是：具有金属键的熔体表面张力＞共价键＞离子键＞分子键。

温度对表面张力的影响：大多数硅酸盐熔体的表面张力都是随温度升高而降低的。一般规律是温度升高 100℃，表面张力减小 1%，近乎成直线关系。这是因为温度升高，质点热运动加剧，化学键松弛，使内部质点能量与表面质点能量差别变小。

离子晶体结构类型的影响：结构类型相同的离子晶体，其晶格能越大，其熔体的表面张力也越大。单位晶胞边长越小，熔体表面张力越大。进一步可以说熔体内部质点之间的相互作用力越大，表面张力也越大。

测定硅酸盐熔体表面张力的常用方法有：坐滴法、缩丝法、拉筒法、滴重法。

第三节　玻璃的通性

玻璃是玻璃原料经过加热、熔融、快速冷却而形成的一种无定形的非晶态固体。除了熔融法以外，气相沉积法、水解法、高能射线辐射法、冲击波法、溅射法等也可以制备玻璃。

无机玻璃的宏观特征：在常温下能保持一定的外形，硬度较高，脆性大，破碎时具有贝壳状断面，对可见光透明度良好。玻璃除了具有这些一般性能之外，还具有不同于晶体玻璃的通性。

一、各向同性

均质玻璃体其各个方向的性质，如折射率、硬度、弹性模量、热膨胀系数等性能都是相同的。

二、介稳性

当熔体冷却成玻璃体时，其状态并不是处于最低的能量状液体过冷液体态。它能较长时间在低温下保留高温时的结构而不变化，因而称为介稳态。它含有过剩内能，有析晶的可能，熔体冷却过程中物质内能（Q）与体积（V）的变化如图 6-11 所示。在结晶情况下，内能与体积随温度的变化如折线 $ABCD$ 所示。而过晶态冷却形成玻璃时的情况如折线 $ABKFE$ 所示。由图可见，玻璃态内能大于晶态。

从热力学观点看，玻璃态是一种高能量状态，它必然有向低能量状态转化的趋势，也有析晶的可能。

从动力学观点看，由于常温下玻璃黏度很大，由玻璃态转变为晶态的速率是十分小的，因此它又是稳定的。

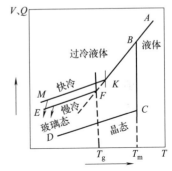

图 6-11　物质的内能与体积随温度的变化关系

三、熔融态向玻璃态转化的可逆与渐变性

当熔体向固体转变时，若是析晶过程，当温度降至 T_m（熔点）时，随着新相的出现，会同时伴随体积、内能的突然下降与黏度的剧烈上升。若熔融物凝固成玻璃的过程中，开始时熔体体积和内能曲线以与 T_m 以上大致相同的速率下降直至 F 点（对应温度 T_g），熔体开始固化。T_g 称为玻璃形成温度（或称脆性温度），继续冷却体积和内能降低程度较熔体小，因此曲线在 F 点出现转折。当玻

璃组成不变时，此转折与冷却速率有关。冷却愈快，T_g 也愈高。例如，曲线 $ABKM$ 由于冷却速率快，K 点比 F 点提前。因此，当玻璃组成一定时，其形成温度 T_g 应该是一个随冷却速率而变化的温度范围。低于此温度范围体系呈现出的固体称为玻璃，而高于此温度范围它就是熔体。

　　玻璃无固定的熔点，只有熔体-玻璃体可逆转变的温度范围。各种玻璃的转变范围有多宽取决于玻璃的组成，它一般波动在几十至几百摄氏度之间。如石英玻璃在 1150℃ 左右，而钠硅酸盐玻璃为 $500\sim550℃$。虽然不同组成的玻璃其转变温度相差可达几百摄氏度，但不论何种玻璃，与 T_g 温度对应的黏度均为 $10^{12}\sim10^{13}\,dPa\cdot s$。玻璃形成温度 T_g 是区分玻璃与其他非晶态固体（如硅胶、树脂、非熔融法制得的新型玻璃）的重要特征。一些非传统玻璃往往不存在这种可逆性，它们不像传统玻璃那样是析晶温度 T_m 高于转变温度 T_g，而是 $T_g > T_m$。例如，许多用气相沉积等方法制备的 Si、Ge 等无定形薄膜，其 T_m 低于 T_g，即加热到 T_g 之前就会产生析晶的相变。虽然它们在结构上也属于玻璃态，但在宏观特性上与传统玻璃有一定的差别。故而习惯上称这类物质为无定形物。

四、物理化学性质变化的连续性

　　熔融态向玻璃态转化或加热的相反转变时物理、化学性质随着温度的变化是连续的。图 6-12 表示玻璃性质随温度变化的关系。由图可见，玻璃性质随温度的变化可分为三类。第一类，性质如玻璃的电导、比容、热函等是按 Ⅰ 曲线变化。第二类，性质如热膨胀系数、密度、折射率等是按曲线 Ⅱ 变化。第三类，性质如热导率和一些机械性质（弹性常数等）如曲线 Ⅲ 所示，它们在 $T_g\sim T_f$ 转变范围内有极大值的变化。在玻璃性质随温度逐渐变化的曲线上特别要指出两个特征温度 T_g 与 T_f。

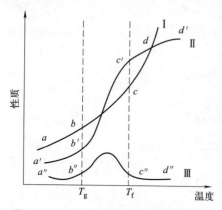

图 6-12　玻璃的性质与温度变化的关系

1. 脆性温度 T_g

　　它是玻璃出现脆性的最高温度，由于在这个温度下可以消除玻璃制品因不均匀冷却而产生的内应力，所以也称为退火温度上限。T_g 温度相应于性质与温度曲线上低温直线部分开始转向弯曲部分的温度（即图中 b、b'、b'' 点）。T_g 脆性温度时的黏度约为 $10^{12}\,Pa\cdot s$，一般工业玻璃的 T_g 约 500℃。玻璃转变温度 T_g 不是固定不变的，它决定于玻璃形成过程的冷却速率。冷却速率不同，性能-温度曲线的变化也不同。

2. 软化温度 T_f

它是玻璃开始出现液体状态典型性质的温度。无论玻璃组成如何，在 T_f 时相应的玻璃黏度约为 $10^8 Pa \cdot s$。T_f 也是玻璃可拉成丝的最低温度。T_f 温度相应于曲线弯曲部分开始转向高温直线部分的温度（即图中 c、c'、c'' 点）。

3. 反常间距 $T_g \sim T_f$

又称为转变温度范围。由图 6-12 可知，性质-温度曲线 T_g 以下的低温段和 T_f 以上的高温段其变化几乎成直线关系，这是因为前者的玻璃为固体状态，而后者则为熔体状态，它们的结构随温度是逐渐变化的。而在 T_g 和 T_f 温度范围内（即转变温度范围或反常间距）是固态玻璃向玻璃熔体转变的区域，结构随温度急速地变化，因而性质随之突变。由此可见 $T_g \sim T_f$ 对于控制玻璃的性质有着重要的意义。

任何物质不论其化学组成如何，只要具有上述四个特性都称为玻璃。

第四节　非晶态固体形成

非晶态固体是物质的一种聚集状态，包括无定形固体、无定形薄膜、玻璃。学习和掌握非晶态固体形成的条件和影响因素对研究玻璃结构及合成具有特殊性能的新型玻璃有很重要的理论和现实意义。

一、非晶态固体的形成

1. 非晶态固体形成方法

传统玻璃是玻璃原料经加热、熔融和在常规条件下进行冷却而形成的，这是目前玻璃工业生产大量采用的方法。此法的不足之处是冷却速率比较慢。工业生产的冷却速率一般是 $40 \sim 60 K/h$，实验室样品急冷达 $1 \sim 10 K/s$。这种冷却速率是不能使金属、合金或一些离子化合物形成玻璃态的，目前除传统冷却法以外还出现了许多非熔融法，而且冷却法本身在冷却速率上也有很大的突破。这样，使用传统法不能得到玻璃态的物质也可以制备成玻璃。图 6-13 用一组同心圆来归纳各种不同聚集状态的物质向玻璃态转变的方法。图中最外圈是原料的聚集状态，最里圈是产物名称。习惯上把气相转变所得的玻璃态物质称为无定形薄膜；晶相转变所得的玻璃态物质称为无定形固体；液相转变所得的玻璃态物质称为玻璃固体，它们的差别在于形状和短程有序程度不同。图中原料和产物之间的转变用实箭头表示，而无定形态产物聚合成玻璃固体用虚箭头表示。外圈各聚集状态之间的箭头表示各相变热，即升华热、蒸发热和熔解热。

2. 形成非晶态固体的物质

不是所有的物质都能形成非晶态固体。也不是所有的化合物都能形成玻璃。

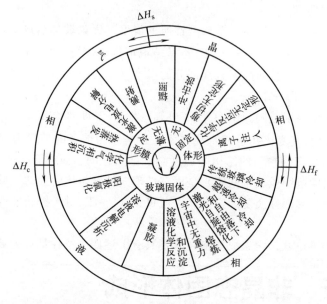

图 6-13 非晶态固体的形成

经过科学家不懈地研究，已经找出了能形成非晶态固体和形成玻璃的物质。

表 6-2 列出了能形成玻璃氧化物的元素在周期表中的位置，并分成两种。一种是能形成单一的玻璃氧化物，如 SiO_2、B_2O_3 等，以大的长方框表示。另一种是本身不能形成玻璃，但能同某些氧化物一起形成玻璃，如 TeO_2、SeO_2、MoO_3、Al_2O_3、Ge_2O_3、V_2O_5、Bi_2O_3 等，称为条件形成玻璃氧化物，以小的方框表示。C 和 N 也是条件形成玻璃元素，这些元素构成的氧化物玻璃就是碳酸盐和硝酸盐玻璃。碳酸盐玻璃必须在高压下熔制，以免热分解。硫系玻璃（As-S、As-Se、P-Se、Ge-Se 系统）和硒化物的玻璃形成组成范围较广。这类玻璃有半导体性质，在较低温度时变软，能透过红外辐射线。卤化物玻璃中只有氟化铍（BeF_2）和氯化锌（$ZnCl_2$），二者本身能形成单一玻璃。这类玻璃，尤其是氟化物玻璃，由其优异的光学性质获得重要地位，这类玻璃又称离子玻璃。

根据表 6-2～表 6-4 可以看出各种物质形成玻璃的可能性的次序，这个次序实际上反映了熔体结晶的难易。我们观察实际玻璃的熔制情况可以发现，硅酸盐、硼酸盐、磷酸盐和石英等熔融体在冷却过程中有可能全部转变成玻璃体，也有可能部分转变为玻璃体而部分转变为晶体，甚至全部转变为晶体。近十年，人们更大量地研究了玻璃的分相现象（即玻璃在冷却或热处理中内部形成互不相溶的两个或两个以上的玻璃相），它和玻璃形成条件密切相关。因为自熔体冷却到一个稳定的、均匀的玻璃体一般经过一个析晶温度范围，必须越过析晶温度范围，冷却到凝固点以下，方能形成玻璃体。

表 6-2 形成玻璃氧化物的元素

Ⅲ组		Ⅳ组		Ⅴ组		Ⅵ组	
B	A	B	A	B	A	B	A
	B		C		N		O
	Al		Si		P		S
Sc	Ga	Ti	Ge	V	As	Cr	Se
Y	In	Zr	Sn	Nb	Sb	Mo	Te
La①	Tl	Hf	Pb	Ta	Bi	W	Po

① 表示镧系元素。

注：▭ 表示能单一的形成玻璃氧化物的元素；

▢ 表示"有条件的"形成玻璃氧化物的元素。

表 6-3 熔融法形成玻璃物质

种类	物质
元素	O、S、Se、Te、P
氧化物	单的：B_2O_3、SiO_2、GeO_2、P_2O_5、As_2O_3、Sb_2O_3、In_2O_3、Tl_2O_3、SnO_2、PbO_2 "有条件的"：TeO_2、SeO_2、MoO_3、WO_3、Bi_2O_3、Al_2O_3、La_2O_3、V_2O_5、SO_3
硫化物	B、Ga、In、Tl、Ge、Sn、N、P、As、Sb、Bi、O、Se 的硫化物；As_2S_3、Sb_2S_3、CS_2
硒化物	Tl、Si、Sn、Pb、P、As、Sb、Bi、O、S、Te 的硒化物
碲化物	Tl、Sn、Pb、Sb、Bi、O、Se、As、Ge 的碲化物
卤化物	BeF_2、AlF_3、$ZnCl_2$、$Ag(Cl,Br,I)$、$Pb(Cl_2,Br_2,I_2)$ 和多组分混合物
硝酸盐	$R^ⅠNO_3$-$R^Ⅱ(NO_3)_2$（$R^Ⅰ$＝碱金属离子；$R^Ⅱ$＝碱土金属离子）
碳酸盐	$K_2CO_3 \cdot MgCO_3$
硫酸盐	Tl_2SO_4、$KHSO_4$、$R_2^ⅠSO_4 \cdot R_2^Ⅲ(SO_4)_3 \cdot 2H_2O$（$R^Ⅰ$＝碱金属、Tl、$NH_4$ 等；$R^Ⅱ$＝Al、Cr、Fe、Co、Ga、In、Ti、V、Mn、Ir 等）
有机化合物	甲苯、3-甲己烷、2,3-二甲酮、二乙醚、甲醇、乙醇、甘油、葡萄糖
水溶液	酸、碱、氯化物、硝酸盐、磷酸盐、硅酸盐等
金属	Au_4Si、Pd_4Si、Te_x-Cu_{25}-Au_5（特殊急冷法）

表 6-4 非熔融法形成玻璃物质

原始物质	形成主因	处理方法	实例
固体 （结晶）	剪切应力	冲击波	对石英长石等结晶用爆破法、用铝板等施加 600kPa 冲击波使其非晶化，石英变成相对密度＝2.22、n_d＝1.46 的玻璃，但在 350kPa 时不能非晶化
		磨碎	磨细晶体，粒子表面层逐渐非晶化
	放射线照射	高速中子线、α粒子线	对石英晶体用强度 $1.5 \times 10^{20}\,cm^{-2}$ 的中子线照射使之非晶化，相对密度＝2.26、n_d＝1.47
液体	胶体形成	加水分解	Si、B、P、Pb、Zn、Na、K 等金属醇盐酒精溶液加水分解得到胶体，再加热（$T<T_g$）形成单元或多元系统氧化物玻璃
气体	升华	真空蒸发	在低温基板上用蒸发法形成非晶质薄膜，如 Bi、Ga、Si、Ge、B、Sb、MgO、Al_2O_3、ZrO_2、TiO_2、Ta_2O_3、Nb_2O_3、MgF_2、SiC 等化合物
		阴极飞溅和氧化反应	在低压氧化气氛中，把金属或合金作为阴极，飞溅在基板上形成 SiO_2、PbO-TeO_3 系统薄膜、PbO-SiO_2 系统薄膜、莫来石薄膜等

原始物质	形成主因	处理方法	实例
气体	气相反应	气相反应	$SiCl_4$ 加水分解或 SiH_4 氧化形成 SiO_2 玻璃。在真空中加热 $B(OC_2H_3)_3$ 到 $700\sim900℃$ 形成 B_2O_3 玻璃
		辉光放电	辉光放电制造原子氧气,在低压中分解金属有机化合物,使在基板上形成非晶质氧化物薄膜,该法不需高温,例如 $Si(OC_2H_5)_4 \longrightarrow SiO_2$。此外还可以用微波发生装置代替辉光放电装置
	电气分解	阳极法	利用电解质溶液的电解反应,在阴极上析出非晶质氧化物,如 Ta_2O_5、Al_2O_3、ZrO_2、Nb_2O_5 等

二、玻璃形成条件

1. 热力学条件

熔融体是物质在熔融温度以上存在的一种高能量状态。随着温度降低,熔体释放能量大小不同,可以有三种冷却途径。

① 结晶化　即有序度不断增加,直到释放全部多余能量而使整个熔体晶化为止。

② 玻璃化　即过冷熔体在转变温度 T_g 硬化为固态玻璃的过程。

③ 分相　即质点迁移使熔体内某些组成偏聚,从而形成互不混溶而组成不同的两个玻璃相。

玻璃化和分相过程均没有释放出全部多余的能量,因此与晶化相比这两个状态都处于能量的介稳状态。大部分玻璃熔体在过冷时,总是程度不等地发生这三种过程。

从热力学观点分析,玻璃态物质总有降低内能向晶态转变的趋势。在一定条件下通过析晶或分相放出能量,使其处于低能量稳定状态。

然而,由于玻璃与晶体的内能差值不大,故析晶动力较小,因此玻璃这种能量的亚稳态在实际上能够长时间稳定存在。表 6-5 列出了几种硅酸盐晶体和相应组成玻璃体内能的比较。由表可见玻璃体和晶体两种状态的内能差始终很小,以此来判断玻璃形成能力是困难的,不具一般性。就表 6-5 所列出的几种硅酸盐的高温熔体而言,在冷却过程中由于晶态和玻璃态内能差别小,更容易形成玻璃体,而较难形成晶体。

表 6-5　几种硅酸盐晶体与相应组成玻璃体的内能

组成	状态	$-\Delta H_{298.16}/(kJ/mol)$	组成	状态	$-\Delta H_{298.16}/(kJ/mol)$
Pb_2SiO_4	晶态	1309	SiO_2	β-方石英	858
	非晶态	1294		玻璃态	848
SiO_2	晶态	860	$NaSiO_3$	晶态	1528
	非晶态	854		非晶态	1507

2. 形成玻璃的动力学条件

可以把物质的结晶过程归纳为两个速率，即晶核生成速率（成核速率 I_v）和晶核生长速率（u）。而 I_v 与 u 均与过冷度（$\Delta T = T_m - T$）有关（T_m 为熔点）。如果成核速率与生长速率的极大值所处的温度范围很靠近［图 6-14（a）］，熔体易析晶而不易形成玻璃；反之，熔体就不易析晶而易形成玻璃［图 6-14（b）］。如果熔体在玻璃形成温度（T_g）附近黏度很大，这时晶核产生和晶体生长阻力均很大，此类熔体易形成过冷液体而不易析晶。因此熔体是析晶还是形成玻璃与过冷度、黏度、成核速率、生长速率均有关。

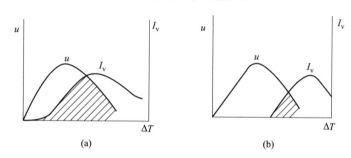

图 6-14　成核、生长速率与过冷度

（a）成核、生长速率极大值温度范围近；（b）成核、生长速率极大值温度范围远

近代研究证实，如果冷却速率足够快，在各类材料中都能发现有玻璃形成体。因而从动力学角度研究各类不同组成的熔体以多快的速度冷却才能避免产生可以探测到的晶体而形成玻璃，是很有实际意义的研究内容。

乌尔曼（Ullman）在 1969 年将冶金工业中使用的 3T 图即 T-T-T 图（time-temperature-transformation，时间-温度-变化）方法应用于玻璃转变并取得很大成功，目前已成为玻璃形成动力学理论中的重要方法之一。

判断一种物质能否形成玻璃，首先必须确定玻璃中可以检测到的晶体的最小体积，然后再考虑熔体究竟需要多快的冷却速率才能防止这一结晶量的产生，从而获得检测合格的玻璃。实验证明，当晶体混乱地分布于熔体中时，晶体的体积分数［晶体体积/玻璃总体积（V^β/V）］为 10^{-6} 时，刚好为仪器可探测出来的浓度。根据相变动力学理论，通过式（6-4）可估计防止一定体积分数的晶体析出所必需的冷却速率。

$$\frac{V^\beta}{V} = \frac{\pi}{3} I_v u^3 t^4 \tag{6-4}$$

式中，V^β 为析出晶体体积；V 为熔体体积；I_v 为成核速率（单位时间、单位体积内所形成的晶核数）；u 为生长速率（界面的单位表面积上固、液界面的扩展速率）；t 为时间。

如果只考虑均匀成核，为避免得到 10^{-6} 体积分数的晶体，可通过方程式（6-4）绘制 3T 曲线来估算必须采用的冷却速率。绘制这种曲线首先选择一个特定的结晶分数，在一系列温度下计算成核速率 I_v、生长速率 u。把计算得到的 I_v、u 代入式（6-4）求出对应的时间 t。以过冷度（$\Delta T = T_m - T$）为纵坐标、

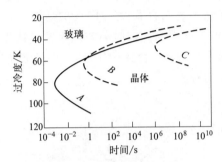

图 6-15 析晶体积分数为 10^{-6} 时
不同熔点的 T-T-T 曲线

$A - T_m = 356.6\mathrm{K}$；$B - T_m = 316.6\mathrm{K}$；

$C - T_m = 276.6\mathrm{K}$

冷却时间 t 为横坐标作出 3T 图。图 6-15 列出了这类图的实例。由于结晶驱动力（过冷度）随温度降低而增加，原子迁移率随温度降低而降低，因此造成 3T 曲线弯曲而出现头部突出点。在图中 3T 曲线凸面部分为该熔点的物质在一定过冷度下形成晶体的区域。3T 曲线头部的顶点对应了析出晶体体积分数为 10^{-6} 时的最短时间。

为避免形成给定的晶体分数，所需要的冷却速率可由式（6-5）粗略地计算出来。

$$(\mathrm{d}T/\mathrm{d}t)_c \approx \Delta T_n / \tau_n \tag{6-5}$$

式中，ΔT_n 为过冷度（$\Delta T_n = T_m - T_n$）；T_n 和 τ_n 分别为 3T 曲线头部之点的温度和时间。

对于不同的系统，在同样的晶体体积分数下其曲线位置不同，由式（6-5）计算出的临界速率也不同。因此可以用晶体体积分数为 10^{-6} 时计算得到的临界冷却速率来比较不同物质形成玻璃的能力，若临界冷却速率大，则形成玻璃困难而析晶容易。

由方程式（6-4）可以看出，3T 曲线上任何温度下的时间仅随 (V^β/V) 的 1/4 次方变化。可见，形成玻璃的临界冷却速率对析晶晶体的体积分数是不甚敏感的。这样有了某熔体的 3T 图，该熔体求冷却速率才有意义。

形成玻璃的临界冷却速率是随熔体组成而变化的。表 6-6 列举了几种化合物的冷却速率和熔融温度时的黏度。

表 6-6 几种化合物生成玻璃的性能

性能	化合物									
	SiO_2	GeO_2	B_2O_3	Al_2O_3	As_2O_3	BeF_2	$ZnCl_2$	LiCl	Ni	Se
$T_m/^\circ\mathrm{C}$	1710	1115	450	2050	280	540	320	613	1380	225
$\eta(T_m)/(\mathrm{dPa \cdot s})$	10^7	10^6	10^5	0.6	10^5	10^6	30	0.02	0.01	10^3
T_g/T_m	0.74	0.67	0.72	约 0.5	0.75	0.67	0.58	0.3	0.3	0.65
$\mathrm{d}T/\mathrm{d}t/(^\circ\mathrm{C}/\mathrm{s})$	10^{-6}	10^{-2}	10^{-6}	10^3	10^{-5}	10^{-6}	10^{-1}	10^8	10^7	10^{-3}

由表 6-6 可以看出，凡是熔体在熔点时具有高的黏度，并且黏度随温度降低而剧烈地增高，使析晶位垒升高的这类熔体易形成玻璃。而一些在熔点附近黏度很小的熔体，如 $LiCl$、金属 Ni 等易析晶而不易形成玻璃。$ZnCl_2$ 只有在快速冷却条件下才生成玻璃。

从表 6-6 还可以看出，玻璃化转变温度 T_g 与熔点 T_m 之间的相关性（T_g/T_m）也是判别能否形成玻璃的标志。玻璃化转变温度 T_g 是和动力学有关的参数，它是由冷却速率和结构调整速率的相对大小确定的，对于同一种物质，其转变温度愈高，表明冷却速率愈快，愈有利于生成玻璃。对于不同物质，则应综合考虑 T_g/T_m 值。

图 6-16 列出一些化合物的熔点与玻璃化转变温度的关系。图中直线为 $T_g/T_m=2/3$。由图可知，易生成玻璃的氧化物位于直线上方，而较难生成玻璃的非氧化物，特别是金属合金位于直线的下方。当 $T_g/T_m=0.5$ 时，形成玻璃的临界冷却速率约为 $10K/s$。黏度和熔点是生成玻璃的重要标志，冷却速率是形成玻璃的重要条件。但这些毕竟是反映物质内部结构的外部属性。因此从物质内部的化学键特性、质点的排列状况等去探求才能得到本质的解释。

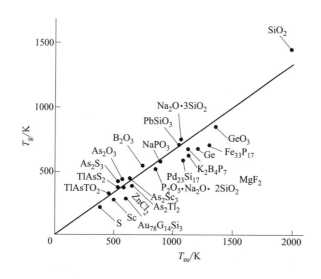

图 6-16　化合物的熔点（T_m）和玻璃化转变温度（T_g）的关系

3. 玻璃形成的结晶化学条件

(1) 键强

氧化物的键强是决定它能否形成玻璃的重要条件。孙光汉首先于 1947 年提出可以用元素与氧结合的单键能大小来判断氧化物能否生成玻璃。他首先计算出各种化合物的分解能，并认为以该种化合物的配位数除之，得出的商数即为单键能。各种氧化物的单键能数值列于表 6-7。根据单键能的大小，可将不同氧化物分为以下三类。

表 6-7　氧化物的单键能

元素	每个MO_x的分解能E/kJ	配位数	M—O单键能/kJ	E_{M-O}/T_m/[kJ/(mol·K)]	类型	元素	每个MO_x的分解能E/kJ	配位数	M—O单键能/kJ	E_{M-O}/T_m/[kJ/(mol·K)]	类型
B	1490	3	498	1.36		Na	502	6	84	0.10	
Si	1775	4	444	0.44		K	482	9	54	0.11	
Ge	1805	4	452	0.65	玻璃网络形成体	Ca	1076	8	134	0.13	
P	1850	4	465~369	0.87		Mg	930	6	155		
V	1880	4	469~377	0.79		Ba	1089	8	136		
As	1461	4	364~293			Zn	603	4	151		网络变性体
Sb	1420	4	356~360			Pb	607	4	151		
Zr	2030	6	339			Li	603	4	151		
Zn	603	2	302	0.28		Sc	1516	6	253		
Pb	607	2	306			La	1696	7	242		
Al	1505	4	250		中间体	Y	1670	8	209		
Be	1047	4	264			Sn	1164	6	193		
Zr	2031	8	255			Ga	1122	6	188		
Cd	498	2	251			Rh	482	10	48		
						Cs	477	12	40		

注：1. 玻璃网络形成体（其中正离子为网络形成离子），其单键强度大于 335kJ/mol。这类氧化物能单独形成玻璃。

2. 网络变性体（正离子称为网络变性离子），其单键强度小于 250kJ/mol（经验数值）。这类氧化物不能形成玻璃，但能改变网络结构，从而使玻璃性质改变。

3. 中间体（正离子称为中间离子），其作用介于玻璃形成体和网络变性体两者之间。

　　孙光汉提出的键强因素揭示了化学键性质的一个重要方面。从表 6-7 可见，氧化物熔体中配位多面体能否以负离子团存在而不分解成相应的个别离子，与正离子和氧的键强度密切相关。键强度愈强的氧化物熔融后负离子团也愈牢固，键的破坏和重新组合也愈困难，成核位垒也愈高，故不易析晶而易形成玻璃。

　　劳森认为玻璃形成能力不仅与单键能有关，还与破坏原有键使之析晶所需的热能有关，从而进一步发展了孙光汉的理论。劳森提出用单键能除以熔点的比值来作为衡量玻璃形成能力的参数。表 6-7 列出了部分氧化物的这一数值。由表可见，单键能愈高，熔点愈低的氧化物愈易形成玻璃。凡氧化物的单键能/熔点大于 0.42kJ/(mol·K) 者称为网络形成体；单键能/熔点小于 0.125kJ/(mol·K)（经验数值）者称为网络变性体；数值介于两者之间者称为网络中间体。此判据把物质的结构与其性质结合起来考虑，有其独特之处，同时也使网络形成体与网络变性体之间的差别更为悬殊地反映出来。劳森用此判据解释 B_2O_3 易形成稳定的玻璃而难以析晶的原因是 B_2O_3 的单键能/熔点比值在所有氧化物中最高。劳森的判据有助于我们理解在多元系统中组成落在低共熔点或共熔界线附近时，易形成玻璃的原因。

（2）键型化学键的特性

它是决定物质结构的主要因素，因而对玻璃形成也有重要的影响。其规律是具有极性共价键和半金属共价键的离子才能生成玻璃。

离子键化合物（如 NaCl、CaF_2 等）在熔融状态以正、负离子形式单独存在，流动性很大，在凝固点靠库仑力迅速组成晶格。离子键作用范围大，无方向性，并且一般离子键化合物具有较高的配位数（6、8），离子相遇组成晶格的概率也较高。所以，一般离子键化合物析晶活化能小，在凝固点黏度很低，很难形成玻璃。

金属键物质如单质金属或合金，在熔融时失去联系较弱的电子后，以正离子状态存在。金属键无方向性和饱和性并在金属晶格内出现，晶体最高配位数 12，原子相遇组成晶格的概率很大，也难以形成玻璃。

纯粹共价键化合物大部分为分子结构。在分子内部原子以共价键相联系，而作用于分子间的是范德瓦耳斯力，由于范德瓦耳斯键无方向性，一般在冷却过程中质点易进入点阵而构成分子晶格。因此以上三种键型都不易形成玻璃。

当离子键和金属键向共价键过渡时，通过强烈的极化作用，化学键具有方向性和饱和性趋势，在能量上有利于形成一种低配位数（3、4）或一种非等轴式构造。离子键向共价键过渡的混合键称为极性共价键。其特点是由 sp 电子形成杂化轨道，并构成 σ 键和 π 键。这种混合键具有离子键易改变键角、易形成无对称变形的趋势，又具有共价键的方向性和饱和性、不易改变键长和键角的倾向。前者有利于造成玻璃的远程无序，后者则造成玻璃的短程有序。因此，极性共价键的物质比较易形成玻璃态。同样，金属键向共价键过渡的混合键称为金属共价键。在金属中加入半径小、电荷高的半金属离子（Si^{4+}、P^{5+}、B^{3+} 等）或加入场强大的过渡金属原子会产生强烈的极化作用，形成 spd 或 spdf 杂化轨道，从而形成金属和加入元素组成的原子团。这种原子团类似于 $[SiO_4]$ 四面体，也可形成金属玻璃的短程有序。但金属的无方向性和无饱和性则使这些原子团之间可以自由连接，形成无对称变形的趋势，从而产生金属玻璃的远程无序。

综上所述，形成玻璃必须具有极性共价键或金属共价键型。一般地说，阴、阳离子的电负性差 $\Delta\chi$ 在 1.5～2.5 之间。其中阳离子具有较强的极化本领，单键强度（M—O）大于 335kJ/mol，成键时 sp 电子形成杂化轨道，这样的键型在能量上有利于形成一种低配位数负离子团构造如 $[SiO_4]^{4-}$、$[BO_3]^{3-}$ 或结构键 [Se-Se-Se]、[S-As-S]，它们互成层状、链状和架状。它们在熔融时黏度很大，冷却时分子团聚集形成无规则的网络，因而形成玻璃的倾向很大。

玻璃形成能力是与组成、结构、热力学和动力学条件等均有关的一个复杂因素，近年来，人们正试图从结构化学、量子化学和聚合物理论等角度去探讨玻璃的形成规律，因而玻璃形成理论将进一步深入和完善。

第五节　玻璃的结构

玻璃结构是指玻璃中质点在空间的几何配置、有序程度及它们彼此间的结合状态。目前人们还不能直接观察到玻璃的微观结构。用一种研究方法根据一种性质只能从一个方面得到玻璃结构的局部认识，而且很难把这些局部认识相互联系起来。由于玻璃结构的复杂性，人们虽然运用众多的研究方法试图揭示出玻璃的结构本质，但至今尚未提出一个统一和完善的玻璃结构理论。

玻璃结构理论发展沿革如下：

最早由门捷列夫提出，他认为玻璃是无定形物质，没有固定化学组成。

塔曼把玻璃看成过冷液体。

索克曼等提出玻璃基本结构单元是具有一定化学组成的分子聚合体。

依肯提出核前群理论。

阿本提出离子配位假设。

列别捷夫（苏联学者）1921年提出晶子学说。

扎哈里阿森（德国学者）在1932年提出无规则网络学说。

蒂尔顿在1975年提出玻子理论，玻子是由20个$[SiO_4]$四面体组成的一个单元。这种在晶体中不可能存在的五角对称是SiO_2形成玻璃的原因，他根据这一论点成功地计算出石英玻璃的密度。

目前，最主要的、广为接受的玻璃结构学说是晶子学说和无规则网络学说。

一、晶子学说

苏联学者列别捷夫1921年提出晶子学说。他在研究硅酸盐玻璃时发现，无论升温还是降温过程，当温度达到573℃时，性质必然发生反常变化。而573℃正是石英由α→β型晶形转变的温度。他认为玻璃是高分散晶体（晶子）的集合体。

1. 晶子学说要点

硅酸盐玻璃由无数"晶子"组成，"晶子"的化学性质取决于玻璃的化学组成。所谓"晶子"不同于一般微晶，而是带有晶格变形的有序区域，在"晶子"中心质点排列较有规律，愈远离中心则变形程度愈大。"晶子"分散在无定形介质中，从"晶子"部分到无定形部分的过渡是逐步完成的，两者之间无明显界线。晶子学说核心是结构的不均匀性及短程有序性。

晶子学说的缺点是晶子尺寸、晶子含量、晶子的化学组成等都未得到合理的确定。

2. 晶子学说实验过程

瓦连可夫和波拉依·柯希茨研究了成分递变的钠硅双组分玻璃的 X 射线散

射强度曲线。他们发现第一峰石英玻璃衍射的主峰与晶体石英的特征峰相等。第二峰是 $Na_2O \cdot SiO_2$ 玻璃的衍射线主峰与偏硅酸钠晶体的特征峰一致。在钠硅玻璃中上述两个峰均同时出现。随着钠硅玻璃中 SiO_2 含量增加，第一峰愈明显，而第二峰愈模糊。他们认为钠硅玻璃中同时存在方石英晶子和偏硅酸钠晶子，这是 X 射线强度曲线上有两个极大值的原因。另外他们又研究了升温 $400 \sim 800 \, ℃$ 再淬火、退火和保温几小时的玻璃，结果表明玻璃 X 射线衍射图不仅与成分有关，而且与玻璃制备条件有关。提高温度，延长加热时间，主峰陡度增加，衍射图也愈清晰（图 6-17）。他们认为这是晶子长大所致。由实验数据推论，普通石英玻璃中的方石英晶子平均尺寸为 1nm。

结晶物质和相应玻璃态物质虽然强度曲线极大值的位置大体相似，但不一致的地方也是明显的。很多学者认为这是玻璃中晶子点阵图有变形所致的，并估计玻璃中方石英晶子的固定点阵比方石英晶体的固定点阵大 6.6%。

马托西等研究了结晶氧化硅和玻璃态氧化硅在 $3 \sim 26 \mu m$ 的波长范围内的红外反射光谱。结果表明：玻璃态石英和晶态石英的反射光谱在 $12.4 \mu m$ 处具有同样的最大值。这种现象可以解释为反射物质结构相同。

弗洛林斯卡妮的工作表明，在许多情况下观察到玻璃和析晶时，析出晶体的红外反射和吸收光谱极大值是一致的。这就是说，玻璃中有局部不均匀区，该区原子排列与相应晶体的原子排列大体一致。图 6-18 比较了 Na_2O-SiO_2 系统在原始玻璃态和析晶态的红外反射光谱。由研究结果得出结论，结构的不均匀性和有序性是所有硅酸盐玻璃的共性，这是晶子学说的成功之处。但是至今晶子学说尚有一系列重要的原则问题未得到解决。晶子理论的首倡者列别捷夫承认，由于有序区尺寸太小，晶格变形严重，采用 X 射线、电子射线和中子射线衍射法，未能取得令人信服的结果。

二、无规则网络学说

无规则网络学说是由德国学者扎哈里阿森在 1932 年提出的。

无规则网络学说指出凡是成为玻璃态的物质与相应的晶体结构一样，也是由一个三度空间网络所构成的。这种网络是离子多面体（四面体或三角体）构筑起来的。晶体结构网是由多面体无数次有规律重复构成的，而玻璃中结构多面体的重复没有规律性。

在无机氧化物组成的玻璃中，网络是由氧离子多面体构筑起来的。多面体中心总是被网络形成离子（ Si^{4+} 、 B^{3+} 、 P^{5+} ）所占有。氧离子有两种类型，凡属两个多面体的称为桥氧离子，凡属一个多面体的称为非桥氧离子。网络中过剩的负电荷则由处于网络间隙中的网络变性离子来补偿。这些离子一般都是低正电荷、半径大的金属离子（如 Na^+ 、 K^+ 、 Ca^{2+} 等）。无机氧化物玻璃结构的二度

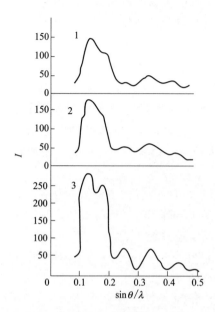

图 6-17　27Na₂O・73SiO₂ 玻璃的
X 射线散射强度曲线
1—未加热；2—618℃保温 1h；
3—800℃保温

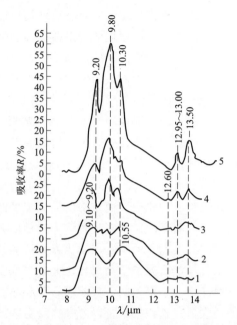

图 6-18　33.3Na₂O・66.7SiO₂ 玻璃的反射光谱
1—原始玻璃；2—玻璃表层部分，在 620℃保温 1h；
3—玻璃表层部分，有间断薄雾析晶，保温 3h；
4—玻璃表层部分，有连续薄雾析晶，保温 3h；
5—玻璃表层部分，析晶玻璃，保温 6h

空间结构如图 6-19 所示。显然，多面体的结合程度甚至整个网络的结合程度都取决于桥氧离子的百分数，而网络变性离子均匀而无序地分布在四面体骨架空隙中。

扎哈里阿森认为玻璃和其相应的晶体具有相似的内能，并提出形成氧化物玻璃的四条规则：

① 每个氧离子最多与两个网络形成离子相连；

② 多面体中阳离子的配位数必须是小的，即为 4 或更小；

③ 氧多面体相互共角而不共棱或共面；

④ 形成连续的空间结构网要求每个多面体至少有三个角是与相邻多面体共用的。

瓦伦对玻璃的 X 射线衍射光谱一系列卓越的研究，使扎哈里阿森的理论获得有力的实验证明。瓦伦的石英玻璃、方石英和硅胶的 X 射线图谱列于图 6-20。玻璃的衍射线与方石英的特征谱线重合，这使一些学者把石英玻璃联想为含有极小的方石英晶体。然而瓦伦认为这只能说明石英玻璃与方石英中原子间距离大体上是一致的。他按强度-角度曲线半高处的宽度计算出石英玻璃内如果有晶体，其大小也只有 0.77nm。这与石英单位晶胞尺寸 0.7nm 相似。晶体必须是由晶胞在空间有规则地重复，因此"晶子"此名称在石英玻璃中失去意义。由图 6-20 还可以看到，硅胶有显著的小角度散射而玻璃中没有。这是由于硅胶是由尺寸为 1～10nm 的不连续粒子组成，粒子间有间距和空隙，强烈的散射是由于物质具有不均匀性。但石英玻璃小角度没有散射，这说明玻璃是一种密实体，其中没有不连续的粒子或粒子间没有很大空隙。这一结果与晶子学说的微不均匀性又有矛盾。

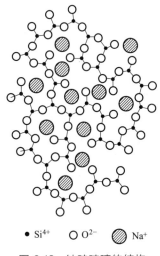

● Si⁴⁺   ○ O²⁻   ▨ Na⁺

图 6-19　钠硅玻璃的结构

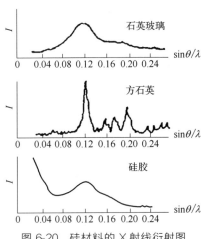

图 6-20　硅材料的 X 射线衍射图

瓦伦又用傅里叶分析法将实验获得的玻璃衍射强度曲线在傅里叶积分公式基础上换算成围绕某一原子的径向分布曲线，再利用该物质的晶体结构数据，即可以得到近距离内原子排列的大致图形。在原子径向分布函数曲线上，第一个极大值是该原子与邻近原子间的距离，而极大值曲线下的面积是该原子的配位数。图 6-21 表示 SiO_2 玻璃原子径向分布函数曲线。第一个极大值表示 Si、O 距离为 0.162nm。这与晶体硅酸盐中发现的 Si、O 平均间距（0.160nm）非常符合。

按第一个极大值曲线下的面积计算的配位数为 4.3，接近硅原子配位数 4。因此 X 射线分析的结果直接指出在石英玻璃中的每一个硅原子，平均约为四个氧原子以大致 0.162nm 的距离所围绕。利用傅里叶法，瓦伦研究 $Na_2O\text{-}SiO_2$、$K_2O\text{-}SiO_2$、$Na_2O\text{-}B_2O_3$ 等系统玻璃结构，发现随着原子径向距离增加，分布函数曲线中极大值逐渐模

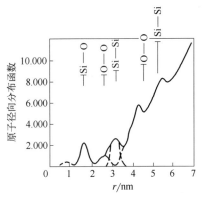

图 6-21　SiO_2 玻璃原子径向
分布函数曲线

糊。从瓦伦数据得出，玻璃结构有序部分距离在 1.0～1.2nm 附近，即接近晶胞大小。实验证明，玻璃物质主要部分不可能以方石英晶体的形式存在。而每个原子的周围原子配位，对玻璃和方石英来说都是一样的。

三、晶子学说与无规则网络学说对比

无规则网络学说强调了玻璃中离子与多面体相互间排列的均匀性、连续性及无序性等方面。这些结构特征可以在玻璃的各向同性、内部性质的均匀性和随成分改变时玻璃性质变化的连续性等基本特性上得到反映。因此网络学说能解释一系列玻璃性质的变化。

晶子学说说明了结构的不均匀性和有序性是所有硅酸盐玻璃的共性。这是晶子学说的成功之处。但是至今晶子学说尚有一系列重要的原则问题未得到解决，如有序区尺寸大小、晶子尺寸、晶子含量、晶子的化学组成等都难以解释。

近年来，随着实验技术的进展和对玻璃结构与性质的深入研究，积累了愈来愈多的关于玻璃内部不均匀的资料。随着研究的日趋深入，这两种学说都有进展。无规则网络学说派认为，阳离子在玻璃结构网络中所处的位置不是任意的，而是有一定配位关系。多面体的排列也有一定的规律，并且在玻璃中可能不只存在一种网络（骨架），因而承认了玻璃结构的短程有序和微不均匀性。同时，晶子学说派代表者也适当地估计了晶子在玻璃中的大小、数量以及晶子与无序部分在玻璃中的作用，认为玻璃是具有短程有序（晶子）区域的无定形物质。两种学说的观点正在渐趋接近。

两种学说比较接近的观点是玻璃是具有短程有序、远程无序结构特点的无定形物质。但是在无序与有序区大小、比例和结构等方面仍有分歧。

玻璃结构的研究还在继续进行，实验技术及数据处理方法的进步，为玻璃结构的研究提供了良好的条件，相信在不远的将来，研究玻璃的科学家会给玻璃结构一个圆满的描述。

第六节　玻璃实例

玻璃种类繁多，包括传统熔融法制得的玻璃和用非熔融法（如气相沉积、真空蒸发和溅射、离子注入和激光等）所获得的新型玻璃。本节仅介绍几种常见玻璃。

一、硅酸盐玻璃

1. 石英玻璃结构

石英玻璃是硅酸盐玻璃的基础，研究硅酸盐玻璃首先要了解石英玻璃的结构。

石英玻璃是由硅氧四面体［SiO₄］以顶角相连而组成的三维架状网络。石英玻璃的径向原子分布曲线如图 6-21 所示。由第一峰位置指出硅原子与氧原子的距离为 0.162nm，第二峰近似为氧与氧距离 0.265nm，这两个峰与石英晶体中硅氧距离很接近。石英玻璃与晶体石英在两个硅氧四面体之间键角的差别如图6-22 所示。石英玻璃 Si—O—Si 键角分布在 $120°\sim180°$ 的范围内，中心在 $144°$。与石英晶体相比，石英玻璃 Si—O—Si 键角范围比晶体中宽。而 Si—O 和 O—O的距离在玻璃中的均匀性几乎与相应的晶体中一样。由于 Si—O—Si 键角变动范围大，石英玻璃中［SiO₄］四面体排列成无规则网络结构，不像方石英晶体中的四面体有良好的对称性。

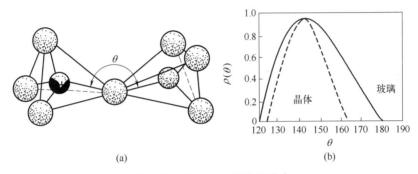

图 6-22　Si—O—Si 键角及分布

（a）Si—O—Si 键角；（b）石英玻璃和晶体的 Si—O—Si 键角分布

2. 硅酸盐玻璃

硅酸盐玻璃由于资源广泛、价格低廉、对常见试剂和气体介质化学稳定性好、硬度高和生产方法简单等优点而成为实用价值最大的一类玻璃。

二氧化硅是硅酸盐玻璃中的主体氧化物，它在玻璃中的结构状态对硅酸盐玻璃的性质起决定性的影响。当 R_2O 或 RO 等氧化物加入石英玻璃中，形成二元、三元甚至多元硅酸盐玻璃时，由于增加了 O/Si 比例，使原来 O/Si 比为 2 的三维架状结构破坏，随之玻璃性质也发生变化。尤其从连续三个方向发展的硅氧骨架结构向两个方向层状结构变化以及由层状结构向只有一个方向发展的硅氧链结构变化时，性质变化更大。硅酸盐玻璃中［SiO₄］四面体的网络结构与加入 R^+或 R^{2+}（金属阳离子）的数量有关。在—Si—O—R^+结构单元中 Si—O 化学键随着 R^+ 极化力增强而减弱，尤其是使用半径小的离子时 S—O 键发生松弛。随着 RO 或 R_2O 加入量增加，连续网状 SiO_2 骨架可以从一个顶角发展到两个直至四个。Si—O—Si 键合状况的变化，明显影响到玻璃黏度和其他性质的变化。在$Na_2O\text{-}SiO_2$ 系统中，当 O/Si 比由 2 增加到 2.5 时，玻璃黏度降低 8 个数量级。

玻璃的四个基本结构参数如下。

X——每个多面体中非桥氧离子的平均数；

Y——每个多面体中桥氧离子平均数；

Z——每个多面体中氧离子平均总数；

R——玻璃中氧离子总数与网络形成离子总数之比（一般为 O/Si 比）。

这些参数之间存在着两个简单的关系：

$$Z=X+Y \quad 和 \quad R=X+0.5Y$$
$$或 \quad X=2R-Z \quad Y=2Z-2R$$

每个多面体中的氧离子总数 Z 一般是已知的（在硅酸盐和磷酸盐玻璃中 $Z=4$，硼酸盐玻璃中 $Z=3$）。用它来描述硅酸盐玻璃的网络连接特点是很方便的。R 通常可以从组成计算出来，因此确定 X 和 Y 就很简单。

例题 6-1： 计算下列玻璃组成的结构参数：

① 石英玻璃；

② $10\%Na_2O \cdot 18\%CaO \cdot 72\%SiO_2$ 玻璃（摩尔分数）。

答： ① 对石英玻璃，其组成为 SiO_2，$Z=4$，$R=O/Si=2/1=2$，可得 $X=0$，$Y=4$。

② 该玻璃体系，$Z=4$，$R=(10+18+72\times2)/72=2.39$，可得 $X=2R-4=2\times2.39-4=0.78$，$Y=4-X=4-0.78=3.22$。

但是，并不是所有玻璃都能简单地计算四个参数。因为有些玻璃中的离子并不属于典型的网络形成离子或网络变性离子，如 Al^{3+}、Pb^{2+} 等属于所谓中间离子，这时就不能准确地确定 R 值。在硅酸盐玻璃中，若组成中 $R_2O+RO/Al_2O_3>1$，则 Al^{3+} 被认为是占据 $[AlO_4]$ 四面体的中心位置，Al^{3+} 作为网络形成离子计算。若 $R_2O+RO/Al_2O_3<1$，则把 Al^{3+} 作为网络变性离子计算。但这样计算出来的 Y 值比真正 Y 值要小。一些玻璃的网络参数列于表 6-8。

表 6-8 典型玻璃的结构参数 X、Y 和 R 值

组成	R	X	Y	组成	R	X	Y
SiO_2	2	0	4	$Na_2O \cdot Al_2O_3 \cdot 2SiO_2$	2	0	4
$Na_2O \cdot 2SiO_2$	2.5	1	3	$Na_2O \cdot SiO_2$	3	2	2
$Na_2O \cdot 1/3Al_2O_3 \cdot 2SiO_2$	2.25	0.5	3.5	P_2O_5	2.5	1	3

Y 又称为结构参数，玻璃的很多性质取决于 Y 值。Y 值小于 2 的硅酸盐玻璃就不能构成三维网络。Y 值愈小，网络空间上的聚集也愈小，结构也变得较松，并随之出现较大的间隙。结果使网络变性离子的运动，不论在本身位置振动或从一位置通过网络的网隙跃迁到另一个位置都比较容易。因此随 Y 值递减，出现热膨胀系数增大、电导增加和黏度减小等变化。

从表 6-9 可以看出 Y 对玻璃一些性质的影响。表中每一对玻璃的两种化学组成完全不同，但它们都具有相同的 Y 值，因而具有几乎相同的物理性质。

表 6-9　Y 对玻璃性质的影响

组成	Y	熔融温度/℃	膨胀系数 α（×10⁷）	组成	Y	熔融温度/℃	膨胀系数 α（×10⁷）
$Na_2O \cdot 2SiO_2$	3	1523	146	$Na_2O \cdot SiO_2$	2	1323	220
P_2O_5	3	1573	140	$Na_2O \cdot P_2O_5$	2	1373	220

在多种釉和搪瓷中氧和网络形成体之比一般在 2.25～2.75。通常钠钙硅玻璃中约为 2.4，硅酸盐玻璃与硅酸盐晶体随 O/Si 比增加到 4。从结构上它们均由三维网络骨架变为孤岛状四面体。无论是结晶态还是玻璃态，四面体中的 Si^{4+} 都可以被半径相近的离子置换而不破坏骨架。

成分复杂的硅酸盐玻璃在结构上与相应的硅酸盐晶体还是有显著的区别的。第一，在晶体中，硅氧骨架按一定的对称规律排列；在玻璃中则是无序的。第二，在晶体中，骨架外的 M^+ 或 M^{2+}（金属阳离子）占据了点阵的固定位置，在玻璃中，它们均匀地分布在骨架的空腔内起着平衡氧负电荷的作用。第三，在晶体中只有当骨架外阳离子半径相近时，才能发生同晶置换，在玻璃中则不论半径如何，只要遵守静电价规则，骨架外阳离子均能发生互相置换。第四，在晶体中（除固溶体外），氧化物之间有固定的化学计量，在玻璃中氧化物可以非化学计量的任意比例混合。

二、硼酸盐玻璃

1. B₂O₃ 玻璃

B_2O_3 是一种很好的网络形成剂，和 SiO_2 一样也能单独形成氧化硼玻璃。以 [BO_3] 三角体作为基本结构单元。$Z=3$，$R=1.5$，其他两个结构参数 $X=2R-3=3-3=0$，$Y=2Z-2R=6-3=3$。因此，在 B_2O_3 玻璃中，[BO_3] 三角体的顶角也是共有的。但是这些三角体在结构中怎样连接尚未清楚。根据核磁共振、红外和拉曼光谱分析以及其他物理性质推出，由 B 和 O 交替排列的平面六角环的 B—O 集团是 B_2O_3 玻璃的重要基元，这些环通过 B—O—B 链连成三维网络，如图 6-23 所示。

瓦伦等用和上述同样的 X 射线分析测定 B—O 键的分布函数曲线。峰值对应不同的原子间距：第一个峰表示 B、O 间距 0.137nm，和硼酸盐晶体的三配位相同，比四配位的 0.148nm 值小。第二个峰得出 O、O 间距是

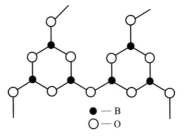

● —B
○ —O

图 6-23　[BO_3] 的连接方式

0.240nm，和所预料的 0.237nm 很接近，其余的峰与无规则的 [BO_3] 三角体模型不相应，距离在 0.6nm 以外的峰所要求的结构单元就大于 [BO_3] 三角体

了。图 6-23 的六角环中 B—O—B 键角是 120°，环间 B—O—B 键角是 130°，连接环的键是不定向无规则的。如果有一小部分 [BO₃] 结合不是环状而是不规则地相连，则更能符合 X 射线分析结果。

这种连环结构和石英玻璃硅氧四面体的不规则网络很不相同，任何 B—O 三角体的周围空间并不完全被邻接的三角体所充填，两个原子接近的可能性较小。这种结构形态可能是因为 B_2O_3 比其他玻璃网络形成剂（如 SiO_2、GeO_2 等）黏度小。这种结构和 B_2O_3 的任何晶体结构也不同，因而从玻璃体制备 B_2O_3 晶体是困难的。

B_2O_3 是硼酸盐玻璃中的主要玻璃形成剂。B—O 之间形成 sp^2 三角形杂化轨道，它形成三个 σ 键还有 π 键成分。X 射线谱证实在 B_2O_3 玻璃中，存在以三角形相互连接的基团。按无规则网络学说，纯氧化硼玻璃的结构可以看成是由硼氧三角体无序地相连接而组成的向二维空间发展的网络，虽然硼氧键能（498kJ）略大于硅氧键能（444kJ），但因为 B_2O_3 玻璃的层状（或链状）结构的特性，即其同一层内 B—O 键很强，而层与层间由分子引力相连是一种弱键，所以 B_2O_3 玻璃的软化温度比 SiO_2 玻璃软化温度（约 450℃）低、化学稳定性差（易在空气中潮解）、热膨胀系数高，因而纯 B_2O_3 玻璃使用得不多。它只有与 R_2O、RO 等氧化物组合才能制成具有实用价值的硼酸盐玻璃。

2. 硼酸盐玻璃

硼酸盐玻璃对 X 射线透过率高，电绝缘性能比硅酸盐玻璃优越，存在一个极为特殊的硼反常现象。

① 硼反常现象　硼酸盐玻璃随 Na_2O 含量的增加，桥氧数增大，热膨胀系数逐渐下降；当 Na_2O 含量达到 15%～16% 时，桥氧又开始减少，热膨胀系数重新上升，这种反常过程称为硼反常现象。

如图 6-24 为含 B_2O_3 的二元玻璃中桥氧数目 O_b、热膨胀系数 α 和软化温度 T_s 随 R_2O 含量的变化。当 Na_2O 含量达到 15%～16% 时出现转折。

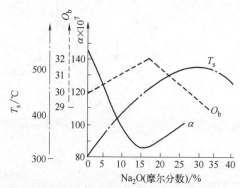

图 6-24　硼酸盐玻璃性能随 Na_2O 含量变化

② 硼反常现象原因　实验证明，当数量不多的碱金属氧化物同 B_2O_3 一起熔融时，碱金属所提供的氧不像在熔融 SiO_2 玻璃中作为非桥氧出现在结构中，而是使硼转变为由桥氧组成的硼氧四面体，致使 B_2O_3 玻璃从原来二维空间层状结构部分转变为三维空间的架状结构，从而加强了网络结构，并使玻璃的各种物理性能变好。这与相同条件下的硅酸盐玻璃性

能随碱金属或碱土金属加入量的变化规律相反。

一般认为此时 Na_2O 提供的氧不是用于形成硼氧四面体，而是以非桥氧形式出现于三角体之中，从而使结构网络连接减弱，导致一系列性能变坏。实验数据证明，由于硼氧四面体之间本身带有负电荷不能直接相连，而通常是由硼氧三角体或另一种耦合存在的多面体来相隔。因此，4 配位硼原子的数目不能超过由玻璃组成所决定的某一限度。

③ 实验证实　瓦伦研究了 Na_2O-B_2O_3 玻璃的径向分布曲线，发现当 Na_2O 量由 10.3%（摩尔分数）增至 30.8%（摩尔分数）时，B—O 间距由 $0.1370nm$ 增至 $0.148nm$。B 原子配位数随 Na_2O 含量增加而由 3 配位转变为 4 配位。瓦伦这个观点又得到红外光谱和核磁共振数据的证实。

硼反常现象也可以出现在硼硅酸盐玻璃中，连续增加氧化硼加入量时，往往在性质变化曲线上出现极大值和极小值。这是由于硼加入量超过一定限度时，硼氧四面体与硼氧三面体相对含量变化而结构和性质发生逆转。

④ 硼酸盐玻璃分相　在熔制硼酸盐玻璃时常发生分相现象，一般是分成互不相溶的富硅氧相和富碱硼酸盐相。原因是硼氧三角体的相对数量很大，并进一步富集成一定区域。B_2O_3 含量愈高，分相倾向愈大。通过一定的热处理可使分相更加剧烈，甚至可使玻璃发生乳浊。

⑤ 硼酸盐玻璃应用　硼酸盐玻璃具有某些优异的特性，使它成为不可取代的一种玻璃材料。例如，硼酐是唯一能用以制造有效吸收慢中子的氧化物玻璃的材料。氧化硼玻璃的转变温度约 300℃，比 SiO_2 玻璃（1200℃）低得多，利用这一特点，硼玻璃广泛用于玻璃焊接、易熔玻璃和涂层物质的防潮和抗氧化。硼对中子射线的灵敏度高，硼酸盐玻璃作为原子反应堆的窗口对材料起到屏蔽中子射线的作用。

三、磷酸盐玻璃

磷酸盐晶体和玻璃易溶于水，因此较易通过纸上色层分析法和离子交换法研究构成玻璃的各种分子。配合使用 X 射线分析，得出 P 与 O 构成的磷氧四面体 $[PO_4]$ 是磷酸盐玻璃的网络构成单位。磷是五价离子，和 $[SiO_4]$ 四面体不同的是 $[PO_4]$ 四面体的四个键中有一个构成双键 O_3—P$=$O，P—O—P 键角约 115°，$[PO_4]$ 四面体以顶角相连成三维网络。与 $[SiO_4]$ 不同的是，双键的一端没有和其他四面体键合。因此，每个四面体只和三个四面体而不是四个四面体连接。这是磷酸盐玻璃软化温度和化学稳定性较低的一个原因。

当加入网络改良剂如 R_2O、RO 时，磷酸盐网络和硅酸盐网络一样被破坏。人们曾研究过钙磷酸盐玻璃（含 CaO 42% 和 49%），发现四分之一的 P—O 键是 π 键（双键）。CaO 含量少，P—O—P 键多。在 RO（或 R_2O）：$P_2O_5=1:1$ 的偏磷酸盐玻璃中，每个 $[PO_4]$ 和两个四面体连接，形成长链结构 $Na_{n+2}P_nO_{3n+1}$。R_2O 加入量再增加，链的平均长度降低，甚至出现 PO_4 环——$(NaPO_3)_n$。

四、锗酸盐玻璃

锗酸盐玻璃是由 $[GeO_4]$ 四面体构成的不规则网络，很像石英玻璃。根据 X 射线研究，GeO_2 中加 R_2O 后，Ge 的配位数可以由 4 变化到 6，Ge—O—Ge 键角平均值是 $138°$。GeO_2 玻璃的不规则性主要体现在一个四面体相对另一四面体旋转角度的不同，这是不规则四面体网络的第二种类型。

习　　题

6-1　说明熔体中聚合物形成的过程。

6-2　简述影响熔体黏度的因素。

6-3　名词解释并比较其异同。

① 晶子学说和无规则网络学说；

② 单键强；

③ 分化和缩聚；

④ 网络形成剂和网络变性剂；

⑤ 桥氧与非桥氧。

6-4　试用实验方法鉴别晶体 SiO_2、SiO_2 玻璃、硅胶和 SiO_2 熔体。它们的结构有什么不同？

6-5　在玻璃性质随温度变化的曲线上有两个特征温度 T_g 和 T_f，试说明这两个特征温度的含义及其相对应的黏度。

6-6　说明在一定温度下相同组成的玻璃比晶体具有较高的内能，及晶体具有一定的熔点而玻璃体没有固定熔点的原因。

6-7　某玻璃的组成是 13%（质量分数）Na_2O、13%（质量分数）CaO、74%（质量分数）SiO_2，计算结构参数和桥氧数。

6-8　有两种不同配比的玻璃其组成如表 6-10 所示。

表 6-10　两种不同配比玻璃组分

序号	Na_2O(质量分数)/%	Al_2O_3(质量分数)/%	SiO_2(质量分数)/%
1	8	12	80
2	12	8	80

试用玻璃结构参数说明两种玻璃高温下黏度的大小。

6-9　试计算下列玻璃的结构参数：$Na_2O \cdot SiO_2$，$Na_2O \cdot CaO \cdot Al_2O_3 \cdot 2SiO$，$Na_2O \cdot 1/3Al_2O_3 \cdot 2SiO_2$。

6-10　在 SiO_2 中应加入多少 Na_2O，可使玻璃的 O/Si=2.5？此时析晶能力是增强还是削弱？

6-11　网络变性体（如 Na_2O）加到石英玻璃中，使氧硅比增加，实验观察到 O/Si 介于 2.5~3 时，即达到形成玻璃的极限，O/Si≥3 时，则不能形成玻璃，为什么？

6-12　试比较硅酸盐玻璃与硼酸盐玻璃在结构与性能上的差异。

6-13　解释硼酸盐玻璃的硼反常现象。

第七章 固体的表面与界面

本章知识框架图

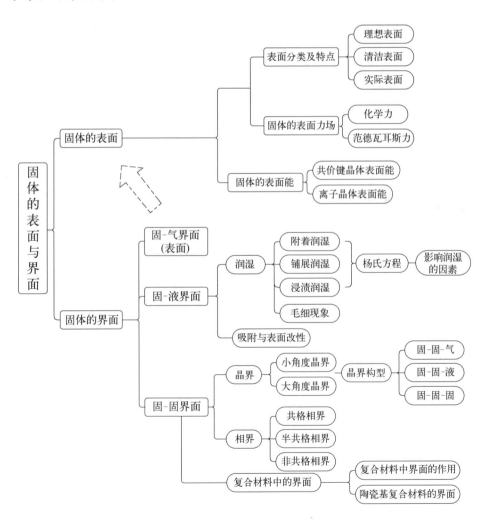

本章内容简介

固体的表面与界面是材料科学中的两个十分重要的概念。固体表面（surface）通常是指材料表层一个或数个原子层的区域，是材料与外界接触的部分。固体界面（interface）通常被定义为固体材料中不同相之间或同一相的不同取向区域之间的分界面。

在材料学研究中，固体的表面和界面是化学反应发生的场所。固体表面上的化学反应包括催化反应、电化学反应等。在固体界面上，不同相之间的相互作用导致界面区域的化学反应发生变化，例如，在固-液界面上，可以发生化学平衡调整等反应。固体表面和界面的特殊性质还与材料的吸附、解吸性能，防腐、耐磨、黏附、润湿性等性能有关。例如，在材料的表面和界面处，由于表面能的存在，物质的吸附和解吸性能会受到影响，从而影响材料的化学性质和物理性质。此外，表面和界面的特殊性质还会影响材料的防腐、耐磨、黏附、润湿性等性能，从而影响材料的使用寿命。

从定义上来看，固体表面与固体界面之间的界限并不明显，在部分文献资料中，表面也被定义为界面的一种特殊情况（参考其他材料补充），表面和界面被统称为表界面。在本章中，为了便于理解学习，我们可以将表面认为是系统（材料）与外界环境之间的界线，而将界面认为是系统内部各个成员之间的界线，如图 7-1 所示。

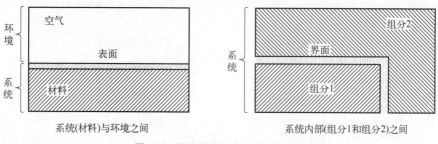

系统(材料)与环境之间　　　　　　系统内部(组分1和组分2)之间

图 7-1　固体的表面与界面示意图

本章学习目标

1. 了解固体表界面的基本概念，了解固体表面的分类及表面力场的概念，了解固体表面能的基本概念。

2. 了解固-液界面的润湿现象，掌握润湿原理及润湿分类，掌握固体表面张力的计算，了解吸附现象和表面活性剂改性。

3. 了解固-固界面的基本概念及分类，了解晶界/相界的概念与类型，了解陶瓷材料中的晶界构型，了解复合材料的界面作用。

第一节　固体的表面

在以往很长的一段时间里，人们总是把固体的表面和内部看成是完全相同的，但后来发现固体表面的结构和性质在很多方面与内部有着较大差异，从而使固体表面呈现出一系列特殊的行为（图7-2）。因此，固体表面问题日益受到重视并逐渐发展成为一门独立的学科。本节主要介绍固体表面的定义与分类、表面特征、表面结构以及表面能等问题。

图 7-2　自然界中物体的表面

一、固体表面的定义与分类

固体表面通常是指材料表层一个或数个原子层的区域，是材料与外界接触的部分。在材料学研究中，固体表面可分为：理想表面、清洁表面以及实际表面。

1. 理想表面

理想表面是一种仅仅存在于理论中的表面。以晶体材料为例，理想晶体表面是一种理论上结构完整的二维点阵平面。它忽略了晶体内部周期性势场在晶体表面中断的影响，忽略了表面原子的热运动、热扩散、热缺陷及外界对表面的物理-化学作用。这就是说，作为半无限的体内原子的位置及其结构的周期性，与原来无限的晶体完全一样。这种理想表面虽然在实际中并不存在，但对于认识晶体的性质具有重要的意义。

2. 清洁表面

清洁表面是指不存在任何污染的化学纯表面。理想表面是不存在的，而清洁表面是可以获得的。清洁表面须在大约 10^{-10} Pa 及以下的超真空室内采用高温热处理、离子轰击退火、真空解理、真空沉积、外延、热蚀、场效应蒸发等方法才能实现。需要指出的是，清洁表面中所说的"不存在任何污染"并非绝对不存在，而是指外来污染采用一般的表面分析方法无法检测出。在材料学研究中，通常认为清洁表面上不存在任何吸附、催化反应、杂质扩散等物理-化学效应，表面的化学组成与材料内部完全相同，但是结构可以不同于材料内部（台阶表面、弛豫表面以及重构表面）。

3. 实际表面

实际表面是指经过一定加工处理（切割、研磨、抛光、清洗等）的、在日常工作和生产制造中经常遇到的表面（图7-3）。实际表面主要关心的是纳米至微米级范围内原子排列所形成的表面结构特征，主要包括材料表面的微结构（组织）、化学成分、形貌等。以无机非金属材料为例，从表面微结构的角度分析，实际表面在经过抛光处理后会产生形变，变形程度与材料硬度有关，同时材料表面会存在一定数量的缺陷（孔洞及微裂纹）；从表面化学成分的角度分析，氧化物材料的表面通常存在氧空位，从而使材料表面形成非化学计量层（Al_2O_3 表面：Al_2O、AlO），同时由于表面电偶极矩的存在，氧化物材料的表面容易发生明显的吸附效应（吸附水分子并解离为羟基，改变表面原有的物理化学性质）。

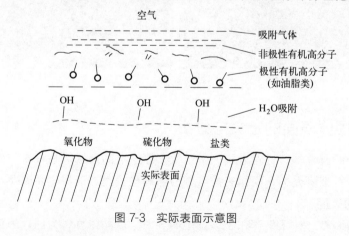

图 7-3　实际表面示意图

二、固体的表面特征

1. 固体表面的特点

对于晶体材料而言，理想晶体表面的质点排列应该是规则的，然而，由于制备或加工条件不同，实际晶体的表面出现晶格缺陷、空位或位错。同时，又由于暴露在空气中，其表面总是被外来物质所污染，被吸附的外来原子可占据不同的表面位置，使表面的质点总体上是无序排列的。即便是超细研磨、抛光实际固体表面，从微观角度看也是粗糙不平的。

2. 固体表面力场

以晶体材料为例，晶体材料中的每一个质点周围均存在一个力场。在晶体材料内部，由于质点排列的有序性和重复性，质点周围的力场是对称的。但在固体表面，质点排列的周期重复性中断，使处于表面边界上的质点力场对称性破坏，表现出剩余的键力，这就是固体表面力。固体表面和表面附近的分子或原子之间的作用力与分子间的作用力是不同的。依据性质的不同，固体表面力可分为化学力和范德瓦耳斯力两部分。

(1) 化学力

化学力的本质是静电力，主要来自表面质点的不饱和价键，并可以用表面能的数值来估计。对于离子晶体，晶体表面化学力主要取决于晶格能和极化作用。一般而言，表面能与晶格能成正比，而与分子体积成反比。

(2) 范德瓦耳斯力

范德瓦耳斯力又称为分子间作用力，它是固体表面产生物理吸附和气体凝聚的原因，与分子引力内压、表面张力、蒸气压和蒸发热等性质密切相关。

范德瓦耳斯力主要来源于三种不同的力。

① 定向作用力（静电力）。主要发生在极性分子（离子）之间。相邻两个极化电矩因极性不同而发生作用的力称为定向作用力。

② 诱导作用力。发生在极性分子（离子）与非极性分子之间。诱导是指在极性分子作用下，非极性分子被极化诱导出一个暂时的极化电矩，随后与原来的极性分子产生定向作用。

③ 分散作用力（色散力）。主要发生在非极性分子之间。非极性分子是指其核外电子云呈球形对称而不显示永久偶极矩的分子。但就电子在绕核运动的某一瞬间，在空间各个位置上，电子分布并非严格相同，这样就将呈现出瞬间的极化电矩。许多瞬间极化电矩之间以及它对相邻分子的诱导作用都会引起相互作用效应，这称为色散力。

应该指出，对于不同物质，上述三种作用并非均等。例如，对于非极性分子，定向作用力和诱导作用力很小而主要是色散力。范德瓦耳斯力是普遍存在于分子或原子之间的一种力。范德瓦耳斯力是三种力的合力，它与分子间距离的七次方成反比，这说明分子间引力的作用范围极小，一般为 0.3～0.5nm，且范德瓦耳斯力通常只表现出引力作用。

三、固体的表面结构

首先，我们有必要对固体表面的形貌和结构给出定义上的区分，尽管这两者之间虽然区别有时不是十分清晰。"形貌"是与固体的宏观性质联系在一起的，这个词起源于希腊语 $\mu o\rho\phi\acute{\eta}$，意思是外形或形状，在此适用于表面或者界面的宏观外形或形状。"结构"则是与原子的微观图像相关联，用于描述原子的详细几何分布和它们在空间中的相对位置。固体的表面形貌取决于所考虑的性质和检测技术的分辨率。微观尺度上的表面结构对表面形貌起到了决定作用或至少有重大影响。例如，原子间作用力决定了金属沉积到半导体表面时是按层状生长还是岛状生长。

固体表面结构可从微观质点的排列状态和表面几何状态两方面来描述。前者属于原子尺寸范围的超细结构，后者属于一般的显微结构。表面力的存在使固体表面处于较高能量状态，但系统总会通过各种途径来降低这部分过剩的能量，导致表面质点的极化、变形、重排并引起原来晶格畸变，这就造成了表面层与内部的结构差异。对于不同结构的物质，其表面力的大小和影响不同，因而表面结构状态也会不同。图 7-4 给出了理想表面与清洁表面（台阶表面、弛豫表面、重构表面）的表面结构示意图。

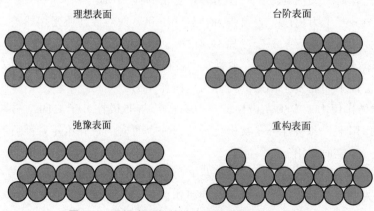

图 7-4 理想表面与清洁表面的表面结构示意图

① 理想表面：表面原子排列与内部完全相同。

② 台阶表面：由有规则或不规则的台阶表面所组成，因而不是一个平面。例如完整解理的云母表面存在着 2～100nm，甚至 200nm 的不同高度的台阶。这种结构对晶体生长、气体吸附和反应速度等影响极大。在台阶上，有时局部电场强度能达到 3～7V/nm，是催化和固相反应的活化中心。

③ 弛豫表面：由于固相的三维周期性在固体表面处突然中断，表面上原子产生相对于正常位置的上、下位移，称为弛豫表面。弛豫表面上的晶体结构与内

部基本相同，但点阵参数略有差异，特别是在表面及其下少数几个原子层间距的变化上，即法向弛豫。弛豫涉及的几个原子层中，每一层间的相对膨胀或压缩可能是不同的，而且离体内越远变化越显著。

④ 重构表面：其表面原子层在水平方向上的周期性不同于内部，但垂直方向的层间距与内部相同。由于表面弛豫仅是表面层晶格不大的畸变（通常为1%左右），而表面重构能使表面结构发生质的变化，因而在许多情况下，表面重构在降低表面能方面比表面弛豫要有效得多。

下面以离子晶体为例，简要分析表面结构的形成过程。对于离子晶体，表面力的作用影响如图 7-5 所示。处于表面层的负离子只受到上下和内侧正离子的作用，而外侧是不饱和的［图 7-5（a）］，电子云因此被拉向内侧的正离子一方而变形，使该负离子诱导成偶极子［图 7-5（b）］，这样就降低了晶体表面的负电场。接着，表面层离子开始重排使之在能量上趋于稳定。为此，表面的负离子被推向外侧，正离子被拉向内侧从而形成了表面双电层［图 7-5（c）］。与此同时，表面层中的离子键逐渐过渡为共价键。结果，固体表面好像被一层负离子所屏蔽并导致表面层在组成上成为非

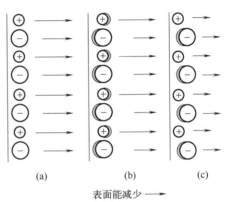

表面能减少 ⟶

图 7-5 离子晶体表面质点变化

化学计量的。图 7-6 是以 NaCl 晶体为例所作的计算结果。可以看到，在 NaCl 晶体表面，最外层和次层质点面 Na^+ 的距离为 0.266nm，而 Cl^- 间距离为 0.286nm，因而形成一个厚度为 0.020nm 的表面双电层。对于其他由半径大的负离子与半径小的正离子组成的化合物，特别是氧化物如 Al_2O_3、SiO_2 等也会有相应效应。也就是说，在这些氧化物的表面，可能大部分由氧离子组成，正离子则被氧离子所屏蔽，而产生这种变化的程度主要取决于离子极化性能。如表 7-1 所示数据可见，所列的化合物中，PbI_2 表面张力最小（$0.13 \times 10^{-3} J/m^2$），$PbF_2$ 次之（$0.90 \times 10^{-3} J/m^2$），$CaF_2$ 最大（$2.5 \times 10^{-3} J/m^2$），这是因为 P^+ 与 I^- 都具有大的极化性能。当用极化性能较小的 Ca^{2+} 和 F^- 依次置换 PbI_2 中的 Pb^{2+} 和 I^- 时，相应的表面能和硬度迅速增加，可以推测相应的表面双电层厚度减小。

表 7-1 一些化合物晶体的表面张力

化合物	表面张力/($10^{-3} J/m^2$)	硬度	化合物	表面张力/($10^{-3} J/m^2$)	硬度
PbI_2	0.13	1	$SrSO_4$	1.40	3～3.5
PbF_2	0.90	2	CaF_2	2.5	4
$BaSO_4$	1.25	2.5～3.5			

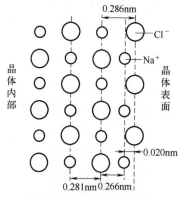

0.286nm

Cl⁻

Na⁺

晶体内部

晶体表面

0.020nm

0.281nm 0.266nm

图 7-6 NaCl 晶体表面形成的双电层

图 7-6 表明，NaCl 晶体表面最外层与次层，以及次层和第三层之间的离子间距（即晶面间距）是不相等的，说明由于上述极化和重排作用引起表面层的晶格畸变和晶胞参数的改变。而随着表面层晶格畸变和离子变形又必将引起相邻的内层离子的变形和键力的变化，依次向内层扩展。但这种影响将随着向晶体内部深入而递减，与此相应的正、负离子间的作用键力也沿着从表面向内部方向交替地增强或减弱，离子间距离交替地缩短或变长。因此与晶体内部相比，表面层离子排列的有序程度降低了，键力数值分散了。不难理解，对于一个无限晶格的理想晶体，应该具有一个或几个取决于晶格取向的确定键力数值。然而在接近晶体表面的若干原子层内，由于化学成分、配位数和有序程度的变化，其键力数值变得分散，分布在一个非常宽的数值范围。

上述晶体表面结构的概念，可以较方便地用以阐明许多与表面有关的性质，如烧结性、表面活性和润湿性等。

四、固体的表面能

在关于熔体内容的学习中，我们已经接触到了表面能的概念。表面能是指将系统的表面增大一个单位面积所需做的功或者是每增加单位表面积时，体系自由焓的增量。表面张力即将表面增大一个单位长度所需要的力。需要指出的是：表面张力是表面层分子实际存在的表面收缩力；表面自由能是形成一个单位的新表面时体系自由能的增加，或表示物质体相内部的分子迁移到表面时形成一个单位表面所要消耗的可逆功。由此可见，表面张力和表面自由能是分别用力学和热力学方法研究表面性质时所用的物理量，所代表的物理含义不同。

在液体中，原子和原子团易于移动，拉伸表面时，液体原子间距离并不改变，附加原子几乎立即迁移到表面，与最初状态相比，液体的表面结构保持不变。因此，对于液体表面而言，表面能和表面张力在数值上是相等的，并且是等量纲的（$J/m^2 = N \cdot m/m^2 = N/m$），这两个概念常交替使用。

对于固体表面，仅仅当缓慢的扩散过程引起表面或界面面积发生变化时，如晶粒生长过程中晶界运动时，上述两个量在数值上相等。如果引起表面变形过程比原子迁移率快得多，则表面结构受拉伸或压缩而与正常结构不同，在这种情况下，表面能与表面张力在数值上不相等。表面能和表面张力这两个概念不能够交替使用。

固体的表面能可以通过实验测定或理论计算法来确定。较普遍采用的实验方法是将固体熔化测定液态表面张力与温度的关系，作图外推到凝固点以下来估算固体的表面张力。理论计算比较复杂，下面介绍两种近似的计算方法。

1. 共价键晶体表面能

共价键晶体不必考虑长程力的作用，表面能即是破坏单位面积上的全部键所需能量的一半：

$$u_s = \frac{1}{2} u_b \tag{7-1}$$

式中，u_b 为破坏化学键所需能量。

以金刚石的表面能计算为例，若解理面平行于（111）面，可计算出 $1m^2$ 上有 1.83×10^{19} 个键，若取键能为 $376.6 kJ/mol$，则可算出表面能为：

$$u_s = \frac{1}{2} \times 1.83 \times 10^{19} \times \frac{376.6 \times 10^3}{6.022 \times 10^{23}} = 5.72 \ (J/m^2) \tag{7-2}$$

2. 离子晶体表面能

每一个晶体的自由焓都是由两部分组成，体积自由焓和一个附加的过剩界面自由焓。为了计算固体的表面自由焓，我们取真空中 0K 下一个晶体的表面模型并计算晶体中一个原子（离子）移到晶体表面时自由焓的变化。

在 0K 时，这个变化等于一个原子在这两种状态下的内能之差 $(\Delta U)_{s,v}$。以 u_{ib} 和 u_{is} 分别表示第 i 个原子（离子）在晶体内部与在晶体表面上时和最临近的原子（离子）的作用能；用 n_{ib} 和 n_{is} 分别表示第 i 个原子（离子）在晶体体积内和表面上时，与最临近的原子（离子）的数目（配位数）。无论从体积内或从表面上拆除第 i 个原子（离子）都必须切断与邻近原子的键。对于晶体内部中每取走一个原子所需能量为 $u_{ib}n_{ib}/2$，在晶体表面则为 $u_{is}n_{is}/2$。这里除以 2 是因为每一根键是同时属于两个原子的，因为 $n_{ib} > n_{is}$，而 $u_{ib} \approx u_{is}$，所以，从晶体内取走一个原子比从晶体表面取走一个原子所需能量大。这表明表面原子具有较高的能量。以 $u_{ib} = u_{is}$，我们得到第 i 个原子在体积内和表面上两个不同状态下内能之差为：

$$(\Delta U)_{s,v} = \frac{n_{ib}u_{ib}}{2} - \frac{n_{is}u_{is}}{2} = \frac{n_{ib}u_{ib}}{2}\left(1 - \frac{n_{is}}{n_{ib}}\right) = \frac{U_0}{N_A}\left(1 - \frac{n_{is}}{n_{ib}}\right) \tag{7-3}$$

式中，U_0 为晶格能；N_A 为阿伏伽德罗常数。如果 L_s 表示 $1m^2$ 表面上的原子数，我们从式（7-3）得到：

$$\frac{L_s U_0}{N_A}\left(1 - \frac{n_{is}}{n_{ib}}\right) = (\Delta U)_{s,v}L_s = \gamma_0 \tag{7-4}$$

式中，γ_0 是 0K 时的表面能（单位面积的附加自由焓）。

在推导方程（7-4）时，我们没有考虑表面层结构与晶体内部结构相比的变化。为了估计这些因素的作用，我们计算 MgO（100）面的 γ_0 并与实验测得的 γ 进行比较。

　　MgO 晶体 $U_0 = 3.93 \times 10^3 \, \text{kJ/mol}$，$L_s = 2.26 \times 10^{19} \, \text{m}^{-2}$，$N_A = 6.022 \times 10^{23} \, \text{mol}^{-1}$，$n_{is}/n_{ib} = 5/6$，由方程（7-4）计算得到 $\gamma_0 = 24.5 \, \text{J/m}^2$。在 77K 下，真空中测得 MgO 的 γ 为 $1.28 \, \text{J/m}^2$。由此可见，计算值约是实验值的 20 倍。

　　实测表面能比理论计算值低的原因之一可能是表面层的结构与晶体内部相比发生了改变。包含有大阴离子和小阳离子的 MgO 晶体与 NaCl 类似，Mg^{2+} 从表面向内缩进，表面将由可极化的氧离子所屏蔽，实际上等于减少了表面上的原子数，根据方程（7-4），这就导致 γ_0 降低。另一个原因可能是自由表面不是理想的平面，而是由许多原子尺度的阶梯构成，这在计算中没有考虑。这样使实验数据中的真实面积实际上比理论计算所考虑的面积大，这也使计算值偏大。固体和液体的表面能与环境条件的温度、压力和接触气相等有关。温度升高表面能下降。一些物质在真空或惰性气体中的表面能如表 7-2 所示。

表 7-2　一些物质在真空或惰性气体中的表面能

材料	温度/℃	表面能/(10^{-3}J/m^2)	材料	温度/℃	表面能/(10^{-3}J/m^2)
水	25	72	Al_2O_3（固）	1850	905
NaCl（液）	801	114	MgO（固）	25	1000
NaCl（晶）	25	300	TiC（固）	1100	1190
硅酸钠（液）	1000	250	$0.2Na_2O$-$0.8SiO_2$	1350	380
Al_2O_3（液）	2080	700	$CaCO_3$ 晶体（1010）	25	230

第二节　固体的界面

　　在本章引言中，表面可以被定义为一种界面的特殊情况。如果将表面归入界面的概念范畴，固体材料的界面可分为三种：

　　表面：固体与气体的界面；

　　晶界：相结构相同但取向不同区域间的界面；

　　相界：固体中不同相之间的界面。

　　依据界面两侧不同相的状态，固体界面又可以被分为固-气界面、固-液界面、固-固界面。上一小节中所学习的固体表面属于固-气界面，因此在本节的学习中，我们将重点介绍另外两种情况，即固-液界面与固-固界面。

一、固-液界面

　　固-液界面上发生的过程一般可以分为两类来讨论，一类是润湿，另一类是吸附。简单来说，润湿是固体与液体接触后，液体取代原来固体表面上的气体而产生固-液界面的过程。液体可以是纯液体，也可以是溶液。而吸附则是溶液与固体在完全润湿的前提下，在固-液界面上仍存在力场的不对称性，使其对溶液中的分子也像固体吸附气体一样具有吸附作用，造成吸附前后溶液浓度的变化。

1. 固-液界面的润湿

润湿是固-液界面上的重要行为。将液体滴在固体表面上，由于两者间性质差异程度的不同，有的会铺展开来，如将水滴在干净的玻璃板上，有的则黏附在表面上成为凸透镜状，如将水滴在石蜡板上。这就是润湿现象。润湿是近代很多工业技术的基础，例如，机械的润滑，注水采油，油漆涂布，金属焊接，陶瓷、搪瓷的坯釉结合等，都与润湿作用有密切关系。

(1) 润湿概念

固-液界面的润湿是指液体在固体表面上的铺展，是多种界面相互取代的过程。因此，在一定温度和压力下，润湿过程的推动力可用界面吉布斯函数的改变量 ΔG 来衡量，热力学定义润湿过程是固体与液体接触后，体系（固体＋液体）的吉布斯自由焓降低为固-液界面的润湿。界面吉布斯函数减少得越多，越易于润湿。按润湿程度的深浅，一般可将润湿分为三类：附着润湿、铺展润湿和浸渍润湿，如图 7-7 所示。

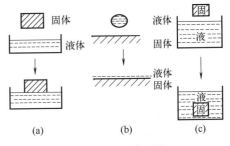

图 7-7　润湿的种类

（a）附着润湿；（b）铺展润湿；（c）浸渍润湿

① 附着润湿　是指固体和液体接触后，变固-气界面和液-气界面为固-液界面。假设这三种界面的面积均为单位面积（如 $1cm^2$），比表面自由焓（表面能）分别为 γ_{SV}、γ_{LV} 和 γ_{SL}，则上述过程的吉布斯自由焓变化为：

$$\Delta G_a = \gamma_{SL} - (\gamma_{SV} + \gamma_{LV}) \tag{7-5}$$

根据吉布斯函数判据，在恒温恒压的附着润湿过程中，在液体高度分散、重力影响可忽略的情况下，如 $\Delta G_a < 0$，则过程自发进行，如 $\Delta G_a = 0$，则处于平衡状态。

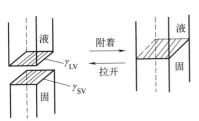

图 7-8　附着功

对于该过程的逆过程，即把单位面积已附着润湿的液-固可逆地分开形成液-气界面与固-气界面，该过程外界对体系所做的功为 W，如图 7-8 所示。

$$W = -\Delta G_a = \gamma_{LV} + \gamma_{SV} - \gamma_{SL} \tag{7-6}$$

式中，W 称为附着功或黏附功。它表示将单位截面积的液-固界面拉开所做的功。显然此值愈大表示固-液界面结合愈牢，也即附着润湿愈强。

在陶瓷和搪瓷生产中，釉和珐琅在坯体上牢固附着是很重要的。一般 γ_{LV}、γ_{SV} 均是固定的。在实际生产中为了使液相扩散和达到较高的附着功，一般采用化学性能相近的两相系统，这样可以降低 γ_{SL}，由式（7-6）可知这样可以提高附着功 W。另外，在高温煅烧时，两相之间如果发生化学反应，会使坯体表面变粗糙，溶质填充在高低不平的表面上，互相啮合，增加两相之间的机械附着力。

② 铺展润湿　少量的液体在固体表面上展开，形成一层薄膜的过程称为铺展润湿，在这一过程中，液-固界面与液-气界面共同取代气-固界面。该过程的吉布斯自由焓变化为：

$$\Delta G_s = \gamma_{SL} + \gamma_{LV} - \gamma_{SV} \tag{7-7}$$

同样忽略重力影响，如 $\Delta G_s < 0$，则铺展润湿过程自发进行，如 $\Delta G_s = 0$，则处于平衡状态。

③ 浸渍润湿　当固体完全浸入液体中，固-气界面完全被固-液界面所取代时，称为浸渍润湿。该过程的吉布斯自由焓变化为：

$$\Delta G_i = \gamma_{SL} - \gamma_{SV} \tag{7-8}$$

同样，如 $\Delta G_i < 0$，则铺展润湿过程自发进行；如 $\Delta G_i = 0$，则处于平衡状态。

通过比较上述三种润湿过程体系的吉布斯自由焓变化，很容易得到 $\Delta G_s > \Delta G_i > \Delta G_a$。也就是说，对于指定的固-液体系，在一定的温度、压力下，若能自发铺展润湿，必能够发生浸渍润湿，更能附着润湿。

（2）接触角与杨氏方程

液体对固体的润湿程度也可以用接触角来表示。在一定的温度、压力下，当液体滴在固体表面上达到平衡时会出现气-液、气-固和液-固三个界面张力呈平衡的现象，如图7-9所示。

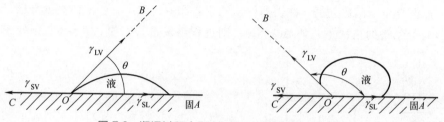

图 7-9　润湿过程中固-液-气三相界面的张力关系

在气、液、固三相交界的 O 点处，液-固界面切线与气-液界面切线之间的夹角称为接触角或润湿角，以 θ 表示。平衡时，三个界面张力的关系为：

$$\gamma_{SV} = \gamma_{SL} + \gamma_{LV}\cos\theta \tag{7-9}$$

或

$$\cos\theta = \frac{\gamma_{SV} - \gamma_{SL}}{\gamma_{LV}} \tag{7-10}$$

式（7-9）、式（7-10）称为杨氏方程，通过分析杨氏方程，可以得出接触角与润湿程度之间的关系。

① 如果 $\gamma_{SV} - \gamma_{SL} > 0$，此时 $\cos\theta > 0$，$\theta < 90°$，这种情况称为润湿，接触角 θ 越小，润湿程度越好，当 $\theta = 0°$ 时称为完全润湿，是润湿的极限情况。

② 如果 $\gamma_{SV} - \gamma_{SL} < 0$，此时 $\cos\theta < 0$，$\theta > 90°$，这种情况称为不润湿，接触角 θ 越大，不润湿程度越大，当 $\theta = 180°$ 时称为完全不润湿。

结合前面学习的附着润湿、铺展润湿和浸渍润湿，我们将杨氏方程代入这三种润湿方式的吉布斯自由焓变化表达式中，即将式（7-9）分别代入式（7-5）、式（7-7）和式（7-8），可得：

附着润湿： $\quad\quad\quad\quad \Delta G_a = -\gamma_{LV}(\cos\theta + 1) \tag{7-11}$

铺展润湿： $\quad\quad\quad\quad \Delta G_s = -\gamma_{LV}(\cos\theta - 1) \tag{7-12}$

浸渍润湿： $\quad\quad\quad\quad \Delta G_i = -\gamma_{LV}\cos\theta \tag{7-13}$

如果要求附着、铺展和浸渍润湿过程能够自发进行，那么需要满足 $\Delta G < 0$，同时由于 $\gamma_{LV} > 0$，因此，我们可以通过式（7-11）～式（7-13）分别获得各个过程自动发生时的接触角范围。

① 附着润湿：$\theta \leqslant 180°$，代表对于附着润湿过程，只要接触角 $\theta \leqslant 180°$，即可发生附着润湿，实际上任何液体在固体上的接触角总是小于 $180°$ 的，也就是说附着润湿过程是任何液体和固体之间都能进行的过程。

② 浸渍润湿：$\theta \leqslant 90°$，代表对于浸渍过程，只要接触角 $\theta \leqslant 90°$，即可发生浸渍润湿，这与通过杨氏方程分析结果一致。

③ 铺展过程：$\Delta G_s < 0$ 无解，但 $\Delta G_s = 0$ 时，$\theta = 0°$，代表对于铺展润湿过程，接触角 $\theta = 0°$ 是铺展过程发生的最低要求，$\Delta G_s < 0$ 时，铺展过程能够自发顺利进行，但无法解出对应的接触角。

（3）影响润湿的因素

上面讨论的都是对理想的平坦表面而言，但是实际固体表面是粗糙和被污染的，这些因素对润湿过程会发生重要的影响。

① 固体表面粗糙度的影响。当系统处于平衡时，界面位置少许移动所产生的界面能的净变化应等于零，假设界面在固体表面上从图 7-10（a）中的 A 点推进到 B 点，这时固-液界面积扩大 δ_S，而固体表面减小了 δ_S，液-气界面积则增加了 $\delta_S\cos\theta$。平衡时则有：

$$\gamma_{SL}\delta_S + \gamma_{LV}\delta_S\cos\theta - \gamma_{SV}\delta_S = 0 \tag{7-14}$$

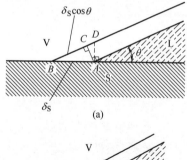

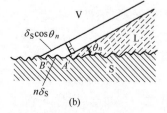

图 7-10 表面粗糙度对润湿的影响

（a）光滑表面；（b）粗糙表面

或

$$\cos\theta = \frac{\gamma_{SV} - \gamma_{SL}}{\gamma_{LV}} \qquad (7\text{-}15)$$

但因实际的固体表面具有一定粗糙度，因此真正表面积较表观面积为大（设大 n 倍）。如图 7-10（b）所示，若界面位置同样从 A' 点推进到 B' 点，使固-液界面的表观面积仍增大 δ_S。但此时真实表面积却增大了 $n\delta_S$，固-气界面实际上也减小了 $n\delta_S$，而液-气界面积则净增大了 $\delta_S \cos\theta_n$。于是：

$$\gamma_{SL} n\delta_S + \gamma_{LV}\delta_S \cos\theta_n - \gamma_{SV} n\delta_S = 0 \qquad (7\text{-}16)$$

$$\cos\theta_n = \frac{n(\gamma_{SV} - \gamma_{SL})}{\gamma_{LV}} = n\cos\theta \quad (7\text{-}17)$$

$$\frac{\cos\theta_n}{\cos\theta} = n \qquad (7\text{-}18)$$

式中，n 为表面粗糙度系数；$\cos\theta_n$ 为对粗糙表面的表面接触角。由于 n 值总是大于 1 的，故 θ 和 θ_n 的关系将按图 7-11 所示的余弦曲线变化，即：

$\theta < 90°$，$\theta > \theta_n$；

$\theta = 90°$，$\theta = \theta_n$；

$\theta > 90°$，$\theta < \theta_n$。

因此，当真实接触角 θ 小于 90°时，粗糙度愈大，表观接触角愈小，就愈容易润湿。当 θ 大于 90°时，则粗糙度愈大，愈不利于润湿。

粗糙度改善润湿与黏附强度的实例在生活中随处可见，如水泥与混凝土之间，表面愈粗糙，润湿性愈好；而陶瓷元件表面镀银，必须先将瓷件表面磨平并抛光，才能提高瓷件与银层间的润湿性。

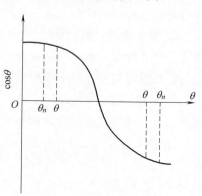

图 7-11 θ 与 θ_n 的关系

② 吸附膜的影响。上述各式中的 γ_{SV} 是固体露置于蒸气中的表面张力，因而表面带有吸附膜，它与除气后的固体在真空中的表面张力 γ_{SO} 不同，通常要低得多。也就是说，吸附膜将会降低固体表面能，其数值等于吸附膜的表面压 π，即：

$$\pi = \gamma_{SO} - \gamma_{SV} \qquad (7\text{-}19)$$

将 $\gamma_{SV}=\gamma_{SL}+\gamma_{LV}\cos\theta$ 代入可得：

$$(\gamma_{SO}-\pi)-\gamma_{SL}=\gamma_{LV}\cos\theta \tag{7-20}$$

上述表明，吸附膜的存在使接触角增大，起着阻碍液体铺展的作用，如图7-12所示。这种效应对于许多实际工作都是重要的。在陶瓷生坯上釉前和金属与陶瓷封接等工艺中，都要使坯体或工件保持清洁，其目的是去除吸附膜，提高 γ_{SV} 以改善润湿性。

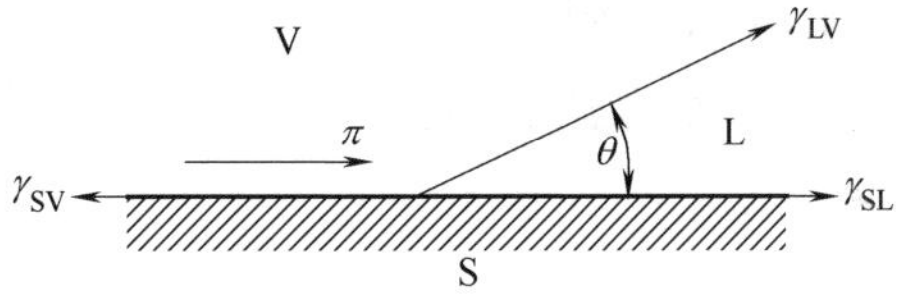

图 7-12 吸附膜对接触角的影响

润湿现象的实际情况比理论分析要复杂得多，有些固相与液相之间在润湿的同时还有溶解现象。这样就造成相组成在润湿过程中逐渐改变，随之出现界面张力的变化。如果固-液之间还发生化学反应，就远超出润湿所讨论的范围。

例题 7-1：氧化铝瓷件中需要镀银，已知 1000℃ 时 $\gamma_{(Al_2O_3\cdot S)}=1.00N/m$，$\gamma_{(Ag\cdot L)}=0.96N/m$，$\gamma_{(Ag\cdot L/Al_2O_3\cdot S)}=1.77N/m$，试问液态银能否浸润氧化铝瓷件表面？可以采用什么方法改善它们之间的润湿性？

答：已知

$$\gamma_{(Al_2O_3\cdot S)}=1.00N/m$$

$$\gamma_{(Ag\cdot L)}=0.96N/m$$

$$\gamma_{(Ag\cdot L/Al_2O_3\cdot S)}=1.77N/m$$

根据杨氏方程平衡时，三个界面张力的关系为：

$$\because \gamma_{(Al_2O_3\cdot S)}=\gamma_{(Ag\cdot L/Al_2O_3\cdot S)}+\gamma_{(Ag\cdot L)}\cos\theta$$

$$\therefore \cos\theta=\frac{\gamma_{(Al_2O_3\cdot S)}-\gamma_{(Ag\cdot L/Al_2O_3\cdot S)}}{\gamma_{(Ag\cdot L)}}=\frac{1.00-1.77}{0.96}=-0.802$$

则 $\theta=143.3°$

因此液态银不能润湿氧化铝瓷件的表面。可以通过①去除固体表面的吸附膜，提高 $\gamma_{(Al_2O_3\cdot S)}$；②降低 $\gamma_{(Ag\cdot L/Al_2O_3\cdot S)}$；③改变表面粗糙度这三种方式改善它们之间的润湿性。

(4) 毛细现象

具有细微缝隙和多孔的固体物质同液体接触时，液体会沿细小孔隙上升或下降，这种现象称为毛细现象，是一种重要的液-固界面现象。关于毛细现象，可将一根毛细管直接插入液体中进行观察研究。研究表明，液体在毛细管中是上升还是下降与液体能否润湿固体有关（图7-13）。若液体能润湿固体，毛细管中液体呈凹面，如将玻璃毛细管插入水中即如此。反之，若液体不能润湿固体，则毛细管中液体呈凸面，最终导致管内液面下降，将玻璃毛细管插入汞中是典型的例子。

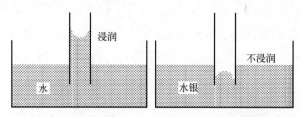

图 7-13　浸润情况与不浸润情况下的毛细现象

造成该现象的原因是毛细管内的弯曲液面上存在附加压力 Δp。图 7-14 表示不同曲率表面的情况，在液面上取一小面积 AB，AB 面上受表面张力的作用，力的方向与表面相切。如果平面沿四周表面张力抵消，液体表面内外压力相等。如果液面是弯曲的，凸面的表面张力合力指向液体内部，与外压力 p_0 方向相同，因此凸面上所受到的压力比外部压力 p_0 大，$p = p_0 + \Delta p$，这个附加压力 Δp 是正的。在凹面时，表面张力的合力指向液体表面的外部，与外压力 p_0 方向相反，这个附加压力 Δp 有把液面往外拉的趋势，凹面所受到的压力 p 比平面的 p_0 小，$p = p_0 - \Delta p$。由此可见，弯曲表面的附加压力 Δp 总是指向曲面的曲率中心，当曲面为凸面时，Δp 为正值；为凹面时，Δp 为负值。

作用在一个弯曲液面两侧的压强差 Δp（附加压力）为：

$$\Delta p = \gamma \left(\frac{1}{r_1} + \frac{1}{r_2} \right) \tag{7-21}$$

式中，γ 为液体表面张力；r_1、r_2 分别是曲面的两主曲率半径。对于半径为 r 的球面则有：

$$\Delta p = \frac{2\gamma}{r}$$

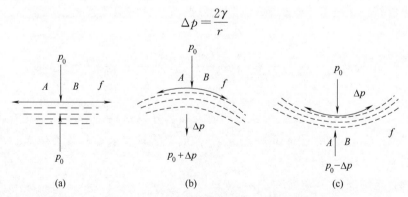

图 7-14　液体弯曲表面附加压力产生原理

① 弯曲表面对液体表面蒸气压的影响。我们以凹液面为例，如图 7-15 所示，在平衡状态下，可得：

$$\Delta p = \frac{2\gamma \cos\theta}{r} = \rho h g \tag{7-22}$$

式中，ρ 为液体密度；g 为重力加速度；r 为管中液面的曲率半径。该式对于凸液面也同样适用。

根据液面与管壁接触角 θ 的大小，容易得到：凹液面（$\theta < 90°$）的附加压力 $\Delta p < 0$，使管内液面所受的压力（毛细管内蒸气压 p）小于管外平液面所受的压力（环境蒸气压 p_0），导致管内液面上升；凸液面（$\theta > 90°$）的附加压力 $\Delta p > 0$，使管内液面所受的压力（毛细管内蒸气压 p）大于管外平液面所受的压力（环境蒸气压 p_0），导致管内液面下降。也就是说，弯曲液面的蒸气压会随着其表面曲率而变化，这种关系可以用开尔文公式描述：

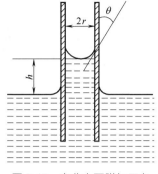

图 7-15　弯曲表面附加压力
对毛细管内液面的影响

$$\ln \frac{p}{p_0} = \frac{2M\gamma}{\rho RT} \times \frac{1}{r} \tag{7-23}$$

$$\ln \frac{p}{p_0} = \frac{2M\gamma}{\rho RT} \times \left(\frac{1}{r_1} + \frac{1}{r_2} \right) \tag{7-24}$$

式中，ρ 为液体密度；M 为分子量；R 为气体常数。

一般规律是：液面形成凸面时蒸气压升高，形成凹面时蒸气压降低。开尔文公式的结论是凸面蒸气压>平面蒸气压>凹面蒸气压。球形液滴表面蒸气压随半径减小而增大。由表 7-3 可以看出，当表面曲率半径在 $1\mu m$ 时，由曲率半径差异而引起的压差已十分显著。这种蒸气压差在高温下足以引起微细粉体表面上出现由凸面蒸发而向四面凝聚的气相传质过程，这是粉体烧结传质的一种方式。

如果在指定温度下，环境蒸气压为 p_0 时（$p_凹 < p_0 < p_平$），则该蒸气压对平面液体未达饱和，但对管内凹面液体已呈过饱和，此蒸气在毛细管内会凝聚成液体。这个现象称为毛细管凝聚。

毛细管凝聚现象在生活和生产中常可遇到。例如，陶瓷生坯中有很多毛细孔，从而有许多毛细管凝聚水，这些水由于蒸气压低而不易被排除，若不预先充分干燥，入窑将易炸裂。又如水泥地面在冬天易冻裂也与毛细管凝聚水的存在有关。

② 附加压力对固体升华的影响。固体的升华过程类似液体蒸发过程，上列各式对于固体也是适用的。表 7-3 列出了某些物质的表面曲率半径对压力差及饱和蒸气压差的影响数据。当粒径小于 $0.1\mu m$ 时，固体蒸气压开始明显地随固体粒径的减小而增大。因而其溶解度将增大，熔化温度则降低。当用溶解度 C 代替开尔文公式［式（7-23）］的蒸气压 p，可以导出类似的关系：

$$\ln \frac{C}{C_0} = \frac{2\gamma_{LS} M}{dRTr} \tag{7-25}$$

式中，γ_{LS} 为固-液界面张力；C、C_0 分别为半径为 r 的小晶体与大晶体的溶解度；d 为固体密度。

微小晶粒溶解度大于普通颗粒的溶解度。

表 7-3　颗粒直径对压力差及饱和蒸气压的影响

物质	表面张力 $/(10^{-3}\mathrm{J/m^2})$	曲率半径 $/\mu m$	压力差 $/MPa$	物质	表面张力 $/(10^{-3}\mathrm{J/m^2})$	曲率半径 $/\mu m$	压力差 $/MPa$
石英玻璃	300	0.1 1.0 10.0	12.3 1.23 0.123	水(15℃)	72	0.1 1.0 10.0	2.94 0.294 0.0294
液态钴 (1550℃)	1935	0.1 1.0 10.0	7.80 0.70 0.078	Al_2O_3(固, 1850℃)	905	0.1 1.0 10.0	7.4 0.74 0.074
				硅酸盐熔体	300	100	0.006

综上所述，表面曲率对其蒸气压、溶解度和熔化温度等物理性质有着重要的影响。固体颗粒愈小，表面曲率愈大，则蒸气压和溶解度增高而熔化温度降低。弯曲表面的这些效应在以微细粉体做原料的材料加工中，无疑将会影响一系列工艺过程和最终产品的性能。

2. 吸附与表面改性

前已述及，由于固体表面有着较高的比表面自由焓，它与液体接触时会发生许多现象，除了润湿现象，固-液吸附也是最典型的界面现象之一。当液体与固体表面接触时，由于固体表面分子（或原子、离子）对液体分子的作用力大于液体分子之间的作用力，液体分子将向固-液界面迁移聚集，同时降低固-液界面能，这种迁移聚集过程就是固-液吸附。固-液吸附的应用可追溯到早期的天然纤维着色、饮料的净化、白糖脱色等，现已渗透到工农业生产和日常生活的各个领域。

（1）吸附的本质

吸附是固体表面力场与被吸附分子发出的力场相互作用的结果，它是发生在固体上的，根据相互作用力的性质不同，可分为物理吸附和化学吸附两种。物理吸附是由分子间引力引起的，这时吸附物分子与吸附剂晶格可看作是两个分立的系统。而化学吸附是伴随有电子转移的键合过程，这时应把吸附分子与吸附剂晶格作为一个统一的系统来处理。图 7-16 中的吸附曲线是以系统的能量（W）对吸附表面与被吸附分子之间的距离（r）作图得到的。图 7-16

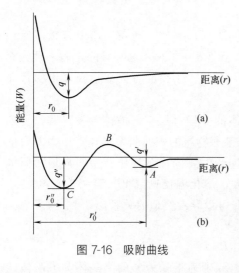

图 7-16　吸附曲线

（a）中 q 为吸附热，r_0 为平衡距离。化学吸附的一般特征是 q 值较大，r_0 较小并有明显的选择性，而物理吸附则反之。故可依此作为区别两种吸附的一个判据。如果把两种吸附曲线叠加，则可画成图 7-16（b）的形式。这时曲线呈现两个极小值，它们之间被一个势垒隔开。对应于 $r = r_0'$ 的极小值可视为物理吸附，另一个 $r = r_0''$ 的是化学吸附。系统从 A 点越过势垒 B 到达 C 点，表示从物理吸附状态转化为化学吸附状态。可见，化学吸附通常是需要活化能的而且其吸附速度随温度升高而加快，这是区别于物理吸附的另一个判据。

（2）表面改性

表面改性是利用固体表面吸附特性通过各种表面处理改变固体表面的结构和性质，以适应各种预期的要求。例如，在用无机填料制备复合材料时，经过表面改性，无机填料由原来亲水性改为疏水性或亲油性，这样就提高了该物质对有机物质的润湿性和结合强度，从而改善了复合材料的各种理化性能。因此，表面改性对材料的制造工艺和材料性能都有很重要的作用。

表面改性实质上是通过改变固体表面结构状态和官能团来实现的，其中最常用的是有机表面活性物质（表面活性剂）。表面活性物质是能够降低体系的表面（或界面）张力的物质。

需要注意的是，表面活性剂必须指明对象，而不是对任何表面都适用。如钠皂是水的表面活性剂，对液态铁就不是；反之，硫、碳对液态铁是表面活性剂，对水就不是。一般来说，非特别指明，表面活性剂都是对水而言的。

表面活性剂分子由两部分组成。一端是具有亲水性的极性基，如—OH、—COOH、—SO_3Na 等基团；另一端是具有憎水性（亦称亲油性）的非极性基，如烷基、丙烯基等。适当地选择表面活性剂这两个原子团的比例就可以控制其油溶性和水溶性的程度，制得符合要求的表面活性剂。表面活性剂应用的范围很广。在陶瓷工业中经常用表面活性剂来对粉料进行改性，以适应成型工艺的需要。氧化铝瓷在成型时，Al_2O_3 粉用石蜡作定型剂。Al_2O_3 粉表面是亲水的，而石蜡是亲油的。为了降低坯体收缩应尽量减少石蜡用量。生产中加入油酸来使 Al_2O_3 粉亲水性变为亲油性。油酸分子为 $CH_3—(CH_2)_7—CH=CH—(CH_2)_7—COOH$，其亲水基向着 Al_2O_3 表面，而憎水基向着石蜡。Al_2O_3 表面为亲油性可以减少石蜡用量并提高浆料的流动性，使成型性能改善。

用于制造高频电容器瓷的化合物 $CaTiO_3$，其表面是亲油的。成型工艺需要其与水混合，加入烷基苯磷酸钠，使憎水基吸在 $CaTiO_3$ 面而亲水基向着水溶液，此时 $CaTiO_3$ 表面由憎水改为亲水。

如水泥工业中，为提高混凝土的力学性能，在新拌混凝土中要加入减水剂。目前，常用的减水剂是阴离子型表面活性物质。在水泥加水搅拌及凝结硬化时，由于水化过程中水泥矿物（C_3A、C_4AF、C_3S、C_2S）所带电荷不同引起静电吸引或由于水泥颗粒某些边棱角互相碰撞吸附，范德瓦耳斯力作用等均会使水泥形成絮凝状结构，如图 7-17（a）所示。这些絮凝状结构中包裹着很多拌和水，因而降低了新拌混凝土的和易性。如果再增加用水量来保持所需的和易性，会使水泥石结构中形成过多的孔隙而降低强度。加入减水剂的作用是将包裹在絮凝物中的水释放，见图 7-17（b）。减水剂憎水基团定向吸附于水泥质点表面，亲水基团指向水溶液，组成单分子吸附膜。表面活性剂分子的定向吸附使水泥质点表面上带有相同电荷，在静电斥力作用下使水泥-水体系处于稳定的悬浮状态，水泥加水初期形成的絮凝结构瓦解，游离水释放，从而达到既减水又保持所需和易性的目的。

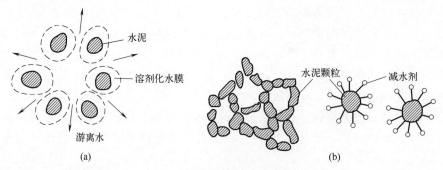

图 7-17　减水剂在水泥中的作用机理
（a）絮凝状结构；（b）减水剂作用机理

二、固-固界面

固-固界面的性质与固-液界面的性质完全不同，固-固接触与固-液接触最明显的区别在于固-液接触是以浸润形式存在的"软"接触，而固-固接触是"硬"接触。在本节引言中，我们将固体材料的界面分为表面、晶界、相界三种情况，其中晶界与相界就是典型的固-固界面。

1. 晶界与晶界类型

在晶体材料中，将晶粒与晶粒之间相互接触的界面称为晶界。晶粒与晶粒的结构可以相同也可以不同，但晶粒与晶粒之间的取向一定是不同的。

无机非金属材料通常是由微细粉料烧结而成的。在烧结时，众多的微细颗粒形成大量的结晶中心，当它们发育成晶粒并逐渐长大到相遇时就形成晶界，如图 7-18 所示。因而无机非金属材料是由形状不规则和取向不同的晶粒构成的多晶体，多晶体的性质不仅由晶粒内部结构和它们的缺陷结构所决定，而且还与晶界结构、数量等因素有关。图 7-19 表示多晶体中晶粒尺寸与晶界所占晶体的体积分数的关系，当多晶体中晶粒平均尺寸为 $1\mu m$ 时，晶界占晶体总体积的二分之一，对材料的力学、光学、热学等性质均具有不可忽视的作用。

依据晶界处两个晶粒之间夹角的大小晶界可划分为小角度晶界和大角度晶界。

图 7-18　陶瓷晶界的扫描电子显微镜照片

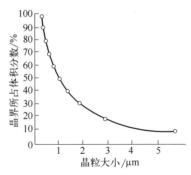

图 7-19　晶粒尺寸与晶界所占体积分数的关系

(1) 小角度晶界

相邻两个晶粒的原子排列错合角度很小，晶粒间的位向差小于 $10°$，由一定组态的位错所构成的，按其结构又可分为对称倾侧晶界、不对称倾侧晶界和扭转晶界三类。

① 对称倾侧晶界：最简单的晶界其两侧的晶体有位向差 θ，相当于晶界两边的晶体绕平行于位错线的轴各自旋转了一个方向相反的角而成的，所以称为对称倾侧晶界（图 7-20）。它是由一系列相隔一定距离的刃型位错垂直排列而构成。

② 不对称倾侧晶界：如果倾侧晶界的界面绕 X 轴转了一个角度 φ，两晶粒之间的倾侧角度为 θ，θ 角仍然很小，但是，界面相对于两晶粒是不对称的，所以称为不对称倾侧晶界（图 7-21）。

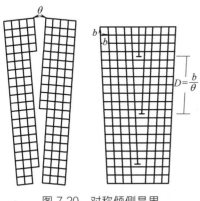

图 7-20　对称倾侧晶界

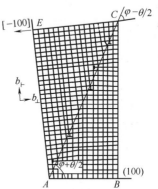

图 7-21　不对称倾侧晶界

③ 扭转晶界：将一个晶体沿中间平面切开，然后使右半晶体绕 Y 轴转过 θ 角，再与左半晶体会合在一起，形成扭转晶界。这种晶界是由两组螺型位错交叉所构成的（图 7-22）。

(2) 大角度晶界

晶界可看成是好区与坏区交替相间组合而成的。随着位向差 θ 的增大，坏区

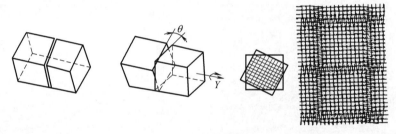

图 7-22　扭转晶界

的面积将相应增加。纯金属中，大角度晶界的宽度一般不超过三个原子间距。

①　任意大角度晶界：晶界由 3～4 个原子间距区域组成，其中大面积范围内的原子匹配很差、排列较松散。原子排列松散，原子键被割断或扭曲，存在弹性应力场，界面能较高 ［图 7-23 （a）］。

②　特殊大角度晶界：特殊大角度晶界的能量比任意大角度晶界低，即在某些特殊取向角下，晶界上相邻的点阵匹配得较好，表现出较低的能态。

共格孪晶界：最简单的特殊大角晶界，如果两晶粒的界面平行于孪晶面，且界面上的原子完全坐落在界面两侧晶体的点阵位置上，称为共格孪晶界 ［图 7-23 （b）］。

③　非（部分）共格孪晶界：如果孪晶界不是精确地平行于孪晶面，界面上的原子不能很好地和它邻近的两个晶粒匹配，称为非共格孪晶界 ［图 7-23 （c）］。

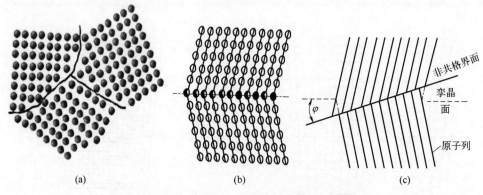

图 7-23　大角度晶界、共格孪晶界及非共格孪晶界

（a）大角度晶界；（b）共格孪晶界；（c）非共格孪晶界

2. 相界与相界类型

相界：不同相之间的界面（结构不同，成分可不相同也可相同），在界面处性能发生突变。根据错配度来将相界分类。

错配度 δ 定义为：

$$\delta = \frac{\alpha_\beta - \alpha_\alpha}{\alpha_\alpha} \qquad (7\text{-}26)$$

式中，α_α 和 α_β 分别表示相界面两侧的 α 相和 β 相的点阵常数。由此可求得位错间距 D 为：

$$D = \frac{\alpha_\beta}{\delta} \qquad (7\text{-}27)$$

当 δ 很小时，D 很大，α 相和 β 相在相界面上趋于共格，即成为共格相界；当 δ 很大时，D 很小，α 相和 β 相在相界面上完全失配，即成为非共格相界。

(1) 共格相界

所谓"共格"是指界面上的原子同时位于两相晶格的结点上，即两相的晶格是彼此衔接的，界面上的原子为两者共有。共格相界的错配度 $\delta < 0.05$。如图 7-24 (a) 所示是一种无畸变的具有完全共格的相界，其界面能很低。但是理想的完全共格界面，只有在孪晶界，且孪晶界即为孪晶面时才可能存在。对相界而言，其两侧为两个不同的相，即使两个相的晶体结构相同，其点阵常数也不可能相等，因此在形成共格界面时，必然在相界附近产生一定的弹性畸变。晶面间距较小者发生伸长，较大者产生压缩，以互相协调，使界面上原子达到匹配，如图 7-24 (b)。显然，这种共格相界的能量相对于具有完善共格关系的界面（如孪晶界）的能量要高。

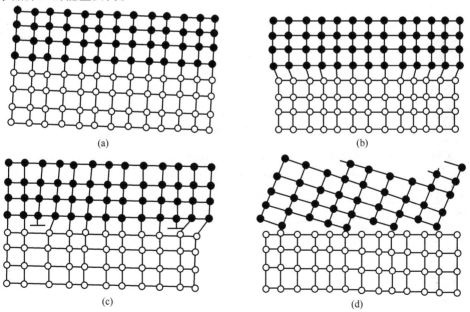

图 7-24　各种形式的相界

（a）理想的完全共格相界；（b）具有弹性畸变的共格相界；（c）半共格相界；（d）非共格相界

（2）半共格相界

若两相邻晶体在相界面处的晶面间距相差较大，则在相界面上不可能做到完全的一一对应，于是在界面上将产生一些位错，以降低界面的弹性应变能，这时界面上两相原子部分地保持匹配，这样的界面称为半共格相界或部分共格相界。半共格相界上位错间距取决于相界处两相匹配晶面的错配度。半共格相界的错配度 $0.05 < \delta < 0.25$。

（3）非共格相界

当两相在相界面处的原子排列相差很大时，即 δ 很大时，只能形成非共格相界。这种相界与大角度晶界相似，可看成是由原子不规则排列的很薄的过渡层构成。非共格相界的错配度 $\delta > 0.25$。

3. 陶瓷材料中的晶界构形

晶界在材料中的形状、构造和分布称为晶界构形。在陶瓷系统中，晶界的形状是由表面张力的相互关系决定的，主要包括固-固-气、固-固-液、固-固-固三种系统。

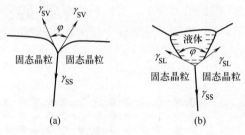

图 7-25　固-固-气系统和固-固-液系统
（a）固-固-气平衡热腐蚀角；（b）固-固-液平衡的二面角

（1）固-固-气系统

两个固体颗粒间的界面在高压下，经过充足时间的原子迁移或固相传质，体系能达到平衡。两个固体颗粒间的界面在高温下经过充分的时间使原子迁移或气相传质以后也能达到平衡，形成固-固-气界面。晶界能和表面能的平衡条件如图 7-25（a）所示。在平衡时：

$$\gamma_{SS} = 2\gamma_{SV}\cos\frac{\varphi}{2} \tag{7-28}$$

式中，φ 称为槽角或热蚀角，通常是多晶样品于高温下加热时形成的（热蚀），通过测量 φ 角可以确定晶界能与表面能之比。

（2）固-固-液系统

如果没有气相存在，固-液两相处于平衡状态，则构成如图 7-25（b）所示的固-固-液界面，这种情况在陶瓷材料的液相烧结中十分普遍。此时界面处的平衡条件为：

$$\gamma_{SS} = 2\gamma_{SL}\cos\frac{\varphi}{2} \tag{7-29}$$

$$\cos\frac{\varphi}{2} = \frac{1}{2} \times \frac{\gamma_{SS}}{\gamma_{SL}} \tag{7-30}$$

如果 $\gamma_{SL} > \gamma_{SS}$，$\varphi > 120°$，此时在晶粒的交界处形成孤立的袋状第二相。如果 γ_{SS}/γ_{SL} 比值介于 $1 \sim \sqrt{3}$ 之间，φ 就介于 $120° \sim 60°$ 之间，第二相会在三晶粒交界处沿晶粒相交线部分地渗透进去。如果 γ_{SS}/γ_{SL} 比值介于 $\sqrt{3} \sim 2$ 之间，φ 介于 $60° \sim 0°$ 之间，第二相就稳定地沿着各个晶粒边长方向延伸，在三晶粒交界处形成三角棱柱体。当 γ_{SS}/γ_{SL} 比值大于或等于 2 时，$\varphi = 0°$，平衡时候各晶粒的表面完全被第二相隔开。如图 7-26 所示，同时表 7-4 中也列出了 φ 角度与润湿情况之间的关系。

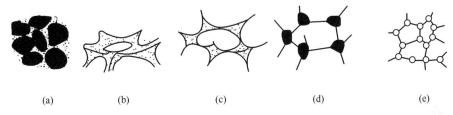

(a)   (b)   (c)   (d)   (e)

图 7-26　不同 φ 角情况下的第二相分布状态

(a) $\varphi = 0°$（抛光断面）；(b) $\varphi = 15°$；(c) $\varphi = 90°$；(d) $\varphi = 135°$；(e) $\varphi = 135°$（抛光断面）

表 7-4　φ 角度与润湿关系

γ_{SS}/γ_{SL}	$\cos\dfrac{\varphi}{2}$	φ	润湿性	相分布（图 7-26 实例）
<1	$<1/2$	$>120°$	不	孤立液滴[图(d)、图(e)]
$1 \sim \sqrt{3}$	$\dfrac{1}{2} \sim \dfrac{\sqrt{3}}{2}$	$120° \sim 60°$	局部	开始渗透晶界[图(c)]
$\sqrt{3} \sim 2$	$\dfrac{\sqrt{3}}{2} \sim 1$	$60° \sim 0°$	润湿	在晶界渗开[图(b)]
$\geqslant 2$	$\geqslant 1$	$0°$	全润湿	浸湿整个材料[图(a)]

(3) 固-固-固系统

在陶瓷材料中，三个晶粒间的夹角由晶界能的数值决定：

$$\frac{\gamma_{23}}{\sin\varphi_1} = \frac{\gamma_{32}}{\sin\varphi_2} = \frac{\gamma_{12}}{\sin\varphi_3} \tag{7-31}$$

式中，φ_1、φ_2、φ_3 分别为晶粒两两之间的二面角；γ 为晶界界面能。多晶体中晶粒的形态主要满足两个基本条件：充塞空间条件和自由能极小条件。根据这两个条件，多晶材料的二维截面上两个晶粒相交或三个以上的晶粒相交于一点的情况是不稳定的，经常出现的是三个晶粒交于一点，其二面角的关系由式（7-31）决定。当晶界交角为 120° 时，晶粒的截面都是六边形的，这时晶界是平直的，如图 7-27 所示。但实际晶粒并非都是正六边形的，会出现弯曲晶界。从界面能量考虑，弯曲晶界是不稳定的，如果温度足够高，多晶体会发生传质过程。这时弯曲的晶界会沿着曲率运动，使界面减小，以降低系统的自由能，这个过程

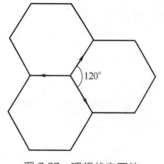

图 7-27　理想状态下的
三晶粒交界

要通过消耗周围的小晶粒来使多边形晶粒长大。再结晶中的少数晶粒异常长大并吞食周围的小晶粒就是这种传质过程。晶界的构形除与 γ_{ss} 有关外，高温下固-液、固-固间还会发生溶解、化学反应等过程，从而改变界面张力，因此多晶多相组织的形成是一个更复杂的过程。

晶界对于多晶材料的力学性能有着极其显著的影响。晶界与晶体粒度的大小有关，而晶体粒度的大小对陶瓷材料的性能影响巨大。若多晶材料的破坏是沿着晶界断裂的，对于细晶材料来说，晶界比例大，当沿晶界破坏时，裂纹的扩展要走迂回曲折的道路，晶粒愈细，此路程愈长。另外，多晶材料的初始裂纹尺寸小，也可以提高机械强度。所以为了获得好的物理、力学性能就需要研究及控制晶粒度。

陶瓷是一种多晶或微晶体系，因此在陶瓷材料中晶界意义重大。与金属材料相比，陶瓷的晶界更宽，结构和成分都非常复杂，除具有一般晶界的特性外，还具有以下特征。

陶瓷主要由带电结构单元（离子）以离子键为主体构成，带电结构单元影响晶界的稳定性。例如，氧化物、碳化物和氮化物形成的陶瓷，离子键在晶界处形成静电势，静电势受缺陷类型、杂质和温度的强烈影响，会对陶瓷的电学性质和光学性质产生重要影响。

少量掺杂对陶瓷的晶粒尺寸和晶界性质起到决定性作用。例如，氧化物陶瓷中掺杂 MgO，晶界性质会有明显变化。有人将陶瓷晶界分为特殊晶界和一般晶界。特殊晶界由小角度晶界、重合位置点阵晶界和重合转轴方向晶界组成，属于重合晶界，这些晶界都是低能晶界。一般晶界由失配位错构成，属于接近重合晶界，它的晶界能略高于特殊晶界。掺杂 MgO 的氧化物陶瓷由很多特殊晶界组成，这种材料具有很好的稳定性，在高温下，晶粒不会明显长大，晶界也不易移动，因此能在高温下承受大的压应力。掺杂对陶瓷材料中特殊晶界的比例和分布有很大的影响，在功能设计时非常有用。

陶瓷晶界处往往有大量杂质凝聚，当凝聚到一定程度时会形成新相，称为晶界相，杂质的偏析和生成晶界相对陶瓷的物理性质和化学性质都有重要影响。杂质在陶瓷晶界的分布如图 7-28 所示。从图中可以看出，混入陶瓷材料的杂质大多是进入玻璃相或处于晶界。这是因为晶界势能较高，质点排列不规则，杂质进入晶界内引起点阵畸变所克服的势垒（能量）就较低，还有就是某些氧化物易于形成不规则的非晶态结构，并且易于在点阵排列不规则的晶界上富集。杂质进入晶界一定程度可以减少晶界上的内应力，降低系统内部的能量。

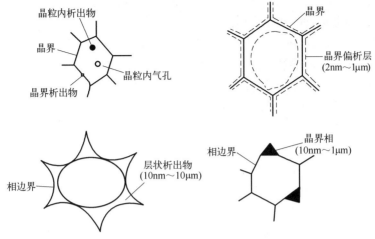

图 7-28　杂质在陶瓷晶界的分布

利用晶界易于富集杂质的现象，在陶瓷材料的生产中有意识地加入一些杂质到瓷料中，并使其集中分布在晶界上，以达到改善陶瓷材料性能的目的。例如在陶瓷生产中常常是通过掺杂来控制晶粒的大小。在工艺上除了严格控制烧成制度（烧成温度、时间及冷却方式等）外，主要是限制晶粒的长大，特别要防止二次再结晶。烧结氧化铝陶瓷可掺入少量的 MgO，使 $\alpha\text{-}Al_2O_3$ 晶粒之间的晶界上形成镁铝尖晶石薄层，防止晶粒的长大，形成氧化铝细晶结构。

第三节　陶瓷基复合材料中的界面

复合材料的界面是指复合材料的基体与增强材料之间微小区域的界面。界面的尺度约为几个纳米到几个微米，是一个区域或一个带或一层。它包含了基体和增强材料的部分原始接触面；基体与增强材料相互作用生成的反应产物，产物与基体及增强材料的接触面；基体和增强物的互扩散层等。在化学成分上，除了基体、增强材料及涂层中的元素外，还有基体带入的杂质及由环境带来的杂质，这些成分以原始状态存在或重新组合成新的化合物。因此，界面上的化学成分和相结构是很复杂的。

一、复合材料界面的作用

复合材料界面具有特殊的作用，可归纳为以下几种。

① 传递　界面能传递力，即将外力传递给增强物，起到基体和增强物之间的桥梁作用。

② 阻断　界面有阻止裂纹扩展、中断材料破坏和减缓应力集中的作用。

③ 性能不连续　在界面上产生物理性能的不连续性和出现界面摩擦的现象，如抗电性、电感应性、磁性和耐热性等。

④ 散射和吸收作用　光波、声波、热弹性波及冲击波等在界面产生散射和吸收。如透光性、隔热性、隔声性、耐机械冲击及耐热冲击性等。

⑤ 诱导作用　增强物的表面结构使基体与接触物质的结构由于诱导作用而发生改变，由此产生一些现象，如强的弹性、低的膨胀性、耐冲击性和耐热性等。界面上产生的这些效应，是任何一种单体材料所没有的特性，它对复合材料具有重要作用。例如粒子弥散强化金属中微型粒子阻止晶格位错，从而提高复合材料强度；在纤维增强陶瓷中，纤维与基体界面阻止裂纹进一步扩展等。因而在复合材料制备中，改善界面性能的处理方法是关键的工艺技术之一。

界面效应不但与界面结合状态、界面形态等有关，也与界面两侧组分材料的浸润性、相容性和扩散性等密切相关。

复合材料中的界面区是从与增强剂内部的某一点开始，直到与基体内整体性质相一致的点间的区域。界面区不是一个单纯的几何面，而是一个多层结构的过渡区域。基体和增强物通过界面结合在一起，构成复合材料整体。界面的结合强度一般是以分子间力、溶度系数、表面张力（表面自由能）等表示的，而实际上有许多因素影响着界面结合强度。界面结合的状态和强度无疑对复合材料的性能有重要影响，研究各种复合材料界面结合强度具有重要的意义。

界面性能的研究由于界面区相对于整体材料所占比重甚微，欲单独对某一性能进行度量有很大困难。因此常借用整体材料的力学性能来表征界面性能，如层间剪切强度就是研究界面黏结的一个办法，同时配合断裂形貌分析等即可对界面性能作较深入的研究。复合材料的破坏可发生在基体或增强剂，也可发生在界面。界面性能较差的材料大多呈剪切破坏，界面间黏结过强的材料则呈脆性破坏。界面最佳态是当受力发生开裂时，这一裂纹能转为区域化而不产生进一步界面脱黏，这时的复合材料具有最大断裂能和一定的韧性。由此可见，在研究和设计复合材料时充分考虑界面的影响是必要的。复合材料界面尚无直接的、准确的定量分析方法，主要是因为界面尺寸小且不均匀、化学成分及结构复杂、力学环境复杂。对于界面结合状态、形态及结构可以借助拉曼光谱、电子轰击质谱、红外扫描及 X 射线等进行部分性能分析。

迄今为止人们对复合材料界面的认识还不太充分，也没有一个通用的模型来建立完整的理论。但由于复合材料界面的重要性，吸引着大量研究者开展复合材料界面探索和规律分析工作。

二、陶瓷基复合材料的界面

在陶瓷基复合材料中基体是陶瓷，增强纤维与基体之间形成的反应层对纤维和基体都能很好地结合。一般增强纤维的横截面多为圆形，故界面反应层常为空心圆筒状。空心圆筒状界面反应层的厚度对于复合材料的抗张强度影响较大。当反应层达到某一厚度时，复合材料的抗张强度开始降低，此时反应层的厚度可定义为第一临界厚度。如果反应层厚度继续增大，材料强度亦随之降低，直至达某一强度时不再降低，这时反应层厚度称为第二临界厚度。例如，利用 CVD（化学气相沉积）技术制造碳纤维/硅材料时，出现 SiC 反应层的第一临界厚度大约为 $0.05\mu m$，此时，复合材料的抗张强度为 1800MPa；第二临界厚度为 $0.58\mu m$，抗张强度降至 600MPa。相比之下，碳纤维/铝材料的抗张强度较低，第一临界厚度为 $0.1\mu m$ 时，形成 Al_4C_3 反应层，抗张强度 1150MPa；第二临界厚度为 $0.76\mu m$ 时，抗张强度降至 200MPa。

在氮化硅基碳纤维复合材料的制造过程中，成型工艺对界面结构影响较大。氮化硅具有强度高、硬度大、耐腐蚀、抗氧化和抗热震性能好等特点，但断裂韧性较差，使其特点发挥受到限制。如果在氮化硅中加入纤维或晶须，可有效地改进其断裂韧性。由于氮化硅具有共价键结构，不易烧结，所以在复合材料制造时需添加烧结助剂，如 $6\%Y_2O$ 和 $2\%Al_2O_3$ 等。例如，采用无压烧结工艺时，碳与硅之间的反应十分严重，用扫描电子显微镜可观察到非常粗糙的纤维表面，在纤维周围还存在许多空隙；若采用低温等静压工艺，则由于压力较高和温度较低，在碳纤维与氮化硅之间的界面上不发生化学反应，无裂纹或空隙，达到较理想的物理结合。在以 SiC 晶须作增强材料、氮化硅作基体的复合材料体系中，若采用反应烧结、无压烧结或高温等静压工艺也可获得无界面反应层的复合材料。但在反应烧结和无压烧结制成的复合材料中，随着 SiC 晶须含量增加，材料密度下降，导致强度降低，而采用高温等静压工艺时则不出现这种情况。

<h1 style="text-align:center">习　题</h1>

7-1　影响润湿的因素有哪些？

7-2　请从表面能和黏附力的角度分析，如何在陶瓷和搪瓷的生产中，使釉和珐琅在坯体上牢固附着。

7-3　请结合毛细现象分析，为什么水泥地面在冬天容易开裂。

第八章 浆体的胶体化学原理

本章知识框架图

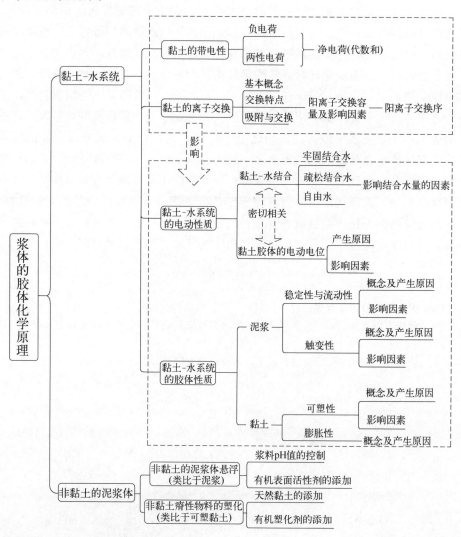

本章内容简介

浆体是指溶胶-悬浮液-粗分散体系混合形成的一种流动的物体，包括黏土粒子分散在水介质中所形成的泥浆系统、非黏土的固体颗粒形成的具有流动性的泥浆体。普通陶瓷的注浆成型（图 8-1）用泥浆、施釉用的釉浆是典型的黏土-水系统浆体。精细陶瓷的注射成型用的浆体、热压注法用的蜡浆都是浆体应用的实例。

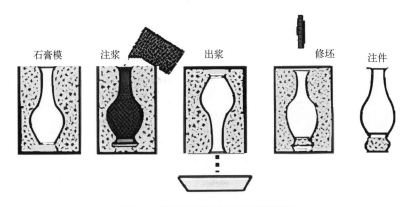

石膏模　　注浆　　　出浆　　　修坯　　　注件

图 8-1　陶瓷材料注浆成型工艺流程

研究浆体的流动性、稳定性以及悬浮性、触变性等，对于制备无机材料具有重要意义。本章重点讨论黏土-水系统所形成的泥浆和非黏土固体颗粒形成的具有流动性的泥浆体的胶体行为。

本章学习目标

1. 掌握了解黏土-水浆体的流变性质和黏土的带电性，了解黏土的离子吸附与交换以及影响离子交换的因素，了解黏土-水系统的电动性质和胶体性质。

2. 了解泥浆的流动性、稳定性和触变性，了解黏土的膨胀性和可塑性。

3. 了解非黏土的泥浆体料浆中 pH 值的控制及有机表面活性剂的添加。

第一节　黏土-水系统的泥浆体

一、黏土的带电性

实验可以证实分散在水中的黏土粒子可以在电流的影响下向阳极移动，说明黏土粒子是带负电的，黏土胶粒的电荷是黏土-水系统具有一系列胶体化学性质的主要原因之一。带电原因如下。

(1) 负电荷

黏土晶格内离子的同晶置换造成电价不平衡，使得黏土板面上带负电。在黏土矿物的晶体结构中，硅氧四面体中的 Si^{4+} 被 Al^{3+} 所置换，或者铝氧八面体中 Al^{3+} 被 Mg^{2+}、Fe^{2+} 等取代，就产生了过剩的负电荷，这种电荷的数量取决于晶格内同晶置换的多少。

① 在蒙脱石中，其负电荷主要是由铝氧八面体 $[AlO_4(OH)_2]$ 中 Al^{3+} 被 Mg^{2+}、Fe^{2+} 等二价阳离子取代而引起的。除此以外，还有总负电荷的 5% 是由 Al^{3+} 置换硅氧四面体 $[SiO_4]$ 中的 Si^{4+} 而产生的。尽管少数负介离子能够吸附其他阳离子来平衡电价，但仍有大多数不能中和，所以蒙脱石显负电。

② 在伊利石中，主要由于硅氧四面体 $[SiO_4]$ 中的 Si^{4+} 约有 1/6 被 Al^{3+} 所取代，使单位晶胞中有 1.3~1.5 个剩余负电荷。这些负电荷大部分被层间非交换性的 K^+、H^+ 和 Ca^{2+} 所平衡，只有少部分负电荷对外表现出来。

③ 在高岭石中，根据化学组成推算其构造式，其晶胞内电荷是平衡的。一般认为高岭石内不存在类质同晶置换。但近些年来，根据化学分析、X 射线分析和阳离子交换量测定等综合分析结果，证明高岭石中存在少量 Al^{3+} 对 Si^{4+} 的同晶置换现象，从而使得高岭石呈现负电性。

④ 黏土的负电荷还可以由吸附在黏土表面的腐殖质解离而产生，这主要是由于腐殖质的羧基和酚羧基的氢解离而引起的。

黏土中负电荷主要分布于黏土层状硅酸盐的板面（垂直于 C 轴的面）上，可以依靠静电引力吸引一些介质中的阳离子以平衡其负电荷。由同晶置换所产生的负电荷多少与介质无关，因腐殖质解离所产生的负电荷与介质有关，这部分负电荷的数量是随介质的 pH 值而改变，在碱性介质中有利于 H^+ 的解离而产生更多的负电荷。

(2) 两性电荷

高岭石中的同晶置换较少，断键是高岭石带电的主要原因，使其边面（平行于 C 轴的面）带两性电荷，电性会根据介质环境 pH 值的变化而变化（图 8-2）。

高岭石在中性或极弱的碱性条件下，边缘的硅氧四面体中的两个氧各与一个氢相连接，同时各自以半个键与铝结合。由于其中一个氧同时与硅相连，所以这个氧带有 1/2

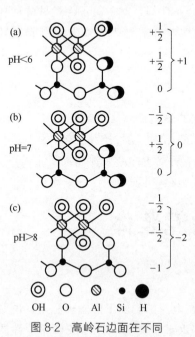

图 8-2 高岭石边面在不同 pH 值条件下的带电情况

个正电荷。

高岭石在酸性介质中与铝连接的原来带有 1/2 个负电荷的氧接受一个质子而变成带有 1/2 个正电荷，这样就使边面共带有一个正电荷。

高岭石在强碱性条件下，由于与硅连接的两个—OH 中的 H 解离，而使边面共带 2 个负电荷。

蒙脱石和伊利石的边面也可能出现正电荷。

(3) 净电荷

黏土的正电荷和负电荷的代数和就是黏土的净电荷。由于黏土的负电荷一般都远大于正电荷，因此黏土的净电荷为负。

二、黏土的离子交换

1. 离子交换概念

黏土颗粒由于破键、晶格内类质同晶替代和吸附在黏土表面腐殖质解离等原因而带负电。因此，它必然要吸附介质中的阳离子来中和其所带的负电荷，被吸附的阳离子又能被溶液中其他浓度大、价数高的阳离子所交换。这就是黏土的阳离子交换性质。

2. 离子交换特点

同号离子相互交换；离子以等量交换；交换和吸附是可逆过程；离子交换并不影响黏土本身结构。

3. 吸附与交换的区别

离子吸附和离子交换是一个反应中同时进行的两个不同过程，离子吸附是黏土颗粒与阳离子之间相互作用；离子交换则是阳离子之间的相互作用。对 Ca^{2+} 而言由溶液转移到黏土上，这是离子的吸附过程。但对被黏土吸附的 Na^+ 而言则是由黏土转入溶液的解吸过程。吸附和解吸的结果是使钙、钠离子相互换位，即进行交换。由此可见，离子吸附是黏土胶体与离子之间相互作用，而离子交换则是离子之间的相互作用。

离子吸附：黏土 $+2Na^+$ $\rightleftharpoons$ 黏土-$2Na^+$

离子交换：黏土-$2Na^+$ $+Ca^{2+}$ $\rightleftharpoons$ 黏土-Ca^{2+} $+2Na^+$

4. 阳离子交换容量及影响因素

阳离子交换容量是指 pH＝7 时，每 100g 干黏土所吸附阳离子的物质的量，其单位为 mmol/100g。

常见的黏土矿物的阳离子交换容量如表 8-1 所示。

黏土的阳离子交换容量除与矿物组成有关外，还与黏土的细度、含腐殖质数量、溶液的 pH 值、离子浓度等很多影响因素有关。

表 8-1　常见黏土矿物的阳离子交换容量

矿物	高岭石	多水高岭石	伊利石	蒙脱石	蛭石
阳离子交换容量 /(mmol/100g)	3～15	20～40	10～40	75～150	100～150

(1) **黏土的矿物组成**

晶格取代越多的黏土，其交换容量也越大。

① 蒙脱石中的同晶置换较多，晶格层间结合较疏松，遇水容易膨胀而分裂成细片，颗粒分散度高，交换量大；

② 伊利石层状晶胞间结合很牢固，遇水不易膨胀，K^+牢牢地固定在晶格层间，只有少量的K^+参与交换反应，故其交换容量比蒙脱石小；

③ 高岭石中同晶置换极少，只有破键是吸附阳离子的主要原因，故其交换容量最低。

(2) **黏土细度**

通常细度越大，阳离子交换容量也越大。

对于高岭石而言，阳离子交换主要是由破键引起的，因此颗粒越细，破键增多，交换容量也显著增加。对于蒙脱石而言，阳离子交换主要是由晶格取代产生电荷引起的，受细度的影响不大。

(3) **其他**

腐殖质含量、介质 pH 值以及离子浓度的增加，通常会导致黏土阳离子交换容量的增加。

同一种矿物组成的黏土其交换容量不是固定在一个数值，而是在一定范围内波动，由于各种黏土矿物的交换容量数值差距较大，因此测定黏土的阳离子交换容量也是鉴定黏土矿物组成的方法之一。

5. 不同阳离子与黏土间的作用力及交换序

① 对于不同价的阳离子，阳离子价数愈高，与黏土之间相互吸引力愈强。黏土对不同价阳离子的吸附能力次序为：

$$M^{3+} > M^{2+} > M^+$$

如果M^{3+}被黏土吸附，则在相同浓度下M^{2+}、M^+不能将它从黏土上交换下来，而M^{3+}能把已被黏土吸附的M^{2+}、M^+交换出来。但H^+是特殊的，由于其体积小，电荷密度高，黏土对它吸引力最强。

② 对于同价阳离子，半径越小，与黏土间的吸引力越小。例如，黏土对于一价碱金属离子的吸引力为：$F_{Li^+} < F_{Na^+} < F_{K^+}$。

原因在于阳离子水化膜的影响。阳离子在水中常常吸附极化的水分子，从而形成水化阳离子，水化阳离子中水化膜的厚度与离子半径有关。在同价情况下，半径小的离子对水分子偶极子所表现的电场强度大，故水化膜也厚，水化膜厚的水化阳离子（即水化半径大的水化阳离子）与黏土表面的距离增大，根据库仑定律，它们之间的吸引力就小。常见的阳离子半径及水化阳离子半径见表8-2。

但在讨论水化半径对吸引力的影响时，需要注意不同价阳离子。一般而言，高价阳离子的水化分子数大于低价阳离子，即水化半径大于低价阳离子。但由于高价阳离子具有较高的表面电荷密度，它的电场强度比低价阳离子大，此时高价阳离子与黏土颗粒表面的静电引力的影响可以超过水化膜厚度的影响。

表 8-2　阳离子半径与水化阳离子半径

离子	正常半径/nm	水化分子数	水化半径/nm
Li^+	0.078	14	0.73
Na^+	0.098	10	0.56
K^+	0.133	6	0.38
NH_4^+	0.143	3	—
Rb^+	0.149	0.5	0.36
Cs^+	0.165	0.2	0.36
Mg^{2+}	0.078	22	1.08
Ca^{2+}	0.106	20	0.96
Ba^{2+}	0.143	19	0.88

综合以上离子价和水化半径的影响，我们可以获得黏土的阳离子交换序：

$$H^+ > Al^{3+} > Ba^{2+} > Sr^{2+} > Ca^{2+} > Mg^{2+} > NH_4^+ > K^+ > Na^+ > Li^+$$

对于该交换序，需要注意的是，如果右侧离子浓度大于左侧离子浓度，右侧离子可以交换出左侧离子；如果环境介质中存在的阴离子能够与黏土上已吸附的阳离子形成不溶性沉淀或者稳定络合物，则可以改变上述交换顺序，即右侧离子能交换出左侧离子。如：

$$\boxed{黏土\text{-}Ca^{2+}} + 2NaOH \longrightarrow \boxed{黏土\text{-}2Na^+} + Ca(OH)_2$$

三、黏土-水系统的电动性质

将黏土加水后，所形成的胶体-悬浮体混合物称为黏土-水系统。我们知道在分散系中，依据分散剂中分散质微粒直径的大小，可将分散系分为溶液（<1nm）、胶体（1~100nm）和浊液（>100nm）三种。研究表明，许多黏土虽然几乎不含100nm以下尺寸的粒子，但加水后仍会呈现胶体性质。造成该现象的原因通常被认为是：黏土粒子是片状的，其层厚的尺寸往往符合胶体粒子范围，即使另外两个方向的尺寸很大，但整体上仍可视为胶体。例如，蒙脱石膨胀后，其单位晶胞厚度可劈裂成1nm左右的小片，分散于水中即成为胶体。

1. 黏土-水结合

在黏土-水系统中，黏土与水的结合方式主要包括：黏土表面上的氧和氢氧基与靠近表面的水分子通过氢键结合；黏土表面所带的负电荷形成静电场，在静电力的作用下，使极性水分子做定向排列；黏土表面吸附的水化阳离子所带的水。

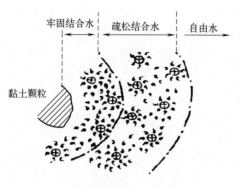

⊕ 阳离子　　• 水分子

图 8-3　黏土-水系统中的结合水层与自由水层

黏土-水系统中的水根据其位置和作用可分为结构水和吸附水两种。结构水是以羟基（—OH）的形式存在于黏土矿物的晶格结构中，吸附水则是以水分子的形式吸附在黏土矿物层间。对于黏土-水系统而言，其所表现出的性质与吸附水更为相关。

水在黏土胶粒周围随着距离增大结合力的减弱而分成牢固结合水、疏松结合水、自由水（图 8-3）。

① 牢固结合水　黏土颗粒吸附着完全定向的水分子层和水化阳离子，这部分与黏土颗粒形成一个整体一起在介质中移动，这种水称为牢固结合水（吸附层）。

② 疏松结合水　在牢固结合水周围，一部分定向程度较差的水称为疏松结合水（扩散层）。

③ 自由水　在疏松结合水以外的水称为自由水。

表 8-3 为黏土-水系统中的水分子分类。

表 8-3　黏土-水系统中的水分子分类

项目	结构水	结合水		自由水
		牢固结合水	疏松结合水	
含义	以—OH 形式存在于黏土晶格结构内的水	吸附在黏土矿物层间及表面的定向水分子层，它与黏土胶粒形成整体并一起移动	黏土表面定向排列过渡到非定向排列的水层，它处于胶粒的扩散层内	黏土胶团外的非定向水分子层
作用范围	在黏土的结构内	3～10 个水分子层	<20nm	>20nm
特点	脱水温度高（400～600℃），脱水后黏土结构破坏	脱水温度低（100～200℃），脱水后晶格结构不受破坏		
		密度大，热容小，介电常数小，冰点低		—

2. 影响黏土结合水量的因素

影响黏土结合水量的因素有黏土矿物组成、黏土分散度、黏土吸附阳离子种类等。黏土的结合水量一般与黏土阳离子交换量成正比，对于含同一种交换性阳离子的黏土，蒙脱石的结合水量要比高岭石大，高岭石结合水量随粒度减小而增加，而蒙脱石与蛭石的结合水量与颗粒细度无关。

黏土不同价的阳离子吸附后的结合水量通过实验证明（表 8-4），黏土与一价阳离子结合水量＞二价阳离子＞三价阳离子；同价离子与黏土结合水量是随着离子半径增大，结合水量减少（水化膜小）。

$$Li-黏土＞Na-黏土＞K-黏土$$

表 8-4　被黏土吸附的 Na 和 Ca 的水化值

黏土	吸附容量/(meq/100q)		结合水量 /(g/100g±)	每个阳离子 水化分子数	Na 与 Ca 的 水化值比
	Ca	Na			
Na-黏土	—	23.7	75	175	23
Ca-黏土	18.0	—	24.5	76.2	

3. 黏土胶体的电动电位

带电的黏土胶体分散在水中时，在胶体颗粒和液相的界面上会有扩散双电层出现。在电场或其他力场作用下，带电黏土与双电层的运动部分之间发生剪切运动而表现出来的电学性质称为电动性质。

(1) ζ-电位的产生

黏土颗粒分散在水中，阳离子受到黏土胶粒对它的静电引力（靠近黏土颗粒）及阳离子本身热运动产生的扩散力（离开黏土颗粒）。受力结果使阳离子分布由多到少。吸附层与黏土形成的整体带负电，扩散层带正电。在外电场作用下，吸附层与黏土颗粒一起向正极运动；扩散层不随黏土颗粒移动，而向负极运动，两者相对移动所产生的电位差即为电动电位，也称为 ζ-电位。

在图 8-4 中，BB 线和 bd 曲线交点 c 至 de 线的高度表示 ζ-电位的大小，de 线为零电位。黏土表面与扩散层之间的总电位差称为热力学电位差（用 E 表

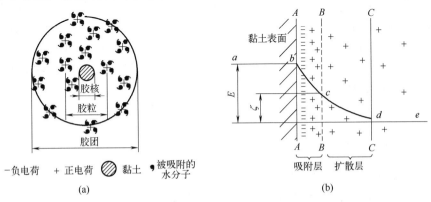

图 8-4　黏土胶团的结构以及扩散双电层示意图

（a）黏土胶团结构；（b）扩散双电层

示），ζ-电位则是吸附层与扩散层之间的电位差，显然 $E > \zeta$。

（2）影响 ζ-电位大小的因素

影响 ζ-电位大小的因素主要有以下几个。

① ζ-电位的高低与阳离子的浓度有关。当溶液中阳离子浓度较低时，吸附层中的阳离子容易向扩散层扩散而使扩散层增厚，ζ-电位随扩散层增厚而升高。当阳离子浓度增加，致使扩散层压缩，ζ-电位也随之下降。当阳离子浓度进一步增加直至扩散层中的阳离子全部压缩至吸附层内，ζ-电位等于零，也被称为等电态。

② ζ-电位的高低与阳离子的电价及半径有关。黏土吸附了不同阳离子后，由不同阳离子所饱和的黏土，其 ζ-电位值与阳离子半径、阳离子电价有关。一般有高价阳离子或某些大的有机离子存在时，往往会出现 ζ-电位改变符号的现象。用不同价阳离子饱和的黏土，其 ζ-电位次序为：$M^+ > M^{2+} > M^{3+} > H^+$。而同价离子饱和的黏土，其 ζ-电位次序随着离子半径增大，ζ-电位降低。这些规律主要与离子水化度及离子同黏土吸引力强弱有关。

③ ζ-电位的高低与黏土表面的电荷密度、双电层厚度、介质介电常数有关。根据静电学基本原理可以推导出电动电位的公式如下：

$$\zeta = 4\pi\sigma \frac{d}{D} \tag{8-1}$$

式中，ζ 为电动电位；σ 为表面电荷密度；d 为双电层厚度；D 为介质的介电常数。可见，ζ-电位与黏土表面的电荷密度、双电层厚度成正比，与介质的介电常数成反比。

④ 有机质含量。由于一般黏土内腐殖质都带有大量负电荷，有加强黏土胶粒表面净负电荷的作用，因而黏土内有机质对黏土 ζ-电位有影响。如果黏土内有机质含量增加，则导致黏土 ζ-电位升高。例如，河北唐山紫木节土含有机质 1.53%，测定原土的 ζ-电位为 -53.75mV。用适当的方法去除其有机质后测得 ζ-电位为 -47.30mV。

ζ-电位较高，黏土粒子之间能够保持一定距离，削弱和抵消了范德瓦耳斯引力，从而提高了泥浆体的稳定性。如果要求泥浆体不易聚沉，具有良好的流动性，那么体系的 ζ-电位需要达到 -50mV 以上。

四、黏土-水系统的胶体性质

1. 泥浆的流动性和稳定性

泥浆的流动性：泥浆含水量低，黏度小而流动度大的性质视为泥浆的流动性。

泥浆的稳定性：泥浆不随时间变化而聚沉，长时间保持初始的流动度。

在陶瓷注浆成型过程中，为了适应工艺的需要，希望获得含水量低，又同时具有良好流动性（流动度＝$1/\eta$）、稳定性的泥浆。为达到此要求，一般都在泥浆中加入适量的稀释剂（或称减水剂），如水玻璃、纯碱、纸浆废液、木质素磺酸钠等。图 8-5 和图 8-6 为泥浆加入减水剂后的流变曲线和泥浆稀释曲线，在生产与科研中经常用于表示泥浆流动性变化。

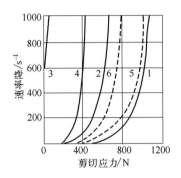

图 8-5 H 高岭土的流变曲线

（200g 土加 50mL 液体）

1—未加碱；2—0.002mol/L NaOH；

3—0.02mol/L NaOH；4—0.2mol/L

NaOH；5—0.002mol/L Ca(OH)$_2$；

6—0.02mol/L Ca(OH)$_2$

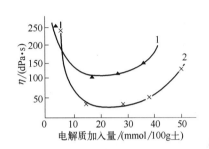

图 8-6 黏土泥浆稀释曲线

1—高岭土加 NaOH；2—高岭土加 Na$_2$SiO$_3$

图 8-5 通过剪切应力改变时剪切速度的变化来描述泥浆流动状况。泥浆未加碱（曲线 1）显示高的屈服值。随着加入碱量的增加，流动曲线是平行曲线 1 向着屈服值降低的方向移动得到曲线 2、3。同时泥浆黏度下降，尤其以曲线 3 为最低。当在泥浆中加入 Ca(OH)$_2$ 时曲线又向着屈服值增加方向移动（曲线 5、6）。

图 8-6 表示黏土在加水量相同时，随电解质加入量的增加而引起的泥浆黏度变化。从图可见，当电解质加入量在 0.015～0.025mol/100g 的范围内，泥浆黏度显著下降，黏土在水介质中充分分散，这种现象称为泥浆的胶溶或泥浆稀释。继续增加电解质，泥浆内黏土粒子相互聚集黏度增加，此时称为泥浆的絮凝或泥浆增稠。

从流变学观点看，要制备流动性好的泥浆必须拆开黏土泥浆内原有的一切结构。由于片状黏土颗粒表面是带静电荷的，黏土的边面随介质 pH 值的变化而既能带负电又能带正电，而黏土板面上始终带负电，因此黏土片状颗粒在介质中，由于板面、边面带同号或异号电荷必然产生如图 8-7 所示的结合方式，包括面-面、边-面、边-边结合。

很显然这几种结合方式只有面-面排列能使泥浆黏度降低，而边-面或边-边结

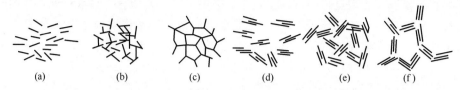

图 8-7 片状黏土颗粒在水中的聚集形态

(a)(d) 面-面排列；(b)(e) 边-面结合；(c)(f) 边-边结合；

合两种方式会在泥浆内形成一定结构使流动阻力增加，屈服值提高。所以，泥浆胶溶过程实际上是拆开泥浆的内部结构，使边-边、边-面结合转变成面-面排列的过程。这种转变进行得愈彻底，黏度降低也愈显著。从拆开泥浆内部结构来考虑，泥浆胶溶必须具备以下几个条件。

(1) 介质呈碱性

欲使黏土泥浆内边-面、边-边结构拆开必须首先消除边-面、边-边结合的力。黏土在酸介质边面带正电，因而引起黏土边面与带负电的板面之间强烈的静电吸引而结合成边-面或边-边结构。黏土在自然条件下或多或少边面带少量正电荷，尤其高岭土在酸性介质中成矿，断键又是高岭土带电的主要原因。因此在高岭土中边-面或边-边吸引更为显著。在碱性介质中，黏土边面和板面均带负电，这样就消除边-面或边-边的静电引力；同时增加了黏土表面净负电荷，使黏土颗粒间静电斥力增加，为泥浆胶溶创造了条件。

(2) 必须有一价碱金属阳离子交换黏土原来吸附的离子

黏土胶粒在介质中充分分散必须使黏土颗粒间有足够的静电斥力及溶剂化膜。这种排斥力由公式给出：

$$f \propto \zeta^2/k \tag{8-2}$$

式中，f 为黏土胶粒之间的斥力；ζ 为体系的 ζ—电位；$1/k$ 为扩散层厚度。

天然黏土一般都吸附大量 Ca^{2+}、Mg^{2+}、H^+ 等阳离子，也就是自然界黏土以 Ca 黏土、Mg 黏土或 H 黏土的形式存在。这类黏土的 ζ—电位较低，因此可用 Na^+ 交换 Ca^{2+}、Mg^{2+} 等使之转变为 ζ-电位高及扩散层厚的 Na 黏土。这样 Na 黏土就具备了溶胶稳定的条件。

(3) 阴离子的作用

不同阴离子的 Na 盐电解质对黏土胶溶效果是不相同的。阴离子的作用概括起来有两方面。

① 阴离子与原土上吸附的 Ca^{2+}、Mg^{2+} 形成不可溶物或形成稳定的络合物，令 Na^+ 对 Ca^{2+}、Mg^{2+} 等离子的交换反应更趋完全。

从阳离子交换序可以知道在相同浓度下 Na^+ 无法交换出 Ca^{2+}、Mg^{2+}，用过量的钠盐虽交换反应能够进行，但同时会引起泥浆絮凝。如果钠盐中阴离子与

Ca^{2+} 形成的盐溶解度愈小，形成的络合物愈稳定，就愈能促进 Na^+ 对 Ca^{2+}、Mg^{2+} 交换反应的进行。例如，$NaOH$、Na_2SiO_3 与 Ca-黏土交换反应如下：

$$黏土\text{-}Ca + 2NaOH \Longrightarrow 黏土\text{-}2Na + Ca(OH)_2$$
$$黏土\text{-}Ca + Na_2SiO_3 \Longrightarrow 黏土\text{-}2Na + CaSiO_3 \downarrow$$

由于 $CaSiO_3$ 的溶解度比 Ca（OH）$_2$ 低得多，因此后一个反应比前一个更容易进行。

② 聚合阴离子在胶溶过程中的特殊作用。选用 10 种钠盐电解质（其中阴离子都能与 Ca^{2+}、Mg^{2+} 形成不同程度的沉淀或络合物），将其适量加入苏州高岭土，并测得其对应的 ζ-电位值，见表 8-5。由表中可见，仅四种含有聚合阴离子的钠盐能使苏州高岭土的 ζ-电位值升至 $-60mV$ 以上（比较绝对值大小）。近来很多学者用实验证实硅酸盐、磷酸盐和有机阴离子在水中发生聚合。这些聚合阴离子由于几何位置上与黏土边表面相适应，因此被牢固地吸附在边面上或吸附在 OH 面上。当黏土边面带正电时，它能有效地中和边面正电荷；当黏土边面不带电时，它能够物理吸附在边面上建立新的负电荷位置。这些吸附和交换的结果导致原来黏土颗粒间边-面、边-边结合转变为面-面排列，原来颗粒间的面-面排列进一步增加颗粒间的斥力，因此泥浆得到充分的胶溶。

表 8-5 苏州高岭土加入 10 种电解质后的 ζ-电位值

编号	电解质	ζ-电位/mV	编号	电解质	ζ-电位/mV
0	原土	-39.41	6	NaCl	-50.40
1	NaOH	-55.00	7	NaF	-45.50
2	Na_2SiO_3	-60.60	8	丹宁酸钠盐	-87.60
3	Na_2CO_3	-50.40	9	蛋白质钠盐	-73.90
4	$(NaPO_3)_6$	-79.70	10	CH_3COONa	-43.00
5	$Na_2C_2O_4$	-48.30			

目前根据这些原理在硅酸盐工业中除采用硅酸钠、丹宁酸钠盐等作为胶溶剂外，还广泛采用多种有机或无机-有机复合胶溶剂等取得泥浆胶溶的良好效果。如采用木质素磺酸钠、聚丙烯酸酯、芳香醛-磷酸盐等。

胶溶剂种类的选择和数量的控制对泥浆胶溶有重要的作用。黏土是天然原料，胶溶过程与黏土本性（矿物组成、颗粒形状尺寸、结晶完整程度）有关，还与环境因素和操作条件（温度、湿度、模型、陈腐时间）等有关，因此泥浆胶溶是受多种因素影响的复杂过程。所以胶溶剂（稀释剂）种类和数量的确定往往不能单凭理论推测，而应根据具体原料和操作条件通过试验来决定。

2. 泥浆的触变性

触变性就是泥浆静止不动时似凝固体，一经扰动或摇动，凝固的泥浆又重新获得流动性。如再静止又会重新凝固，这样可以重复无数次。泥浆从流动状态过渡到触变状态是逐渐的、非突变的，并伴随着黏度的增高。在胶体化学中，固态胶质称为凝胶体，胶质悬浮液称为溶胶体。触变就是一种凝胶体与溶胶体之间的可逆转化过程。

　　泥浆具有触变性与泥浆胶体的结构有关。图8-8是触变结构示意，这种结构称为"纸牌结构"或"卡片结构"，触变状态是介于分散和凝聚之间的中间状态。在不完全胶溶的黏土片状颗粒的活性边面上尚残留少量正电荷未被完全中和或边-面负电荷还不足以排斥板面负电荷，以致形成局部边-面或边-边结合，组成三维网状架构，直至充满整个容器，并将大量自由水包裹在网状空隙中，形成疏松而不活动的空间架构。由于结构仅存在部分边-面吸引，又有另一部分仍保持边-面相斥的情况，因此这种结构是很不稳定的。只要稍加剪切应力就能破坏这种结构，而使包裹的大量自由水释放，泥浆流动性又恢复。但由于存在部分边-面吸引，一旦静止三维网状架构又会重新建立。

图8-8　黏土颗粒触变结构示意图

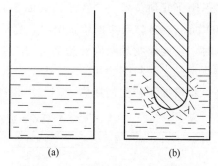

(a)　　　　　　　　(b)

图8-9　黏土颗粒膨胀结构示意图

黏土泥浆触变性的影响因素有以下几点。

　　① 黏土泥浆含水量　泥浆愈稀，黏土胶粒间距离愈远，边-面静电引力愈小，胶粒定向性愈弱，不易形成触变结构。

　　② 黏土矿物组成　黏土触变效应与矿物结构遇水膨胀有关。水化膨胀有两种方式，一种是溶剂分子渗入颗粒间；另一种是溶剂分子渗入单位晶格之间。高岭石和伊利石仅有第一种水化，蒙脱石与拜来石两种水化方式都存在，因此蒙脱石比高岭石易具有触变性。

　　③ 黏土胶粒大小与形状　黏土颗粒愈细，活性边表面愈易形成触变结构，呈平板状、条状等颗粒形状不对称，形成"卡片结构"所需要的胶粒数目愈小，即形成触变结构浓度愈小。

　　④ 电解质种类与数量　触变效应与吸附的阳离子及吸附离子的水化密切相关。黏土吸附阳离子价数愈小，或价数相同而离子半径愈小，触变效应愈小。如前所述，加入适量电解质可以使泥浆稳定，加入过量电解质又能使泥浆聚沉，而在泥浆稳定到聚沉之间有一个过渡区域，在此区域内触变性由小增大。

　　⑤ 温度的影响　温度升高，质点热运动剧烈，颗粒间联系减弱，触变不易建立。

3. 黏土的膨胀性

膨胀性即与触变性相反的现象，即当搅拌时，泥浆变稠而凝固，静止后又恢复流动性，也就是泥浆黏度随剪变速率增加而增大。

产生膨胀性的原因是由于在除重力外没有其他外力干扰的条件下，片状黏土粒子趋于定向平行排列，相邻颗粒间隙由粒子间斥力决定，如图 8-9（a）所示。当流速慢而无干扰时，反映出符合牛顿型流体特性。但当受到扰动后，颗粒平行取向被破坏，部分形成架状结构，故泥浆黏度增大甚至出现凝固状态，如图 8-9（b）所示。

4. 黏土的可塑性

(1) 可塑性的概念

可塑性是指物体在外力作用下，可塑造成各种形状，并保持形状而不失去物料颗粒之间联系的性能。就是说，泥料既能可塑变形又能保持变形后的形状，在大于流动极限应力作用下流变，但泥料又不应产生裂纹。

(2) 泥料可塑性产生原因

关于泥料可塑性产生机理的认识尚不统一。一般说来，干的泥料只有弹性。颗粒间表面力使泥料聚在一起，由于这种力的作用范围很小，稍有外力即可使泥料开裂。要使泥料能塑成一定形状而不开裂，则必须提高颗粒间作用力，同时在产生变形后能够形成新的接触点。泥料产生塑性的机理如下。

① 可塑性是黏土-水界面键力作用的结果。黏土和水结合时，第一层水分子是牢固结合的，它不仅通过氢键与黏土粒子表面结合，同时也彼此连接成六角网层。随着水量增加，这种结合力减弱，开始形成不规则排列的疏松结合水层。它起着润滑剂作用，虽然氢键结合力依然起作用，但泥料开始产生流动性。当水量继续增加，即出现自由水，泥料向流动状态过渡。因此对应于可塑状态，泥料应有一个最适宜的含水量。这时它处于疏松结合水和自由水间的过渡状态。可塑性即可认为是黏土颗粒间的水层起着类似于固体键的作用。测定黏土-水系统的水蒸气压曲线可以发现，不同的黏土其蒸气压曲线也不同。

② 颗粒间隙的毛细管作用对黏土粒子结合的影响。在塑性泥料的粒子间存在两种力：一种是粒子间的吸引力，另一种是带电胶体微粒间的斥力。由于在塑性泥料中颗粒间形成半径很小的毛细管（缝隙），当水膜仅仅填满粒子间这些细小毛细管时，毛细管力大于粒子间的斥力，颗粒间形成一层张紧的水膜，泥料达到最大塑性。当水量多时，水膜的张力松弛下来，粒子间吸引力减弱。水量少时，不足以形成水膜，塑性也变坏。

③ 可塑性是基于带电黏土胶团与介质中离子之间的静电引力和胶团间的静电斥力作用的结果。因为黏土胶团的吸附层和扩散层厚度是随交换性阳离子的种类而变化的。对于氢黏土如图 8-10（a）所示，H^+ 集中在吸附层水膜以内，因

此当两个颗粒逐渐接近到吸附层以内，斥力开始明显表现出来，但随距离拉大斥力迅速降低。r_1、r_2处分别表示开始出现斥力和力与斥力相等的距离。当$r_1 > r_2$时，引力占优势，它可以吸引其他黏土粒子包围自己而呈可塑性。对于图 8-10（b）所示的钠黏土，因有一部分 Na 处于扩散层中，故吸引力和斥力抵消的零电位点处于远离吸附水膜的地方，故在粒子界面处的斥力大于引力，可塑性较差。因此可通过阳离子交换来调节黏土的可塑性。

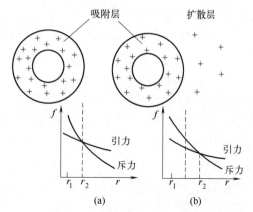

图 8-10　黏土胶团引力和斥力

（a）氢黏土；（b）钠黏土

上述可塑性的机理是从不同角度进行论证的，在不同情况下有可能是几种原因同时起作用的。在解释可塑性产生的原因时，应该根据不同情况辨证分析。

(3) 影响可塑性的因素

一般来说，泥料的可塑性是发生在黏土和水界面上的一种行为。因此，黏土种类、颗粒大小、分布和形状、含水量以及电解质种类和浓度等都会影响到泥料的可塑性。

① 含水量的影响。可塑性只发生在某一最适宜的含水量范围，水分过多或过少都会使泥料的流动特性发生变化。处于塑性状态的泥料不会因自重作用而变形，只有在外力作用下才能流动。不同种类黏土泥料的含水量和屈服值之间的关系如图 8-11 所示。图中曲线可用以下实验公式表示：

$$f = \frac{K}{(W-a)^m} - b \tag{8-3}$$

式中，W 为含水量；b 为平行于横坐标的渐近线的距离；f 为泥料的屈服值。

由图 8-11 可见，泥料的屈服值随着含水量的增加而降低，而且当 $f = \infty$ 时，$W = a$，即在此含水量时，泥料呈刚性。当 $f = 0$ 时，$W = \left(\dfrac{K}{b}\right)^{\frac{1}{m}} + a$。以曲线 2 为例，当 $f = 0$ 时，$W = 46.24\%$，说明在该含水量时，泥料从可塑状态过渡到黏性流动状态。

② 电解质的影响。加入电解质会改变黏土粒子吸附层中的吸附阳离子，颗粒表面形成的水层厚度也随之变化，并改变其可塑性。例如，当黏土含有位于阳离子置换顺序左边的阳离子（H^+、Al^{3+} 等）时，因为这些离子水化能力较小，颗粒表面形成的水膜较薄，彼此吸引力较大，故该泥料成型时所需的力也较大，

反之亦然。含有不同阳离子的黏土泥料，在含水量相同时，其成型所需的力则按阳离子置换顺序依次递减，可塑性也减小。增加水量可以降低成型的力，也就是说，达到同一程度的可塑性所需的加水量也依阳离子置换顺序递增。此外，提高阳离子交换容量也会改善可塑性。

③ 颗粒大小和形状的影响。因为可塑性与颗粒间接触点的数目和类型有关。颗粒尺寸越小，比表面积越大，接触点多，变形后形成新接触点的机会也多，可塑性就好。此外，颗粒越小，离子交换量提高也会改善可塑性。颗粒形状直接影响粒子间相互接触的状况，对可塑性也是一样。如片状颗粒因具有定向沉积的特性，可以在较大范围内

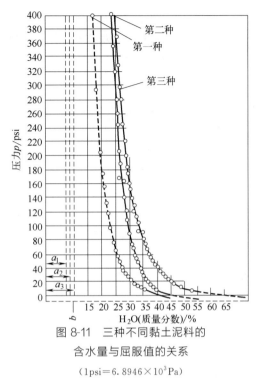

图 8-11 三种不同黏土泥料的
含水量与屈服值的关系
（1psi＝6.8946×10^3Pa）

滑动而不致相互失去连接，因而对比粒状颗粒常有较高的可塑性。

④ 黏土矿物组成的影响。黏土的矿物组成不同，比表面积相差很大。高岭石的比表面积为 $7\sim30m^2/g$，而蒙脱石的比表面积为 $810m^2/g$。比表面积的不同反映毛细管力的不同。蒙脱石的比表面积大则毛细管力也大，吸力强。因此，蒙脱石比高岭石的塑性高。

⑤ 泥料处理工艺的影响。泥料经过真空练泥可以排除气体，使泥料更为致密，可以提高塑性。泥料经过一定时间的陈腐，使水分尽量均匀也可以有效地提高塑性。

⑥ 腐殖质含量、添加塑化剂的影响。腐殖质含量和性质对可塑性的影响也较大，一般来说适宜的腐殖质含量会提高可塑性。添加塑化剂是人工提高可塑性的一种手段，常常应用于瘠性物料的塑化。

第二节　非黏土的泥浆体

精细陶瓷的注射法成型用的浆体，热压铸法用的蜡浆，以及无机材料生产中用的瘠性物料，如氧化物和氮化物粉末、水泥、混凝土浆体等都是非黏土的泥浆体应用实例。研究浆体的流动性、稳定性以及悬浮性，探讨非黏土的固体颗粒形

成的泥浆体的胶体行为，对于开发制备无机材料来说是一个基础性课题。

黏土在水介质中荷电和水化，具有可塑性，可以使无机材料塑造成各种所需要的形状，然而使用一些瘠性物料如氧化物或其他化学试剂来制备精细陶瓷材料则不具备这样的特性。研究解决瘠性物料的悬浮和塑化是制品成型的关键之一。

一、非黏土的泥浆体悬浮

由于瘠性物料种类繁多，性质各异，因此要区别对待。一般沿用两种方法使瘠性物料泥浆悬浮：一种是控制料浆的 pH 值；另一种是通过有机表面活性物质的吸附，使粉料悬浮。

1. 浆料 pH 值的控制

制备精细陶瓷的料浆所用的粉料一般都属两性氧化物，如氧化铝、氧化铬、氧化铁等。它们在酸性或碱性介质中均能胶溶，而在中性时反而絮凝。两性氧化物在酸性或碱性介质中发生以下的解离过程：

$$MOH \longrightarrow M^+ + OH^- \quad 酸性介质中$$
$$MOH \longrightarrow MO^- + H^+ \quad 碱性介质中$$

解离程度决定于介质的 pH 值。介质 pH 值变化的同时引起胶粒电位的增减甚至变号，而 ζ-电位的变化又引起胶粒表面吸力与斥力平衡的改变，以致使这些氧化物泥浆胶溶或絮凝。

在电子陶瓷生产中常用的 Al_2O_3、BeO 和 ZrO_2 等瓷料都属瘠性物料，它们不像黏土具有塑性，必须采取工艺措施使之能制成稳定的悬浮料浆。例如，在 Al_2O_3 料浆制备中，由于经细球磨后的 Al_2O_3 微粒的表面能很大，它可与水产生水解反应，即：

$$Al_2O_3 + 3H_2O \longrightarrow 2Al(OH)_3$$

在 Al_2O_3-H_2O 系统中，当加入少量盐酸时，即可有如下反应：

$$Al(OH)_3 + 3HCl \longrightarrow AlCl_3 + 3H_2O$$
$$AlCl_3 \longrightarrow Al^{3+} + 3Cl^-$$

由于微细的 Al_2O_3 粒子具有强烈的吸附作用，它将选择性吸附与其本身组成相同的 Al^{3+} 从而使 Al_2O_3 粒子带正电荷。在静电力作用下，带正电的 Al_2O_3 粒子将吸附溶液中的异号离子 Cl^-，因这种静电引力是随距离增大而递减的，故 Cl^- 将围绕带电的 Al_2O_3 粒子分别形成吸附层和扩散层的双电层结构，从而形成 Al_2O_3 的胶团：

$$\{\underbrace{[Al_2O_3]_m}_{胶核} \cdot \underbrace{n\underbrace{Al^{3+} \cdot 3(n-x)Cl^-}_{吸附层}}_{} \underbrace{3xCl^-}_{扩散层}\}$$

胶核　　　　　　吸附层　　　　扩散层

胶粒

胶团

这样就可能通过调节 pH 值以及加入电解质或保护性胶体等工艺措施来改善和调整 Al_2O_3 料浆的黏度、ζ-电位和悬浮稳定性。显然，对于 Al_2O_3 料浆，适量的盐酸既可以作为稳定电解质，也可用作调节料浆 pH 值以影响其黏度，但应注意控制适宜的加入量。从图 8-12 可见当 pH 从 1 增加到 15 时，料浆 ζ-电位出现两次最大值。pH=3 时，ζ-电位=+183mV；pH=12 时，ζ-电位=-70.4mV。对应于 ζ-电位最大值时，料浆黏度最低。而且在酸性介质中料浆黏度更低。例如一个密度为 $2.8g/cm^3$ 的 Al_2O_3 浇注泥浆，当介质 pH 从 4.5 增至 6.5 时料浆黏度从 $65dPa \cdot s$ 增至 $300dPa \cdot s$。

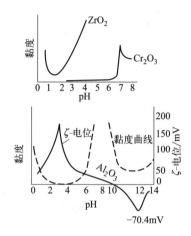

图 8-12　氧化物料浆 pH 值与
黏度和 ζ-电位关系

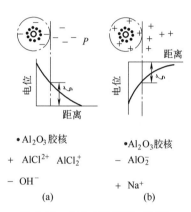

图 8-13　氧化铝在酸性或碱性
介质中的双电层结构

由于 $AlCl_3$ 是水溶性的，在水中生成 $AlCl^{2+}$、$AlCl_2^+$ 和 OH^-，Al_2O_3 胶粒优先吸附含铝的 $AlCl^{2+}$ 和 $AlCl_2^+$，使 Al_2O_3 成为一个带正电的胶粒，然后吸附 OH^- 而形成一个庞大的胶团，如图 8-13（a）所示。当 pH 较低时，即 HCl 浓度增加，液体中 Cl^- 增多而逐渐进入吸附层取代 OH^-，由于 Cl^- 的水化能力比 OH^- 强，Cl^- 水化膜厚，因此 Cl^- 进入吸附层的个数减少而留在扩散层的数量增加，致使胶粒正电荷升高和扩散层增厚，结果导致胶粒 ζ-电位升高，料浆黏度降低。如果介质 pH 再降低，由于大量 Cl^- 压入吸附层，致使胶粒正电荷降低和扩散层变薄，ζ-电位随之下降，料浆黏度升高。

在碱性介质中加入 NaOH，Al_2O_3 呈酸性，其反应如下：

$$Al_2O_3 + 2NaOH \longrightarrow 2NaAlO_2 + H_2O$$

$$NaAlO_2 \longrightarrow Na^+ + AlO_2^-$$

这时 Al_2O_3 胶粒优先吸附 AlO_2^-，使胶粒带负电，如图 8-13（b）所示，然后吸附 Na^+ 形成一个胶团，这个胶团同样随介质 pH 值变化而有电位的升高或降低，导致料浆黏度的降低和增高。

在 Al_2O_3 瓷生产中，应用此原理来调节 Al_2O_3 浆料 pH，使之悬浮或聚沉。其他氧化物注浆时最适宜的 pH 见表 8-6。

表 8-6　各种料浆注浆时 pH

原料	pH	原料	pH
氧化铝	3～4	氧化铀	3.5
氧化铬	2～3	氧化钍	3.5 以下
氧化铍	4	氧化锆	2.3

2. 有机表面活性剂的添加

为了提高 Al_2O_3 料浆稳定性，可加入少量甲基纤维素或阿拉伯胶等，Al_2O_3 粒子与这些有机物质卷曲的线型分子相互吸附，从而在 Al_2O_3 粒子周围形成一层保护膜，以阻止 Al_2O_3 粒子相互吸引和聚凝。但应指出，当加入量不足时有可能起不到这种稳定作用，甚至适得其反。例如，在 Al_2O_3 瓷生产上，在酸洗时常加入 $0.21\%\sim0.23\%$ 的阿拉伯树胶以促使酸洗液中 Al_2O_3 粒子快速沉降，而在浇注成型时又常加入 $1.0\%\sim1.5\%$ 的阿拉伯树胶以提高 Al_2O_3 料浆的流动性和稳定性。

阿拉伯树胶对 Al_2O_3 料浆黏度的影响如图 8-14 所示。

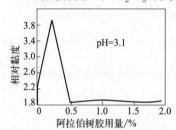

图 8-14　阿拉伯树胶对 Al_2O_3
料浆黏度的影响

图 8-15　阿拉伯树胶对 Al_2O_3 胶体
的聚沉和悬浮的作用
（a）聚沉；（b）悬浮

阿拉伯树胶是高分子化合物，呈卷曲链状，长度在 $400\sim800\mu m$，而一般胶体粒子是 $0.1\sim1\mu m$，相对高分子长链而言是极短小的。当阿拉伯树胶用量少时，分散在水中的 Al_2O_3 胶粒黏附在高分子树胶的某些链节上。如图 8-15（a）所示，由于树胶量少，在一个树胶长链上黏着较多的胶粒 Al_2O_3 引起重力沉降而聚沉。如果增加树胶加入量，由于高分子树脂数量增多，它的线型分子层在水溶液中形成网络结构，使 Al_2O_3 胶粒表面形成一层有机亲水保护膜，Al_2O_3 胶粒要碰撞聚沉就很困难，从而提高料浆的稳定性，如图 8-15（b）所示。

二、非黏土瘠性物料的塑化

瘠性物料塑化一般使用两种加入物：天然黏土类矿物或有机高分子化合物。

1. 天然黏土类矿物的添加

黏土是廉价的天然塑化剂，但含有较多杂质，在制品性能要求不太高时广泛采用它为塑化剂。黏土中一般用塑性高的膨润土，膨润土颗粒细，水化能力强，它遇水后又能分散成很多粒径约零点几微米的胶体颗粒。这样细小胶体颗粒水化后使胶粒周围带有一层黏稠的水化膜，水化膜外围是疏松结合水。瘠性物料与膨润土构成不连续相，均匀分散在连续介质的水中同时也均匀分散在黏稠的膨润土胶粒之间。在外力作用下，粒子之间沿连续水膜滑移，当外力去除后，细小膨润土颗粒间的作用力仍能使它维持原状，这时泥团也就呈现可塑性。

2. 有机高分子化合物的添加

在陶瓷工业中经常用有机高分子化合物来对粉料进行塑化，以适应成型工艺的需要。瘠性物料塑化常用的有机塑化剂有聚乙烯醇（PVA）、羧甲基纤维素（CMC）、聚醋酸乙烯酯（PVAc）等。塑化机理主要是利用表面物理化学吸附，使瘠性物料表面改性。

干压法成型、热压铸法成型、挤压法成型、流延法成型、注浆和车坯成型常用的一些塑化剂如下。

石蜡是一种固体塑化剂，白色结晶，熔点 57℃，具有冷流动性（即室温时在压力下可以流动），高温时呈热塑性，可以流动。它能够润湿颗粒表面，形成薄的吸附层，起到黏结作用。一般干压成型用量为 7%～12%，常用 8%。热压铸法成型用量为 12%～15%。

例如，氧化铝瓷在成型时，Al_2O_3 粉用石蜡作定型剂，Al_2O_3 粉表面是亲水的，而石蜡是亲油的。为了降低坯体收缩，应尽量减少石蜡用量。生产中加入油酸来使 Al_2O_3 粉亲水性变为亲油性。油酸分子式为 $CH_3—(CH_2)_7—CH=$
$CH—(CH_2)_7—COOH$，其亲水基团向着 Al_2O_3 表面，而憎水基团向着石蜡。由于 Al_2O_3 表面改为亲油性可以减少用蜡量并提高料的流动性，成型性能改善。

聚乙烯醇（PVA），聚合度（n）以 1400～1700 为好，它可以溶于水、乙醇、乙二醇和甘油中。用它塑化瘠性物料时工艺简单、坯体气孔小，加入量为 1%～8%。如 PZT（锆钛酸铅压电陶瓷）等功能陶瓷的干压成型常用聚乙烯醇（PVA，$n=1500$）2% 的水溶液。

羧甲基纤维素（CMC）呈白色，由碱化纤维素和一氯乙酸在碱溶液中反应得到，与水形成黏性液体。其缺点是含有 Na_2O 和 NaCl 组成的灰分，常常会使介电材料的介质损耗和介电常数的温度系数受到影响。羧甲基纤维素（CMC）常用于挤压成型的瘠性物料。

聚醋酸乙烯酯（PVAc），无色黏稠液体或白色固体，聚合度（n）为 400～600 为好。溶于醇和苯类溶剂，不溶于水。其常用于轧膜成型。

聚乙烯醇缩丁醛（PVB），树脂类塑化剂，缩醛度 73%～77%，羟基数

1%～3%，适合于流延法成型制膜。其膜片的柔顺性和弹性都很好。

习　题

8-1　试解释黏土结构水、结合水（牢固结合水、疏松结合水）、自由水的区别，分析后两种水在胶团中的作用范围及其对工艺性能的影响。

8-2　什么是电动电位，它是怎样产生的，有什么作用？

8-3　解释泥浆的流动性和触变性。

8-4　解释黏土带电的原因。

8-5　黏土的很多性能与吸附阳离子种类有关，指出黏土吸附下列不同阳离子后的性能变化规律：①离子置换能力；②黏土的 ζ-电位；③泥浆的流动性；④泥浆的稳定性；⑤黏土的结合水。

H^+；Al^{3+}；Be^{2+}；Sr^{2+}；Ca^{2+}；Mg^{2+}；NH_4^+；K^+；Na^+；Li^+

第九章　相平衡和相图

本章知识框架图

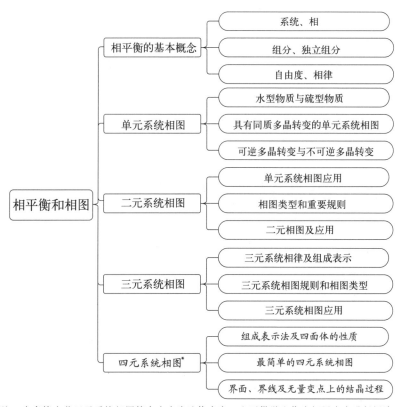

图注：本章第十节四元系统相图简介内容为选修内容，也可供学生作为拓展内容进行阅读。

本章内容简介

　　相平衡是研究多组分（或单组分）多相系统的平衡状态随影响平衡的因素（温度、压力、组分的浓度等）变化而改变的规律。根据实验结果，以温度、压力和组分浓度作为坐标，绘制几何图形来描述这些平衡状态下的变化关系，这种图形称为相平衡图，也称相图或状态图。根据相图可以知道，某一组成的系统在指定条件下达到平衡时，系统中存在相的数目、组成及相对数量。相图中的点、线、面、体表示一定条件下平衡体系中所包含的相、各相组成和各相间的相互转变关系。

相图被誉为材料设计的指导书、冶金工作者的地图和热力学数据的源泉。对于无机非金属材料工作者，能够掌握相平衡的基本原理，熟练地判读相图，可以帮助我们正确选择配料方案和工艺制度、合理分析生产过程中质量问题产生的原因以及研制新材料。本章涉及相律及相平衡研究方法，单元、多元相图的基本原理，不同组元无机材料专业相图及其在无机材料组成设计、工艺方法选择、矿物组成控制及性能预测等方面的具体应用等理论与实践知识。

本章学习目标

1. 理解相与相平衡的基本概念，了解相平衡的研究方法。
2. 了解单元系统相图中不同晶型之间的平衡关系及转变规律。
3. 重点掌握二元系统相图的表示方法和基本类型。
4. 掌握三元系统相图的表示方法和基本类型。
5. 理解相图中各点、线、面、体的含义及其代表的物理意义。
6. 了解相图在无机非金属材料中的应用。

第一节 相平衡的基本概念

相图上所表示的体系所处状态是一种热力学平衡态，即一个不再随时间而发生变化的状态。体系在一定热力学条件下从原先的非平衡状态变化到该条件下的平衡状态，需要通过相与相之间的物质传递，因而需要一定的时间。但这个时间可长可短，依系统的性质而定。从 0℃ 的水中结晶出冰，显然比从高温 SiO_2 熔体中结晶出方石英要快得多。这是由相变过程的动力学因素所决定的。然而，这种动力学因素在相图中完全不能反映。相图仅指出在一定条件下体系所处的平衡状态（即其中所包含的相数，各相的形态、组成和数量），而不管达到这个平衡状态所需要的时间，这是相图的热力学属性。无机材料体系的高温物理、化学过程要达到一定条件下的热力学平衡状态，所需要的时间往往比较长，由于动力学原因，常常以热力学非平衡态（介稳态）出现，因此实际进行的过程不一定达到相图上指示的平衡状态。但相图指示的平衡状态表示了在一定条件下系统所进行的物理、化学变化的本质、方向和限度，因而，相图对于从事科学研究以及解决实际问题仍具有重要的指导意义。根据吉布斯相律，一个达到热力学平衡的体系，其自由度与体系独立组分数和相数存在一定关系。

在学习具体系统之前，有必要先对材料系统中的组分、相及相律的运用分别加以具体讨论，以便建立比较明确的概念。

一、系统

选择的研究对象称为系统。系统以外的一切物质都称为环境。例如，在硅碳棒炉中烧制压电陶瓷 PZT，那么 PZT 就是研究对象，即 PZT 为系统。炉壁、垫板和炉内的气氛均为环境。如果研究 PZT 和气氛的关系，则 PZT 和气氛为系统，其他为环境。所以系统是人们根据实际研究情况而确定的。

当外界条件不变时，如果系统的各种性质不随时间而改变，则系统就处于平衡状态。没有气相或虽有气相但其影响可忽略不计的系统称为凝聚系统。一般来讲，合金和硅酸盐系统属于凝聚系统。但必须指出，对于有些硅酸盐系统，气相是不能忽略的，因此不能按一般凝聚系统对待。

二、相

系统中具有相同物理与化学性质且完全均匀部分的总和称为相。相与相之间有分界面，可以用机械方法加以分离，越过界面时性质发生突变。例如，水和水蒸气共存时，其组成虽同为 H_2O，但因有完全不同的物理性质，所以是两个不同的相。一个相必须在物理性质和化学性质上都是均匀的，这里的"均匀"是指一种微观尺度的均匀，但一个相不一定只含有一种物质。例如，乙醇和水混合形成的溶液，由于乙醇和水能以分子形式按任意比例互溶，混合后各部分物理性质、化学性质都相同，而且是完全均匀的系统，所以尽管它含有两种物质，但整个系统只是一个液相。而油和水混合时，由于不互溶而出现分层，两者之间存在着明显的界面，油和水各自保持着本身的物理性质和化学性质，因此这是一个二相系统。

按照上述定义，我们分别讨论在无机非金属材料系统相平衡中经常会遇到的各种情况。

① 形成机械混合物　几种物质形成的机械混合物，不管其粉料磨得多细，都不可能达到相所要求的微观均匀，因而都不能视为单相。它有几种物质就有几个相，如玻璃的配合料、制备好的陶瓷坯釉料均属于这种情况。

② 生成化合物　组分间每生成一个新的化合物，即形成一种新相。

③ 形成固溶体　由于固溶体在晶格上各组分的化学质点是随机均匀分布的，其物理性质和化学性质符合相的均匀性要求，因而几个组分间形成的固溶体为一个相。

④ 同质多晶现象　在无机非金属材料中，这是极为普遍的现象。同一物质的不同晶形（变体）虽具有相同的化学组成，但其晶体结构和物理性质不同，因

而分别各自成相，有几种变体即有几个相。

⑤ 硅酸盐高温熔体　组分在高温下熔融所形成的熔体，即硅酸盐系统中的液相。一般表现为单相，如发生液相分层，则在熔体中有两个相。

⑥ 介稳变体　介稳变体是一种热力学非平衡态，一般不出现于相图。鉴于在无机非金属材料系统中，介稳变体实际上经常产生。为了实用上的方便，在某些一元和二元系统中，也可能将介稳变体及由此而产生的介稳平衡界线标示于相图上。这种界线一般用虚线表示，以示与热力学平衡态相的区别。若有介稳变体出现，每一个变体为一个相。一个系统中所含相的数目叫相数，用符号 P 表示。按照相数的不同，系统可分为单相系统、两相系统及三相系统等。含有两相以上的系统称为多相系统。

三、组分、独立组分

组分（或组元）是指系统中每一个可以单独分离出来并能独立存在的化学纯物质。组分的数目叫组分数。独立组分是指足以表示形成平衡系统中各相组成所需要的最少数目的化学纯物质，它的数目称为独立组分数，用符号 C 表示。通常把具有 n 个独立组元的系统称为 n 元系统。按照独立组分数目的不同，可将系统分为单元系统（$C=1$）、二元系统（$C=2$）和三元系统（$C=3$）等。

在没有化学反应的系统中，化学物质种类的数目等于组分数。如 NaCl 的水溶液中，只有 NaCl 和 H_2O 才是这个系统的组分，而 Na^+ 和 Cl^- 不能单独分离出来和独立存在，它们就不是这个系统的组分，故该系统 $C=2$。如果系统中各物质间发生了化学反应并建立了平衡，一般来说，系统的独立组分数等于组分数减去所进行的独立化学反应数。如由 $CaCO_3$、CaO、CO_2 组成的系统，在高温时发生如下反应并建立平衡：

$$CaCO_3（固）\Longrightarrow CaO（固）+CO_2（气）$$

此时虽然有三个组分，但独立组分数只有两个，只要确定任意两个组分的量，另一个组分的量根据化学平衡就自然确定了。

在无机非金属材料系统中经常采用氧化物（或某种化合物）作为系统的组分，如 SiO_2 一元系统、Al_2O_3-SiO_2 二元系统、CaO-Al_2O_3-SiO_2 三元系统等。值得注意的是，硅酸盐物质的化学式习惯上往往以氧化物形式表达，如硅酸二钙写成 $2CaO \cdot SiO_2$（C_2S）。我们研究 C_2S 的晶形转变时，不能把它视为二元系统。因为 C_2S 是一种新的化学物质，而不是 CaO 和 SiO_2 的简单混合物，它具有自己的化学组成和晶体结构，因而具有自己的化学性质和物理性质。根据相平衡中组分的概念，对它单独加以研究时，它应该属于一元系统。同理，$K_2O \cdot Al_2O_3 \cdot 4SiO_2$-$SiO_2$ 系统是一个二元系统，而不是三元系统。

四、自由度

在一定范围内，可以任意改变而不引起旧相消失或新相产生的独立变量称为自由度，平衡系统的自由度数用 F 表示。这些变量主要指温度、压力或组分的浓度等。一个系统中有几个独立变量就有几个自由度。

按照自由度数可对系统进行分类，$F=0$，叫无变量系统；$F=1$，叫单变量系统；$F=2$，叫双变量系统等。

五、相律

1876 年吉布斯（W. Gibbs）以严谨的热力学为工具，推导了多相平衡体系的普遍规律——相律。经过长期实践的检验，相律被证明是自然界最普遍的规律之一。多相系统中自由度数（F）、独立组分数（C）、相数（P）和对系统平衡状态能够发生影响的外界因素之间有如下关系：

$$F=C-P+2 \tag{9-1}$$

式中，F 为自由度数；C 为独立组分数；P 为相数；2 指温度和压力这两个影响系统平衡的外界因素。

无机非金属材料系统的相平衡属不含气相或气相可以忽略的凝聚系统。在温度和压力这两个影响系统平衡的外界因素中，压力对不包含气相的固液相之间的平衡影响很小，实际上不影响凝聚系统的平衡状态。大多数无机非金属材料物质属难熔化合物，挥发性很小，压力这一平衡因素可以忽略（如同电场、磁场对一般热力学体系相平衡的影响可以忽略一样），我们通常是在常压（即压力为一标准大气压的恒值）下研究材料和应用相图的，因而相律在凝聚系统中具有如下形式：

$$F=C-P+1 \tag{9-2}$$

本章在讨论二元及其以上的系统时均采用上述相律表达式。虽然相图上没有特别标明，但应理解为是在外压为一标准大气压下的等压相图，并且即使外压变化，只要变化不是太大，对系统的平衡不会有多大影响，相图图形仍然适用。对于一元凝聚系统，为了能充分反映纯物质的各种聚集状态（包括超低压的气相和超高压可能出现的新晶形），我们并不把压力恒定，而是仍取为变量，这是需要引起注意的。

第二节　单元系统相图

单元系统中只有一种组分，不存在浓度问题，影响系统平衡的因素只有温度和压力，因此单元系统相图是用温度和压力两个坐标表示的。

单元系统中 $C=1$，相律 $F=C-P+2=3-P$。系统中的相数不可能少于一个，因此单元系统的最大自由度为 2，这两个自由度即温度和压力；自由度最少为零，所以系统中平衡共存的相数最多三个，不可能出现四相平衡或五相平衡状态。

在单元系统中，系统的平衡状态取决于温度和压力，只要这两个参变量确定，则系统中平衡共存的相数及各相的形态，便可根据其相图确定。因此相图上的任意一点都表示了系统的一定平衡状态，我们称之为"状态点"。

一、水型物质与硫型物质

单元系统相图是温度和压力的 p-T 图。图上不同的几何要素（点、线、面）

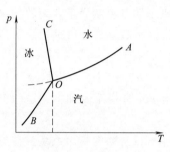

图 9-1　水的相图

表达系统的不同平衡状态。如图 9-1 是水的相图，整个图面被三条曲线划分为三个相区 COB、COA 及 BOA，分别代表冰、水、汽的单相区。在这三个单相区内，显然温度和压力都可以在相区范围内独立改变而不会造成旧相消失或新相产生，因而自由度为 2。我们称这时的系统是双变量系统或说系统是双变量的。把三个单相区划分开来的三条界线代表了系统中的两相平衡状态：OA 代表水汽二相平衡共存，因而 OA 线实际上是水的饱和蒸气压曲线（蒸发曲线）；OB 代表冰汽两相的平衡共存，因而 OB 线实际上是冰的饱和蒸气压曲线（升华曲线）；OC 则代表冰水两相平衡共存，因而 OC 线是冰的熔融曲线。在这三条界线上，显然在温度和压力中只有一个是独立变量，当一个参数独立变化时，另一参量必须沿着曲线指示的数值变化，而不能任意改变，才能维持原有的两相平衡，否则必然造成某一相的消失。因而此时系统的自由度为 1，是单变量系统。三个单相区、三条界线会聚于 O 点，O 点是一个三相点，反映了系统中冰、水、汽的三相平衡共存状态。三相点的温度和压力是恒定的，要想保持系统的这种三相平衡状态，系统的温度和压力都不能有任何改变，否则系统的状态点必然要离开三相点，进入单相区或界线区，从三相平衡状态变为单相或两相平衡状态，即从系统中消失一个或两个旧相。因此，此时系统的自由度为零，处于无变量状态。

水的相图是一个生动的例子，说明相图如何用几何语言把一个系统所处的平衡状态直观而形象化地表示出来。只要知道了系统的温度和压力，即只要确定了系统的状态点在相图上的位置，我们便可以立即根据相图判断出此时系统所处的平衡状态：有几个相平衡共存，是哪几个相。

在水的相图上值得一提的是冰的熔点。曲线 OC 向左倾斜，斜率为负值，这意味着压力增大，冰的熔点下降，这是由于冰融化成水时体积收缩而造成的。OC 的斜率可以根据克拉佩龙-克劳修斯（Clapeyron-Clausius）方程计算：$\dfrac{\mathrm{d}p}{\mathrm{d}T} = \dfrac{\Delta H}{T \Delta V}$。冰融化成水时吸热 $\Delta H > 0$，而体积收缩 $\Delta V < 0$，因而造成 $\dfrac{\mathrm{d}p}{\mathrm{d}T} < 0$。像冰这样熔融时体积收缩的物质并不多，统称为水型物质。铋、镓、锗及三氯化铁等少数物质属于水型物质。大多数物质熔融时体积膨胀，相图上的熔点曲线向右倾斜，压力增加，熔点升高。这类物质统称为硫型物质。

二、具有同质多晶转变的单元系统相图

图 9-2 是具有同质多晶转变的单元系统相图的一般形式。图上的实线把相图划分为四个区：ABF 是低温稳定的晶形 I 的单相区；$FBCE$ 是高温稳定的晶形 II 的单相区；ECD 是液相（熔体）区；低压部分的 $ABCD$ 是气相区。把两个单相区划分开来的曲线代表了系统两相平衡状态：AB、BC 分别是晶形 I 和晶形 II 的升华曲线；CD 是熔体的蒸气压曲线；BF 是晶形 I 和晶形 II 之间的晶形转变线；CE 是晶形 II 的熔融曲线。代表系统中三相平衡的三相点有两个：B 点代表晶形 I、晶形 II 和气相的三相平衡；C 点表示晶形 II、熔体和气相的三相平衡。

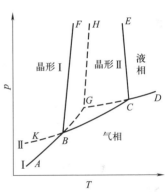

图 9-2　具有同质多晶转变的单元系统相图

图 9-2 中的虚线表示系统中可能出现的各种介稳平衡状态（在一个具体单元系统中，是否出现介稳状态，出现何种形式的介稳状态，依组分的性质而定）。$FBGH$ 是过热晶形 I 的单相区，$HGCE$ 是过冷熔体的介稳单相区，BGC 和 ABK 是过冷蒸气的介稳单相区，KBF 是过冷晶形 II 的介稳单相区。把两个介稳单相区划分开的虚线代表了相应的介稳两相平衡状态：BG 和 GH 分别是过热晶形 I 的升华曲线和熔融曲线；GC 是过冷熔体的蒸气压曲线；KB 是过冷晶形 II 的蒸气压曲线。三个介稳单相区会聚的 G 点代表过热晶形 I、过冷熔体和气相之间的三相介稳平衡状态，是一个介稳三相点。

三、可逆（双向）多晶转变与不可逆（单向）多晶转变

从热力学观点来看，多晶转变分为可逆（双向）多晶转变与不可逆（单向）多晶转变。图 9-2 所示即为可逆多晶转变。为便于分析，将这种类型的相图表示

于图 9-3。图 9-3 中点 2 是过热晶形 I 的蒸气压曲线与过冷液体蒸气压曲线的交点。由图可知，在不同压力条件下，点 2 相当于晶形 I 的熔点，点 1 为晶形 I 和晶形 II 的转变点，点 3 为晶形 II 的熔点。忽略压力对熔点和转变点的影响，其转变关系可用下式表示：

$$晶形 I \Longleftrightarrow 晶形 II \Longleftrightarrow 熔体$$

这类转变相图的特点是，晶形 I 和晶形 II 均有自己稳定存在的温度范围。从图 9-3 中可以看出，蒸气压比较小（相图中实线）的相是稳定相，而蒸气压较大（相图中虚线）的相是介稳相。另一显著特点是，晶形转变的温度低于两种晶形的熔点。

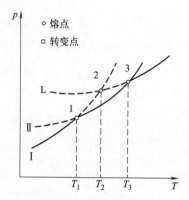 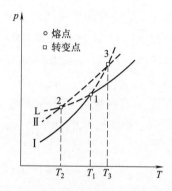

图 9-3 具有可逆多晶转变的单元系统相图　　图 9-4 具有不可逆多晶转变的单元系统相图

图 9-4 是具有不可逆（单向）多晶转变的单元系统相图。在相应的不同压力条件下，点 1 是晶形 I 的熔点，点 2 是晶形 II 的熔点，点 3 是多晶转变点。然而，这个三相点实际上是得不到的，因为晶体不可能过热而超过其熔点。

由图 9-4 可见，晶形 II 的蒸气压在整个温度范围内高于晶形 I，处于介稳状态，随时都有转变为晶形 I 的倾向。但要获得晶形 II，必须先将晶形 I 熔融，然后使它过冷，而不能直接加热晶形 I 来得到。其转变关系表达如下：

可以看出这类多晶转变的特点：一是晶形 II 没有自己稳定存在的温度范围，二是多晶转变的温度高于两种晶形的熔点。

SiO_2 的各种变体之间的转变大部分属于可逆多晶转变。$\beta\text{-}C_2S$ 和 $\gamma\text{-}C_2S$ 为不可逆转变。只能 $\beta\text{-}C_2S \longrightarrow \gamma\text{-}C_2S$，而 $\gamma\text{-}C_2S$ 不能直接转变为 $\beta\text{-}C_2S$。

第三节 单元系统相图应用

一、SiO₂ 系统相图的应用

SiO₂ 是自然界分布极广的物质。它的存在形态很多，以原生态存在的有水晶、脉石英、玛瑙，以次生态存在的则有砂岩、蛋白石、玉髓及燧石等，此外尚有变质作用的产物如石英岩等。SiO₂ 在工业上应用极为广泛，透明水晶可用来制造紫外光谱仪棱镜、补色器、压电元件等；而石英砂则是玻璃、陶瓷、耐火材料工业的基本原料，特别是在熔制玻璃和生产硅质耐火材料中用量更大。

SiO₂ 的一个最重要性质就是其多晶性。实验证明，在常压和有矿化剂（或杂质）存在时，SiO₂ 能以七种晶相、一种液相和一种气相存在。近年来，随着高压实验技术的进步又相继发现了新的 SiO₂ 变体。它们之间在一定的温度和压力下可以互相转变。因此，SiO₂ 系统是具有复杂多晶转变的单元系统。SiO₂ 变体之间的转变如下所示：

$$\alpha\text{-石英} \underset{573℃}{\overset{870℃}{\rightleftharpoons}} \alpha\text{-鳞石英} \overset{1470℃}{\rightleftharpoons} \alpha\text{-方石英} \overset{1723℃}{\rightleftharpoons} \text{熔体}$$

$$\beta\text{-石英} \qquad \beta\text{-鳞石英} \qquad \beta\text{-方石英}$$

（573℃｜160℃｜268℃｜117℃转变关系见图）

$$\gamma\text{-鳞石英}$$

根据转变时的速度和晶体结构发生变化的不同，可将变体之间的转变分为两类。

一级转变（重建型转变）。如石英、鳞石英与方石英之间的转变。此类转变由于变体之间结构差异大，转变时要打开原有化学键，重新形成新结构，所以转变速度很慢。通常这种转变由晶体的表面开始逐渐向内部进行。因此，必须在转变温度下保持相当长的时间才能实现这种转变。要使转变加快，必须加入矿化剂。由于这种原因，高温型的 SiO₂ 变体经常以介稳状态在常温下存在，而不发生转变。

二级转变（位移型转变或高低温型转变）。如同系列中 α、β、γ 形态之间的转变。各变体间结构差别不大，转变时不需打开原有化学键，只是原子发生位移或 Si—O—Si 键角稍有变化，转变速度迅速而且是可逆转变，转变在一个确定的温度下在全部晶体内部发生。

SiO₂ 发生晶形转变时，必然伴随体积的变化，表 9-1 列出了多晶转变体积变化的理论值，＋表示膨胀，－表示收缩。

表 9-1 SiO₂ 多晶转变时体积的变化

一级变体间的转变	计算采取的温度/℃	在该温度下转变时体积效应/%	二级变体间的转变	计算采取的温度/℃	在该温度下转变时体积效应/%
α-石英→α-鳞石英	1000	+16.0	β-石英→α-石英	573	+0.82
α-石英→α-方石英	1000	+15.4	γ-鳞石英→β-鳞石英	117	+0.2
α-石英→石英玻璃	1000	+15.5	β-鳞石英→α-鳞石英	163	+0.2
石英玻璃→α-方石英	1000	−0.9	β-方石英→α-方石英	150	+2.8

从表 9-1 中可以看出，一级变体之间的转变以 α-石英、α-鳞石英时体积变化最大，二级变体之间的转变以方石英的体积变化最大，鳞石英的体积变化最小。必须指出，一级转变虽然体积变化大，但由于转变速度慢、时间长，体积效应的矛盾不突出，对工业生产影响不大；而位移型转变虽然体积变化小，但由于转变速度快，对工业生产影响很大。

图 9-5 是 SiO₂ 系统相图，图中给出了各变体的稳定范围以及它们之间的晶形转化关系。SiO₂ 各变体及熔体的饱和蒸气压极小（2000K 时仅 10^{-7} MPa），相图上的纵坐标是故意放大的，以便于表示各界线上压力随温度的变化趋势。

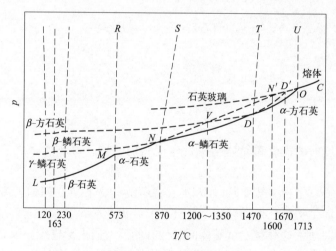

图 9-5 SiO₂ 系统相图

图 9-5 相图的实线部分把全图划分成六个单相区，分别代表了 β-石英、α-石英、α-鳞石英、α-方石英、SiO₂ 高温熔体及 SiO₂ 蒸气六个热力学稳定态存在的相区。每两个相区之间的界线代表了系统中的两相平衡状态。如 LM 代表了 β-石英与 SiO₂ 蒸气之间的两相平衡，因而实际上是 β-石英的饱和蒸气压曲线。OC 代表了 SiO₂ 熔体与 SiO₂ 蒸气之间的两相平衡，因而实际上是 SiO₂ 高温熔体的饱和蒸气压曲线。MR、NS、DT 是晶形转变线，反映了相应的两种变体之间的平衡共存。如 MR 线表示出了 β-石英与 α-石英之间相互转变的温度随压力的

变化。OU 线则是 α-方石英的熔融曲线，表示了 α-方石英与 SiO₂ 熔体之间的两相平衡，每三个相区会聚的一点都是三相点。图中有四个三相点，如 M 点是代表 β-石英、α-石英与 SiO₂ 蒸气三相平衡共存的三相点，O 点则是 α-方石英、SiO₂ 熔体与 SiO₂ 蒸气的三相点。

如前所述，α-石英、α-鳞石英与 α-方石英之间的晶形转变困难。而石英、鳞石英与方石英的高低温型，即 α、β、γ 型之间的转变速度很快。只要不是非常缓慢的平衡加热或冷却，往往会产生一系列介稳状态。这些可能发生的介稳态都用虚线表示在相图上，见图 9-5。如 α-石英加热到 870℃ 时应转变为 α-鳞石英，但如果加热速度不是足够慢则可能成为 α-石英的过热体，这种处于介稳态的 α-石英可能一直保持到 1600℃（N′点）直接熔融为过冷的 SiO₂ 熔体。因此 NN′ 实际上是过热 α-石英的饱和蒸气压曲线，反映了过热 α-石英与 SiO₂ 蒸气两相之间的介稳平衡状态。DD′ 则是过热 α-鳞石英的饱和蒸气压曲线，这种过热的 α-鳞石英可以保持到 1670℃（D′点）直接熔融为 SiO₂ 过冷熔体。在不平衡冷却过程中，高温 SiO₂ 熔体可能不在 1713℃ 结晶出 α-方石英，而成为过冷熔体。虚线 ON′，在 CO 的延长线上，是过冷 SiO₂ 熔体的饱和蒸气压曲线，反映了过冷 SiO₂ 熔体与 SiO₂ 蒸气两相之间的介稳平衡。α-方石英冷却到 1470℃ 时应转变为 α-鳞石英，实际上却往往过冷到 230℃ 转变成与 α-方石英结构相近的 β-方石英。α-鳞石英则往往不在 870℃ 转变成 α-石英，而是过冷到 163℃ 转变为 β-鳞石英，β-鳞石英在 120℃ 下又转变成 γ-鳞石英。β-方石英、β-鳞石英与 γ-鳞石英虽然都是低温下的热力学不稳定态，但由于它们转变为热力学稳定态的速度极慢，实际上可以长期保持自己的形态。α-石英与 β-石英在 573℃ 下的相互转变，由于彼此间结构相近，转变速度很快，一般不会出现过热或过冷现象。由于各种介稳状态的出现，相图上不但出现了这些介稳态的饱和蒸气压曲线及介稳晶形转变线，而且出现了相应的介稳单相区以及介稳三相点（如 N′、D′），从而使相图呈现出复杂的形态。

对 SiO₂ 相图稍加分析，不难发现，SiO₂ 所有处于介稳状态的变体（或熔体）的饱和蒸气压都比相同温度范围内处于热力学稳定态的变体的饱和蒸气压高。在一元系统中，这是一条普遍规律。这表明，介稳态处于一种较高的能量状态，有自发转变为热力学稳定态的趋势，而处于较低能量状态的热力学稳定态则不可能自发转变为介稳态。理论和实践都证明，在给定温度范围，具有最小蒸气压的相一定是最稳定的相，而两个相如果处于平衡状态，其蒸气压必定相等。

石英是硅酸盐工业上应用十分广泛的一种原料。因而 SiO₂ 相图在生产和科学研究中有重要价值。现举耐火材料硅砖的生产和使用作为一个例子。硅砖系用天然石英（β-石英）做原料经高温煅烧而成。如上所述，由于介稳状态的出现，石英在高温煅烧冷却过程中实际发生的晶体转变是很复杂的。β-石英加热至

573℃很快转变为α-石英，而α-石英当加热到870℃时并不是按相图指示的那样转变为α-鳞石英。在生产的条件下，它往往过热到1200～1350℃［过热α-石英饱和蒸气压曲线与过冷α-方石英饱和蒸气压曲线的交点V（图9-5），此点表示了这两个介稳相之间的介稳平衡状态］时直接转变为介稳的α-方石英（即偏方石英）。这种实际转变过程并不是我们所希望的，我们希望硅砖制品中鳞石英含量越多越好，而方石英含量越少越好。这是因为在石英、鳞石英、方石英三种变体的高低温型转变中（即α，β，γ二级变体之间的转变），方石英体积变化最大（2.8%），石英次之（0.82%），而鳞石英最小（0.2%）（表9-1）。如果制品中方石英含量高，则在冷却到低温时由于α-方石英转变成β-方石英伴随着较大的体积收缩而难以获得致密的硅砖制品。那么，如何促使介稳的α-方石英转变为稳定态的α-鳞石英呢？生产上一般是加入少量氧化铁和氧化钙作为矿化剂。这些氧化物在1000℃左右可以产生一定量的液相，α-石英和α-方石英在此液相中的溶解度大，而α-鳞石英在其中的溶解度小，因而，α-石英和α-方石英不断熔入液相。而α-鳞石英则不断从液相析出。一定量液相的生成，还可以缓解由于α-石英转化为介稳态的α-方石英时因巨大的体积膨胀而在坯体内所产生的应力。虽然在硅砖生产中加入矿化剂，创造了有利的动力学条件，促成大部分介稳的α-方石英转变成α-鳞石英，但事实上最后必定还会有一部分未转变的方石英残留于制品中。因此，在硅砖使用时，必须根据 SiO_2 相图制订合理的升温制度，防止残留的方石英发生多晶转变时窑炉砌砖炸裂。

二、ZrO_2 系统相图的应用

ZrO_2 相图（图9-6）比 SiO_2 相图要简单得多。这是由于 ZrO_2 系统中出现的多晶现象和介稳状态不像 SiO_2 系统那样复杂。ZrO_2 有三种晶形，单斜 ZrO_2、四方 ZrO_2 和立方 ZrO_2。它们之间具有如下的转变关系：

$$单斜\ ZrO_2 \underset{约1000℃}{\overset{约1200℃}{\rightleftharpoons}} 四方\ ZrO_2 \underset{}{\overset{约2370℃}{\rightleftharpoons}} 立方\ ZrO_2$$

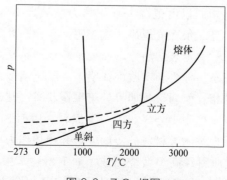

图 9-6　ZrO_2 相图

单斜 ZrO_2 加热到 1200℃时转变为四方 ZrO_2，这个转变速度很快，并伴随 7%～9%的体积收缩。但在冷却过程中，四方 ZrO_2 往往不在 1200℃转变成单斜 ZrO_2，而在 1000℃左右转变，即从相图上虚线表示的介稳的四方 ZrO_2 转变成稳定的单斜 ZrO_2 （图 9-7）。这种滞后现象在多晶转变中是经常可以观察到的。

　　ZrO_2 是特种陶瓷的重要原料，其膨胀曲线如图 9-8 所示。由于其单斜形与四方形之间的晶形转变伴有显著的体积变化，造成 ZrO_2 制品在烧成过程中容易开裂，生产上需采取稳定措施，通常是加入适量 CaO 或 Y_2O_3。在 1500℃以上四方 ZrO_2 可以与这些稳定剂形成立方晶形的固溶体。在冷却过程中，这种固溶体不会发生晶形转变，没有体积效应，因而可以避免 ZrO_2 制品的开裂。这种经稳定处理的 ZrO_2 称为稳定化立方 ZrO_2。

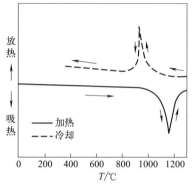

图 9-7　ZrO_2 的 DTA 曲线

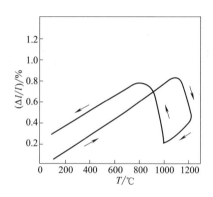

图 9-8　ZrO_2 的膨胀曲线

第四节　二元系统相图类型和重要规则

　　二元系统存在两种独立组分，由于这两种组分之间可能存在各种不同的物理作用和化学作用，因而二元系统相图的类型比一元相图要多得多。对于二元相图，重要的是必须弄清如何通过不同几何要素（点、线、面）来表达系统的不同平衡状态。在本节中，仅讨论无机非金属材料所涉及的凝聚系统。对于二元凝聚系统：

$$F = C - P + 1 = 3 - P \qquad (9-3)$$

　　当 $F=0$，$P=3$，即二元凝聚系统中可能存在的平衡共存的相数最多为三个。当 $P=1$，$F=2$，即系统的最大自由度数为 2。由于凝聚系统不考虑压力的影响，这两个自由度显然指温度和浓度。二元凝聚系统相图是以温度为纵坐标，系统中任一组分浓度为横坐标来绘制的。

　　依系统中二组分之间的相互作用不同，二元凝聚系统相图可以分成若干基本类型（图 9-9）。

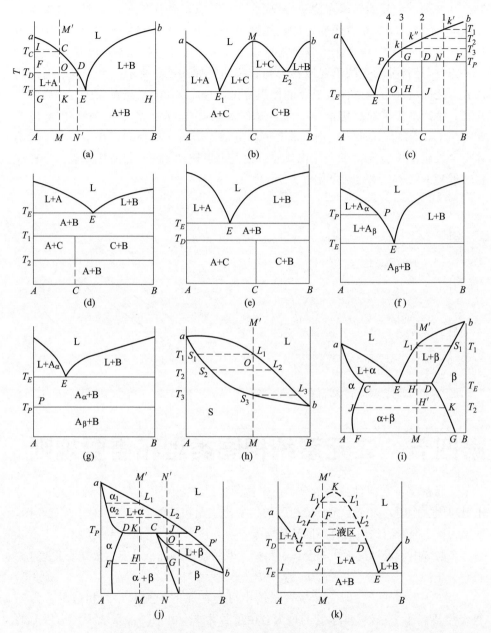

图 9-9 二元相图类型

（a）具有一个低共熔点的二元相图；（b）生成一个一致熔融化合物的二元相图；（c）生成一个不一致熔
融化合物的二元相图；（d）、（e）生成在固相分解的化合物的二元相图；（f）、（g）具有多晶转变
的二元相图；（h）～（j）生成固溶体的二元相图；（k）具有液相分层的二元相图

一、具有一个低共熔点的简单二元系统相图

如图 9-9（a）所示，图中的 a 点是组分 A 的熔点，b 点是组分 B 的熔点，E 点是组分 A 和组分 B 的二元低共熔点。液相线 aE、bE 和固相线 GH 把整个相图划分成四个相区。相区中各点、线、面的含义如表 9-2 所示。

表 9-2　相图 9-9 (a) 中各相区点、线、面的含义

点、线、面	性质	相平衡	点、线、面	性质	相平衡
aEb	液相区，$P=1$，$F=2$	L	aE	液相线，$P=2$，$F=1$	L $\rightleftharpoons$ A
aT_EE	固液共存，$P=2$，$F=1$	L+A	bE	液相线，$P=2$，$F=1$	L $\rightleftharpoons$ B
EbH	固液共存，$P=2$，$F=1$	L+B	E	低共熔点，$P=3$，$F=0$	L $\rightleftharpoons$ A+B
$AGHB$	固相区，$P=2$，$F=1$	A+B			

掌握此相图的关键是理解 aE、bE 两条液相线及低共熔点 E 的性质。液相线 aE 实质上是一条饱和曲线，任何富 A 高温熔体冷却到 aE 线上的温度，即开始对组分 A 饱和而析出 A 晶体。同样，液相线 bE 则是组分 B 的饱和曲线，任何富 B 高温熔体冷却到 bE 线上的温度，即开始析出 B 晶体。E 点处于这两条饱和曲线的交点，意味着 E 点液相同时对组分 A 和组分 B 饱和。因而，从 E 点液相中将同时析出 A 晶体和 B 晶体，此时系统中三相平衡，$F=0$，即系统处于无变量平衡状态，因而低共熔点 E 是此二元系统中的一个无量变点。E 点组成称为低共熔组成，E 点温度则称为低共熔温度。

现以组成为 M 的配料加热到高温完全熔融，然后平衡冷却析晶的过程来说明系统的平衡状态如何随温度变化。将 M 配料加热到高温的 M' 点，因 M' 处于 L 相区，表明系统中只有单相的高温熔体（液相）存在。将此高温熔体冷却到 T_C 温度，液相开始对组分 A 饱和，从液相中析出第一粒 A 晶体，系统从单相平衡状态进入两相平衡状态。根据相律，$F=1$，即为了保持这种两相平衡状态，在温度和液相组成二者之间只有一个是独立变量。事实上，A 晶体的析出，意味着液相必定是 A 的饱和溶液，温度继续下降时，液相组成必定沿着 A 的饱和曲线 aE 从 C 点向 E 点变化，而不能任意改变。系统冷却到低共熔温度 T_E，液相组成到达低共熔点 E，从液相中将同时析出 A 晶体和 B 晶体，系统从两相平衡状态进入三相平衡状态。按照相律，此时系统的 $F=0$，系统是无变量的，即只要系统中维持着这种三相平衡关系，系统的温度就只能保持在低共熔温度 T_E 不变，液相组成也只能保持在 E 点的低共熔组成不变。此时，从 E 点液相中不断按 E 点组成中 A 和 B 的比例析出晶体 A 和晶体 B。当最后一滴低共熔组成的液相析出 A 晶体和 B 晶体后，液相消失，系统从三相平衡状态回到两相平衡状态，因而系统温度又可继续下降。

利用杠杆规则还可以对析晶过程的相变化进一步做定量分析。在运用杠杆规

则时，需要分清系统组成点、液相点、固相点的概念。系统组成点（简称系统点）取决于系统的总组成，是由原始配料组成决定的。在加热或冷却过程中，尽管组分 A 和组分 B 在固相与液相之间不断转移，但仍在系统内，不会逸出系统以外，因而系统的总组成是不会改变的。对于 M 配料而言，系统状态点必定在 MM' 线上变化。系统中的液相组成和固相组成是随温度不断变化的，因而液相点、固相点的位置也随温度而不断变化。把 M 配料加热到高温的 M' 点，配料中的组分 A 和组分 B 全部进入高温熔体，因而液相点与系统点的位置是重合的。冷却到 T_C 温度，从 C 点液相中析出第一粒 A 晶体，系统中出现了固相，固相点处于表示纯 A 晶体和 T_C 温度的 I 点。进一步冷却到 T_D 温度，液相点沿液相线从 C 点运动到 D 点，从液相中不断析出 A 晶体，因而 A 晶体的量不断增加，但组成仍为纯 A，所以固相组成并无变化。随着温度的下降，固相点从 I 点变化到 F 点。系统点则沿 MM' 从 C 点变化到 O 点。因为固液两相处于平衡状态，温度必定相同，因而任何时刻系统点、液相点、固相点三点一定处在同一条等温的水平线上（FD 线称为结线，它把系统中平衡共存的两个相的相点连接起来），又因为固液两相系统从高温单相熔体 M' 分解而来，这两相的相点在任何时刻必定都分布在系统组成点两侧。以系统组成点为杠杆支点，运用杠杆规则可以方便地计算任一温度处于平衡的固液两相的数量。如在 T_D 温度下的固相量和液相量，根据杠杆规则：

$$\frac{固相量}{液相量}=\frac{OD}{OF} \tag{9-4}$$

$$\frac{固相量}{固液总量（原始配料量）}=\frac{OD}{FD} \tag{9-5}$$

$$\frac{液相量}{固液总量（原始配料量）}=\frac{OF}{FD} \tag{9-6}$$

系统温度从 T_D 继续下降到 T_E 时，液相点从 D 点沿液相线到达 E 点，从液相中同时析出 A 晶体和 B 晶体，液相点停在 E 点不动，但其数量则随共析晶过程的进行而不断减少。固相中则除了 A 晶体（原先析出的加 T_E 温度下析出的），又增加了 B 晶体，而且此时系统温度不能变化，固相点位置必离开表示纯 A 的 G 点沿等温线 GK 向 K 点运动。当 E 点最后一滴液相消失，液相中的 A、B 组分全部结晶为晶体时，固相组成必然回到原始配料组成，即固相点到达系统点 K。析晶过程结束以后，系统温度又可继续下降，固相点与系统点一起从 K 点向 M 点移动。

上述析晶过程中固液相点的变化即结晶路径用文字叙述比较烦琐，常用下列简便的表达式表示：

$$M'（熔体）\xrightarrow[P=1,F=2]{L}C[I,(A)]\xrightarrow[P=2,F=1]{L\to A}E（到达）[G,A+(B)]\xrightarrow[P=3,F=0]{L\to A+B}$$

$$E（消失）[K,A+B]$$

上面析晶路径的表达式中，$M' \rightarrow C \rightarrow E$ 表示液相的变化；箭头上方表示析晶、熔化或转熔的反应式；箭头下方表示相数和自由度；方括号内表示固相的变化，如 [I，（A）] 表示固相总组成点在 I 点，（A）表示晶体 A 刚要析出；[G，A＋（B）] 表示固相总组成点在 G 点，固相中有 A 晶体，B 晶体刚要析出；[K，A＋B] 表示固相由 A 和 B 组成，总组成点在 K 点。

平衡加热熔融过程恰是上述平衡冷却析晶过程的逆过程。若将组分 A 和组分 B 的配料 M 加热，则该晶体混合物在 T_E 温度下低共熔形成 E 组成的液相，由于三相平衡，系统温度保持不变，随着低共熔过程的进行，A、B 晶相量不断减少，E 点液相量不断增加。当固相点从 K 点到达 G 点，意味着 B 晶相已全部熔完，系统进入两相平衡状态，温度又可继续上升，随着 A 晶体继续溶入液相，液相点沿着液相线从 E 点向 C 点变化。加热到 T_C 温度，液相点到达 C 点，与系统点重合，意味着最后一粒 A 晶体在 I 点消失，A 晶体和 B 晶体全部从固相转入液相，因而液相组成回到原始配料组成。

二、生成一个一致熔融化合物的二元系统相图

一致熔融化合物是一种稳定的化合物。它与正常的纯物质一样具有固定的熔点，熔化时，所产生的液相与化合物组成一致，故称一致熔融。这类系统的典型相图如图 9-9（b）所示。组分 A 与组分 B 生成一个一致熔融化合物 C，M 点是该化合物的熔点。曲线 aE_1 是组分 A 的液相线，bE_2 是组分 B 的液相线，E_1ME_2 则是化合物 C 的液相线。一致熔融化合物在相图上的特点是，化合物组成点位于其液相线的组成范围内，即表示化合物晶相的 CM 线直接与其液相线相交，交点 M（化合物熔点）是液相线上的温度最高点。因此，CM 线将此相图划分成两个简单分二元系统。E_1 是 A-C 分二元的低共熔点，E_2 是 C-B 分二元的低共熔点。讨论任一配料的结晶路径与上述讨论简单二元系统的结晶路径完全相同。原始配料如落在 A-C 范围，最终析晶产物为 A 和 C 两个晶相。原始配料位于 C-B 区间，则最终析晶产物为 C 和 B 两个晶相。

三、生成一个不一致熔融化合物的二元系统相图

不一致熔融化合物是一种不稳定的化合物。加热这种化合物到某一温度便发生分解，分解产物是一种液相和一种晶相，二者组成与化合物组成皆不相同，故称不一致熔融化合物。图 9-9（c）是此类二元系统的典型相图。加热化合物 C 到分解温度 T_P，化合物 C 分解为 P 点组成的液相和 B 晶体。在分解过程中，系统处于三相平衡的无变量状态（$F=0$），因而 F 点也是一个无量变点，称为转熔点（又称回吸点、反应点）。相区中各点、线、面的含义如表 9-3 所示。

表 9-3　相图 9-9（c）中各相区点、线、面的含义

点、线、面	性质	相平衡	点、线、面	性质	相平衡
aEb	液相面，$P=1,F=2$	L	aE	共熔线，$P=2,F=1$	$L \rightleftharpoons A$
aT_EE	固液共存，$P=2,F=1$	L+A	EP	共熔线，$P=2,F=1$	$L \rightleftharpoons C$
$EPDJ$	固液共存，$P=2,F=1$	L+C	bP	共熔线，$P=2,F=1$	$L \rightleftharpoons B$
bPT_P	固液共存，$P=2,F=1$	L+B	E	低共熔点，$P=3,F=0$	$L \rightleftharpoons A+C$
DT_PBC	两固相共存，$P=2,F=1$	C+B	P	转熔点，$P=3,F=0$	$L+B \rightleftharpoons C$
AT_EJC	两固相共存，$P=2,F=1$	A+C			

需要注意，转熔点 P 位于与 P 点液相平衡的两个晶相 C 和 B 的组成点 D、F 的同一侧，这是与低共熔点 E 的情况不同的。运用杠杆规则不难理解这种差别。不一致熔融化合物在相图上的特点是化合物 C 的组成点位于其液相线 PE 的组成范围以外，即 CD 线偏在 PE 的一边，而不与其直接相交。因此，表示化合物的 CD 线不能将整个相图划分为两个分二元系统。

该相图由于转熔点的存在而变得比较特殊，现将图 9-9（c）中标出的 1、2、3、4 熔体的析晶路径分析如下，这四个熔体具有一定的代表性。

熔体 1 的析晶路径：

$$1(\text{熔体}) \xrightarrow[P=1,F=2]{L} k'[T_1,(B)] \xrightarrow[P=2,F=1]{L\to B} P(\text{到达})[T_P,\text{开始回吸 B+(C)}] \xrightarrow[P=3,F=0]{L+B\to C}$$
$$P(\text{消失})[N,B+C]$$

熔体 2 的析晶路径：

$$2(\text{熔体}) \xrightarrow[P=1,F=2]{L} k''[T_2,(B)] \xrightarrow[P=2,F=1]{L\to B} P(\text{到达})[T_P,\text{开始回吸 B+(C)}] \xrightarrow[P=3,F=0]{L+B\to C}$$
$$P(\text{消失})[D,C(\text{液相与晶体 B 同时消失})]$$

熔体 3 的析晶路径：

$$3(\text{熔体}) \xrightarrow[P=1,F=2]{L} k[T_3,(B)] \xrightarrow[P=2,F=1]{L\to B} P(\text{到达})[T_P,\text{开始回吸 B+(C)}] \xrightarrow[P=3,F=0]{L+B\to C}$$
$$P(\text{离开})[D,\text{晶体 B 消失}+C] \xrightarrow[P=2,F=1]{L\to C} E(\text{到达})[J,C+(A)] \xrightarrow[P=3,F=0]{L\to A+C}$$
$$E(\text{消失})[H,A+C]$$

熔体 4 的析晶路径：

$$4(\text{熔体}) \xrightarrow[P=1,F=2]{L} P(\text{不停留})[D,(C)] \xrightarrow[P=2,F=1]{L\to C} E(\text{到达})[J,C+(A)] \xrightarrow[P=3,F=0]{L\to A+C}$$
$$E(\text{消失})[O,A+C]$$

以上四个熔体析晶路径具有一定的规律性，现将其总结于表 9-4 中。

表 9-4　不同组成熔体的析晶规律

组成	在 P 点的反应	析晶终点	析晶终相
组成在 PD 之间	$L+B \rightleftharpoons C$，B 先消失	E	A+C
组成在 DF 之间	$L+B \rightleftharpoons C$，L_P 先消失	P	B+C
组成在 D 点	$L+B \rightleftharpoons C$，B 和 L_P 同时消失	P	C
组成在 P 点	在 P 点不停留	E	A+B

四、生成在固相分解的化合物的二元系统相图

化合物 C 加热到低共熔温度 T_E 以下的 T_D 温度即分解为组分 A 和组分 B 的晶体，没有液相生成 [图 9-9 (e)]。相图上没有与化合物 C 平衡的液相线，表明从液相中不可能直接析出 C，C 只能通过 A 晶体和 B 晶体之间的固相反应生成。由于固态物质之间的反应速率很小（尤其在低温下），因而达到平衡状态需要的时间将是很长的。晶体 A 和晶体 B 配料，按照相图即使在低温下也应获得 A＋C 或 C＋B，但事实上，如果没有加热到足够高的温度并保温足够长的时间，上述平衡状态是很难达到的，系统往往处于 A、C、B 三种晶体同时存在的非平衡状态。

若化合物 C 只在某一温度区间存在，即在低温下也要分解，则其相图形式如图 9-9 (d) 所示。

五、具有多晶转变的二元系统相图

同质多晶现象在无机非金属材料中十分普遍。图 9-9 (g) 中组分 A 在晶形转变点 P 发生 A_α 与 A_β 的晶形转变，显然在 A-B 二元系统中的纯 A 晶体在 T_P 温度下都会发生这一转变，因此 P 点发展为一条晶形转变等温线。在此线以上的相区，A 晶体以 α 形态存在，此线以下的相区，则以 β 形态存在。

如晶形转变温度 T_P 高于系统开始出现液相的低共熔温度 T_E，则 A_α 与 A_β 之间的晶形转变在系统带有 P 组成液相的条件下发生，因为此时系统中三相平衡共存，所以 P 点也是一个无量变点，如图 9-9 (f) 所示。

六、形成连续固溶体的二元系统相图

这类系统的相图形式如图 9-9 (h) 所示。液相线 aL_2b 以上的相区是高温熔体单相区，固相线 aS_3b 以下的相区是固溶体单相区，处于液相线与固相线之间的相区则是液态溶液与固态溶液平衡的固液两相区。固液两相区内的结线 L_1S_1、L_2S_2、L_3S_3 分别表示不同温度下互相平衡的固液两相的组成。此相图的最大特点是没有一般二元相图上常出现的二元无量变点，因为此系统内只存在液态溶液和固态溶液两个相，不可能出现三相平衡状态。

M' 熔体的析晶路径如下：

$$M'(熔体) \xrightarrow[P=1,F=2]{L} L_1[S_1,(S_1)] \xrightarrow[P=2,F=1]{L \to S} L_2[S_2,S_2] = \xrightarrow[P=2,F=1]{L \to S}$$
$$L_3(消失)[S_3,S_3]$$

在液相从 L_1 到 L_3 的析晶过程中，固溶体组成需从原先析出的 S_1 相应变化到最终与 L_3 平衡的 S_3，即在析晶过程中固溶体需随时调整组成以与液相保持平

衡。固溶体是晶体，原子的扩散迁移速率很慢，不像液态溶液那样容易调节组成，可以想象，只要冷却过程不是足够缓慢，不平衡析晶是很容易发生的。

七、形成有限固溶体的二元系统相图

组分 A、B 间可以形成固溶体，但溶解度是有限的，不能以任意比例互溶。图 9-9（i）上的 α 表示 B 组分溶解在 A 晶体中所形成的固溶体，β 表示 A 组分溶解在 B 晶体中所形成的固溶体。aE 是与 α 固溶体平衡的液相线，bE 是与 β 固溶体平衡的液相线。从液相中析出的固溶体组成可以通过等温结线在相的固相线 aC 和 bD 上找到，如结线 L_1S_1 表示从 L_1 液相中析出的 β 固溶体组成是 S_1。E 点是低共熔点，从 E 点液相中将同时析出组成为 C 的 α 固溶体和组成为 D 的 β 固溶体。C 点表示了组分 B 在组分 A 中的最大固溶度，D 点则表示了组分 A 在组分 B 中的最大固溶度。CF 是固溶体 α 的溶解度曲线，DG 则是固溶体 β 的溶解度曲线。根据这两条溶解度曲线的走向，A、B 两个组分在固态互溶的溶解度是随温度下降而下降的。相图上六个相区的平衡各项已在相图上标注出。

图 9-9（i）中 M' 熔体的结晶路径表示如下：

$$M'（熔体）\xrightarrow[P=1,F=2]{L}L_1[S_1,β]\xrightarrow[P=2,F=1]{L\to β}E（到达）[D,β+(α)]\xrightarrow[P=3,F=0]{L\to α+β}$$

$$E（消失）[H,α+β]$$

图 9-9（j）是形成转熔型不连续固溶体的二元相图。α 和 β 之间没有低共熔点，冷却时而有一个转熔点 P，当温度降到 T_P 时，液相组成变化到 P 点，将发生转熔过程：$L_P+D(α)\Longleftrightarrow C(β)$ 各相区的含义已在图中标明。现分析 M' 熔体和 N' 熔体的析晶路径。

M' 熔体的析晶路径：

$$M'（熔体）\xrightarrow[P=1,F=2]{L}L_1[α_1,(α)]\xrightarrow[P=2,F=1]{L\to α}P（到达）[D,α+(β)]\xrightarrow[P=3,F=0]{L+α\to β}$$

$$P（消失）[K,α+β]$$

N' 熔体的析晶路径：

$$N'（熔体）\xrightarrow[P=1,F=2]{L}L_2[α_2,(α)]\xrightarrow[P=2,F=1]{L\to α}P（到达）[D,α+(β)]\xrightarrow[P=3,F=0]{L+α\to β}$$

$$P[C,β(α 消失)]\xrightarrow[P=2,F=1]{L\to β}$$

$$P'（消失）[O,β]\xrightarrow[P=1,F=2]{固相冷却}[G,α+(β)]\xrightarrow[P=2,F=1]{固相冷却}[N,α+β]$$

值得注意的是，N' 熔体的析晶在液相线 bP 上的 P' 点结束。现将此类相图上不同组成点的析晶规律总结于表 9-5。

表 9-5　不同组成熔体的析晶规律

组成	在 P 点的反应	析晶终点	析晶终相
组成在 DC 之间	$L+\alpha \rightleftharpoons \beta$，$L_P$ 先消失	P	$\alpha+\beta$
组成在 CJ 之间	$L+\alpha \rightleftharpoons \beta$，$\alpha$ 先消失	bP 线上	$\alpha+\beta$
组成在 JP 之间	$L+\alpha \rightleftharpoons \beta$，$\alpha$ 先消失	bP 线上	β
组成在 C 点	$L+\alpha \rightleftharpoons \beta$，$\alpha$ 和 L_P 同时消失	P	$\alpha+\beta$
组成在 P 点	$L+\alpha \rightleftharpoons \beta$，在 P 点不停留	bP 线上	β

八、具有液相分层的二元系统相图

前面所讨论的各类二元系统中两个组分在液相都是完全互溶的。但在某些实际系统中，两个组分在液态并不完全互溶，只能有限互溶。这时，液相分为两层，一层可视为组分 B 在组分 A 中的饱和溶液（L_1），另一层则可视为组分 A 在组分 B 中的饱和溶液（L_2）。图 9-9（k）中的 CKD 帽形区即是一个液相分层区。等温结线 L_1L_1'、L_2L_2' 表示不同温度下互相平衡的两个液相的组成。温度升高，两层液相的溶解度都增大，因而其组成越来越接近，到达帽形区最高点 K，两层液相的组成已完全一致，分层现象消失，故 K 点是一个临界点，K 点温度叫临界温度。在 CKD 帽形区以外的其他液相区域，均不发生液相分层现象，为单相区。曲线 aC、DE 均为与 A 晶相平衡的液相线，bE 是与 B 晶相平衡的液相线。除低共熔点 E 外，系统中还有另一个无量变点 D。在 D 点发生的相变化为 $L_C \rightleftharpoons L_D+A$，即冷却时从 C 组成液相中析出晶体 A，而 L_C 液相转变为含 A 低的 L_D 液相。

M' 熔体的析晶路径表示如下：

$$M'(熔体) \xrightarrow[P=1,F=2]{L} L_1+(L_1') \xrightarrow[P=2,F=1]{液相分离} L_2+L_2' \xrightarrow[P=2,F=1]{液相分离} G(L_C+L_D)$$

$$\xrightarrow[P=3,F=0]{L_C \to L_D+A} D(L_C 消失)[T_D,(A)] \xrightarrow[P=2,F=1]{L \to A} E(到达)[I,A+(B)] \xrightarrow[P=3,F=0]{L \to A+B}$$

$$E(消失)[J,A+B]$$

第五节　二元相图及应用

一、CaO-SiO$_2$ 系统相图

对 CaO-SiO$_2$ 系统这种比较复杂的二元相图（图 9-10），首先要看系统中生成几个化合物以及各化合物的性质，根据一致熔融化合物可把系统划分成若干分二元系统，然后再对这些分二元系统逐一加以分析。根据相图上的竖线可知 CaO-SiO$_2$ 二元系统中共生成四个化合物。CS（CaO·SiO$_2$，硅灰石）和 C$_2$S

（2CaO·SiO$_2$，硅酸二钙）是一致熔融化合物，C$_3$S$_2$（3CaO·2SiO$_2$，硅钙石）和 C$_3$S（3CaO·SiO$_2$，硅酸三钙）是不一致熔融化合物，因此，CaO-SiO$_2$ 系统可以划分成 SiO$_2$-CS、CS-C$_2$S、C$_2$S-SiO$_2$ 三个分二元系统。对这三个分二元系统逐一分析各液相线和相区，特别是无量变点的性质，判明各无量变点所代表的具体相平衡关系。相图上的每一条横线都是一根三相线，当系统的状态点到达这些线上时，系统都处于三相平衡的无变状态。其中有低共熔线、转熔线、化合物分解或液相分解线以及多条晶形转变线。晶形转变线上所发生的具体晶形转变，需要根据和此线紧邻的上下两个相区所标示的平衡相加以判断。如 1125℃的晶形转变线，线上相区的平衡相为 α-鳞石英和 α-CS，而线下相区则为 α-鳞石英和 β-CS，此线必为 α-CS 和 β-CS 的转变线。

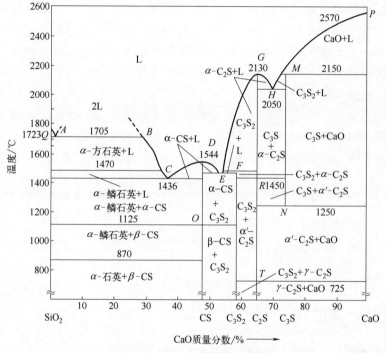

图 9-10　CaO-SiO$_2$ 系统相图

我们先讨论相图左侧的 SiO$_2$-CS 分二元系统。在此分二元的富硅液相部分有一个液相分层区，C 点是此分二元的低共熔点，C 点温度 1436℃，组成是含 37% CaO。由于在与方石英平衡的液相线上插入了 2L 分液区，使 C 点位置偏向 CS 一侧，而距 SiO$_2$ 较远，液相线 CB 也因而较为陡峭。这一相图上的特点常被用来解释为何在硅砖生产中可以采取 CaO 作矿化剂而不会严重影响其耐火度。用杠杆规则计算，如向 SiO$_2$ 中加入 1% CaO，在低共熔温度 1436℃下所产生的液相量为 1：37＝2.7%。这个液相量是不大的，并且由于液相线 CB 较陡峭，温度继续升高时，液相量的增加也不会很多，这就保证了硅砖的高耐火度。

在 CS-C_2S 这个分二元系统中，有一个不一致熔融化合物 C_3S_2，其分解温度是 1464℃。E 点是 CS 与 C_3S_2 的低共熔点。F 点是转熔点，在 F 点发生 $L_F +$ α-C_2S $\Longrightarrow C_3S_2$ 的相变化。C_3S_2 常出现于高炉矿渣，也存在于自然界。

最右侧的 C_2S-CaO 分二元系统，含有硅酸盐水泥的重要矿物 C_3S 和 C_2S。C_3S 是一个不一致熔融化合物，仅能稳定存在于 1250℃、2150℃ 的温度区间。在 1250℃ 分解为 α'-C_2S 和 CaO，在 2150℃ 则分解为 M 组成的液相和 CaO。C_2S 有 α、α'、β、γ 之间的复杂晶形转变（图 9-11）。常温下稳定的 γ-C_2S 加热到

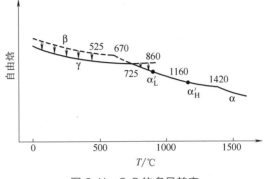

图 9-11 C_2S 的多晶转变

725℃ 转变为 α'-C_2S，α'-C_2S 则在 1420℃ 转变为高温稳定的 α-C_2S。但在冷却过程中，α'-C_2S 往往不转变为 γ-C_2S，而是过冷到 670℃ 左右转变为介稳态的 β-C_2S，β-C_2S 则在 525℃ 再转变为稳定态 γ-C_2S。β-C_2S 向 γ-C_2S 的晶形转变伴随 9% 的体积膨胀，可以造成水泥熟料的粉化。由于 β-C_2S 是一种热力学非平衡态，没有能稳定存在的温度区间，因而在相图上没有出现 β-C_2S 的相区。C_3S 和 β-C_2S 是硅酸盐水泥中含量最高的两种水硬性矿物，但当水泥熟料缓慢冷却时，C_3S 将会分解，β-C_2S 将转变为无水硬活性的 γ-C_2S。为了避免这种情况发生，生产上采取急冷措施，将 C_3S 和 β-C_2S 迅速越过分解温度或晶形转变温度，在低温下以介稳态保存下来。介稳态是一种高能量状态，有较强的反应能力，这或许就是 C_3S 和 β-C_2S 具有较高水硬活性的热力学性原因。

CaO-SiO_2 系统中无量变点的性质如表 9-6 所示。

表 9-6 CaO-SiO_2 系统中的无量变点

无量变点	相平衡	平衡性质	组成/%		温度/℃
			CaO	SiO_2	
P	CaO $\Longrightarrow$ L	熔化	100	0	2570
Q	SiO_2 $\Longrightarrow$ L	熔化	0	100	1723
A	α-方石英+L_B $\Longrightarrow L_A$	分解	0.6	99.4	1705
B	α-方石英+L_B $\Longrightarrow L_A$	分解	28	7	1705
C	α-CS+α-磷石英 $\Longrightarrow$ L	低共熔	37	63	1436
D	α-CS $\Longrightarrow$ L	熔化	48.2	51.8	1544
E	α-CS+C_3S_2 $\Longrightarrow$ L	低共熔	54.5	45.5	1460
F	C_3S_2 $\Longrightarrow \alpha$-C_2S+L	转熔	55.5	44.5	1464
G	α-C_2S $\Longrightarrow$ L	熔化	65	35	2130

无量变点	相平衡	平衡性质	组成/%		温度/℃
			CaO	SiO$_2$	
H	α-C$_2$S+C$_3$S $\Longleftrightarrow$ L	低共熔	67.5	22.5	2050
M	C$_3$S $\Longleftrightarrow$ CaO+L	转熔	73.6	26.4	2150
N	α'-C$_2$S+CaO $\Longleftrightarrow$ C$_3$S	固相反应	73.6	26.4	1250
O	β-CS $\Longleftrightarrow$ α-CS	多晶转变	48.2	51.8	1125
R	α'-C$_2$S $\Longleftrightarrow$ α-C$_2$S	多晶转变	65	35	1450
T	γ-C$_2$S $\Longleftrightarrow$ α'-C$_2$S	多晶转变	65	35	725

二、Al$_2$O$_3$-SiO$_2$ 系统相图

图 9-12 是 Al$_2$O$_3$-SiO$_2$ 系统相图。在该二元系统中，只生成一个一致熔融化合物 A$_3$S$_2$（Al$_2$O$_3$·2SiO$_2$，莫来石）。A$_3$S$_2$ 中可以固溶少量 Al$_2$O$_3$，固溶体组成摩尔分数在 60%～63% 之间。莫来石是普通陶瓷及黏土质耐火材料的重要矿物。

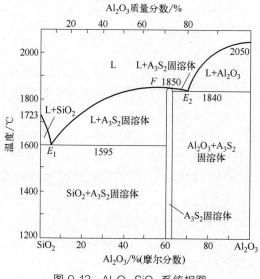

图 9-12 Al$_2$O$_3$-SiO$_2$ 系统相图

黏土是硅酸盐工业的重要原料。黏土加热脱水后分解为 Al$_2$O$_3$ 和 SiO$_2$，因此人们很早就对 Al$_2$O$_3$-SiO$_2$ 系统相平衡产生了广泛的兴趣，先后发表了许多不同形式的相图。这些相图的主要分歧是莫来石的性质，最初认为它是不一致熔融化合物，后来认为是一致熔融化合物，到20 世纪 70 代又有人提出是不一致熔融化合物。这种情况在硅酸盐体系相平衡研究中是屡见不鲜的，因为硅酸盐物质熔点高，液相黏度大，高温物理化学过程速度缓慢，容易形成介稳态，这就给相图制作造成了实验上的很大困难。

以 A$_3$S$_2$ 为界，可以将 Al$_2$O$_3$-SiO$_2$ 系统划分成两个分二元系统。在 SiO$_2$-A$_3$S$_2$ 这个分二元系统中，有一个低共熔点 E_1，加热时 SiO$_2$ 和 A$_3$S$_2$ 在低共熔温度 1595℃ 下生成含 Al$_2$O$_3$ 质量分数 5.5% 的 E_1 点液相。与 CaO-SiO$_2$ 系统中 SiO$_2$-CS 分二元的低共熔点 C 不同，E_1 点距 SiO$_2$ 一侧很近。如果在 SiO$_2$ 中加入质量分数 1% 的 Al$_2$O$_3$，根据杠杆规则，在 1595℃ 下就会产生 1∶5.5＝18.2% 的液相量，这样就会使硅砖的耐火度大大下降。此外，由于与 SiO$_2$ 平衡

的液相线从 SiO_2 熔点 1723℃ 向 E_1 点迅速下降，Al_2O_3 的加入必然造成硅砖耐火度的急剧下降。因此，对于硅砖来说，Al_2O_3 是非常有害的杂质，其他氧化物都没有像 Al_2O_3 这样大的影响。在硅砖的制造和使用过程中，要严防 Al_2O_3 混入。

系统中液相量随温度的变化取决于液相线的形状。本分二元系统中莫来石的液相线 E_1F 在 1595～1700℃ 的区间比较陡峭，而在 1700～1850℃ 区间则比较平坦。根据杠杆规则，这意味着一个处于 E_1F 组成范围内的配料加热到 1700℃ 前系统中的液相量随温度升高增加并不多，但在 1700℃ 以后，液相量将随温度升高而迅速增加。这是使用化学组成处于这一范围，以莫来石和石英为主要晶相的黏土质和高铝质耐火材料时，需要引起注意的。

在 A_3S_2-Al_2O_3 分二元系统中，A_3S_2 熔点（1850℃）、Al_2O_3 熔点（2050℃）以及低共熔点（1840℃）都很高。因此，莫来石质及刚玉质耐火砖都是性能优良的耐火材料。

三、MgO-SiO₂ 系统相图

图 9-13 是 MgO-SiO_2 系统相图。本系统中有一个一致熔融化合物 M_2S（Mg_2SiO_4，镁橄榄石）和一个不一致熔融化合物 MS（$MgSiO_3$，顽火辉石）。M_2S 的熔点很高，达 1890℃。MS 则在 1557℃ 分解为 M_2S 和 D 组成的液相。表 9-7 列出了 MgO-SiO_2 中的无量变点。

在 MgO-Mg_2SiO_4 这个分二元系统中，有一个溶有少量 SiO_2 的 MgO 有限

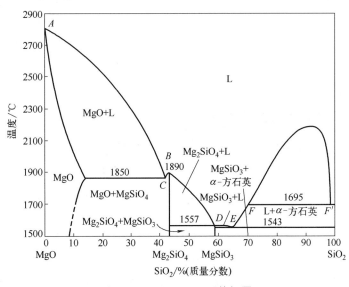

图 9-13　MgO-SiO₂ 系统相图

固溶体单相区以及此固溶体与 Mg_2SiO_4 形成的低共熔点 C，低共熔温度是 1850℃。

表 9-7　MgO-SiO_2 中的无量变点

无量变点	相平衡	平衡性质	温度/℃	组成/%	
				MgO	SiO_2
A	液体⇌MgO	熔化	2800	100	0
B	液体⇌Mg_2SiO_4	熔化	1890	57.2	42.8
C	液体⇌$MgO+Mg_2SiO_4$	低共熔	1850	约 57.7	约 42.3
D	Mg_2SiO_4＋液体⇌$MgSiO_3$	转熔	1557	约 38.5	约 61.5
E	液体⇌$MgSiO_3+\alpha$-方石英	低共熔	1543	约 35.5	约 64.5
F	液体 F'⇌液体 $F+\alpha$-方石英	分解	1659	约 30	约 70
F'	液体 F'⇌液体 $F+\alpha$-方石英	分解	1659	约 0.8	约 99.2

在 Mg_2SiO_4-SiO_2 分二元系统中，有一个低共熔点 E 和一个转熔点 D，在富硅的液相部分出现液相分层。这种在富硅液相发生分液的现象，不但在 MgO-SiO_2、CaO-SiO_2 系统，而且在其他碱金属和碱土金属氧化物与 SiO_2 形成的二元系统中也是普遍存在的。MS 在低温下的稳定晶形是顽火辉石，1260℃转变为高温稳定的原顽火辉石。但在冷却时，原顽火辉石不易转变为顽火辉石，而以介稳态保持下来或在 700℃以下转变为另一介稳态斜顽火辉石，伴随 2.6% 的体积收缩。原顽火辉石是滑石瓷中的主要晶相，如果制品中发生向斜顽火辉石的晶形转变，将会导致制品气孔率增加，机械强度下降，因而在生产上要采取稳定措施予以防止。

可以看出，在 MgO-Mg_2SiO_4 这个分系统中的液相线温度很高（在低共熔温度 1850℃以上），而在 Mg_2SiO_4-SiO_2 分系统中液相线温度要低得多，因此，镁质耐火材料配料中 MgO 含量应大于 Mg_2SiO_4 中的 MgO 含量，否则配料点落入 Mg_2SiO_4-SiO_2 分系统，开始出现液相温度及全熔温度急剧下降的情况，造成耐火度大大下降。

四、Na_2O-SiO_2 系统相图

Na_2O-SiO_2 系统相图如图 9-14 所示。由于在碱含量高时熔融碱的挥发，以及熔融物的腐蚀性很强，所以，在实验中 Na_2O 的摩尔分数只取 0%~67%。在 Na_2O-SiO_2 系统中存在四种化合物：正硅酸钠（$2Na_2O \cdot SiO_2$）、偏硅酸钠（$Na_2O \cdot SiO_2$）、二硅酸钠（$Na_2O \cdot 2SiO_2$）和 $3Na_2O \cdot 8SiO_2$。$2Na_2O \cdot SiO_2$ 在 1118℃时不一致熔融，960℃发生多晶转变，因为在实用上关系不大，所以图中未予表示。$Na_2O \cdot SiO_2$ 为一致熔融化合物，熔点为 1089℃。$Na_2O \cdot 2SiO_2$ 也为一致熔融化合物，熔点为 874℃，它有两种变体，分别为 α 型和 β 型，转化温度为 710℃。$3Na_2O \cdot 8SiO_2$ 在 808℃时不一致熔融，分解为石英和熔液，在 700℃时分解为 β-$Na_2O \cdot 2SiO_2$

和石英。

在该相图富含 SiO_2（80%～90%）的地方有一个介稳的二液区，以虚线表示。组成在这个范围的透明玻璃重新加热到 580～750℃时，玻璃就会分相，变得乳浊。

这个系统的熔融物，经过冷却、粉碎倒入水中，加热搅拌，就得水玻璃。水玻璃的组分常有变动，通常是三个 SiO_2 分子与一个 Na_2O 分子结合在一起。

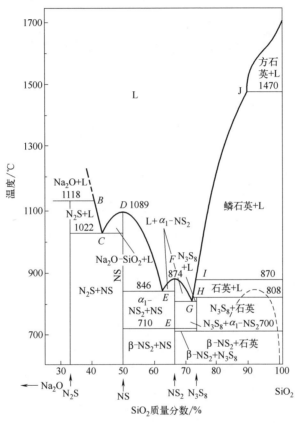

图 9-14　Na_2O-SiO_2 系统相图

Na_2O-SiO_2 系统相图中各无量变点的性质如表 9-8 所示。

表 9-8　Na_2O-SiO_2 系统相图中各无量变点的性质

无量变点	相平衡	平衡性质	温度/℃	组成/%	
				Na_2O	SiO_2
B	Na_2O＋液体 $\Longrightarrow 2Na_2O \cdot SiO_2$	转熔	1118	58	42
C	液体 $\Longrightarrow 2Na_2O \cdot SiO_2 + Na_2O \cdot SiO_2$	低共熔点	1022	56	44
D	液体 $\Longrightarrow Na_2O \cdot SiO_2$	熔化	1089	50.8	49.2
E	液体 $\Longrightarrow Na_2O \cdot SiO_2 + \alpha\text{-}Na_2O \cdot 2SiO_2$	低共熔点	846	37.9	62.1
F	液体 $\Longrightarrow \alpha\text{-}Na_2O \cdot SiO_2$	熔化	874	34.0	66.0

无量变点	相平衡	平衡性质	温度/℃	组成/%	
				Na$_2$O	SiO$_2$
G	液体$\Longleftrightarrow\alpha$-Na$_2$O·SiO$_2$+3Na$_2$O·8SiO$_2$	低共熔点	799	约28.6	约71.4
H	SiO$_2$+液体$\Longleftrightarrow$3Na$_2$O·8SiO$_2$	转熔	808	28.1	71.9
I	α-磷石英$\Longleftrightarrow\alpha$-石英(液体参与)	多晶转变	870	27.2	72.8
J	α-方石英$\Longleftrightarrow\alpha$-鳞石英(液体参与)	多晶转变	1470	约11	约89

第六节　三元系统相律及组成表示

一、三元系统相律

对于三元凝聚系统，相律的表达式：

$$F=C-P+1=4-P \tag{9-7}$$

当 $F=0$，$P=4$，即三元凝聚系统中可能存在的平衡共存的相数最多为四个。当 $P=1$，$F=3$，即系统的最大自由度数为 3。这三个自由度指温度和三个组分中任意两个的浓度。由于描述三元系统的状态需要三个独立变量，其完整的状态图应是一个三坐标的立体图，但这样的立体图不便于应用，我们实际使用的是它的平面投影图。

二、三元系统组成表示方法

三元系统的组成与二元系统一样，可以用质量分数，也可以用摩尔分数。由于增加了一个组分，其组成已不能用直线表示。通常是使用一个每条边被均分为一百等份的等边三角形（浓度三角形）来表示三元系统的组成。图 9-15 是一个浓度三角形。浓度三角形的三个顶点表示三个纯组分 A、B、C 的一元系统；三条边表示三个二元系统 A-B、B-C、C-A 的组成，其组成表示方法与二元系统相同；而在三角形内的任意一点都表示一个含有 A、B、C 三个组分的三元系统的组成。

设一个三元系统的组成在 M 点（图 9-15），其组成可以用下面的方法求得。过 M 点作 BC 边的平行线，在 AB、AC 边上得到截距 $a=$A%$=50\%$；过 M 点作 AC 边的平行线在 BC、AB 边上得到截距 $b=$B%$=30\%$；过 M 点作 AB 边的平行线，在 AC、BC 边上得到截距 $c=$C%$=20\%$；根据等边三角形的几何性质，不难证明：

$$a+b+c=BD+AE+ED=AB=BC=CA=100\%。$$

事实上，M 点的组成可以用双线法，即过 M 点引三角形两条边的平行线，根据它们在第三条边上的交点来确定，如图 9-16 所示。反之，若一个三元系统的组成已知，也可用双线法确定其组成点在浓度三角形内的位置。

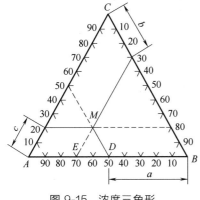

图 9-15　浓度三角形

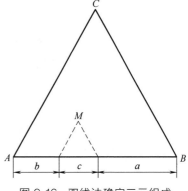

图 9-16　双线法确定三元组成

根据浓度三角形的这种表示组成的方法，不难看出一个三元组成点愈靠近某一顶角，该顶角所代表的组分含量必定愈高。

第七节　三元系统相图规则

一、等含量规则和定比例规则

在浓度三角形内，等含量规则和定比例规则对我们分析实际问题是十分有用的。

① 等含量规则　平行于浓度三角形某一边的直线上的各点，其第三组分的含量不变（等浓度线）。图 9-17 中 $MN//AB$，则 MN 线上任一点的 C 含量相等，变化的只是 A、B 的含量。

② 定比例规则　从浓度三角形某角顶引出射线上各点，另外二个组分含量的比例不变。图 9-17 中 CD 线上各点 A、B、C 三组分的含量皆不同，但 A 与 B 含量的比值是不变的，都等于 $BD:AD$。

此规则不难证明。在 CD 线上任取一点 O，用双线法确定 A 含量为 BF，B 含量为 AE，则 $BF:AE=NO:MO=BD:AD$。

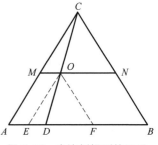

图 9-17　定比例规则的证明

上述两规则对不等边浓度三角形也是适用的。不等边浓度三角形表示三元组成的方法与等边三角形相同，唯各边须按本身边长均分为一百等份。

二、杠杆规则

这是讨论三元相图十分重要的一条规则，它包括两层含义：

① 在三元系统内，由两个相（或混合物）合成一个新相（或新的混合物）时，新相的组成点必在原来两相组成点的连线上；

② 新相组成点与原来两相组成点的距离和两相的量成反比。

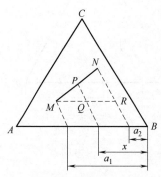

图 9-18　杠杆规则的证明

设 $m\,\mathrm{kg}\ M$ 组成的相与 $n\,\mathrm{kg}\ N$ 组成的相合成为一个 $(m+n)\,\mathrm{kg}$ 的新相 P（图 9-18）。按杠杆规则，新相的组成点 P 必在 MN 连线上，并且 $MP:PN=n:m$。

上述关系可以证明如下：过 M 点作 AB 边平行线 MR，过 M、P、N 点作 BC 边平行线，在 AB 边上所得截距 a_1、x、a_2 分别表示 M、P、N 各相中 A 的百分含量。两相混合前与混合后的 A 量应该相等，即 $a_1 m + a_2 n = x(m+n)$，因而：

$$n:m=(a_1-x):(x-a_2)=MQ:QR=MP:PN \tag{9-8}$$

根据上述杠杆规则可以推论，由一相分解为两相时，这两相的组成点必分布于原来相点的两侧，且三点成一直线。

三、重心规则

三元系统中的最大平衡相数是 4。处理四相平衡问题时，重心规则十分有用。处于平衡的四相组成设为 M、N、P、Q，这四个相点的相对位置可能存在下列三种配置方式（图 9-19）。

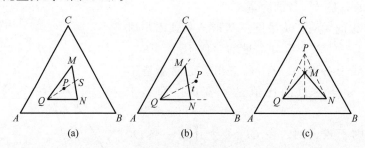

图 9-19　重心原理

（a）重心位；（b）交叉位；（c）共轭位

① P 点处在 $\triangle MNQ$ 内部 [图 9-19 (a)]。根据杠杆规则，M 与 N 可以合成 S 相，而 S 相与 Q 相可以合成 P 相，即 M+N=S，S+Q=P，因而：

$$M+N+Q=P \tag{9-9}$$

表明 P 相可以通过 M、N、Q 三相而合成，反之，从 P 相可以分解出 M、N、Q 三相。P 点所处的这种位置，叫作重心位。

② P 点处于 $\triangle MNQ$ 某条边（如 MN）的外侧，且在另两条边（QM、QN）的延长线范围内 [图 9-19（b）]。根据杠杆规则，P+Q=t，M+N=t，因而：

$$P+Q=M+N \tag{9-10}$$

即由 P 和 Q 两相可以合成 M 和 N 相，反之，由 M、N 相可以合成 P、Q 相。P 点所处的这种位置，叫作交叉位。

③ P 点处于 $\triangle MNQ$ 某一角顶（如 M）的外侧，且在形成此角顶的两条边（QM、NM）的延长线范围内 [图 9-19（c）]。此时，运用两次杠杆规则可以得到：

$$P+Q+N=M \tag{9-11}$$

即按一定比例同时消耗 P、Q、N 三相可以得到 M 相。P 点所处的这种位置，叫作共轭位。

第八节　三元相图类型

一、具有一个低共熔点的三元立体相图及平面投影图

图 9-20（a）是这一系统的立体状态图。它是一个以浓度三角形为底，以垂直于浓度三角形平面的纵坐标表示温度的三方棱柱体。三条棱边 AA'、BB'、CC' 分别表示 A、B、C 三个一元系统，A'、B'、C' 是三个组分的熔点，即一元系统中的无量变点；三个侧面分别表示三个简单二元系统 A-B、B-C、C-A 的状态图，E_1、E_2、E_3 为相应的二元低共熔点。

二元系统中的液相线在三元立体相图中发展为液相面，如 $A'E_1E'E_3$ 液相面即是一个饱和曲面，任何富 A 的三元高温熔体冷却到该液相面上的温度，即开始析出 A 晶体。所以液相面代表了两相平衡状态。$B'E_2E'E_1$、$C'E_3E'E_2$ 分别是 B、C 二组分的液相面。在三个液相面的上部空间则是熔体的单相区。

三个液相面彼此相交得到三条空间曲线 E_1E'、E_2E' 及 E_3E'，称为界线。在界线上的液相同时饱和着两种晶相，如 E_1E' 上任一点的液相对 A 和 B 同时饱和，冷却时同时析出 A 晶体和 B 晶体，因此界线代表了系统的三相平衡状态，$F=4-P=1$。三个液相面、三条界线相交于 E' 点，E' 点的液相同时对三个组分饱和，冷却时将同时析出 A 晶体、B 晶体和 C 晶体。因此，E' 点是系统的三元低共熔点。在 E' 点系统处于四相平衡状态，自由度 $F=0$，因而是一个三元无量变点。

为了便于实际应用，将立体图向浓度三角形底面投影成平面图 [图 9-20（b）]。

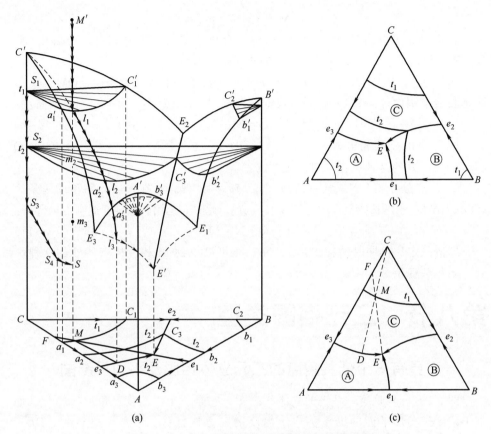

图 9-20　具有一个低共熔点的简单三元系统相图

（a）立体状态图；（b）、（c）平面投影图

在平面投影图上，立体图上的空间曲面（液相面）投影为初晶区Ⓐ、Ⓑ、Ⓒ，空间界线投影为平面界线 e_1E、e_2E、e_3E。e_1、e_2、e_3 分别是三个二元低共熔点 E_1、E_2、E_3 在平面上的投影，E 是三元低共熔点 E' 的投影。在平面投影图上表示温度，有如下几种表示办法。

① 采取等温线表示，如图 9-20（b）所示。在立体图上每隔一定温度间隔做平行于浓度三角形底面的等温截面，这些等温截面与液相面相交即得到许多等温线，然后将其投影到底面并在投影线上标上相应的温度值。很明显，液相面越陡，投影平面图上的等温线愈密集。因此，投影图上等温线的疏密可以反映出液相面的倾斜程度。由于等温线使相图图面变得复杂，有些三元相图上是不画的。

② 在界线上（包括三角形的边上）用箭头表示二元液相线和三元界线的温度下降方向。如图 9-20（b）所示。

③ 对于一些特殊点，如各组分及化合物的熔点，二元、三元无量变点的温度也往往直接在图上无量变点附近注明（如 $CaO\text{-}Al_2O_3\text{-}SiO_2$ 系统相图）。

④ 对于无量变点，其温度也常列表表示（如 $MgO-Al_2O_3-SiO_2$ 系统相图及表 9-12 无量变点表格）。

⑤ 也可根据分析析晶路径来判断点、线、面上温度的相对高低，对于界线的温度下降方向则往往需要运用后面将要学习的连线规则独立加以判断。

简单三元系统的析晶路径分析用图 9-20（a）、（c）来讨论。将组成为 M 的高温熔体 M' 冷却，当其沿 $M'M$ 线向下移动到达 C 的液相面上的 l_1 点（l_1 点温度为 t_1，其位于 $a_1'C_1'$ 等温线上），液相开始析出 C 的第一粒晶体，因为固相中只有 C 晶体，固相点的位置处于 CC' 上的 S_1 点。液相点随后将随着温度下降沿着此液相面变化，但液相面上的温度下降方向有许多路线，根据定比例规则（或杠杆规则），当从液相只析出 C 晶体时，留在液相中的 A、B 两组分含量的比例不会改变，所以液相组成必沿着平面投影图上 [图 9-20（c）] CM 连线延长线的方向变化（或根据杠杆规则，析出的晶相 C、系统总组成与液相组成必在一条直线上）。在空间图上，就是沿着 l_1l_3 变化。当系统冷却到 t_2 温度时，系统点到达 m_2，液相点到达 l_2，固相点则到达 S_2。根据杠杆规则，系统中的固相量随温度下降不断增加（虽然组成未变，仍为纯 C）。当冷却过程中系统点到达 m_3 时，液相点到达 E_3E' 界线上的 l_3 点（投影图上的 D 点），由于此界线是组分 A 和 C 的液相面的交线，因此从 l_3 液相中将同时析出 C 和 A 晶体，而液相组成必沿着 E_3E' 界线，向三元低共熔点 E' 的方向变化（在投影图上沿平面界线 e_3E 向温度下降的 E 点变化）。在此析晶过程中，固相除了 C 晶相外，还增加了 A 晶体，因而固相点将离开 S_3 向 S_4 点移动（在投影图上离开 C 点向 F 点移动）。当系统冷却到低共熔温度 T_E 时，系统点到达 S 点，液相点到达 E' 点，固相点到达 S_4 点（投影图上的 F 点）。按杠杆规则，这三点必在同一条等温的直线上。此时，从液相中开始同时析出 C、A、B 三种晶体，系统进入四相平衡状态，$F=0$。在这个等温析晶过程中，固相中除了 C、A 晶体又增加了 B 晶体，固相点必离开 S_4 点向三棱柱内部运动，按照杠杆规则，固相点必定沿着 $E'SS_4$ 直线向 S 点推进（投影图上离开 F 点沿 FE 线向三角形内的 M 点运动）。当固相点回到系统点 S（投影图上固相点回到原始配料组成点 M），意味着最后一滴液相在 E' 结束结晶。此时系统重新获得一个自由度，系统温度又可继续下降。最后获得的结晶产物为晶相 A、B、C。

上面讨论 M 熔体的结晶路径用文字表达冗繁，我们常用平面投影图上固相、液相点位置的变化简明地加以表述。M 熔体的结晶路径可以表示为：

$$M（熔体）\xrightarrow[P=2,F=2]{L\to C} D[C,C+(A)] \xrightarrow[P=3,F=1]{L\to A+C} E（到达）[F,A+C(B)] \xrightarrow[P=4,F=0]{L\to A+B+C}$$

$$E（消失）[M,A+B+C]$$

上述结晶路径分析中各项的含义与二元系统相同,在此不重复说明。按照杠杆规则,液相点、固相点、总组成点这三点在任何时刻必须处于一条直线上。这就使我们能够在析晶的不同阶段,根据液相点或固相点的位置反推另一相组成点的位置,也可以利用杠杆规则计算某一温度下系统中的液相量和固相量。如液相到达 D 点时:

$$固相量:液相量 = MD:CM \tag{9-12}$$
$$液相量:液固总量(配料量) = CM:CD \tag{9-13}$$
$$固相量:液固总量(配料量) = MD:CD \tag{9-14}$$

二、三元凝聚系统相图基本类型

三元凝聚系统相图基本类型如图 9-21 (a)~(k) 所示,现分别讨论如下。

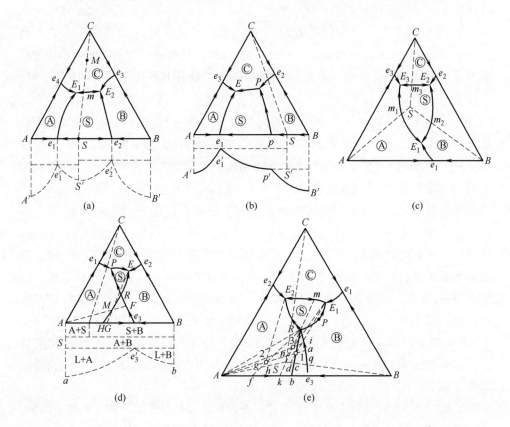

(a) 生成一个一致熔融二元化合物的三元相图; (b) 具有一个不一致熔融二元化合物的三元相图;
(c) 具有一个一致熔融三元化合物的三元相图; (d) 生成一个固相分解的二元化合物的三元相图;
(e) 有双降点的生成不一致熔融三元化合物的三元相图

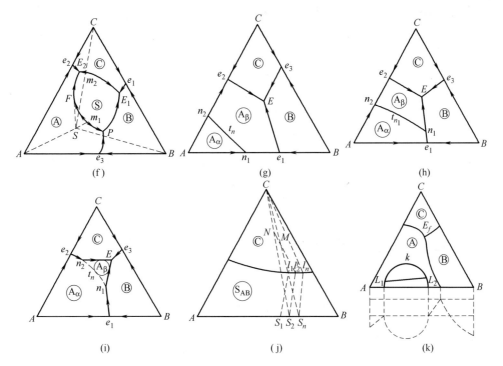

图 9-21　三元凝聚系统相图基本类型

(f) 有双升点的生成不一致熔融三元化合物的三元相图；(g)～(i) 具有多晶转变的三元相图；

(j) 形成一个二元连续固溶体的三元相图；(k) 具有液相分层的三元相图

1. 生成一个一致熔融二元化合物的三元系统相图

由某两个组分间生成的二元化合物，其组成点必处于浓度三角形的某一条边上。设在 A、B 两组分间生成一个一致熔融化合物 S [图 9-21 (a)]，其熔点为 S'，S 与 A 的低共熔点为 e'_1，S 与 B 的低共熔点为 e'_2，图 9-21 (a) 下部用虚线表示的就是 A-B 二元相图。在 A-B 二元相图上的 $e'_1 S' e'_2$ 是化合物 S 的液相线，这条液相线在三元相图上必然会发展出一个 S 的液相面，即Ⓢ初晶区。这个液相面与 A、B、C 的液相面在空间相交，共得五条界线、两个三元低共熔点 E_1 和 E_2。在平面图上 E_1 位于Ⓐ、Ⓢ、Ⓒ三个初晶区的交汇点，与 E_1 点液相平衡的晶相是 A、S、C。E_2 位于Ⓑ、Ⓢ、Ⓒ三个初晶区的交汇点，与 E_2 液相平衡的是 S、B、C 晶相。

一致熔融化合物 S 的组成点位于其初晶区Ⓢ内，这是所有一致熔融二元或一致熔融三元化合物在相图上的特点。由于 S 是一个稳定化合物，它可以与组分 C 形成新的二元系统，从而将 A-B-C 三元系统划分为两个三元分系统 ASC 和 BSC。这两个三元分系统的相图形式与简单三元系统完全相同。显然，如果原始配料点落在△ASC 内，液相必在 E_1 点结束析晶，析晶产物为 A、S、C 晶体；

如落在△SBC 内，则液相在 E_2 点结束析晶，析晶产物为 S、B、C 晶体。

如同 e_4 是 A-C 二元低共熔点一样，m 点必定是 C-S 二元系统中的低共熔点。而在分三元 A-S-C 的界线 mE_1 上，m 必定是整条 E_1E_2 界线上的温度最高点。同时 m 点又是 SC 连线（S-C 二元系统）上的温度最低点。因此，m 点通常叫"马鞍点"或叫"范雷恩点"（图 9-22）。

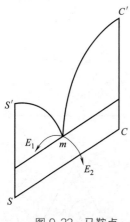

图 9-22 马鞍点

2. 生成一个不一致熔融二元化合物的三元系统相图

图 9-21（b）是生成一个不一致熔融二元化合物的三元系统相图。A、B 组分间生成一个不一致熔融化合物 S。在 A-B 二元相图中，$e_1'p'$ 是与 S 的平衡液相线，而化合物 S 的组成点不在 $e_1'p'$ 的组成范围内。液相线 $e_1'p'$ 在三元相图中发展为液相面，即⑤初晶区。显然，在三元相图中不一致熔融二元化合物 S 的组成点仍然不在其初晶区范围内。这是所有不一致熔融二元或三元化合物在相图上的特点。

由于 S 是一个高温分解的不稳定化合物，在 A-B 二元系统中，它不能和组分 A、组分 B 形成分二元系统。在 A-B-C 三元系统中，连线 CS 与图 9-21（a）中的连线 CS 不同，它不代表一个真正的二元系统，它不能把 A-B-C 三元系统划分成两个分三元系统。相图中各相区、界线及无量变点的含义如表 9-9 所示。

表 9-9 图 9-21（b）中各点、线、面的含义

点、线、面	性质	相平衡	点、线、面	性质	相平衡
e_1E	共熔线，$P=3, F=1$	L $\rightleftharpoons$ A+S	⑧	B 的初晶区，$P=2, F=2$	L $\rightleftharpoons$ B
pP	转熔线，$P=3, F=1$	L+B $\rightleftharpoons$ S	ⓒ	C 的初晶区，$P=2, F=2$	L $\rightleftharpoons$ C
e_2P	共熔线，$P=3, F=1$	L $\rightleftharpoons$ C+B	⑤	S 的初晶区，$P=2, F=2$	L $\rightleftharpoons$ S
e_2E	共熔线，$P=3, F=1$	L $\rightleftharpoons$ A+C	E	低共熔点，$P=4, F=0$	$L_E \rightleftharpoons$ A+C+S
ⓐ	A 的初晶区，$P=2, F=2$	L $\rightleftharpoons$ A	P	转熔点，$P=4, F=0$	L_P+B $\rightleftharpoons$ S+C

一个复杂的三元相图上往往有许多界线和无量变点，只有首先判明这些界线和无量变点的性质，才有可能讨论系统中任一配料在加热和冷却过程中发生的相变化。所以，在分析三元相图析晶路径以前，我们首先学习几条十分重要的规则。

① 连线规则　连线规则是用来判断界线温度变化方向的。

将一界线（或延长线）与相应的连线（或延长线）相交，其交点是该界线上的温度最高点。连线与界线相交有三种情况，如图 9-23 所示。SC 为连线，E_1E_2 为相应界线。

所谓相应的连线指与界线上液相平衡的两晶相组成点的连接直线。如

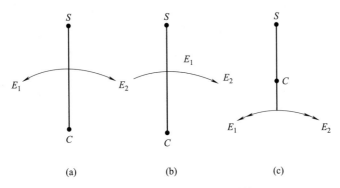

图 9-23　连线与界线相交有三种情况

(a) 连线与界线 E_1E_2 相交，交点是界线 E_1E_2 上的温度最高点；(b) 连线与界线 E_1E_2

延长线相交，交点是界线 E_1E_2 上的温度最高点；(c) 连线的延长线与界线

E_1E_2 相交，交点是界线 E_1E_2 上的温度最高点

图 9-21（b）中界线 e_2P 界线与其组成点连线 BC，交于 e_2 点，则 e_2 点是界线上的温度最高点，表示温度下降方向的箭头应指向 P 点。界线 EP 与其相应连线 CS 不直接相交，此时需延长界线使其相交，交点在 P 点右侧，因此，温降箭头应从 P 点指向 E 点。

　　② 切线规则　切线规则用于判断三元相图上界线的性质。

　　将界线上某一点所做的切线与相应的连线相交，如交点在连线上，则表示界线上该处具有共熔性质；如交点在连线的延长线上，则表示界线上该处具有转熔性质，远离交点的晶相被回吸。

　　图 9-21（b）上的界线 e_1E 上任一点切线都交于相应连线 AS 上，所以是共熔线。pP 上任一点切线都交于相应连线 BS 的延长线上，所以是一条转熔线，冷却时远离交点的 B 晶体被回吸，析出 S 晶体。图 9-21（f）上的界线 E_2P 上任一点切线与相应的连线 AS 相交有两种情况，在 E_2F 段，交点在连线上；而在 FP 段，交点在 AS 的延长线上。因此，E_2F 段界线具有共熔性质，冷却时从液相中同时析出 A、S 晶体；而 FP 段具有转熔性质，冷却时远离交点的 A 晶体被回吸，析出 S 晶体。F 点是界线上的一个转折点。

　　为了区别这两类界线，在三元相图上共熔界线的温度下降方向规定用单箭头表示，而转熔界线的温度下降方向则用双箭头表示。

　　③ 重心规则　重心规则用于判断无量变点的性质。

　　如无量变点处于其相应副三角形的重心位，则该无量变点为低共熔点；如无量变点处于其相应副三角形的交叉位，则该无量变点为单转熔点；如无量变点处于其相应副三角形的共轭位，则该无量变点为双转熔点。

　　所谓相应副三角形指与该无量变点液相平衡的三个晶相组成点连成的三角

形。图 9-21（f）无量变点 E_1 处于相应副三角形△SBC 的重心位，因而是低共熔点。无量变点 P 处于其相应副三角形△ABS 的交叉位，因此 P 点是一个单转熔点，回吸的晶相是远离 P 点的顶角 A，析出的晶相是 S 和 B。在 P 点发生下列相变化：$L_P + A \longrightarrow S + B$。图 9-21（e）中无量变点 R 处于相应的副三角形△ABS 的共轭位，因而 R 是一个双转熔点。根据重心原理，被回吸的两种晶相是 A 和 B，析出的则是晶相 S。在 R 点发生下列相变化：$L_R + A + B \longrightarrow S$。

除了上述重心规则，还可以根据界线的温降方向判断无量变点性质。凡属低共熔点，则三条界线的温降箭头一定都指向它；凡属单转熔点，两条界线的温降箭头指向它，另一条界线的温降箭头则背向它。被回吸的晶相是温降箭头指向它的两条界线所包围的初晶区的晶相［如图 9-21（b）中的 P 点，回吸的是晶相 B］。因为从该无量变点出发有两个温度升高的方向，所以单转熔点又称"双升点"。凡属双转熔点，只有一条界线的温降箭头指向它，另两条界线的温降箭头则背向它，所析出的晶体是温降箭头背向它的两条界线所包围的初晶区的晶相［如图 9-21（e）中的 R 点，回吸的是 A、B 晶体，析出的是 S 晶体］。因为从该无量变点出发，有两个温度下降的方向，所以双转熔点又称"双降点"。

④ 三角形规则　三角形规则用于确定结晶产物和结晶终点。

原始熔体组成点所在三角形的三个顶点表示的物质即为其结晶产物；与这三个物质相应的初晶区所包围的三元无量变点是其结晶结束点。

根据此规则，凡组成点落在图 9-21（b）上△SBC 内的配料，其高温熔体析晶过程完成以后所获得的结晶产物是 S、B、C，而液相在 P 点消失。凡组成点落在△ASC 内的配料，其高温熔体析晶过程完成以后所获得的析晶产物为 A、S、C，液相则在 E 点消失。运用这一规律，我们可以验证对结晶路径的分析是否正确。

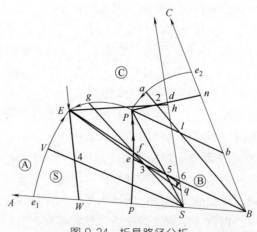

图 9-24　析晶路径分析

图 9-24 是图 9-21（b）中富 B 部分的放大图。图上共列出六个配料点，其析晶路径具有代表性。我们分别讨论其冷却析晶过程。

熔体 1 的析晶路径：

$$熔体 1 \xrightarrow[P=1,F=3]{L} 1[B,(B)] \xrightarrow[P=2,F=2]{L\to B} a[B,B+(C)] \xrightarrow[P=3,F=1]{L\to B+C} P(到达)$$

$$[b,B+C+(S)] \xrightarrow[P=4,F=0]{L+B\to S+C} P(消失)[1,S+B+C]$$

熔体 2 的析晶路径：

$$熔体 2 \xrightarrow[P=1,F=3]{L} 2[B,(B)] \xrightarrow[P=2,F=2]{L\to B} a[B,B+(C)] \xrightarrow[P=3,F=1]{L\to B+C} P(到达)$$

$$[n,B+C+(S)] \xrightarrow[P=4,F=0]{L+B\to S+C} P(离开)[d,S+C(B消失)] \xrightarrow[P=3,F=1]{L\to S+C} E(到达)$$

$$[h,S+C+(A)] \xrightarrow[P=4,F=0]{L\to A+S+C} E(消失)[2,A+S+C]$$

熔体 3 的析晶路径：

$$熔体 3 \xrightarrow[P=1,F=3]{L} 3[B,(B)] \xrightarrow[P=2,F=2]{L\to B} e[B,B+(S)] \xrightarrow[P=3,F=1]{L+B\to S} f[S,B+(B消失)]$$

$$\xrightarrow[P=2,F=2]{L\to S(穿相区)} g[S,S+(C)] \xrightarrow[P=3,F=1]{L\to S+C} E(到达)[q,S+C+(A)] \xrightarrow[P=4,F=0]{L\to A+S+C}$$

$$E(消失)[3,A+S+C]$$

熔体 4 的析晶路径：

$$熔体 4 \xrightarrow[P=1,F=3]{L} 4[S,(S)] \xrightarrow[P=2,F=2]{L\to S} V[S,S+(A)] \xrightarrow[P=3,F=1]{L\to A+S} E(到达)$$

$$[W,A+S+(C)] \xrightarrow[P=4,F=0]{L\to A+S+C} E(消失)[4,A+S+C]$$

熔体 5 的析晶路径：

$$熔体 5 \xrightarrow[P=1,F=3]{L} 5[B,(B)] \xrightarrow[P=2,F=2]{L\to B} e[B,B+(S)] \xrightarrow[P=3,F=1]{L+B\to S}$$

$$P(不停留)[S,S+(C)]$$

$$\xrightarrow[P=3,F=1]{L\to S+C} E(到达)[r,S+C+(A)] \xrightarrow[P=4,F=0]{L\to A+S+C} E(消失)[5,A+S+C]$$

熔体 6 的组成刚好在 SC 连线上，最终的析晶产物为晶体 S 和晶体 C，在 P 点析晶结束，其析晶路径请读者自己分析。

从以上析晶路径分析，可得到许多规律性的东西，现总结于表 9-10 中。

表 9-10　不同组成熔体的析晶规律

组成	无量变点的反应	析晶终点	析晶终相
组成在 △ASC 内	$L_E \rightleftharpoons A+S+C，B$ 先消失	E	A+S+C
组成在 △BSC 内	$L_P + B \rightleftharpoons S+C，L_P$ 先消失	P	B+S+C

组成	无量变点的反应	析晶终点	析晶终相
组成在 SC 连线上	$L_P + B \rightleftharpoons S + C$, B 和 L_P 同时消失	P	S+C
组成在 pPS 扇形区	$L_E \rightleftharpoons A + S + C$, 穿相区,不经过 P 点	E	A+S+C
组成在 PS 连线上	$L_E \rightleftharpoons A + S + C$, 在 P 点不停留	E	A+S+C

上面讨论的都是平衡析晶过程,平衡加热过程应是上述平衡析晶过程的逆过程。从高温平衡冷却和从低温平衡加热到同一温度,系统所处的状态应是完全一样的。在分析了平衡析晶以后,我们再以配料 4 为例说明平衡加热过程。配料 4 处于△ASC 内,其高温熔体平衡析晶终点是 E 点,因而配料中开始出现液相的温度应是 T_E,此时,A+S+C$\rightleftharpoons L_E$(注意:原始配料用的是 A、B、C 三组分,但按热力学平衡状态的要求,在低温下 A、B 已通过固相反应生成化合物 S,B 已耗尽。由于固相反应速率很慢,实际过程往往并非如此。这里讨论的前提是平衡加热),即在 T_E 温度下 A、S、C 晶体不断低共熔生成 E 组成的熔体。由于四相平衡,液相点保持在 E 点不变,固相点则沿 E_4 连线延长线方向变化,当固相点到达 AB 边上的 W 点,表明固相中的 C 晶体已熔完,系统温度可以继续上升。由于系统中此时残留的晶相是 A 和 S,因而液相点不可能沿其他界线变化,只能沿与 A、S 晶相平衡的 e_1E 界线向温升方向的 e_1 点运动。e_1E 是一条共熔界线,升温时发生共熔过程 A+S$\rightleftharpoons$L,A 和 S 晶体继续溶入熔体。当液相点到达 V 点,固相组成从 W 点沿 AS 线变化到 S 点,表明固相中的 A 晶体已全部熔完,系统进入液相与 S 晶体的两相平衡状态。液相点随后将随温度升高,沿 S 点的液相面从 V 点向 4 点接近。温度升到液相面上的 4 点温度,液相点与系统点(原始配料点)重合,最后一粒 S 晶体熔完,系统进入高温熔体的单相平衡状态。不难看出,此平衡加热过程是配料 4 熔体的平衡冷却析晶过程的逆过程。

3. 具有一个一致熔融三元化合物的三元系统相图

图 9-21 (c) 中的三元化合物 S 的组成点处于其初晶区Ⓢ内,因而是一个一致熔融化合物。由于生成的化合物是一个稳定化合物,连线 SA、SB、SC 都代表一个独立的二元系统,m_1、m_2、m_3 分别是其二元低共熔点。整个系统被三根连线划分成三个简单三元 A-B-S、B-S-C 及 A-S-C,E_1、E_2、E_3 分别是它们的低共熔点。

4. 生成一个固相分解的二元化合物的三元系统相图

图 9-21 (d) 中,A、B 二组分间生成一个固相分解的化合物 S,其分解温度低于 A、B 二组分的低共熔温度,因而不可能从 A、B 二元的液相线 ae'_3 及 be'_3 直接析出 S 晶体。但从二元发展到三元时,液相面温度是下降的,如果降到化合物 S 的分解温度 T_R 以下,则有可能从液相中直接析出 S。图中Ⓢ即为二元化合物 S 在三元中的初晶区。

该相图的一个异常特点是系统具有三个无量变点 P、E、R，但只能画出与 P、E 点相应的副三角形。与 R 点液相平衡的三晶相 A、S、B 组成点处于同一直线，不能形成一个相应的副三角形。根据三角形规则，在此系统内任一三元配料只可能在 P 点或 E 点结束结晶，而不能在 R 点结束结晶。根据三条界线温降方向判断，R 点是一个双转熔点，在 R 点发生下列转熔过程：$L_R + A + B \rightleftharpoons$ S。如果分析 M 点结晶路径，可以发现，在 R 点进行上述转熔过程时，实际上液相量并未减少，所发生的变化仅仅是 A 和 B 生成化合物 S（液相起介质作用），R 点因此当然不可能成为析晶终点。像 R 这样的无量变点常被称为过渡点。

图 9-21（d）中 M 熔体在冷却过程中的析晶路径如下。

$$M(熔体) \xrightarrow[P=1,F=3]{L} M[A,(A)] \xrightarrow[P=2,F=2]{L \to A} F[A,A+(B)] \xrightarrow[P=3,F=1]{L \to A+B} R(到达)$$

$$[H,A+B+(S)] \xrightarrow[P=4,F=0]{L+A+B \to S} R(离开)[H,S+B+(A 消失)] \xrightarrow[P=3,F=1]{L \to S+B} E(到达)$$

$$[G,S+B+(C)] \xrightarrow[P=4,F=0]{L \to S+B+C} E(消失)[M,S+B+C]$$

5. 具有一个不一致熔融三元化合物的三元系统相图

图 9-21（e）及图 9-21（f）中三元化合物 S 的组成点位于其初晶区 Ⓢ 以外，因而是一个不一致熔融化合物。在划分成副三角形后，根据重心规则判断，图 9-21（f）中的 P 点是单转熔点，在 P 点发生转熔过程 $L_P + A \rightleftharpoons B + S$。图 9-21（e）中的 R 点是一个双转熔点，在 R 点发生的相变化是 $L_R + A + B \rightleftharpoons S$。按照切线规则判断界线性质时，发现图 9-21（f）上的 $E_2 P$ 线具有从共熔性质变为转熔性质的转折点，因而在同一条界线上既有单箭头又有双箭头。

本系统配料的结晶路径可因配料点位置不同而出现多种变化，特别在转熔点的附近区域。图 9-21（e）中 1、2、3 点的析晶路径分析如下。

熔体 1 的析晶路径：

$$熔体 1 \xrightarrow[P=1,F=3]{L} 1[A,(A)] \xrightarrow[P=2,F=2]{L \to A} a[A,A+(B)] \xrightarrow[P=3,F=1]{L \to A+B} R(到达)$$

$$[b,A+B+(s)] \xrightarrow[P=4,F=0]{L+A+B \to S} R(离开)[c,S+B+(A 消失)] \xrightarrow[P=3,F=1]{L+B \to S} E(到达)$$

$$[d,S+B+(C)] \xrightarrow[P=4,F=0]{L \to S+B+C} E_1(消失)[1,S+B+C]$$

熔体 2 的析晶路径：

$$熔体 2 \xrightarrow[P=1,F=3]{L} 2[A,(A)] \xrightarrow[P=2,F=2]{L \to A} a[A,A+(B)] \xrightarrow[P=3,F=1]{L \to A+B} R(到达)$$

$$[f,A+B+(S)] \xrightarrow[P=4,F=0]{L+A+B \to S} R(消失)[g,A+S+(B 消失)] \xrightarrow[P=3,F=1]{L+A \to S} E_2(到达)$$

$$[h,A+S+(C)] \xrightarrow[P=4,F=0]{L \to A+S+C} E_2(消失)[2,A+S+C]$$

熔体 3 的析晶路径：

$$\text{熔体 3} \xrightarrow[P=1,F=3]{L} 3[A,(A)] \xrightarrow[P=2,F=2]{L \to A} i[A,A+(B)] \xrightarrow[P=3,F=1]{L \to A+B} R(\text{到达})$$

$$[k,A+B+(S)] \xrightarrow[P=4,F=0]{L+A+B \to S} R(\text{离开})[S,S+(A,B \text{同时消失})] \xrightarrow[P=2,F=2]{L \to S(\text{穿相区})}$$

$$m[S,S+(C)] \xrightarrow[P=3,F=1]{L \to S+C} E_1(\text{到达})[n,S+C+(B)] \xrightarrow[P=4,F=0]{L \to S+B+C}$$

$$E_1(\text{消失})[3,S+B+C]$$

6. 具有多晶转变的三元系统相图

图 9-21（g）、(h) 和 (i) 中的组分 A 高温下的晶形是 α 型，t_n 温度下转变为 β 型。t_n 和 A-B、A-C 两个系统的低共熔点有不同的相对位置，分为三种不同的情况。第一种，$t_n > e_1$，$t_n > e_2$ [图 9-21（g）]；第二种情况，$t_n < e_1$，$t_n > e_2$ [图 9-21（h）]；第三种情况，$t_n < e_1$，$t_n < e_2$ [图 9-21（i）]。

显然，三元相图上的晶形转变线与某一等温线是重合的，该等温线表示的温度即晶形转变温度。

7. 形成一个二元连续固溶体的三元系统相图

这类系统的相图见图 9-21（j）。组分 A、B 形成连续固溶体，而 A-C、B-C 则为两个简单二元系统。在此相图上有一个 C 的初晶区，一个 $S_{A(B)}$ 固溶体的初晶区。从界线液相中同时析出 C 晶体和 $S_{A(B)}$ 固溶体。结线 l_1S_1、l_2S_2、l_nS_n 表示与界线上不同组成液相相平衡的 $S_{A(B)}$ 固溶体的不同组成。由于此相图上只有两个初晶区和一条界线，不可能出现四相平衡，所以相图上没有三元无量变点。

M 熔体冷却时首先析出 C 晶体，液相点到达界线上的 l_1 后，从液相中同时析出 C 晶体和 S_1 组成的固溶体。当液相点随温度下降沿界线变化到 l_2 点时，固溶体组成到达 S_2 点，固相总组成点在 l_2M 的延长线与 CS_2 连线的交点 N。当固溶体组成到达 S_n 点，C、M、S_n 三点成一直线时，液相必在 l_n 消失，析晶过程结束。

8. 具有液相分层的三元系统相图

图 9-21（k）中的 A-C、B-C 均为简单二元系统，而 A-B 二元中有液相分层现象。从二元转变为三元时，C 组分的加入使分液范围逐渐缩小，最后在 K 点消失。在分液区内，两个相互平衡的液相组成，由一系列结线表示（如图中的结线 L_1L_2）。

第九节　三元系统相图应用

一、CaO-Al$_2$O$_3$-SiO$_2$系统

1. CaO-Al$_2$O$_3$-SiO$_2$系统相图

CaO-Al$_2$O$_3$-SiO$_2$系统的三元相图图形比较复杂（图 9-25），可按如下步骤详细阅读。

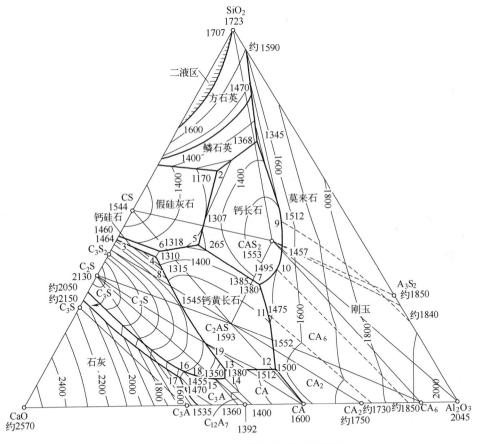

图 9-25　CaO-Al$_2$O$_3$-SiO$_2$ 系统三元相图

① 首先看系统中生成多少化合物，找出各化合物的初晶区，根据化合组成点与其初晶区的位置关系，判断化合物的性质。本系统共有十个二元化合物，其中四个是一致熔融化物：CS、C$_2$S、C$_{12}$A$_7$、A$_3$S$_2$，六个不一致熔融化合物：

C_3S_2、C_3S、C_3A、CA、CA_2、CA_6。两个三元化合物 CAS_2（钙长石）及 C_2AS（铝方柱石）都是一致熔融的。这些化合物的熔点或分解温度都标在相图上各自的组成点附近。

② 如果界线上未标明等温线，也未标明界线的温降方向，则需要运用连线规则，首先判明各界线的温度下降方向，再用切线规则判明界线性质。然后，在界线上打上相应的单箭头或双箭头。

③ 运用重心规则判断各无量变点性质。如果在判断界线性质时，已经先画出了与各界线相应的连线，则与无量变点相应的副三角形已经自然形成；如果先画出与各无量变点相应的副三角形，则与各界线相应的连线也会自然形成。

需要注意的是，不能随意在两个组成点间连线或在三个组成点间连副三角形。如 A_3S_2 与 CA 组成点间不能连线，因为相图上这两个化合物的初晶区并无共同界线，液相与这两个晶相并无平衡共存关系；在 A_3S_2、CA、Al_2O_3 的组成点间也不能连副三角形，因为相图上不存在这三个初晶区相交的无量变点，它们并无共同析晶关系。

三元相图上的无量变点必定都处于三个初晶区、三条界线的交点，而不可能出现其他的形式，否则是违反相律的。

在一般情况下，有多少个无量变点，就可以将系统划分成多少相应的副三角形（有时副三角形的数目可能少于无量变点数目）。本系统共有 19 个无量变点，除去晶形转变点，整个相图可以划分成 15 个副三角形。在副三角形划分以后，根据配料点所处的位置，运用三角形规则，就可以很容易地预先判断任一配料的结晶产物和结晶终点。

本系统 15 个无量变点的性质、温度和组成如表 9-11 所示。

表 9-11 系统中的无量变点及其性质

图中点号	相平衡	平衡性质	平衡温度/℃	化学组成（质量分数）/%		
				CaO	Al_2O_3	SiO_2
1	$L \rightleftharpoons$ 鳞石英 $+CAS_2+A_3S_2$	低共熔点	1345	9.8	19.8	70.4
2	$L \rightleftharpoons$ 鳞石英 $+CAS_2+\alpha\text{-}CS$	低共熔点	1170	23.3	14.7	62.0
3	$\alpha\text{-}CS \rightleftharpoons \alpha'\text{-}CS$（存在液相及 C_3S_2）	多晶转变	1450	53.3	4.2	42.8
4	$\alpha'\text{-}CS+L \rightleftharpoons C_3S_2+C_2AS$	单转熔点	1315	48.2	11.9	39.9
5	$L \rightleftharpoons CAS_2+C_2AS+\alpha\text{-}CS$	低共熔点	1265	38.0	20.0	42.0
6	$L \rightleftharpoons C_2AS+C_3S_2+\alpha\text{-}CS$	低共熔点	1310	47.2	11.8	41.0
7	$L \rightleftharpoons CAS_2+C_2AS+CA_6$	低共熔点	1380	29.2	39.0	31.8
8	$\alpha\text{-}C_2S \rightleftharpoons \alpha'\text{-}CS$（存在液相及 C_2AS）	多晶转变	1450	49.0	14.4	36.6
9	$Al_2O_3+L \rightleftharpoons CAS_2+A_3S_2$	单转熔点	1512	15.6	36.5	47.0
10	$Al_2O_3+L \rightleftharpoons CA_6+CAS_2$	单转熔点	1495	23.0	41.0	36.0
11	$CA_2+L \rightleftharpoons C_2AS+CA_6$	单转熔点	1475	31.2	44.5	24.3
12	$L \rightleftharpoons C_2AS+CA+CA_2$	低共熔点	1500	37.5	53.2	9.3

图中点号	相平衡	平衡性质	平衡温度/℃	化学组成(质量分数)/%		
				CaO	Al$_2$O$_3$	SiO$_2$
13	$C_2AS+L \Longleftrightarrow \alpha'\text{-}C_2S+CA$	单转熔点	1380	48.3	42.0	9.7
14	$L \Longleftrightarrow \alpha'\text{-}C_2S+CA+C_{12}A_7$	低共熔点	1335	49.5	43.7	6.8
15	$L \Longleftrightarrow \alpha'\text{-}C_2S+C_3A+C_{12}A_7$	低共熔点	1335	52.0	41.2	6.8
16	$C_3S+L \Longleftrightarrow C_3A+\alpha\text{-}C_2S$	单转熔点	1455	58.3	33.0	8.7
17	$CaO+L \Longleftrightarrow C_3S+C_3A$	单转熔点	1470	59.7	32.8	7.5
18	$\alpha\text{-}C_2S \Longleftrightarrow \alpha'\text{-}C_2S(存在液相及 C_3A)$	多晶转变	1450	—	—	—
19	$\alpha\text{-}C_2S \Longleftrightarrow \alpha'\text{-}C_2S(存在液相及 C_2AS)$	多晶转变	1450	—	—	—

④ 仔细观察相图上是否存在晶形转变、液相分层或形成固溶体等现象。本相图在富硅部分液相有分液区（2L），它是从 CaO-SiO$_2$ 二元的分液区发展而来的。此外，在 SiO$_2$ 初晶区还有一条 1470℃的方石英与鳞石英之间的晶形转变线。

CaO-Al$_2$O$_3$-SiO$_2$ 系统与许多硅酸盐产品有关，其富钙部分相图与硅酸盐水泥生产关系尤为密切。在这一部分相图上（图 9-26），共有三个无量变点 h、k、F（表 9-11 中的 17、16、15），h、k 是单转熔点，F 是低共熔点。与这三个无量变点相应的副三角形是 CaO-C$_3$A-C$_3$S、C$_3$S-C$_3$A-C$_2$S、C$_2$S-C$_3$A-C$_{12}$A$_7$。用切线规则判断，CaO 与 C$_3$S 初晶区的界线在 Z 点从转熔界线变为共熔界线，而 C$_3$S 与 C$_2$S 初晶区的界线则在 y 点从共熔性质变为转熔性质。在 yk 段，冷却时，$L+C_2S \Longleftrightarrow C_3S$，即 C$_2$S 被回吸，生成 C$_3$S。但到达 k 点，$L_k+C_3S \Longleftrightarrow C_2S+C_3A$，即 C$_3$S 被回吸，生成 C$_2$S。这个有趣的现象说明，系统从三相平衡进入四相平衡是一种质的飞跃，而不是量的渐变，不能简单地从三相平衡关系类推四相平衡关系。

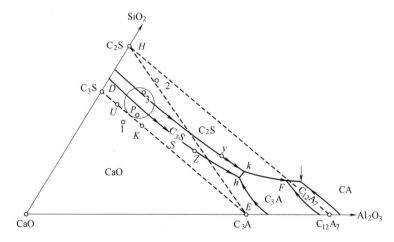

图 9-26　CaO-Al$_2$O$_3$-SiO$_2$ 系统与富钙部分相图

我们以硅酸盐水泥熟料的典型配料图上的点 3 为例，分析一下结晶路径。将配料 3 加热到高温完全熔融（约 2000℃），然后平衡冷却析晶，从熔体中首先析出 C_2S，液相组成沿 C_2S-3 连线的延长线变化到 C_2S-C_3S 界线时，开始从液相中同时析出 C_2S 与 C_3S。液相点随温度下降沿界线变化到 y 点时，共析晶过程结束，转熔过程开始，C_3S 被回吸，析出 C_2S。当系统冷却到 k 点温度（1455℃），液相点沿 yk 界线到达 k 点，系统进入无量变状态，L_k 液相与 C_3S 晶体不断反应生成 C_2S 与 C_3A。由于配料点处于三角形 C_3S-C_2S-C_3A 内，最后 L_k 首先耗尽，结晶过程在 k 点结束。获得的结晶产物是 C_3S、C_2S、C_3A。

2. CaO-Al_2O_3-SiO_2 系统相图应用

下面我们就硅酸盐水泥生产中的配料、烧成及冷却，结合相图加以讨论，以提高利用相图分析实际问题的能力。

(1) 硅酸盐水泥的配料

硅酸盐水泥熟料中含有 C_3S、C_2S、C_3A、C_4AF 四种矿物，相应的组成氧化物为 CaO、SiO_2、Al_2O_3、Fe_2O_3。因为 Fe_2O_3 含量较低（2%～5%），可以合并入 Al_2O_3 考虑，C_4AF 则相应计入 C_3A，这样可以用 CaO-Al_2O_3-SiO_2 三元系统来表示硅酸盐水泥的配料组成。

根据三角形规则，配料点落在哪个副三角形，最后析晶产物便是这个副三角形三个顶角所表示的三种晶相。图 9-26 中 1 点配料处于三角形 CaO-C_3A-C_3S 中，平衡析晶产物中将有游离 CaO。2 点配料处于三角形 C_2S-C_3A-$C_{12}A_7$ 内，平衡析晶产物中将有 $C_{12}A$ 而没有 C_3S，前者的水硬活性很差，而后者是水泥中最重要的水硬矿物。因此，这两种配料都不符合硅酸盐水泥熟料矿物组成的要求。硅酸盐水泥生产中熟料的实际组成是 2%～67% CaO、20%～24% SiO_2 和 6.5%～13%（Al_2O_3＋Fe_2O_3），即在三角形 C_3S-C_3A-C_2S 内的小圆圈内波动。从相平衡的观点看这个配料是合理的，因为最后析晶产物都是水硬性能良好的胶凝矿物。以 C_3S-C_2S-C_3A 作为一个浓度三角形，根据配料点在此三角形中的位置，可以读出平衡析晶时水泥熟料中各矿物的含量。

(2) 烧成

工艺上不可能将配料加热到 2000℃ 左右完全熔融，然后平衡冷却析晶。实际上是采用部分熔融的烧结法生产熟料。因此，熟料矿物的形成并非完全来自液相析晶，固态组分之间的固相反应起着更为重要的作用。为了加速固相反应，液相开始出现的温度及液相量至关重要。如果是非常缓慢的平衡加热，则加热熔融过程应是缓慢冷却平衡析晶的逆过程，且在同一温度下，应具有完全相同的平衡状态。以配料 3 为例，其结晶终点是 k 点，则平衡加热时应在 k 点出现与 C_3S、C_2S、C_3A 平衡的 L_k 液相。但 C_3S 很难通过纯固相反应生成（如果很容易，水泥就不需要在 1450℃ 的高温下烧成了），在 1200℃ 以下组分间通过固相反应生成的是反应速率较快的 $C_{12}A_7$、C_3A、C_2S。因此，液相开始出现的温度并不是 k 点的 1445℃，而是与这三个晶相平衡的 F 点温度 1335℃（事实上，由于工艺配料中含有 Na_2O、K_2O、MgO 等其他氧化物，液相开始出现的温度还要低，约 1250℃）。F 点是一个低共熔点，加热时 $C_2S+C_3A+C_{12}A_7 \rightleftharpoons L_k$，即 C_3S、C_2A、$C_{12}A_7$ 低共熔形成 F 点液相。当 $C_{12}A_7$ 熔完后，液相组成将沿 F_k 界线变化，升温过程中 C_2S 与 C_3A 继续溶入液相，液相量随温度升高不断增加。系统中一旦形成液相，生成 C_3S 的固相反应 $C_2S+CaO \rightleftharpoons C_3S$ 的反应速率即大大增加。从某种意义上说，水泥烧成的核心问题是如何创造良好的动力条件促成熟料中的主要矿物 C_3S 大量生成。$C_{12}A_7$ 是在非平衡加热过程中在系统中出现的一个非平衡相，但它的出现降低了液相开始形成温度，对促进热力学平衡相 C_3S 的大量生成是有帮助的。

(3) 冷却

水泥配料达到烧成温度时所获得的液相量约 20％～30％。在随后降温过程中，为了防止 C_3S 分解及 β-C_2S 发生晶形转化，工艺上采取快速冷却措施，因而冷却过程也是不平衡的，这种不平衡的冷却过程可以用下面两种模式加以讨论。

① 急冷。此时冷却速率超过熔体的临界冷却速率，液相完全失去析晶能力，全部转变为低温下的玻璃体。

② 液相独立析晶。如果冷却速率不是快到使液相完全失去析晶能力，但也不是慢到足以使它能够和系统中其他晶相保持原有相平衡关系，此时液相就像一个原始配料高温熔体那样独自析晶，重新建立一个新的平衡体系，不受系统中已存在的其他晶相的制约。这种现象特别容易发生在转熔点上的液相，譬如在 k 点，$L_k+C_3S \rightleftharpoons C_2S+C_3A$，生成的 C_2S 和 C_3A 往往包裹在 C_3S 表面，阻止了 L_k 与 C_3S 的进一步反应，此时液相将作为一个原始熔体开始独立析晶，沿 kF 界线析出 C_2S 和 C_3A，到 F 点后又有 $C_{12}A_7$ 析出。因为 k 点在三角形 C_2S-C_3A-$C_{12}A_7$ 内，独立析晶的析晶终点必在与其相应的无量变点 F。因此，在发生液相独立析晶时，尽管原始配料点处在三角形 C_3S-C_3A-C_2S 内，其最终获得的产物中可能有四个晶相，除了 C_3S、C_2S、C_3A 外，还可能有 $C_{12}A_7$，这是由过程的非平衡性质造成的。由于冷却时在 k 点发生 $L_k+C_3S \rightleftharpoons C_2S+C_3A$ 的转熔过程，C_3S 要消耗，如在 k 点发生液相独立析晶或冷却成玻璃体，可以阻止这一转熔过程。因此，对某些硅酸盐水泥配料，快速冷却反而可以增加熟料中的 C_3S 含量。

必须指出，所谓急冷成玻璃体或发生液相独立析晶，不过是非平衡冷却过程的两种理想化了的模式，实际过程很可能比这两种理想模式更复杂或者二者兼而有之。

在 CaO-Al$_2$O$_3$-SiO$_2$ 系统中，各种重要的硅酸盐制品的组成范围如图 9-27 所示。

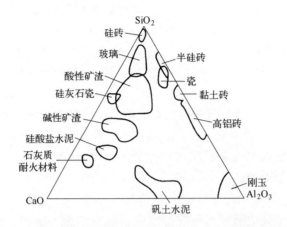

图 9-27　CaO-Al$_2$O$_3$-SiO$_2$ 系统中工艺组成范围

二、K$_2$O-Al$_2$O$_3$-SiO$_2$ 系统

本系统有 5 个二元化合物及 4 个三元化合物。在这 4 个三元化合物的组成中，K$_2$O 含量与 Al$_2$O$_3$ 含量的比值是相等的，因而它们排列在一条 SiO$_2$ 与二元化合物 K$_2$O·Al$_2$O$_3$ 的连线上。三元化合物钾长石 KAS$_6$（图 9-28 中的 W 点）是一个不一致熔融化合物，其分解温度较低，在 1150℃ 即分解为 KAS$_4$ 和富硅液相（液相量约 50%），因而是一种熔剂性矿物。白榴石 KAS$_4$（图 9-28 中的 X 点）是一致熔融化合物，熔点 1686℃。钾霞石 KAS$_2$（图 9-28 中的 Y 点）也是一个一致熔融化合物，熔点 1800℃。化合物 KAS（图 9-28 中的 Z 点）的性质迄今未明，其初晶区范围尚未能予以确定。K$_2$O 高温下易于挥发引起实验上的困难，本系统的相图不是完整的，仅给出了 K$_2$O 含量在 50% 以下部分的相图。

图 9-28 中的 M 点和 E 点是两个不同的无量变点。M 点处于莫来石、鳞石英和钾长石三个初晶区的交点，是一个三元无量变点，按照重心规则，它是一个低共熔点（985℃）。M 点左侧的 E 点是鳞石英和钾长石初晶区界线与相应连线 SiO$_2$-W 的交点，是该界线上的温度最高点，也是鳞石英与钾长石的低共熔点（990℃）。

本系统与日用陶瓷及普通电瓷生产密切相关。日用陶瓷及普通电瓷一般用黏土（高岭土）、长石和石英配料。高岭土的主要矿物组成是高岭石 Al$_2$O$_3$·2SiO$_2$·2H$_2$O，煅烧脱水后的化学组成为 Al$_2$O$_3$·2SiO$_2$，称为烧高岭。图 9-29 上的 D 点

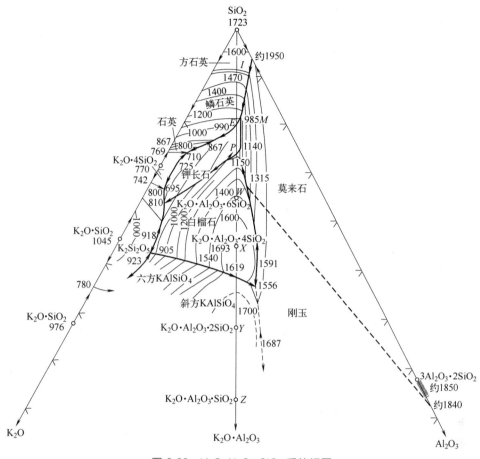

图 9-28　K₂O-Al₂O₃-SiO₂ 系统相图

即为烧高岭的组成点，D 点不是相图上固有的一个二元化合物组成点，而是一个附加的辅助点，用以表示配料中的一种原料的组成。根据重心原理，用高岭土、长石、石英三种原料配制的陶瓷坯料组成点必处于辅助△ QWD（常被称为配料三角形）内，而在相图上则是处于副△ QWm（常被称为产物三角形）内。这就是说，配料经过平衡析晶（或平衡加热）后在制品中获得的晶相应为莫来石、石英和长石。在配料△ QWD 中，1-8 线平行于 QW 边，根据等含量规则，所有处于该线上的配料中烧高岭的含量是相等的。而在产物△ QWm 中，1-8 线平行于 QW 边，意味着在平衡析晶（或平衡加热）时从 1-8 线上各配料所获得的产品中莫来石量是相等的。也就是说，产品中莫来石的量取决于配料中的黏土量。莫来石是日用陶瓷中的重要晶相。

　　如将配料 3 加热到高温完全熔融，平衡析晶时首先析出莫来石，液相点沿 A_3S_2-3 连线延长线方向变化到石英与莫来石初晶区的界线后（图 9-28），从液相

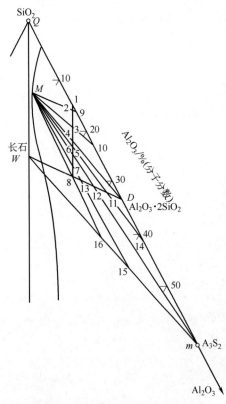

图 9-29 配料三角形与产物三角形

中同时析出莫来石与石英，液相沿此界线到达 985℃ 的低共熔点 M 后，同时析出莫来石、石英与长石，析晶过程在 M 点结束。当将配料 3 平衡加热，长石、石英及通过固相反应生成的莫来石将在 985℃ 下低共熔生成 M 组成的液相，即 $A_3S_2 + KAS_6 + S \rightleftharpoons L_M$。此时系统处于四相平衡，$F = 0$，液相点保持在 M 点不变，固相点则从 M 点沿 M-3 连线延长线方向变化，当固相点到达 Qm 边上的点 10，意味着固相中的 KAS_6 已首先熔完，固相中保留下来的晶相是莫来石和石英。因消失了一个晶相，系统可继续升温，液相将沿与莫来石和石英平衡的界线向温度升高方向移动，莫来石与石英继续溶入液相，固相点则相应从点 10 沿 Qm 向 A_3S_2 移动。由于 M 点附近界线上的等温线很紧密，说明此阶段液相组成及液相量随温度升高变化并不急剧，日用瓷的烧成温度大致处于这一区间。当固相点到达 A_3S_2，意味着固相中的石英已完全溶入液相。此后液相组成将离开莫来石与石英平衡的界线，沿 A_3S_2-3 连线的延长线进入莫来石初晶区，当液相点回到配料点 3，最后一粒莫来石晶体熔完。可以看出，上述平衡加热熔融过程是平衡冷却析晶过程的逆过程。

物料在 985℃ 下低共熔过程结束时首先消失的晶相取决于配料点的位置。如配料 7，因 M-7 连线的延长线交于 Wm 边的点 15，表明首先熔完的晶相是石英，固相中保留的是莫来石和长石。而在低共熔温度下所获得的最大液相量，根据杠杆规则，应为线段 7-15 与线段 M-15 之比。

日用瓷的实际烧成温度在 1250℃、1450℃，系统中要求形成适宜数量的液相，以保证坯体的良好烧结，液相量不能过少，也不能太多。由于 M 点附近等温线密集，液相量随温度变化不是很敏感，使这类瓷的烧成温度范围较宽，工艺上较易掌握。此外，因 M 点及邻近界线均接近 SiO_2 顶角，熔体中的 SiO_2 含量很高，液相黏度大，结晶困难，在冷却时系统中的液相往往形成玻璃相，从而使瓷质呈半透明状。

实际工艺配料中不可避免地会含有其他杂质组分，实际生产中的加热和冷却过程不可能是平衡过程，也会出现种种不平衡现象，因此，开始出现液相的温度，液相量以及固液相组成的变化事实上都不会与相图指示的热力学平衡态完全相同。但相图指出了过程变化的方向及限度，对我们分析问题仍然是很有帮助的。譬如，根据配料点的位置，我们有可能大体估计烧成时液相量的多少以及烧成后所获得的制品中的相组成。在图 9-29 上列出的从点 1 到点 8 的八个配料中，只要工艺过程离平衡过程不是太远，则可以预测，配料 5 的制品中可能以莫来石、石英和玻璃相为主，配料 6 则以莫来石和玻璃相为主，而配料 7、8 则很可能以莫来石、长石及玻璃相为主。

三、MgO-Al$_2$O$_3$-SiO$_2$ 系统

图 9-30 是 MgO-Al$_2$O$_3$-SiO$_2$ 系统相图。本系统共有四个二元化合物 MS、M$_2$S、MA、A$_3$S$_2$ 和两个三元化合物 M$_2$A$_2$S$_5$（堇青石）、M$_4$A$_5$S$_2$（假蓝宝

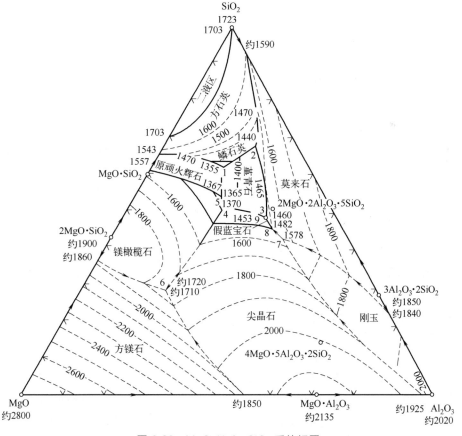

图 9-30 MgO-Al$_2$O$_3$-SiO$_2$ 系统相图

石）。董青石和假蓝宝石都是不一致熔融化合物。董青石在1465℃分解为莫来石和液相，假蓝宝石则在1482℃分解为尖晶石、莫来石和液相（液相组成即无量变点8的组成）。

相图上共有九个无量变点（见表9-12）。相应地，可将相图划分成9个副三角形。

表9-12 MgO-Al_2O_3-SiO_2 系统的无量变点

图中点号	相平衡	平衡性质	平衡温度/℃	化学组成（质量分数）/%		
				MgO	Al_2O_3	SiO_2
1	$L \rightleftharpoons MS+S+M_2A_2S_5$	低共熔点	1355	20.5	17.5	62
2	$A_3S_2+L \rightleftharpoons M_2A_2S_5+S$	双升点	1440	9.5	22.5	68
3	$A_3S_2+L \rightleftharpoons M_2A_2S_5+M_4A_5S_2$	双升点	1460	16.5	34.5	49
4	$MA+L \rightleftharpoons M_2A_2S_5+M_2S$	双升点	1370	26	23	51
5	$L \rightleftharpoons M_2S+MS+M_2A_2S_5$	低共熔点	1365	25	21	54
6	$L \rightleftharpoons M_2S+MA+M$	低共熔点	1710	51.5	20	28.5
7	$A+L \rightleftharpoons MA+A_3S_2$	双升点	1578	15	42	43
8	$MA+A_3S_2+L \rightleftharpoons M_4A_5S_2$	双降点	1482	17	37	46
9	$M_4A_5S_2+L \rightleftharpoons M_2A_2S_5+MA$	双升点	1453	17.5	33.5	49

本系统内各组分氧化物及多数二元化合物熔点都很高，可制成优质耐火材料。但是三元无量变点的温度大大下降。因此，不同二元系列的耐火材料不应混合使用，否则会降低液相出现温度和材料耐火度。

副三角形 SiO_2-MS-$M_2A_2S_5$ 与镁质陶瓷生产密切相关。镁质陶瓷是一种用于无线电工业的高频瓷料，其介电损耗低，以滑石和黏土配料而成。图9-31上画出了经煅烧脱水后的偏高岭土（烧高岭）及偏滑石（烧滑石）组成点的位置，镁质瓷配料点大致在这两点连线上或其附近区域。L、M、N 各配料以滑石为主，仅加入少量黏土，故称为滑石瓷。其配料点接近 MS 顶角，因而制品中的主要晶相是顽火辉石。如果在配料中增加黏土含量，即把配料点拉向靠近 $M_2A_2S_5$ 一侧（有时在配料中还另加 Al_2O_3 粉），则瓷坯中将以董青石为主晶相，这种瓷叫董青石瓷。在滑石瓷配料中加入 MgO，把配料点移向接近顽火辉石和镁橄榄石初晶区的界线（如图9-31中的 P 点），可以改善瓷料电学性能，制成低损耗滑石瓷。如果加入的 MgO 量足够使坯料组成点到达 M_2S 组成点附近，则将制得以镁橄榄石为主晶相的镁橄榄石瓷。

滑石瓷的烧成温度范围狭窄，这可从相图上得到解释。滑石瓷配料点处于三角形 SiO_2-MS-$M_2A_2S_5$ 内，与此副三角形相应的无量变点是点1，点1是一个低共熔点，因此，在平衡加热时，滑石瓷坯料将在点1的1355℃出现液相。根据配料点位置（L、M 等）可以判断，低共熔过程结束时消失的晶相是 $M_2A_2S_5$，其后液相组成将离开点1沿与石英和顽火辉石平衡的界线向温度升高的方向变化，相应的固相组成点则可在 SiO_2-MS 边上找到。运用杠杆规则，可以计算出

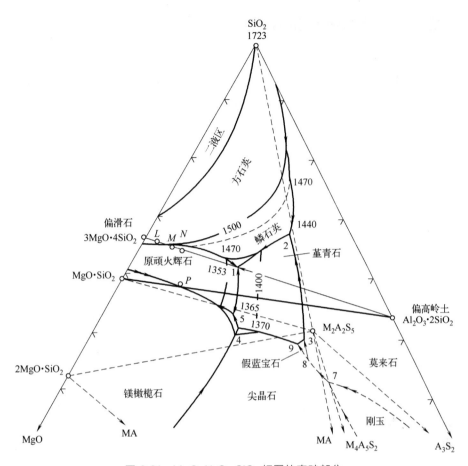

图 9-31　MgO-Al₂O₃-SiO₂ 相图的富硅部分

任一温度下系统中出现的液相量。在石英与顽火辉石初晶区的界线上画出 1400℃、1470℃、1500℃ 三条等温线，这些等温线分布宽疏，意味着温度升高时，液相点位置变化迅速，液相量将随温度升高迅速增加。滑石瓷瓷坯在液相量 35% 时可以充分烧结，但液相量 45% 时则已过烧变形。根据相图进行的计算表明，L、M 配料（分别含烧高岭 5%、10%）的烧成温度范围仅 30～40℃，而 N 配料（含烧高岭 15%）则在低共熔点 1355℃ 已出现 45% 的液相。因此，在滑石瓷中一般限制黏土用量在 10% 以下。在低损耗滑石瓷及堇青石瓷配料中用类似方法计算其液相量随温度的变化，发现它们的烧成温度范围都很窄，工艺上常需加入助烧结剂以改善其烧结性能。

在本系统中熔制的玻璃，配料组成位于接近低共熔点 1 及邻近界线区域，因而熔制温度约在 1355℃。由于这种玻璃的析晶倾向大，加入适当促进熔体结晶的成核剂可以制得以堇青石为主要晶相的低热膨胀系数的微晶玻璃材料。

四、Na$_2$O-CaO-SiO$_2$ 系统

本系统的富硅部分与 Na$_2$O-CaO-SiO$_2$ 硅酸盐玻璃的生产密切相关。图 9-32 是 SiO$_2$ 含量在 50% 以上的富硅部分相图。

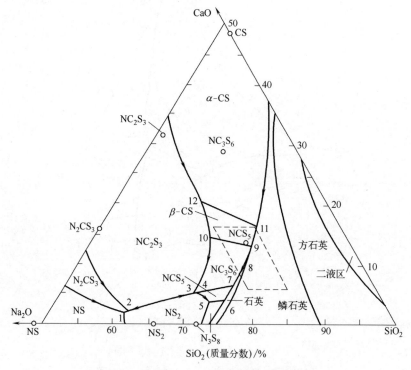

图 9-32　Na$_2$O-CaO-SiO$_2$ 系统富硅部分相图

Na$_2$O-CaO-SiO$_2$ 系统富硅部分共有四个二元化合物 NS、NS$_2$、N$_3$S$_8$、CS 及四个三元化合物 N$_2$CS$_3$、NC$_2$S$_3$、NC$_3$S$_6$、NCS$_5$。这些化合物的性质和熔点（或分解温度）如表 9-13 所示。

表 9-13　Na$_2$O-CaO-SiO$_2$ 系统富硅部分化合物

化合物	性质	熔点/℃	化合物	性质	熔点/℃
Na$_2$O·SiO$_2$(NS)	一致熔融	1088	2Na$_2$O·CaO·3SiO$_2$(N$_2$CS$_3$)	不一致熔融	1141
Na$_2$O·2SiO$_2$(NS$_2$)	一致熔融	874	Na$_2$O·3CaO·6SiO$_2$(NC$_3$S$_6$)	不一致熔融	1047
CaO·SiO$_2$(CS)	一致熔融	1540	3Na$_2$O·8SiO$_2$(N$_3$S$_8$)	不一致熔融	793
Na$_2$O·2CaO·3SiO$_2$(NC$_2$S$_3$)	一致熔融	1284	Na$_2$O·CaO·5SiO$_2$(NCS$_5$)	不一致熔融	827

每个化合物都有其初晶区，加上组分 SiO$_2$ 的初晶区，相图上共有 9 个初晶区。在 SiO$_2$ 初晶区内有两条表示方石英、鳞石英和石英间多晶转变的晶形转变线和一个分液区。在 CS 初晶区内有一条表示 α-CS 与 β-CS 晶形转化的晶形转变线。相图上共有 12 个无量变点，这些无量变点的性质、温度和组成如表 9-14 所示。

表 9-14 $Na_2O\text{-}CaO\text{-}SiO_2$ 系统富硅部分的无量变点的性质

图中点号	相平衡	平衡性质	平衡温度/℃	化学组成(质量分数)/%		
				Na_2O	Al_2O_3	SiO_2
1	$L \Longleftrightarrow NS + NS_2 + N_2CS_3$	低共熔点	821	37.5	1.8	60.7
2	$L + NC_2S_3 \Longleftrightarrow NS_2 + N_2CS_3$	双升点	827	36.6	2.0	61.4
3	$L + NC_2S_3 \Longleftrightarrow NS_2 + NC_3S_6$	双升点	785	25.4	5.4	69.2
4	$L + NC_3S_6 \Longleftrightarrow NS_2 + NCS_5$	双升点	785	25.0	5.4	69.6
5	$L \Longleftrightarrow NS_2 + N_3S_8 + NCS_5$	低共熔点	755	24.4	3.6	72.0
6	$L \Longleftrightarrow N_3S_8 + NCS_5 + S(石英)$	低共熔点	755	22.0	3.8	74.2
7	$L + S(石英) + NC_3S_6 \Longleftrightarrow NCS_5$	双降点	827	19.0	6.8	74.2
8	$\alpha\text{-石英} \Longleftrightarrow \alpha\text{-鳞石英}(存在 L 及 NC_3S_6)$	晶形转变	870	18.7	7.0	74.3
9	$L + \beta\text{-CS} \Longleftrightarrow NC_3S_6 + S(石英)$	双升点	1035	13.7	12.9	73.4
10	$L + \beta\text{-CS} \Longleftrightarrow NC_2S_3 + NC_3S_6$	双升点	1035	19.0	14.5	66.5
11	$\alpha\text{-CS} \Longleftrightarrow \beta\text{-CS}(存在 L 及 \alpha\text{-鳞石英})$	晶形转变	1110	14.4	15.6	73.0
12	$\alpha\text{-CS} \Longleftrightarrow \beta\text{-CS}(存在 L 及 NC_2S_3)$	晶形转变	1110	17.7	16.5	62.8

　　玻璃是一种非晶态的均质体。玻璃中如出现析晶，将会破坏玻璃的均一性，造成玻璃的一种严重缺陷，称为失透。玻璃中的析晶不仅会影响玻璃的透光性，还会影响其机械强度和热稳定性。因此，在选择玻璃的配料方案时，析晶性能是必须加以考虑的一个重要因素，而相图可以帮助我们选择不易析晶的玻璃组成。大量试验结果表明，组成位于低共熔点的熔体比组成位于界线上的熔体析晶能力小，而组成位于界线上的熔体又比组成位于初晶区内的熔体析晶能力小。这是由于组成位于低共熔点或界线上的熔体有几种晶体同时析出的趋势，而不同晶体结构之间的相互干扰，降低了每种晶体的析晶能力。除了析晶能力较小，这些组成的配料熔化温度一般也比较低，这对玻璃的熔制也是有利的。

　　当然，在选择玻璃组成时，除了析晶性能外，还必须综合考虑到玻璃的其他工艺性能和使用性能。各种实用的 $Na_2O\text{-}CaO\text{-}SiO_2$ 硅酸盐玻璃的化学组成一般波动于下列范围内：12%～18% Na_2O、6%～16%CaO、68%～82% SiO_2，即其组成点位于图 9-32 上用虚线画出的平行四边形区域内，而并不在低共熔点 6。这是由于尽管点 6 组成的玻璃析晶能力最小，但其中的氧化钠含量太高（22%），其化学稳定性和强度不能满足使用要求。

　　相图还可以帮助我们分析玻璃生产中产生失透现象的原因。对上述成分玻璃析晶能力的研究表明，析晶能力最小的玻璃是 Na_2O 与 CaO 含量之和等于 26%、SiO_2 含量 74%的那些玻璃，即配料组成位于 8-9 界线附近的玻璃。这与我们在上面所讨论的玻璃析晶能力的一般规律是一致的。配料中 SiO_2 含量增加，组成点离开界线进入 SiO_2 初晶区，从熔体中析出鳞石英或方石英的可能性增加；配料中 CaO 含量增加，容易出现硅灰石（CS）析晶；Na_2O 含量增加时，则容易析出失透石（NC_3S_6）晶体。因此，根据对玻璃中失透石的鉴定，结合相图可以为分析其产生原因及提出改进措施提供一定的理论依据。

　　熔制玻璃时，除了参照相图选择不易析晶而又符合性能要求的配料组成，严格控制工艺条件也是十分重要的。高温熔体在析晶温度范围停留时间过长或混料不匀而使局部熔体组成偏离配料组成，都容易造成玻璃的析晶。

第十节　四元系统相图简介 *

对于四元凝聚系统，相律的表达式为：

$$F = C - P + 1 = 4 - P + 1 = 5 - P \tag{9-15}$$

当 $F = 0$ 时，$P = 5$，即在无量变点上，平衡共存的有五相——四个晶相和一个液相。

当 $P = 1$ 时，$F = 4$，即系统有四个自由度——温度和三个组分的组成。

一、系统的组成表示法及四面体的性质

通常用正四面体作为浓度四面体来表示四元系统的组成，如图 9-33 所示。四面体的四个顶点 A、B、C、D 分别代表 4 个组分，6 条棱分别代表 6 个二元系统，4 个三角形代表 4 个三元系统。在四面体内的任一点表示四元系统的组成点。

四面体内一组成点中各组成的含量可用下述方法求得。设 $ABCD$ 四元系统内有一组成点 P（图 9-33），通过 P 点引三个平面分别平行于四面体的三个面（如平行于 ACD、ABD、ABC），四面体三个平面在各自对应的棱上如 AB、AC、AD 截取的线段 b、c、d，就表示三个组分 B、C、D 的含量。若把每条棱分成 100 等分，截取的线段即表示百分含量，如：$C(B) = b$；$C(C) = c$；$C(D) = d$。第四个组分 A 的含量即可按下式求得：

$$C(A) = 100 - (b + c + d) = a \tag{9-16}$$

将这代表四个组分含量的线段移到一条边（AB）上，即可读出 P 点 A、B、C、D 的百分含量。

与浓度三角形相似，浓度四面体中也有几个性质，它有助于我们分析四元系统相图。

① 四面体中任意平行于一个面的平面（图 9-34 中 ABC）上任何点所代表的组成与其对面顶角组分（即 D）的含量相等。

② 通过四面体一条棱（图 9-34 中 AD）的平面（如 ADE）上的各点，其他两个组分（即 B、C）含量之比是相同的。

③ 通过四面体一个顶点（图 9-34 中 D）的直线（如 DM）上的各点，其他三个组分（即 A、B、C）含量之比是相同的。

---

* 本节为选修内容。

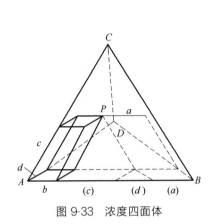

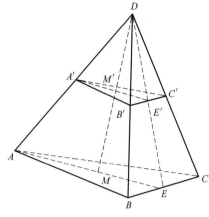

图 9-33　浓度四面体　　　　　　　　　　图 9-34　四面体的性质

二、最简单的四元系统相图

1. 相图的构成

图 9-35 是 A、B、C、D 四个组分所构成的最简单的四元系统相图。从图中可看出有四个最简单的三元系统，其中 e_1 到 e_6 为六个二元低共熔点，E_1 到 E_4 为四个三元低共熔点。E 点为第四个组分加入后形成的四元低共熔点。

四面体的四个顶点 A、B、C、D 分别代表四个纯组分，每个组分附近有一个相应的初晶空间（也叫结晶容积，共有四个），空间内表示液相与初晶相两相平衡。在冷却时，液相就析出这个初晶空间顶角所表示的那个组分的晶相。每个初晶空间交界处的曲面是相区界面（共有六个界面），在界面上，液相与共析的两种晶相三相平衡。相邻三个初晶空间交界处的曲线是相区界线，也就是三元低共熔线（共有四条界线），在界线上，液相与共析的三种晶相四相平衡。四个初晶空间交界处有一点，即四条界线的交点 E，为四元最低共熔点。在 E 点，液相与共析的四种晶相五相平衡。

在四面体的三度空间中没有温度轴，用界线上的箭头表示温度下降的方向或以等温曲面来表示温度（图 9-35 所示的 t_1 等温曲面）。和三元系统的浓度三角形一样，四元相图中的每一点既表示组成，同时亦表示温度。因此，对于一些重要点（如无量变点和化合物的熔点）的温度，往往用数字直接标出或以表列出。

2. 结晶过程

四元熔体的结晶过程虽比三元的复杂，但其依据的基本原理仍是一样的。现以 M 组成熔体的结晶过程举例说明。

熔体 M 的组成点位于四面体 $ABCD$ 之内，并且在组分 D 的初晶空间（图 9-35）。冷却后，当达到析晶温度时，首先析出纯组分 D 的晶体，由于液相

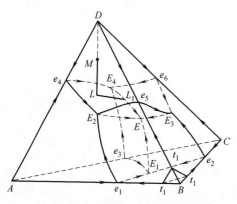

图 9-35 最简单的四元系统相图

中 D 的含量减少,而其余三组分 A、B、C 的含量比例不变,因此液相的组成离开原始组成点 M,沿着 DM 射线方向变化。当到达 D-A 相区界面上的 L 点时,液相除了对组分 D 饱和外,对组分 A 也达到饱和,故 A 和 D 同时结晶析出。由于留在液相中的其余二组分 B、C 的含量比例不变,以后的液相组成将沿着通过 M 点与 AD 棱所决定的平面和 D-A 界线相交的曲线(即 LL_1 曲线)移向 D-A-C 界线(即 E_4E 线)。在液相组成达到 E_4E 线上的 L_1 点时,组分 C 也达到饱和,于是 A、D、C 同时析出。此时,$P=4$,$F=1$,随着系统温度的降低,液相组成沿 E_4E 曲线移向无量变点 E(为清晰起见,被界面遮住部分的结晶路径仍以实线表示)。当系统温度降低到 T_E,液相组成到达 E 点时,组分 B 也达到饱和,这时 A、B、C、D 四种晶相同时析出,因 $F=0$,系统温度保持不变,直至液相消失,结晶结束。结晶产物为 A、B、C、D 四种晶相。从 M 点组成熔体的结晶产物也可看出,和在三元系统中一样,重心规则仍然适用。

三、界面、界线及无量变点上的结晶过程

在四元系统相图上如果没有表明温度下降的方向时,仍可参照三元系统的连线规则进行确定。若有化合物生成,则不一致熔融化合物的组成点一定在其初晶区空间处;反之,一致熔融化合物的组成点一定在其初晶空间之内,而且该点是这个空间中的最高温度点。在最简单四元系统中的界面、界线和无量变点上进行的都是低共熔过程,但是在有的四元系统中会遇到发生转熔过程的情况。现将在界面、界线和无量变点上进行结晶过程时出现的几种情况及其判断方法归纳如下。

1. 在界面上的结晶过程

沿着相区界面上进行的结晶过程是三相平衡过程,即同时有两种晶相(A 和 B)与液相处于平衡态。可能有两种不同情况。一种是低共熔的(一致熔融的)冷却,两种晶体同时析出:

$$L \longrightarrow A+B+L_1$$

一种是转熔的(不一致熔融的)冷却,一种晶体析出,而原先析出的一种晶相被吸回:

$$L+A \longrightarrow B+L_1 \text{ 或 } L+B \longrightarrow A+L_1$$

判断过程是属于低共熔的还是转熔的，如果是转熔的，哪一个晶相被吸回，可以应用以前讨论过的切线规则来判断结晶过程的这些性质。

图 9-36 表示 M 组成熔体的结晶过程到达界面后结晶情况。AB 是两个固相组成的连线。点 l 是连线与 A-B 界面的交点，是界面上的温度最高点，连线上的最低温度点，也是四元系统内两个化合物所形成的最简单二元系统的二元低共熔点。熔体 M 的原始组成点位于组分 A 的初晶空间内，在熔体的结晶过程未达界面前，一直是析出晶相 A，液相组成沿着 AM 射线方向变化，到达 A-B 界面上的 L 点时，产生三相平衡过程，液相组成将沿 ABM 平面与 A-B 界面相交的曲线 lL_n 从 L 点向 L_n 点变化。在点处作切线可交在 AB 连线上，故在 L 点进行的是低共熔过程，从液相中同时析出 A 和 B 的晶相。

图 9-37 与图 9-36 不同，它表示了界面上的结晶过程为转熔时的情况。在这里组分 A 的组成点在它自己的初晶空间之外，而位于组分 B 的初晶空间内，是一个不一致熔融化合物。熔体 M 的原始组成点位于组分 B 的初晶空间，因此，在冷却时，首先析出 B 晶体相，然后液相组成沿 BM 射线方向变化，一直到 A-B 界面上的 L 点。在 A-B 界面上液相组成将沿着 LL_n 曲线变化。通过曲线上任意一点作切线，均与 AB 连线的延长线相交，所以在这一段曲线上进行的结晶过程是转熔过程（曲线 LL_n，以双箭头表示）。因此，在液相组成到达 L 点时，原先析出的 B 晶体将被转熔而析出 A 晶体。当液相组成到达 L 点时，固相组成已变化到 A 点，说明被回吸的晶相 B 已全部消失，这时 $P=2$，$F=3$，液相组成点将脱离相区界面，沿着原始组成点与保存的晶相（即 A）组成点连线的射线方向，穿入该晶体（即 A）的初晶空间。

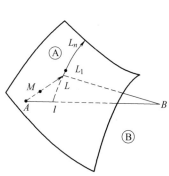

图 9-36　界面上的结晶过程为
低共熔时示意图

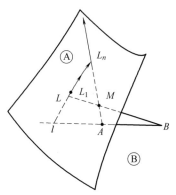

图 9-37　界面上的结晶过程为
转熔时示意图

2. 在界线上的结晶过程

在相区界线上进行的结晶过程是四相平衡过程，即三种晶相与液相平衡共存。若以 A、B、C 表示三个平衡共存的晶相，以 L 和 L_1 表示结晶过程前后的液相组成，则可能有三种情况。

① 低共熔过程冷却时，三种晶相同时析出：$L \longrightarrow A+B+C+L_1$。

② 一次转熔过程冷却时，两种晶相析出，一种晶相被转熔：$L+A \longrightarrow B+C+L_1$（或 $L+B \longrightarrow A+C+L_1$ 或 $L+C \longrightarrow A+B+L_1$）。

③ 二次转熔过程冷却时，一种晶相析出，两种晶相被转熔：$L+A+B \longrightarrow C+L_1$（或 $L+B+C \longrightarrow A+L_1$ 或 $L+A+C \longrightarrow B+L_1$）。

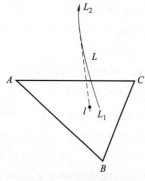

图 9-38 低共熔的相区界线

对于过程的性质以及转熔时吸回哪一个晶相，则可以按照三元系统的切线规则和重心规则来判断。

例如在图 9-38 中，A、B、C 三个初晶空间相交的界线 L_1L_2 上一点的性质，可通过 L 点对 L_1L_2 曲线作切线，使与 A、B、C 晶相的组成点所构成的平面相交于 l 点。如 l 点在三角形 ABC 内（重心位置），则过程是低共熔的，如图 9-39（a）所示；如 l 点在三角形 ABC 一条边的一侧（交叉位置），则为一次转熔过程，如图 9-39（b）所示，析出 B、C，吸回 A；如 l 点在三角形 ABC 一个顶点的一侧，并在相交两边延长线范围内（共轭位置），则为二次转熔过程，如图 9-39（c）所示，析出 C，吸回 A 与 B。

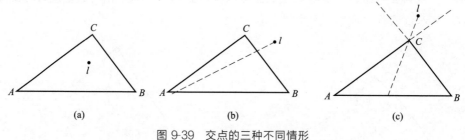

图 9-39 交点的三种不同情形

(a) 低共熔过程；(b) 一次转熔过程；(c) 二次转熔过程

3. 在无量变点上的结晶过程

在无量变点 L_1 上的结晶过程是五相平衡过程——四个晶相（A、B、C、D）与液相平衡共存。冷却时，可能有四种不同的情况。

① 低共熔过程 $L_1 \longrightarrow A+B+C+D$，对应为四元低共熔点。

② 一次转熔过程 $L_1+A \longrightarrow B+C+D$，对应为一次转熔点。

③ 二次转熔过程 $L_1+A+B \longrightarrow C+D$，对应为二次转熔点。

④ 三次转熔过程 $L_1+A+B+C \longrightarrow D$，对应为三次转熔点。

怎样判断无量变点上过程的性质？若为转熔过程，则哪些晶相析出？哪些晶相被转熔？判断方法与三元系统中的重心规则类似，可以根据无量变点与对应的四个晶相组成点所构成四面体的相对位置来判断或由交于无量变点的四条相区界线的温度下降方向作出判断。

图 9-40 列出四元系统无量变点的四种类型，以及它们与四个平衡晶相的组成点构成四面体之间的相对位置。

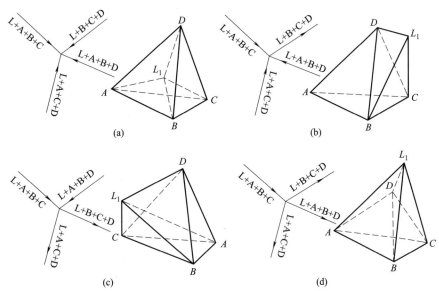

图 9-40　四个平衡晶相组成点构成的四面体之间的相对位置

(a) 四元低共熔点；(b) 一次转熔点；(c) 二次转熔点；(d) 三次转熔点

图 9-40 (a) 所示为四元低共熔点。这时 L_1 点在相对应四面体 $ABCD$ 的重心位置。同时相交的四条相区界线按其温度下降方向来说，全部指向低共熔点。

图 9-40 (b) 所示为一次转熔点。这时 L_1 点在四面体一个面 BCD 的一侧，因此是一次转熔点，并且 L_1 点上是 B、C、D 结晶析出，晶体 A 被转熔。从相交的四条相区界线中可见，有一条离开此点后温度继续下降，并且此界线没有晶体 A（也说明是吸回了晶相 A）。如果原始组成点 M 在四面体 $ABCD$ 内，则此点就是结晶结束点。如果原始组成点 M 在四面体 $BCDL_1$ 内，则晶体首先用完，液相组成将离开此点沿相区界线 $L_1+B+C+D$ 变化。

图 9-40 (c) 所示为二次转熔点。这时 L_1 点在四面体一条棱 CD 的一侧，因此是二次转熔点，并且在 L_1 点是 C、D 结晶析出，A 及 B 被转熔。从相交的四条相区界线中可见，有两条是离开此点后温度继续下降的。

若原始组成点 M 在四面体 $ABCD$ 内，当系统温度降低到 T_{L_1}，液相组成到达 L_1 点时，则在 L_1 点液相首先用完，结晶过程结束。若原始组成点 M 在四面

体 $BCDL_1$ 内时，A 晶体首先用完。若原始组成点 M 在四面体 $ACDL_1$ 内时，则 B 晶体首先用完。当原始组成点 M 在三角形 CDL_1 内时，则晶体 A 与 B 将同时用完。

图 9-40 (d) 所示为三次转熔点。这时 L_1 点在四面体的一个顶点 D 的一侧，因此是三次转熔点，并且在 L_1 点上是 D 晶体析出而晶体 A、B、C 被转熔。从相交的四条相区界线中可见，有三条离开此点后温度继续下降。

结晶过程中，液相组成到达 L_1 点时，若原始组成点 M 在四面体 $ABCD$ 内，则液相首先用完，结晶结束。若 M 点在 L_1D 及另外两顶点所构成的四面体内（如 $ABDL_1$ 四面体内），则另一个晶相（C 晶相）首先消耗完毕，液相组成即沿不包含此相的一条相区界线（$L_1+A+B+D$）变化。若 M 点在 L_1D 及另外一个顶点所构成的三角形内（如 ADL_1 三角形内），则另外两个晶相（B、C 晶相）将同时消耗完毕，液相组成点将沿着此三角形决定的平面（MAD 平面）与 AD 相区界面的交线继续变化。若原始组成点 M 在 LD 线上，并在该线段内，则 A、B、C 三晶相同时用完，液相组成将沿 MD 连线的延长线方向，穿入 D 晶相的初晶空间。

习　题

9-1　名词解释：凝聚系统，介稳平衡，低共熔点，双升点，双降点，马鞍点，连线规则，切线规则，三角形规则，重心规则。

9-2　从 SiO_2 的多晶转变现象说明硅酸盐制品中为什么经常出现介稳态晶相。

9-3　SiO_2 具有很高的熔点，硅酸盐玻璃的熔制温度也很高。现要选择一种氧化物与 SiO_2 在 800℃ 的低温下形成均一的二元氧化物玻璃，请问，选何种氧化物？加入量是多少？

9-4　试简述一致熔融化合物与不一致熔融化合物各自的特点。

9-5　如图 9-41 所示为钙长石（$CaAl_2Si_2O_8$）的一元系统相图。请回答：六方钙长石和正交钙长石的熔点各约为多少？三斜与六方晶型的转变是可逆的还是不可逆的？正交晶型是热力学稳定态还是介稳态？

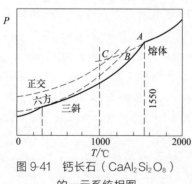

图 9-41　钙长石（$CaAl_2Si_2O_8$）的一元系统相图

9-6　在三元系统的浓度三角形上画出下列配料的组成点，并注意其变化规律。

1：$C(A)=10\%$，$C(B)=70\%$，$C(C)=20\%$（质量分数，下同）

2：$C(A)=10\%$，$C(B)=20\%$，$C(C)=70\%$

3：$C(A)=70\%$，$C(B)=20\%$，$C(C)=10\%$

今有配料 1（3kg），配料 2（2kg），配料 3（5kg），若将此三配料混合加热至完全熔融，试根据杠杆规则用作图法求熔体的组成。

9-7　在图 9-42 中划分副三角形；用箭头标出界线上温度下降的方向及界线的性质；判断化合物 S 的性质；写出各无量变点的性质及反应式；分析 M 点的析晶路径，写出刚到达析晶终点时各晶相的含量。

9-8 分析相图（图 9-43）中点 1、2 熔体的析晶路径（注：S、1、E_3 在一条直线上）。

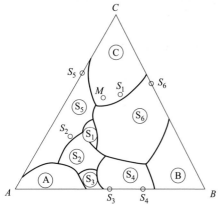

图 9-42 习题 9-7 的相图

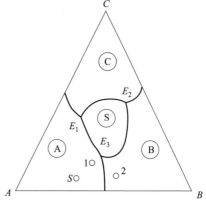

图 9-43 习题 9-8 的相图

第十章　扩散与固相反应

本章知识框架图

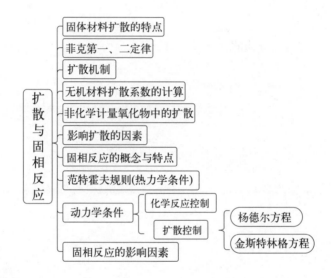

本章内容简介

与理想晶体中原子或者离子呈现周期性规则排列不同，实际晶体结构中原子或离子的排列总是或多或少偏离严格的周期性，因此，当存在外界能量时，晶体中的某些原子或离子会脱离格点进入晶格中的间隙位置或晶体表面，同时在晶体内部留下空位。间隙位置上的原子或空位又可以从热量变化过程中重新获取能量，从而在晶体结构中不断地改变位置，出现由一处向另一处的无规则迁移运动，这种现象称为晶格中原子或离子的扩散。这种扩散迁移运动不仅可以出现在晶体材料中，在结构无序的非晶态材料中也同样可以观察到。

扩散过程是一种不可逆过程，起因于物质内部某些物性的不均匀性。该过程是由于物质中存在浓度梯度、化学位梯度、温度梯度和其他梯度所引起的物质输运过程。在实际生产过程中，无机非金属材料很多重要的物理化学过程都与扩散有着密切的联系，如半导体的掺杂、离子晶体的导电、固溶体的形成、相变过程、固相反应、烧结、表面处理、玻璃的熔制以及陶瓷材料的封接等。因此，研究并掌握扩散的基本规律和影响因素，对认识固体材料的性质、制备和生产均有十分重要的意义。

固相反应是一个普遍的物理化学过程，它是一系列金属合金材料、传统硅酸盐材料以及各种新型无机材料制备涉及的基本过程之一。广义地讲，凡是有固相参与的化学反应都是固相反应，如固体的热分解、氧化以及固体与固体、固体与液体之间的化学反应等都属于固相反应范畴。但在狭义上，固相反应常指固体与固体间发生化学反应生成新的固相产物的过程。

本章主要介绍扩散的宏观规律和动力学、固相扩散微观机制及扩散系数，认识扩散现象的本质，总结影响扩散的因素，着重讨论固相反应的机理及动力学方程，分析影响固相反应的主要因素。

本章学习目标

1. 了解固体中扩散的定义及特点，熟悉菲克第一和第二定律。

2. 了解稳定扩散和不稳定扩散，熟悉空位扩散、间隙扩散机构以及非化学计量氧化物的扩散。

3. 重点掌握扩散机构与扩散系数的关系及扩散系数的求解。

4. 掌握扩散物质的性质与结构、结构缺陷、温度与杂质等因素对扩散系数的影响。

5. 熟悉固相反应的特点、类型和反应机理。

6. 了解固相反应一般动力学和化学控制反应动力学的特点。

7. 重点掌握扩散控制反应动力学中杨德尔方程和金斯特林格方程的物理意义和异同。

8. 熟练掌握反应物化学组成，反应物尺寸和分布，反应温度、压力和气氛，矿化剂等因素对固相反应速率的影响。

第一节　扩散动力学方程

一、扩散的基本特点

如图 10-1 所示，对于液体或者气体，由于质点间相互作用比较弱，所以质点的迁移完全随机地在三维空间的任意方向发生，每一步迁移的自由程（与其他质点发生第二次碰撞之前所行走的路程）决定于该方向上最邻近质点的距离。流体的质点密度越低，质点迁移的自由程也就越大。因此在流体中，扩散传质过程往往具有很大的速率和完全的各向同性。

与流体中相比较，质点在固体介质中的扩散存在显著的不同。固体中的扩散有其特有的性质：固体的所有质点均位于三维周期性势能场中，质点之间的相互作用强，质点的每一步迁移必须从外场中获取足够的能量。因此，固体中明显的质点扩散常开始于较高的温度；固体中原子或离子迁移的方向和自由程受到结构中质点排列方式的限制，按照一定方式所堆积成的周期性对称结构会限制质点每一步迁移的方向和自由程。如图 10-2 所示，处于平面点阵内间隙位置的原子，只存在四个等同的迁移方向，每个迁移的发生均需要高于势能场的能量。因此，固体中的质点扩散往往具有各向异性和扩散速率低的特点。

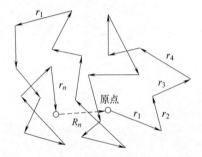

图 10-1　液体和气体扩散质点的无规则轨迹

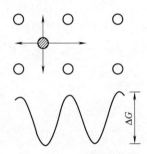

图 10-2　间隙原子周围的势能场

二、扩散动力学方程

1. 菲克第一定律

对于不同的介质，虽然由于其本身微观结构的不同而使质点的扩散行为存在较大的差异，但从宏观统计的角度看，质点的扩散行为都遵循相同的统计规律。1855 年德国物理学家菲克（Fick）在研究大量扩散现象的基础上，首先对这种质点扩散过程作出了定量描述，推导出著名的菲克定律，建立了浓度场下物质扩散的动力学方程。

菲克第一定律认为：在扩散体系中，参与扩散质点的浓度 c 是位置坐标 x，y，z 和时间 t 的函数，即质点浓度与位置和时间有关系。在扩散过程中，单位时间内通过单位横截面的扩散流量密度 J（或质点数目）与扩散质点的浓度梯度 ∇C 成正比，即有如下扩散第一方程：

$$J = -D \nabla C = -D \left(i \frac{\partial c}{\partial x} + j \frac{\partial c}{\partial y} + k \frac{\partial c}{\partial z} \right) \tag{10-1}$$

式中，D 为扩散系数，单位 cm^2/s；负号表示粒子从浓度高处向浓度低处扩散，即逆浓度梯度的方向扩散。

若质点在晶体中扩散，则其扩散行为还与晶体的具体结构有关。对于大部分的玻璃或各向同性的多晶陶瓷材料，可以认为扩散系数 D 与扩散方向无关。但在一些存在各向异性的单晶材料中，扩散系数的变化往往取决于晶体结构的对称性，对于一般非对称的结构晶体，扩散系数 D 为二阶张量，此时式（10-1）可写成分量的形式：

$$J_x = -D_{xx}\frac{\partial c}{\partial x} - D_{xy}\frac{\partial c}{\partial y} - D_{xz}\frac{\partial c}{\partial z}$$

$$J_y = -D_{yx}\frac{\partial c}{\partial x} - D_{yy}\frac{\partial c}{\partial y} - D_{yz}\frac{\partial c}{\partial z}$$

$$J_z = -D_{zx}\frac{\partial c}{\partial x} - D_{zy}\frac{\partial c}{\partial y} - D_{zz}\frac{\partial c}{\partial z} \tag{10-2}$$

菲克第一定律（扩散第一方程）是定量描述质点扩散的基本方程。它可以直接用于求解扩散质点浓度分布不随时间变化的稳定扩散问题［公式（10-2）没有时间项］。

2. 菲克第二定律

如图 10-3 所示为不稳定扩散体系（指扩散物质浓度分布随时间变化的一类扩散）中任一体积元 $\mathrm{d}x\,\mathrm{d}y\,\mathrm{d}z$，在 δt 时间内由 x 方向流进的净物质增量应为：

$$\Delta J_x = J_x\,\mathrm{d}y\,\mathrm{d}z\,\delta t -$$
$$\left(J_x + \frac{\partial J_x}{\partial x}\mathrm{d}x\right)\mathrm{d}y\,\mathrm{d}z\,\delta t$$
$$= -\frac{\partial J_x}{\partial x}\mathrm{d}x\,\mathrm{d}y\,\mathrm{d}z\,\delta t$$

（10-3）

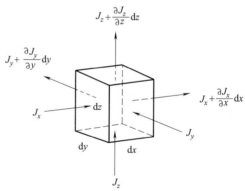

图 10-3　扩散体积元

在 δt 时间内整个体积元中物质净增量为：

$$\Delta J_x + \Delta J_y + \Delta J_z = -\left(\frac{\partial J_x}{\partial x} + \frac{\partial J_y}{\partial y} + \frac{\partial J_z}{\partial z}\right)\mathrm{d}x\,\mathrm{d}y\,\mathrm{d}z\,\delta t \tag{10-4}$$

若 δt 时间内，体积元中质点浓度平均增量为 δc，根据物质质量守恒定律，$\delta c\,\mathrm{d}x\,\mathrm{d}y\,\mathrm{d}z$ 应等于式（10-4），因此得：

$$\frac{\delta c}{\delta t} = -\left(\frac{\partial J_x}{\partial x} + \frac{\partial J_y}{\partial y} + \frac{\partial J_z}{\partial z}\right) \tag{10-5}$$

若假设扩散体系具有各向同性，且扩散系数 D 不随位置坐标变化，则有：

$$\frac{\partial c}{\partial t} = D\left(\frac{\partial^2 c}{\partial x^2} + \frac{\partial^2 c}{\partial y^2} + \frac{\partial^2 c}{\partial z^2}\right) \tag{10-6}$$

对于球对称扩散，上式可变换为球坐标表达式：

$$\frac{\partial c}{\partial t} = D\left(\frac{\partial^2 c}{\partial r^2} + \frac{2\partial c}{r\partial r}\right) \tag{10-7}$$

式（10-5）为不稳定扩散的基本动力学方程式，即菲克第二定律，但在实际应用中，往往为了求解简单而常采用式（10-6）的形式。

三、扩散动力学方程的应用

实际固体材料的研制过程中，绝大多数会涉及与原子或离子扩散有关的实际问题。因此，解决这类问题的基本方法通常是求解具有不同边界条件的扩散动力学方程。一般来说，使用菲克第一定律可解决稳定扩散问题，菲克第二定律主要用于解决不稳定扩散问题。

1. 稳定扩散

以高压氧气球罐的氧气泄漏问题为例。如图 10-4 所示，氧气球罐内外直径分别为 r_1 和 r_2，罐中氧气压力为 p_1，罐外氧气压力（即为大气中氧分压）为 p_2。由于氧气泄漏量极微，故可认为 p_1 不随时间变化。因此当达到稳定状态时氧气将以一恒定速率泄漏。

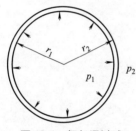

图 10-4　氧气通过球罐壁的扩散泄漏

由菲克第一定律可知，单位时间内氧气泄漏量：

$$\frac{dG}{dt} = -4\pi r^2 D \frac{dc}{dr} \tag{10-8}$$

式中，D 和 $\dfrac{dc}{dr}$ 分别为氧分子在钢罐壁内的扩散系数和浓度梯度。对式（10-8）积分得：

$$\frac{dG}{dt} = -4\pi D \frac{c_2 - c_1}{\dfrac{1}{r_1} - \dfrac{1}{r_2}} = -4\pi D r_1 r_2 \frac{c_2 - c_1}{r_2 - r_1} \tag{10-9}$$

式中，c_2 和 c_1 分别为氧气分子在球罐外壁和内壁表面的溶解浓度。根据 Sievert 定律：双原子分子气体在固体中的溶解度通常与压力的平方根成正比 $c = K\sqrt{p}$，因此可得单位时间内氧气泄漏量：

$$\frac{dG}{dt} = -4\pi D r_1 r_2 K \frac{\sqrt{p_2} - \sqrt{p_1}}{r_2 - r_1} \tag{10-10}$$

2. 不稳定扩散

如图 10-5 所示一长棒 B，其端面暴露于扩散质 A 的恒压蒸气中，因而扩散质将由端面不断扩散至棒 B 的内部。该扩散过程可由如下方程及其初始条件和边界条件得：

$$\frac{\partial c}{\partial t} = D \frac{\partial^2 c}{\partial x^2}; t = 0, x \geqslant 0, c(x, t) = 0; t > 0, c(0, t) = c_0 \tag{10-11}$$

通过引入新的变量 $u = x/\sqrt{t}$ ，并考虑在任意时刻 $c(\infty, t) = 0$ 和 $c(0, t) = c_0$ 的边界条件，可以解得长棒 B 中扩散质浓度分布为：

$$c(x, t) = c_0 \left[1 - \mathrm{erf}\left(\frac{x}{2\sqrt{Dt}} \right) \right] \tag{10-12}$$

式中，$\mathrm{erf}(z)$ 为高斯误差函数：

$$\mathrm{erf}(z) = \frac{2}{\sqrt{\pi}} \int_0^z \exp(-\zeta^2) \mathrm{d}\zeta \tag{10-13}$$

其函数关系如图 10-6 所示。

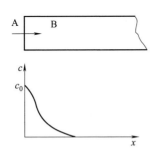

图 10-5　端面处于恒定蒸气压下的
半无限大固体的扩散

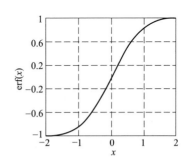

图 10-6　高斯误差函数曲线

由式（10-12）可看出，对于一定值的 $c(x, t)/c_0$，所对应的扩散深度 x 与时间 t 有着确定的关系。例如假定 $c/c_0 = 0.5$，由图 10-6 可知 $x/2(Dt)^{1/2} = 0.52$，即在任何时刻 t，对于半浓度的扩散距离 $x = 1.04(Dt)^{1/2}$。其具有的关系：

$$x^2 = Kt \tag{10-14}$$

式中，K 为比例系数。这个关系式常称为抛物线时间定则。可知在一指定浓度 c 时，增加一倍扩散深度则需延长四倍的扩散时间。这一关系被广泛地应用于钢铁渗碳、晶体管或集成电路生产等工艺环节中。

长棒扩散的另一个典型例子是所谓的扩散薄膜解。如图 10-7 所示，在一半无限长棒的一个端面上沉积 Q 量的扩散质薄膜，随后与另一个半无限长棒相连接，此时扩散过程的初始和边界条件可描述为：

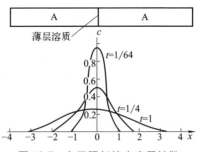

图 10-7　在无限长棒中定量扩散
质的扩散薄膜解

$$\frac{\partial c}{\partial t} = D\frac{\partial^2 c}{\partial x^2}; c(x > 0, 0) = 0$$

$$\int_0^\infty c(x)\,\mathrm{d}x = \frac{1}{2}Q(t>0) \tag{10-15}$$

其相应的解有如下形式：

$$c(x,t) = \frac{Q}{2\sqrt{\pi Dt}}\exp\left(-\frac{x^2}{4Dt}\right) \tag{10-16}$$

扩散薄膜解的一个重要应用是测定固体材料中的扩散系数。将一定量的放射性示踪原子涂于长棒的一个端面上，测量经历一定时间后放射性示踪原子离端面不同深度处的浓度，然后利用式（10-16）求得扩散系数 D，其数据处理为将式（10-16）两边取对数：

$$\ln c(x,t) = \ln\frac{Q}{2\sqrt{\pi Dt}} - \frac{x^2}{4Dt} \tag{10-17}$$

第二节　扩散的推动力

一、扩散的一般推动力

扩散动力学方程是建立在大量扩散质点作无规则布朗运动统计的基础之上，但是在扩散动力学方程式中并没有明确指出扩散的推动力是什么，而仅仅表明在扩散体系中由于存在浓度梯度，大量扩散质点作无规则布朗运动。然而，即使体系中不存在浓度梯度，当扩散质点受到某一力场的作用时也将出现定向物质流。因此浓度梯度显然不能作为扩散推动力的确切表征。根据热力学理论，可以认为扩散过程与其他物理化学过程一样，其发生的根本驱动力应该是化学势梯度。一切影响扩散的外场（电场、磁场、应力场等）都可统一于化学势梯度之中，且仅当化学势梯度为零时，系统扩散方可达到平衡。

二、逆扩散实例

逆扩散在无机非金属材料领域中也是经常见到的。如固溶体中有序无序相变、玻璃在旋节区分相以及晶界上选择性吸附过程，某些质点通过扩散而富集于晶界上等过程都与质点的逆扩散有关。下面简要介绍几种逆扩散实例。

1. 玻璃分相

在旋节分解区，由于 $\dfrac{\partial^2 G}{\partial c^2} < 0$，产生上坡扩散，在化学势梯度推动下由浓度低处向浓度高处扩散。

2. 晶界的内吸附

晶界能量比晶粒内部高，如果溶质原子位于晶界上，可降低体系总能量，它们就会扩散而富集在晶界上，因此溶质在晶界上的浓度就高于在晶粒内的浓度。

3. 固溶体中发生元素的偏聚

在热力学平衡状态下，固溶体的成分从宏观看是均匀的，但微观上溶质的分布往往是不均匀的。当同类原子在局部范围内的浓度大大超过其平均浓度时称为偏聚。

第三节　扩散机制和扩散系数

一、扩散的布朗运动理论

菲克定律仅仅是一种现象的描述，它将除浓度以外的一切影响扩散的因素都包括在扩散系数之中，却未能指出它们所代表的明确物理意义。1905 年，爱因斯坦在研究大量质点作无规则布朗运动的过程中，首次用统计学的方法得到了扩散方程，并建立了宏观扩散系数与扩散质点微观运动的内在联系。爱因斯坦最初得到的一维扩散方程为：

$$\frac{\partial c}{\partial t} = \frac{1}{2\tau} \overline{\xi}^2 \frac{\partial^2 c}{\partial x^2} \tag{10-18}$$

若质点可同时沿三维空间方向跃迁，且具有各向同性，则其相应扩散方程应为：

$$\frac{\partial c}{\partial t} = \frac{1}{6\tau} \overline{\xi}^2 \left(\frac{\partial^2 c}{\partial x^2} + \frac{\partial^2 c}{\partial y^2} + \frac{\partial^2 c}{\partial z^2} \right) \tag{10-19}$$

将式（10-19）与式（10-6）比较，可得菲克扩散定律中的扩散系数：

$$D = \frac{\overline{\xi}^2}{6\tau} \tag{10-20}$$

式中，$\overline{\xi}^2$ 为扩散质点在时间 τ 内位移平方的平均值。对于固态扩散介质，设原子迁移的自由程为 r，原子的有效跃迁频率为 f，于是有 $\overline{\xi}^2 = f\tau r^2$。将此关系代入式（10-20）中，便有：

$$D = \frac{\overline{\xi}^2}{6\tau} = \frac{1}{6} f r^2 \tag{10-21}$$

由此可见，扩散的布朗运动理论确定了菲克定律中扩散系数的物理含义，为从微观角度研究扩散系数奠定了物理基础。在固体介质中，质点的扩散系数决定于质点的有效跃迁频率 f 和迁移自由程 r 平方的乘积。对于不同的晶体结构和不同的扩散机构，质点的有效跃迁频率 f 和迁移自由程 r 将具有不同的数值。因此，扩散系数是既能反映扩散介质微观结构，又能反映质点扩散机构的一个物性参数。

二、质点迁移的微观机构

晶体中每一质点均束缚在三维周期性势能场中，故而固体中质点的迁移方式将受到晶体结构对称性和周期性的限制。目前，晶体中原子或离子的迁移机构主要可分为两种：空位机构和间隙机构。

所谓空位机构过程如图 10-8 中 c 所描述的情况，晶格中由于本征热缺陷或杂质离子不等价取代而形成空位，于是空位周围格点上的原子或离子就可能跳入空位，在晶体结构中，空位的移动意味着结构中原子或离子的相反方向移动。这种以空位迁移作为媒介的质点扩散方式称为空位机构。无论金属或离子化合物，空位机构均是固体材料中质点扩散的主要机构。离子晶体由离子半径不同的阴、阳离子构成，较大离子的扩散多数是通过空位机构进行的。

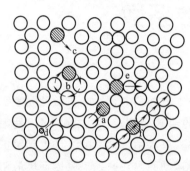

图 10-8 晶体中质点扩散的微观机构
a—直接交换；b—环形交换；c—空位；
d—间隙；e—亚间隙；f—挤列

图 10-8 中 d 则给出了质点通过间隙机构进行扩散的物理过程。在这种情况下，处于间隙位置的质点从一间隙位置移入另一邻近间隙的过程必然引起其周围晶格的变形。与空位机构相比，间隙机构引起的晶格变形大。因此间隙原子尺寸越小，间隙机构越容易发生；反之隙原子越大，间隙机构越难发生。

除以上两种扩散机构以外，还存在如图 10-8 中 a、b、e 等几种扩散方式，e 称为亚间隙机构。这种扩散机构所造成的晶格变形程度居于空位机构和间隙机构之间。已有文献报道，AgBr 晶体中 Ag^+ 和具有萤石结构的 UO_{2+x} 晶体中的 O^{2-} 的扩散属于这种机构。此外，a、b 分别称为直接交换和环形交换机构。这些机构中处于对等位置上的两个或两个以上的结点原子同时跳动进行位置交换，由此而发生位移。

三、扩散系数

晶体中以不同微观机构进行的扩散有不同的扩散系数，通过爱因斯坦扩散方程，可计算不同扩散机构下相应的扩散系数。

在空位机构中，结点原子成功跃迁到空位中的频率应为原子成功跃过能垒 ΔG_m 的次数和该原子周围出现空位概率的乘积所决定：

$$f = A \upsilon_0 N_v \exp\left(-\frac{\Delta G_m}{RT}\right) \tag{10-22}$$

式中，υ_0 为格点原子振动频率（约 $10^{13}/s$）；N_v 为空位浓度；A 为比例系数。

若考虑空位来源于晶体结构中本征热缺陷（例如肖特基缺陷），则式（10-22）中 $N_v = \exp(-\Delta G_f / 2RT)$，此处 $-\Delta G_f$ 为空位形成能。将该关系式与式（10-21）一并代入式（10-22），得空位机构扩散系数：

$$D = \frac{A}{6} r^2 \upsilon_0 \exp\left(-\frac{\Delta G_m}{RT}\right) \exp\left(-\frac{\Delta G_f}{2RT}\right) \tag{10-23}$$

因空位来源于本征热缺陷，故该扩散系数称为本征扩散系数或自扩散系数。考虑空位跃迁距离 r 与晶胞参数 a_0 成正比 $r = K a_0$，式（10-23）可改写成：

$$D = \gamma a_0^2 \upsilon_0 \exp\left(\frac{\Delta S_f / 2 + \Delta S_m}{R}\right) \exp\left(-\frac{\Delta H_f / 2 + \Delta H_m}{RT}\right) \tag{10-24}$$

式中，γ 为新引进的常数，$\gamma = \frac{A}{6} K^2$，它与晶体结构有关，故常称为几何因子。

对于以间隙机构进行的扩散，由于晶体中间隙原子浓度往往很小，所以实际上间隙原子所有邻近的间隙位都是空着的。因此间隙机构扩散时可提供间隙原子跃迁位置的概率可近似地看成 100%。因此间隙机构的扩散系数可表达为：

$$D = \gamma a_0^2 \upsilon_0 \exp\left(\frac{\Delta S_m}{R}\right) \exp\left(-\frac{\Delta H_m}{RT}\right) \tag{10-25}$$

比较式（10-24）和式（10-25）可以发现它们均具有相同的形式。为方便起见，习惯上将各种晶体结构中空位间隙扩散系数统一于如下表达式：

$$D = D_0 \exp\left(-\frac{Q}{RT}\right) \tag{10-26}$$

式中，D_0 为非温度显函数项，称为频率因子；Q 称为扩散活化能，显然空位扩散活化能由形成能和空位迁移能两部分组成，而间隙扩散活化能只包括间隙原子迁移能。

然而，在实际晶体材料中空位的来源除本征热缺陷外，还往往包括杂质离子固溶所引入的空位。因此，空位机构扩散系数中应考虑晶体结构中总空位浓度 $N_v = N_v' + N_I$ 其中 N_v' 和 N_I 分别为本征空位浓度和杂质空位浓度。此时扩散系数表达为：

$$D = \gamma a_0^2 \upsilon_0 (N_v' + N_I) \exp\left(-\frac{\Delta G_m}{RT}\right) \tag{10-27}$$

在温度足够高的情况下，结构中来自本征缺陷的空位浓度 N_v' 可远大于 N_I，此时扩散为本征缺陷所控制，式（10-27）完全等价于式（10-24），扩散活化能 Q 和频率因子 D_0 分别等于：

$$Q = \frac{\Delta H_f}{2} + \Delta H_m$$

$$D_0 = \gamma a_0^2 \nu_0 \exp\left[\frac{\left(\dfrac{\Delta S_f}{2} + \Delta S_m\right)}{R}\right] \tag{10-28}$$

当温度足够低时，结构中本征缺陷提供的空位浓度 N_v' 可远小于 N_I，从而式（10-27）变为：

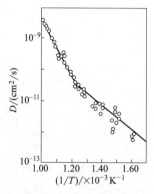

图 10-9 NaCl 单晶中 Na^+ 的扩散系数 D 与温度 T 的关系

$$D = \gamma a_0^2 N_I \exp\left(\frac{\Delta S_m}{R}\right) \exp\left(-\frac{\Delta H_m}{RT}\right) \tag{10-29}$$

因该扩散过程受固溶引入的杂质离子的电价和浓度等外界因素所控制，故称之为非本征扩散。相应的 D 则称为非本征扩散系数，此时扩散活化能 Q 与频率因子 D_0 为：

$$Q = \Delta H_m$$

$$D = \gamma a_0^2 N_I \exp\left(\frac{\Delta S_m}{R}\right) \tag{10-30}$$

图 10-9 表示了含微量 $CaCl_2$ 的 NaCl 晶体中，Na^+ 的自扩散系数 D 与温度 T 的关系。在高温区活化能较大的对应于本征扩散过程。在低温区活化能较小的则对应于非本征扩散过程。

四、非化学计量氧化物中的扩散

一些非化学计量氧化物晶体材料，特别是过渡金属元素氧化物，例如 FeO、NiO、CoO 和 MnO 等，也存在非本征扩散现象。在这些氧化物晶体中，金属离子的价态常因环境中气氛的变化而改变，从而引起结构中出现阳离子空位或阴离子空位，进而导致扩散系数明显地依赖于环境中的气氛。

1. 金属离子空位型

造成这种非化学计量空位的原因往往是环境中氧分压升高迫使部分 Fe^{2+}、Ni^{2+}、Mn^{2+} 等二价过渡金属离子变成三价金属离子：

$$2M_M + \frac{1}{2}O_2(g) \Longrightarrow O_O + V_M'' + 2M_M^{\bullet}$$

当缺陷反应平衡时，平衡常数 K_p 由反应自由能 $\Delta G^{\ominus}$ 控制：

$$K_p = \frac{[V_M''][M_M^{\bullet}]^2}{p_{O_2}^{1/2}} = \exp\left(-\frac{\Delta G^{\ominus}}{RT}\right) \tag{10-31}$$

并有 $[M_M^{\bullet}] = 2[V_M'']$ 关系，因此非化学计量空位浓度 $[V_M'']$：

$$[V_M''] = \left(\frac{1}{4}\right)^{\frac{1}{3}} p_{O_2}^{\frac{1}{6}} \exp\left(-\frac{\Delta G^{\ominus}}{3RT}\right) \tag{10-32}$$

将式（10-32）代入式（10-27）中空位浓度项，则得非化学计量空位浓度对金属离子空位扩散系数的贡献：

$$D_M = \left(\frac{1}{4}\right)^{\frac{1}{3}} \gamma a_0^2 p_{O_2}^{\frac{1}{6}} \exp\left(\frac{\Delta S_m + \dfrac{\Delta S^{\ominus}}{3}}{R}\right) \exp\left(-\frac{\Delta H_m + \dfrac{\Delta H^{\ominus}}{3}}{RT}\right) \quad (10\text{-}33)$$

显然若温度不变，根据式（10-33）用 $\ln D$ 与 $\ln p_{O_2}$ 作图所得直线斜率为 $1/6$，若氧分压力 p_{O_2} 不变，$\ln D \sim 1/T$ 图直线斜率为 $\dfrac{\Delta H_m + \Delta H_0/3}{R}$，图 10-10 为实验测得氧分压对 CoO 中钴离子空位扩散系数的影响。其直线斜率为 $1/6$。

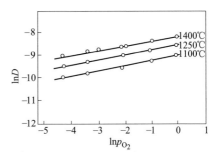

图 10-10　氧分压对 CoO 中 Co^{2+} 空位扩散系数的影响

2. 氧离子空位型

以 ZrO$_2$ 为例，高温氧分压的降低将导致下列缺陷反应发生：

$$O_O = \frac{1}{2} O_2(g) + V_O'' + 2e'$$

其反应平衡常数为：

$$K_p = p_{O_2}^{\frac{1}{2}} [V_O''][e']^2 = \exp\left(\frac{-\Delta G^{\ominus}}{RT}\right) \quad (10\text{-}34)$$

考虑平衡时 $[e'] = 2[V_O'']$，故有：$[V_O''] = \left(\dfrac{1}{4}\right)^{\frac{1}{3}} p_{O_2}^{-\frac{1}{6}} \exp\left(-\dfrac{\Delta G^{\ominus}}{3RT}\right)$

于是非化学计量空位对氧离子的空位扩散系数贡献为：

$$D_O = \left(\frac{1}{4}\right)^{\frac{1}{3}} \gamma a_O^3 \nu_O p_{O_2}^{-\frac{1}{6}} \exp\left(\frac{\Delta S_m + \dfrac{\Delta S^{\ominus}}{3}}{R}\right) \exp\left(-\frac{\Delta H_m + \dfrac{\Delta H^{\ominus}}{3}}{RT}\right) \quad (10\text{-}35)$$

可以看出，对过渡金属非化学计量氧化物，氧分压 p_{O_2} 的增加将有利于金属离子的扩散而不利于氧离子的扩散。

如图 10-11 所示，在非化学计量氧化物中，如果同时考虑本征缺陷空位、杂质缺陷空位以及由于气氛改变所引起的非化学计量空位对扩散系数的贡献，则其 $\ln D \sim 1/T$ 图由含两个转折点的直线段构成。高温段与低温段分别为本征空位和杂质空位所致，而中温段则为非化学计量空位所致。

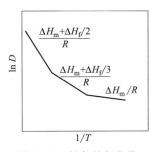

图 10-11　缺氧的氧化物中扩散系数和温度的关系

例题 10-1： 已知 MgO 纯净多晶材料中 Mg^{2+} 本征扩散系数（D_{in}）和非本征扩散系数（D_{ex}）由下式给出：

$$D_{in} = 0.249 \exp\left(-\frac{486\text{kJ/mol}}{RT}\right) \text{cm}^2/\text{s}$$

$$D_{ex} = 1.2 \times 10^{-5} \exp\left(-\frac{254.5\text{kJ/mol}}{RT}\right) \text{cm}^2/\text{s}$$

（1）分别计算 25℃ 和 1000℃ 时，Mg^{2+} 的本征扩散系数和非本征扩散系数。

（2）计算在 Mg^{2+} 的 $\ln D \sim 1/T$ 图中，由非本征扩散转变为本征扩散的转折点温度。

答：（1）$T = 25$℃

$$D_{in} = 0.249 \exp\left(-\frac{486000}{8.314 \times 298}\right) = 1.6 \times 10^{-86} \ \ (\text{cm}^2/\text{s})$$

$$D_{ex} = 1.2 \times 10^{-5} \exp\left(-\frac{254500}{8.314 \times 298}\right) = 2.94 \times 10^{-50} \ \ (\text{cm}^2/\text{s})$$

$T = 1000$ ℃

$$D_{in} = 0.249 \exp\left(-\frac{486000}{8.314 \times 1273}\right) = 2.84 \times 10^{-21} \ \ (\text{cm}^2/\text{s})$$

$$D_{ex} = 1.2 \times 10^{-5} \exp\left(-\frac{254500}{8.314 \times 1273}\right) = 4.33 \times 10^{-16} \ \ (\text{cm}^2/\text{s})$$

（2）非本征扩散与本征扩散的转折点温度即为 $D_{in} = D_{ex}$ 时的温度，

$$0.249 \exp\left(-\frac{486000}{8.314 \times T}\right) = 1.2 \times 10^{-5} \exp\left(-\frac{254500}{8.314 \times T}\right)$$

$$T = \frac{486000 - 254500}{9.94 \times 8.314} = 2800 \ (\text{K})$$

第四节　扩散的影响因素

对于各种固体材料而言，材料的组成、结构与化学键性质，以及点缺陷、各种晶粒内部的位错、多晶材料内部的晶界和晶体的表面等各种材料结构缺陷都将对扩散产生显著的影响。

一、晶体的组成

在大多数实际固体材料中，往往具有多种化学组分。因而一般情况下整个扩散并不只涉及某一种原子或离子的迁移，而可能是两种或两种以上的原子或离子同时参与的集体行为，所以实际测得的相应扩散系数已不再是自扩散系数而应是互扩散系数。（自扩散：一种原子/离子通过由该种质点组成的晶体中的扩散。互扩散：同时考虑多种扩散质与扩散基质间的相互作用以及不同的扩散质之间相互作用的扩散。）互扩散系数不仅要考虑每一种扩散组成与扩散介质的相互作用，同时要考虑各种扩散组分之间的相互作用。

二、化学键的影响

不同固体材料晶体结构中的化学键性质不同，其扩散系数也就不同。尽管在金属键、离子键或共价键材料中，空位扩散机构始终是晶粒内部质点迁移的主导方式，但因空位扩散活化能由空位形成能和原子迁移能构成，故活化能常随材料熔点升高而增加。但当间隙原子比格点原子小得多或晶格结构比较开放时，间隙机构将占优势。例如 H、C、N 和 O 等原子在多数金属材料中按照间隙机构扩散；又如在萤石 CaF_2 结构中，F^- 和 UO_2 中的 O^{2-} 也按照间隙机构进行迁移，此时原子迁移的活化能与材料的熔点无明显关系。

在共价键晶体中，由于共价键的方向性和饱和性，其与金属和离子型晶体相比是较开放的晶体结构。但由于成键方向性的限制，间隙扩散不利于体系能量的降低，而且表现出自扩散活化能通常高于熔点相近金属的活化能。例如，虽然 Ag 和 Ge 的熔点仅相差几摄氏度，但 Ge 的自扩散活化能为 289kJ/mol，而 Ag 的活化能却只有 184kJ/mol。显然共价键的性质对空位迁移机构是有强烈影响的，一些离子型晶体材料中扩散活化能见表 10-1。

表 10-1 一些离子型晶体材料中扩散活化能

扩散离子	活化能/(kJ/mol)	扩散离子	活化能/(kJ/mol)
Fe^{2+}/FeO	96	$O^{2-}/NiCr_2O_4$	226
O^{2-}/UO_2	151	Mg^{2+}/MgO	348
U^{4+}/UO_2	318	Ca^{2+}/CaO	322
Co^{2+}/CoO	105	Be^{2+}/BeO	477
Fe^{3+}/Fe_3O_4	201	Ti^{4+}/TiO_2	276
$Cr^{3+}/NiCr_2O_4$	318	Zr^{4+}/ZrO_2	389
$Ni^{2+}/NiCr_2O_4$	272	O^{2-}/ZrO_2	130

三、结构缺陷的影响

多晶材料由不同取向的晶粒构成，因此在晶界区域原子排列非常紊乱，结构非常开放。实验表明，在金属材料、离子晶体中，原子或离子在晶界上的扩散远比在晶粒内部扩散快。在某些氧化物晶体材料中，晶界对离子的扩散有选择性增强作用，例如在 Fe_2O_3、CoO、$SrTiO_3$ 材料中晶界或位错有增强 O^{2-} 的扩散作用，而在 BeO、UO_2、Cu_2O 和 $(ZrCa)O_2$ 等材料中则无此效应。这种晶界对离子扩散的选择性增强作用主要归因于晶界区域内电荷分布的不同。

图 10-12 表示了金属银中 Ag 原子在晶粒内部的自扩散系数 D_b、晶界区域

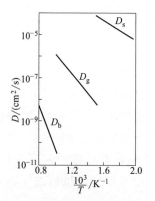

图 10-12 银的自扩散系数、晶界
区域扩散系数和表面区域扩散系数

扩散系数 D_g 和表面区域扩散系数 D_s 的比较。其活化能数值大小各为 193kJ/mol、85kJ/mol 和 43kJ/mol，显然活化能的差异与结构缺陷之间的差别是相对应的。

在离子型化合物中，一般规律为：

$$Q_s = 0.5Q_b$$

$$Q_g = (0.6 \sim 0.7)Q_b$$

式中，Q_s，Q_g 和 Q_b 分别为表面扩散、晶界扩散和晶格内扩散的活化能。

$$D_b : D_g : D_s = 10^{-14} : 10^{-10} : 10^{-7}$$

除晶界以外，晶粒内部存在的各种位错等缺陷也往往是原子容易移动的原因。结构中位错密度越高，位错对原子或离子扩散的贡献越大。

四、温度与杂质对扩散的影响

在固体中原子或离子的迁移实质是一个热激活过程。因此，温度对于扩散的影响具有显著的效果。一般而言，扩散系数与温度的依赖关系服从式（10-36）：

$$D = D_0 \exp\left(-\frac{Q}{RT}\right) \tag{10-36}$$

扩散活化能 Q 值越大，说明温度对扩散系数的影响越敏感。应该指出，对于大多数晶体材料，由于其或多或少地含有一定量的杂质以及具有一定的热过程，因而温度对其扩散系数的影响往往不完全是 $\ln D$-$1/T$ 间均呈直线关系，而可能出现曲线或在不同温度区间出现不同斜率的直线段。显然，这一差别主要是由于活化能随温度变化引起的。

温度和热过程对扩散影响的另一种方式是通过改变物质结构来达成的。例如，在硅酸盐玻璃中网络变性离子 Na^+、K^+、Ca^{2+} 等在玻璃中的扩散系数随玻璃的热历史有明显差别。在急冷的玻璃中扩散系数一般高于同组分充分退火的玻璃中的扩散系数，这可能与玻璃中网络结构疏密程度有关。对于晶体材料，温度和热过程对扩散也可引起类似的影响，如晶体从高温急冷时，高温时所出现的高浓度肖特基空位将在低温下保留下来，并在较低温度范围内显示出本征扩散。

杂质对扩散的影响较为复杂，必须考虑晶体结构缺陷缔合和晶格畸变等众多因素的影响。高价阳离子的引入可造成晶格中出现阳离子空位并产生晶格畸变，从而使阳离子扩散系数增大，当杂质含量增加，非本征扩散与本征扩散温度转折点升高。然而，若所引入的杂质与扩散介质形成化合物，或形成沉淀则将导致扩散活化能升高，使扩散速率下降；反之当杂质原子与结构中部分空位发生缔合，往往会使结构中总空位浓度增加而有利于扩散。

例题 10-2：影响扩散的因素有哪些？

答：影响扩散的主要因素有材料的组成、结构、缺陷、温度和杂质等。

（1）晶体组成的复杂性

在大多数实际固体材料中，往往具有多种化学成分，所以整个扩散并不局限于某一种原子或离子的迁移，而且可能是多种原子或离子同时参与的集体行为，要考虑扩散组成和介质以及各扩散组分之间的相互作用。

（2）化学键的影响

在金属键、离子键或共价键材料中，空位扩散机构始终是晶粒内部质点迁移的主导方式，但当间隙原子比格点原子小得多或晶格结构比较开放时，间隙机构将占优势。

（3）结构缺陷的影响

在金属材料、离子晶体中，原子或离子在晶界上的扩散远比在晶粒内部扩散快；某些晶界对离子的扩散有选择增强作用。除晶界外，晶粒内部存在的各种位错也往往是原子容易移动的原因。

（4）温度与杂质对扩散的影响

随着温度的升高，扩散将会加快。温度对扩散的另一种影响是通过改变物质的结构造成的。对于杂质，高价阳离子的引入可造成晶格中出现阳离子空位并产生畸变，从而使阳离子扩散系数增大，且当杂质含量增加，非本征扩散与本征扩散温度转折点升高。另外，杂质与扩散物形成化合物而对扩散产生影响。

第五节　固相反应类型与机理

一、固相反应类型

固相反应与一般气相和液相反应相比，有其自己的特点。

① 与大多数气液反应不同，固相反应属非均相反应，因此参与反应的固相相互接触是反应物间发生化学作用和物质扩散的先决条件。

② 固相反应开始温度与反应物内部开始呈现明显扩散作用的温度相一致，远低于反应物的熔点或系统的低共熔温度，称为泰曼温度。不同物质的塔曼温度与其熔点（T_m）间存在一定的关系。例如，金属为 $(0.3 \sim 0.4)T_m$，盐类和硅酸盐则分别为 $0.57T_m$ 和 $(0.8 \sim 0.9)T_m$。

将固相反应依参加反应物质的聚集状态、反应的性质或反应机理进行分类。按反应物质状态可分为以下几种。

① 纯固相反应。即反应物和生成物都是固体，没有液体和气体参加。

② 有液相参与的反应。在固相反应中，液相可来自反应物的熔化反应物与反应物生成低共熔物。例如，硫和银反应生成硫化银，就是通过液相进行的，硫首先熔化，液态硫与银反应生成硫化银。

③ 有气体参与的反应。在固相反应中，如有一个反应物升华、分解或反应物与第三组分反应都可能出现气体。

在实际的固相反应中，通常是三种形式的各种组合。

根据反应的性质划分，固相反应可分为氧化反应、还原反应、加成反应、置换反应和分解反应。此外还可按反应机理分为扩散控制过程、化学反应速率控制过程、晶核成核速率控制过程和升华控制过程等。

二、固相反应机理

从热力学的观点看，系统自由能的下降就是促使一个反应自发进行的推动力，固相反应也不例外。固相反应绝大多数是在等温等压下进行的，故可用 ΔG 来判别反应进行的方向及其限度。一般情况下，可能发生的几个反应生成几个变体（A_1，A_2，A_3，……，A_n），若相应的自由能变化值大小的顺序为 $\Delta G_1 < \Delta G_2 < \Delta G_3 < \Delta G_4 …… < \Delta G_n$，则最终产物将是自由能最小变体。但当 ΔG_2、ΔG_3……都是负值时，则生成这些相的反应均可进行，而且生成这些相的实际顺序并不完全由值的相对大小决定，而是和动力学（即反应速率）有关。在这种条件下，反应速率愈大，反应进行的可能也愈大。

反应物和生成物都是固相的纯固相反应，总是往放热的方向进行，一直到反应物耗完为止，出现平衡的可能性很小，只在特定的条件下才有可能。这种纯固相反应，其反应的熵变小到可认为忽略不计，则 $T\Delta S \to 0$，因此 $\Delta G \approx \Delta H$。没有液相或气相参与的固相反应，只有 $\Delta H < 0$，即放热反应才能进行，这称为范特霍夫规则。如果过程中放出气体或有液体参加，由于 ΔS 很大，这个原则就不适用。例如，在高温下碳的燃烧优先向如下反应方向进行：$2C + O_2 \xrightarrow{\quad} 2CO$。虽然在任何温度下存在着 $C + O_2 \xrightarrow{\quad} CO_2$ 的反应，而且其反应热比前者大得多，但是反应仍然按照 $2C + O_2 \xrightarrow{\quad} 2CO$ 进行（高于 $700℃$）。即使伴随着很大的吸热效应，反应还是能自动地往右边进行，这是因为系统中气态分子增加时，熵增大，导致 $T\Delta S$ 的乘积超过反应的吸热效应值 ΔH。因此，当固相反应中有气体或液相参与时，范特霍夫规则就不适用了。

一般认为，为了在固相之间进行反应，放出的热大于 $4.184kJ/mol$ 就够了。在晶体混合物中许多反应的产物生成热相当大，大多数硅酸盐反应测得的反应热为每摩尔几十到几百千卡（1 卡 $= 4.184J$）。因此，从热力学观点看，没有气相或液相参与的固相反应，会随着放热反应进行到底。实际上，由于固体之间的反应主要是通过扩散进行，如果接触不良，反应就不能进行到底，即反应会受到动力学因素的限制。

第六节　固相反应动力学

固相反应动力学是通过反应动力学机理的研究，明确有关反应体系随时间变化的规律。由于固相反应的种类和机理可以是多样的，对于不同的反应，乃至同一反应的不同阶段，其动力学关系也往往不同。固相反应的基本特点在于反应通常是由几个简单的物理化学过程如化学反应、扩散、熔融、升华等步骤构成。因此，整个反应的速度将受到其涉及的各动力学阶段速度的影响。

一、固相反应一般动力学关系

图 10-13 描述了物质 A 和 B 进行化学反应生成 C 的反应过程。反应一开始是反应物颗粒之间的混合接触，并在表面发生化学反应形成薄且含大量结构缺陷的新相，随后产物新相的结构进行调整和晶体生长。当在两反应颗粒间所形成的产物层达到一定厚度后，进一步的反应将依赖于一种或几种反应物通过产物层的扩散而得以进行，这种物质的输运过程可能通过晶体晶格内部、表面、晶界、位错或晶体裂缝进行。对于广义

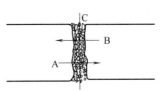

图 10-13　固相物质 A、B 化学反应过程的模型

的固相反应，由于反应体系存在气相或液相，故而进一步反应所需要的传质过程往往可在气相或液相中发生。此时气相或液相的存在可能对固相反应起到重要作用。

例题 10-3：Al_2O_3 和 MgO 反应生成 $MgAl_2O_4$，反应过程中哪种离子是扩散离子？并写出界面反应方程。

答：$MgAl_2O_4$ 形成是由两种正离子 Mg^{2+} 和 Al^{3+} 逆向经过两种氧化物界面的扩散所决定，氧离子不参与扩散迁移过程。

界面反应方程：

$$3Mg^{2+} + 4Al_2O_3 \longrightarrow 3MgAl_2O_4 + 2Al^{3+}$$
$$2Al^{3+} + 4MgO \longrightarrow MgAl_2O_4 + 3Mg^{2+}$$

因此对于固相反应来说，固体直接参与化学作用并发生化学变化，同时至少在固体内部或外部的某一过程起着控制作用。显然此时控制反应速率的不仅限于化学反应本身，反应新相晶格缺陷调整速率、晶粒生长速率以及反应体系中物质和能量的扩散速率都将影响着反应速率。所有环节中速度最慢的一环，将对整体反应速率有着决定性的影响。

现以金属氧化过程为例，建立整体反应速率与各阶段反应速率间的定量关

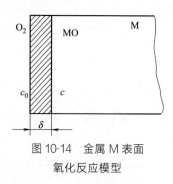

图 10-14　金属 M 表面
氧化反应模型

系。设反应依图 10-14 所示模型进行，其反应方程式为：

$$M(s)+\frac{1}{2}O_2(g)\!=\!=\!=\!MO(s)$$

反应经 t 时间后，金属 M 表面已形成厚度为 δ 的产物层 MO。进一步的反应将由氧气 O_2 通过产物层 MO 扩散到 M-MO 界面和金属氧化两个过程组成。根据化学反应动力学一般原理和扩散第一定律，单位面积界面上金属氧化速率 v_R 和氧气扩散速率 v_D 分别有如下关系：

$$v_R=Kc$$
$$v_D=D\left.\frac{dc}{dx}\right|_{x=\delta} \tag{10-37}$$

式中，K 为化学反应速率常数；c 为界面处氧气浓度；D 为氧气在产物层中的扩散系数。显然，当整个反应过程达到稳定时整体反应速率 v 为：

$$v=v_R=v_D$$
$$c=\frac{c_0}{1+\dfrac{K\delta}{D}}$$

$$\frac{1}{v}=\frac{1}{Kc_0}+\frac{1}{Dc_0/\delta} \tag{10-38}$$

由扩散和化学反应构成的固相反应过程，其整体反应速率的倒数为扩散最大速率的倒数和化学反应最大速率的倒数之和。若将反应速率的倒数理解成反应的阻力，则式（10-38）将具有与串联电路欧姆定律相似的形式：反应的总阻力等于各环节分阻力之和。例如，当固相反应不仅包括化学反应、物质扩散，还包括结晶、熔融、升华等物理化学过程时，固相反应的总速率应为：

$$v=1\Big/\left(\frac{1}{v_{1max}}+\frac{1}{v_{2max}}+\frac{1}{v_{3max}}+\cdots+\frac{1}{v_{nmax}}\right) \tag{10-39}$$

式中，v_{1max}、v_{2max}，$\cdots\cdots$，v_{nmax} 分别代表构成反应过程各环节的最大可能速率。

因此，为了确定过程总的动力学速率，确定整个过程中各个基本步骤的具体动力学关系是应该首先予以考虑的问题。但是对实际的固相反应过程，掌握所有反应环节的具体动力学关系往往十分困难，故需抓住反应过程的主要环节才能使问题比较容易地得到解决。例如，若在固相反应环节中，物质扩散速率较其他各环节都慢得多，则由式（10-39）可知反应阻力主要来源于扩散过程。此时，若其他各项反应阻力较扩散项是一小量并可忽略不计时，则总反应速率将几乎完全受控于扩散速率。

二、化学控制反应动力学

化学反应是固相反应过程的基本环节。根据物理化学原理，对于二元均相反应系统，若化学反应依反应式 $m\mathrm{A} + n\mathrm{B} \longrightarrow p\mathrm{C}$ 进行，则化学反应速率的一般表达式为：

$$v_\mathrm{R} = \frac{\mathrm{d}c_\mathrm{C}}{\mathrm{d}t} = K c_\mathrm{A}^m c_\mathrm{B}^n \tag{10-40}$$

式中，c_A、c_B、c_C 分别代表反应物 A、B 和 C 的浓度；K 为反应速率常数。它与温度间存在阿伦尼乌斯关系：

$$K = K_0 \exp(-\Delta G_\mathrm{R}/RT) \tag{10-41}$$

式中，K_0 为常数；ΔG_R 为反应活化能。

对于非均相的固相反应，式（10-40）不能直接用于描述化学反应的动力学关系。这是因为对于大多数的固相反应，浓度的概念没有实际意义。其次，多数固相反应以固相反应物间的机械接触为基本条件。因此，在固相反应中将引入转化率 G 的概念以取代式（10-40）中的浓度，同时考虑反应过程中反应物间的接触面积。所谓转化率是指参与反应的一种反应物，在反应过程中被反应了的体积分数。设反应物颗粒呈球状，半径为 R_0，经 t 时间反应后，反应物颗粒外层 x 厚度已被反应，则定义转化率 G：

$$G = \frac{R_0^3 - (R_0 - x)^3}{R_0^3} = 1 - \left(1 - \frac{x}{R_0}\right)^3 \tag{10-42}$$

根据式（10-40）的含义，固相化学反应中动力学一般方程式可写成：

$$\frac{\mathrm{d}G}{\mathrm{d}t} = KF(1-G)^n \tag{10-43}$$

式中，n 为反应级数；K 为反应速率常数；F 为反应截面。当反应物颗粒为球形时，$F = 4\pi R_0^2 (1-G)^{2/3}$。不难看出式（10-40）与式（10-43）具有完全类同的形式和含义。在式（10-40）中浓度 c 既反映了反应物的多少，又反映了反应物之中接触或碰撞的概率，而这两个因素在式（10-43）中则通过反应截面 F 和剩余转化率 $(1-G)$ 得到了充分的反映。考虑一级反应，由式（10-43）则有动力学方程式：

$$\frac{\mathrm{d}G}{\mathrm{d}t} = KF(1-G) \tag{10-44}$$

当反应物颗粒为球形时：

$$\frac{\mathrm{d}G}{\mathrm{d}t} = 4K\pi R_0^2 (1-G)^{\frac{2}{3}}(1-G) = K_1 (1-G)^{\frac{5}{3}} \tag{10-45}$$

若反应截面在反应过程中不变（如金属平板的氧化过程）则有：

$$\frac{\mathrm{d}G}{\mathrm{d}t} = K_1'(1-G) \qquad (10\text{-}46)$$

根据积分式（10-45）和式（10-46），并考虑到初始条件 $t=0$，$G=0$，得到反应截面分别依球形和平板模型变化时，固相反应转化率与时间的函数关系：

$$F_1(G) = [(1-G)^{-2/3} - 1] = K_1 t \qquad (10\text{-}47a)$$

$$F_1'(G) = \ln(1-G) = -K_1' t \qquad (10\text{-}47b)$$

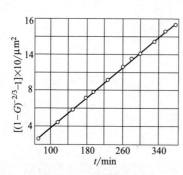

图 10-15 NaCl 参与下反应 $Na_2CO_3(s) + SiO_2(s) \longrightarrow$ $Na_2SiO_3(s) + CO_2(g)$ 动力学曲线（T= 740℃）

碳酸钠（Na_2CO_3）和二氧化硅（SiO_2）在 740℃ 下进行固相反应：$Na_2CO_3(s) + SiO_2(s) \longrightarrow Na_2SiO_3(s) + CO_2(g)$。

当颗粒 $R_0 = 36\mu m$，并加入少许 NaCl 作溶剂时，整个反应动力学过程完全符合式（10-47a）关系，如图 10-15 所示。这说明该反应条件下，反应体系的总速率为化学反应动力学过程所控制，而扩散的阻力已小到可忽略不计，且反应属于一级化学反应。

三、扩散控制反应动力学

固相反应一般都伴随着物质的迁移，但是在固相结构内部扩散速率通常较为缓慢，因而在多数情况下，扩散速率控制着整个反应的总速率。由于反应截面变化的复杂性，扩散控制的反应动力学方程也将不同。在众多的反应动力学方程式中，基于平行板模型和球体模型导出的杨德尔方程和金斯特林格方程式最为常见。

1. 杨德尔方程

如图 10-16（a）所示，设反应物 A 和 B 以平行板模式相互接触反应，并形成厚度为 x 的产物 AB 层，随后物质 A 通过 AB 层扩散到 B-AB 界面继续与 B 反应。若界面化学反应速率远大于扩散速率，则可认为固相反应总速率由扩散过程控制。

设 t 到 $t + \mathrm{d}t$ 时间内通过 AB 层单位截面的 A 物质量为 $\mathrm{d}m$。显然，在反应过程中的任一时刻，反应界面 B-AB 处 A 物质的浓度为零。而界面 A-AB 处 A 物质的浓度为 c_0。由扩散第一定律得：

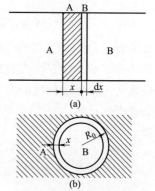

图 10-16 固相反应杨德尔模型
（a）反应物以平行板模式接触；
（b）反应物以球体模式接触

$$\frac{dm}{dt} = D\left(\frac{dc}{dx}\right)_{x=\xi}$$ (10-48)

设反应产物 AB 密度为相对分子质量为 M，则 $dm = \frac{\rho dx}{M}$；又考虑扩散属稳定扩散，因此有：

$$\left(\frac{dc}{dx}\right)_{x=\xi} = \frac{c_0}{x}$$ (10-49)

$$\frac{dx}{dt} = \frac{MDc_0}{\rho x}$$ (10-50)

积分上式并考虑边界条件 $t=0$，$x=0$ 得：

$$x^2 = \frac{2MDc_0}{\rho}t = Kt$$ (10-51)

式 (10-51) 说明，反应物以平行板模式接触时，反应产物层厚度与时间的平方根成正比。由于式 (10-51) 存在二次方关系，故常称之为抛物线速率方程式。

考虑实际情况中固相反应通常以粉状物料为原料。为此杨德尔假设：a. 反应物是半径为 R_0 的等径球粒。b. 反应物 A 是扩散相，即 A 成分总是包围着 B 的颗粒，而且 A、B 与产物是完全接触，反应自球面向中心进行，如图 10-16 (b) 所示。于是由式 (10-42) 得：

$$x = R_0[1-(1-G)^{1/3}]$$ (10-52)

将式 (10-52) 代入式 (10-51) 得杨德尔方程积分式：

$$x^2 = R_0^2[1-(1-G)^{1/3}]^2 = Kt$$ (10-53)

或

$$F_j(G) = [1-(1-G)^{1/3}]^2 = \frac{K}{R^2}t = K_j t$$ (10-54)

对式 (10-54) 微分得杨德尔方程微分式：

$$\frac{dG}{dt} = K_j \frac{(1-G)^{2/3}}{1-(1-G)^{1/3}}$$ (10-55)

杨德尔方程作为一个较经典的固相反应动力学方程已被广泛地接受，然而分析杨德尔方程的推导过程可以发现，将球体模型的转化率公式代入平行板模型抛物线速率方程的积分式具有一定的局限性，也就是说杨德尔方程只能用于反应转化率较小（或 x/R 比值很小）和反应截面 F 可近似地看成常数的反应初期。

在实践中，许多固相反应的实例都证实杨德尔方程在反应初期的正确性。图 10-17 和图 10-18 分别表示了反应 $BaCO_3 + SiO_2 \longrightarrow BaSiO_3 + CO_2$ 和 $ZnO + Fe_2O_3 \longrightarrow ZnFe_2O_4$ 在不同温度下 $F_j(G)$-t 关系。温度的变化所引起直线斜率

的变化归因于反应速率常数 K_j 的变化。根据反应速率常数的变化可求得反应的活化能，公式如下：

$$\Delta G_R = \frac{RT_1 T_2}{T_2 - T_1} \ln \frac{K_j(T_2)}{K_j(T_1)} \tag{10-56}$$

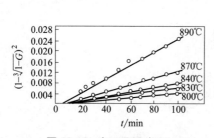

图 10-17 在不同温度下 $BaCO_3 + SiO_2 \longrightarrow BaSiO_3 + CO_2$ 的反应动力学曲线

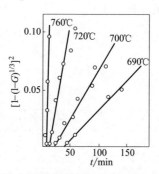

图 10-18 在不同温度下 $ZnO + Fe_2O_3 \longrightarrow ZnFe_2O_4$ 的反应动力学曲线

2. 金斯特林格方程

针对杨德尔方程只能适用于转化率较小的不足，金斯特林格考虑到生成产物层是一个厚度逐渐增加的球壳而不是一个平面，提出了如图 10-19 所示的反应扩散模型。

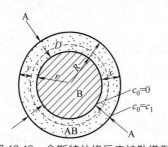

图 10-19 金斯特林格反应扩散模型

c_0—在产物层中 A 的浓度；
c_1—在 A-AB 界面上 A 的浓度；
D—A 在 AB 中的扩散系数；
r—在扩散方向上产物层中任意时刻的球面的半径

当反应物 A 和 B 混合均匀后，若 A 的熔点低于 B 的熔点，A 可以通过表面扩散或通过气相扩散而布满整个 B 的表面。在产物层 AB 生成之后，反应物 A 在产物层中扩散速率远大于 B 的扩散速率，且 AB-B 界面上，由于化学反应速率远大于扩散速率，扩散到该处的反应物 A 可迅速与 B 反应生成 AB，因而 AB-B 界面上 A 的浓度可恒为零。但在整个反应过程中，反应生成物球壳外壁（即 A 界面）上，扩散相 A 的浓度恒为 c_0，整个反应速率完全由 A 在生成物球壳 AB 中的扩散速率所决定。设单位时间内通过 $4\pi r^2$ 球面扩散入产物层 AB 中 A 的量为 dm_A/dt，由扩散第一定律：

$$\frac{dm_A}{dt} = D 4\pi r^2 \left(\frac{\partial c}{\partial r}\right)_{r=R-x} \tag{10-57}$$

假设这是稳定扩散过程，因而单位时间内将有相同数量的 A 扩散通过任一指定的 r 球面。若反应生成物 AB 密度为 ρ，相对分子质量为 M，AB 中 A 的分子

数为 n，令 $\rho \times n/M = \varepsilon$。这时产物层 $4\pi r^2 \mathrm{d}x$ 体积中积聚 A 的量为：

$$4\pi r^2 \cdot \mathrm{d}x \cdot \varepsilon = D4\pi r^2 (\partial c/\partial r)_{r=R-x} \mathrm{d}t \tag{10-58}$$

所以

$$\frac{\mathrm{d}x}{\mathrm{d}t} = \frac{D}{\varepsilon}(\partial c/\partial r)_{r=R-x} \tag{10-59}$$

由式（10-57）移项并积分可得：

$$(\partial c/\partial r)_{r=R-x} = \frac{c_0 R(R-x)}{r^2 x} \tag{10-60}$$

将式（10-60）代入式（10-59），令 $K_0 = (D/\varepsilon)c_0$ 得：

$$\frac{\mathrm{d}x}{\mathrm{d}t} = K_0 \frac{R}{x(R-x)} \tag{10-61}$$

积分式（10-61）得：

$$x^2\left(1 - \frac{2}{3} \times \frac{x}{R}\right) = 2K_0 t \tag{10-62}$$

将球形颗粒转化率关系式代入式（10-62）并经整理即可得出以转化率 G 表示的金斯特林格动力学方程的积分和微分式：

$$F_K(G) = 1 - \frac{2}{3}G - (1-G)^{\frac{2}{3}} = \frac{2DMc_0}{R_0^2 \rho n}t = K_K t \tag{10-63}$$

$$\frac{\mathrm{d}G}{\mathrm{d}t} = K_K' \frac{(1-G)^{\frac{1}{3}}}{1 - (1-G)^{\frac{1}{3}}} \tag{10-64}$$

式中，$K_K' = 1/3K_K$，为金斯特林格动力学方程速率常数。

大量的实验研究表明，金斯特林格方程比杨德尔方程能适用于更大的反应程度。例如，碳酸钠与二氧化硅在 820℃ 下的固相反应，测定不同反应时间的二氧化硅转化率 G 得表 10-2 所示的实验数据。根据金斯特林格方程拟合实验结果，在转化率从 0.2458 变到 0.6156 区间内，$F_K(G)$ 关于 t 有相当好的线性关系（图 10-20），其速率常数 K_K 恒等于 1.83。但若以杨德尔方程处理实验结果，$F_j(G)$ 与 t 的线性关系较差，速率常数 K_j 值从 1.81 偏离到 2.25。因此，如果说金斯特林格方程能够描述转化率很大情况下的固相反应，那么杨德尔方程只能在转化率较小时才适用。

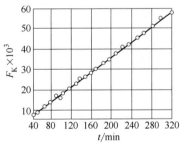

图 10-20　碳酸钠和二氧化硅的反应动力学 [SiO$_2$]：
[Na$_2$CO$_3$] = 1
r = 36，T = 820℃

表 10-2　二氧化硅-碳酸钠反应动力学数据（R_0= 0.036mm，T= 820℃）

时间/min	SiO$_2$ 转化率	$K_K \times 10^4$	$K_j \times 10^4$	时间/min	SiO$_2$ 转化率	$K_K \times 10^4$	$K_j \times 10^4$
41.5	0.2458	1.83	1.81	222.0	0.5196	1.83	2.14
49.0	0.2666	1.83	1.96	263.5	0.5600	1.83	2.18
77.0	0.3280	1.83	2.00	296.0	0.5876	1.83	2.20
99.5	0.3686	1.83	2.02	312.0	0.6010	1.83	2.24
168.0	0.4640	1.83	2.10	332.0	0.6156	1.83	2.25
193.0	0.4920	1.83	2.12				

而金斯特林格方程也有缺点，并非对所有扩散控制的固相反应都能适用。由以上推导可以看出，杨德尔方程和金斯特林格方程均以稳定扩散为基本假设，它们之间的不同仅在于所采用的几何模型的差别。

不同颗粒形状的反应物必然对应着不同形式的动力学方程。例如，对于半径为 R 的圆柱状颗粒，当反应物沿圆柱表面形成的产物层扩散过程起控制作用时，其反应动力学过程符合依轴对称稳定扩散模式推得的动力学方程式：

$$F_0(G)=(1-G)\ln(1-G)+G=Kt \tag{10-65}$$

另外，金斯特林格动力学方程中没有考虑反应物与生成物密度不同带来的体积效应。实际上由于反应物与生成物的密度差异，扩散相 A 在生成物 C 中扩散路程并非 $R_0 \to r$ 而是 $r_0 \to r$（此处 r_0 不等于 R_0，为未反应的 B 加上产物层厚的临时半径），并且 R_0-r_0 随着反应的进一步进行而增大。为此卡特对金斯特林格方程进行了修正，得卡特动力学方程式为：

$$F_{ca}(G)=[1+(Z-1)G]^{2/3}+(Z-1)(1-G)^{2/3}$$
$$=Z+2(1-Z)Kt \tag{10-66}$$

式中，Z 为消耗单位体积 B 组分所生成产物 C 组分的体积。

卡特将该方程用于镍球氧化过程的动力学数据处理，发现一直进行到 100％方程仍然与事实结果符合得很好，如图 10-21 所示。

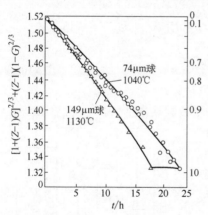

图 10-21　在空气中镍球氧化的动力学方程与时间 t 的关系

例题 10-4：测量氧化铝-水化物的分解速率时，发现线性等温速率随温度指数的增加，温度从 451℃增大到 493℃时速率增大 10 倍，试计算活化能。

答：$K=A\exp\left(\dfrac{-Q}{RT}\right)$

$$\dfrac{K_2}{K_1}=\exp\left[\dfrac{Q(T_2-T_1)}{RT_1T_2}\right]$$

由题意可知：T 当从 451℃增加至 493℃时，$K_2/K_1=10$

故

$$\exp\left[\frac{Q(493-451)}{8.314\times766\times724}\right]=10$$

得活化能 $Q=252.83\text{kJ/mol}$。

第七节　影响固相反应的因素

由于固相反应过程涉及相界面的化学反应和相内外部的物质扩散等若干环节，因此，除反应物的化学组成、特性和结构状态以及温度、压力等因素外，其他可能影响物质内外传输作用的因素均会对固相反应起影响作用。

一、反应物化学组成与结构的影响

反应物的化学组成和结构是影响固相反应的内在因素，对于决定反应方向和反应速率起着重要作用。从热力学角度看，在一定温度、压力条件下，反应可能进行的方向是自由能降低的方向，而且 ΔG 的负值越大，反应的热力学推动力也越大。从结构的角度看，反应物的结构状态、质点间的化学键性质以及各种缺陷的多少都将对反应速率产生影响。事实表明，同组成反应物的结晶状态、晶形由于其热历史不同会出现很大的差别，从而影响到这种物质的反应活性。例如，用氧化铝和氧化钴合成钴铝尖晶石（$Al_2O_3+CoO\longrightarrow CoAl_2O_4$）的反应中，若分别采用轻烧 Al_2O_3 和在较高温度下过烧的 Al_2O_3 做原料，其反应速率可相差接近 10 倍。研究表明，轻烧 Al_2O_3 是由于 $\gamma\text{-}Al_2O_3\longrightarrow\alpha Al_2O_3$ 转变而大大地提高了 Al_2O_3 的反应活性，即在相转变温度附近物质质点可动性显著增大，晶格松懈、结构内部缺陷增多，从而反应和扩散能力增加。因此，在生产实践中往往可以利用多晶转变、热分解和脱水反应等过程引起的晶格活化效应来选择反应原料和设计反应工艺条件以达到高的生产效率。

其次，在同一反应系统中，固相反应速率还与各反应物间的比例有关。颗粒尺寸相同的 A 和 B 反应形成产物 AB，若改变 A 与 B 的比例就会影响到反应物表面积和反应截面积的大小，从而改变产物层的厚度和影响反应速率。例如，增加反应混合物中"遮盖"物的含量，则反应物接触机会和反应截面就会增加，产物层变薄，相应的反应速率就会增加。

二、反应物颗粒尺寸及分布的影响

反应物颗粒尺寸对反应速率的影响，首先在杨德尔方程、金斯特林格动力学方程式中明显地得到反映。动力学方程的反应速率常数 K 值反比于颗粒半径的平方，因此，在其他条件不变的情况下，反应速率受到颗粒尺寸大小的强烈影响。图 10-22 表示出不同颗粒尺寸对 $CaCO_3$ 和 MoO_3 在 600℃ 反应生成 $CaMoO_4$ 的影响，比较曲线 1 和 2 可以看出颗粒尺寸的微小差别对反应速率的显著影响。

另一方面，颗粒尺寸大小对反应速率的影响是通过改变反应界面和扩散截面以及改变颗粒表面结构等效应来完成的，颗粒尺寸越小，反应体系比表面积越大，反应界面和扩散界面也相应增加，因此反应速率增大。同时随颗粒尺寸减小，键强度分布曲线变平，弱键比例增加，故而使反应和扩散能力增强。

应该指出，同一反应体系由于物料颗粒尺寸不同其反应机理也可能会发生变化，属于不同的动力学范围控制。例如，前面提及的 $CaCO_3$ 和 MoO_3 反应，当取等分子比并在较高温度（600℃）下反应时，若 $CaCO_3$ 颗粒大于 MoO_3 则反应由扩散控制，反应速率随 $CaCO_3$ 颗粒度减少而加速。倘若 $CaCO_3$ 颗粒尺寸减少到小于 MoO_3 并且体系中存在过量的 $CaCO_3$ 时，由于产物层变薄，扩散阻力减少，反应由 MoO_3 的升华过程所控制，并随 MoO_3 粒径减少而加强。图 10-23 给出了 $CaCO_3$ 与 MoO_3 反应受 MoO_3 升华所控制的动力学情况，其动力学规律符合由布特尼柯夫和金斯特林格推导的升华控制动力学方程：

$$F(G)=1-(1-G)^{2/3}=Kt \tag{10-67}$$

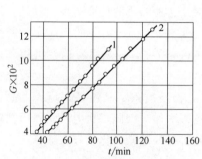

图 10-22　碳酸钙与氧化钼固相
反应的动力学曲线

$MoO_3：CaCO_3=1：1$，$r_{MoO_3}=0.036mm$，

$r_{CaCO_3}=0.13mm$，$T=600℃$（曲线 1）；

$r_{CaCO_3}=0.135mm$，$T=600℃$（曲线 2）

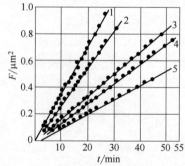

图 10-23　碳酸钙与氧化钼固相反应（升华控制）

$CaCO_3：MoO_3=15$；$r_{CaCO_3}=30\mu m$，$T=620℃$

$r_{MoO_3}=52\mu m$（曲线 1）；$r_{MoO_3}=64\mu m$（曲线 2）；

$r_{MoO_3}=119\mu m$（曲线 3）；$r_{MoO_3}=130\mu m$（曲线 4）；

$r_{MoO_3}=153\mu m$（曲线 5）

反应物料粒径的分布对反应速率的影响同样是重要的。理论分析表明，由于物料颗粒大小以平方关系影响着反应速率，颗粒尺寸分布越是集中对反应速率越是有利，因此缩小颗粒尺寸的分布范围，以避免少量较大尺寸的颗粒存在而显著延缓反应进程，是生产工艺在减少颗粒尺寸的同时应注意到的另一问题。

例题 10-5：从颗粒尺寸大小及粒径分布角度分析对固相反应速率的影响。

答：根据固相反应的动力学方程，反应速率常数反比于颗粒半径的平方，所以颗粒尺寸越小，固相反应速率越快。

颗粒尺寸大小对反应速率的影响也通过改变反应界面和扩散截面以及改变颗粒表面结构等效应来完成，颗粒尺寸越小，反应体系比表面积越大，反应界面和扩散界面也相应增加，因此反应速率增加，同时随颗粒尺寸减小，键强度分布曲线变平，弱键比例增加，故而使反应和扩散能力增强。

颗粒分布越是集中对反应速率越是有利的，因此缩小颗粒尺寸的分布范围，以避免少量较大尺寸的颗粒存在而显著延缓反应进程，是生产工艺在减少颗粒尺寸的同时应该注意的另一因素。

三、反应温度、压力与气氛的影响

温度是影响固相反应速率的重要外部条件之一。一般可以认为温度升高均有利于反应进行。这是因为温度升高，固体结构中质点热振动动能增大，反应能力和扩散能力均得到增强。对于化学反应，其速率常数

$$K = A \exp\left(-\frac{\Delta G_R}{RT}\right)$$

式中，ΔG_R 为化学反应活化能；A 为与质点活化机构相关的因子。对于扩散，其扩散系数 $D = D_0 \exp\left(-\frac{Q}{RT}\right)$。因此无论是扩散控制还是化学反应控制的固相反应，温度的升高都将提高扩散系数或反应速率常数。而且由于扩散活化能 Q 通常比反应活化能 ΔG_R 小，温度的变化对化学反应的影响远大于对扩散的影响。

压力是影响固相反应的另一外部因素。对于纯固相反应，压力的提高可显著地改善粉料颗粒之间的接触状态，如缩短颗粒之间距离、增加接触面积等并提高固相的反应速率。但对于有液相、气相参与的固相反应中，扩散过程主要不是通过固相粒子直接接触进行的，因此提高压力有时并不表现出积极作用，甚至会适得其反。例如，黏土矿物脱水反应和伴有气相产物的热分解反应以及某些由升华控制的固相反应等，增加压力会使反应速率下降。随着水蒸气压的增加，高岭土的脱水温度和活化能明显提高，脱水速率降低（见表 10-3）。

表 10-3 不同水蒸气压力下高岭土的脱水活化能

水蒸气压力 p/Pa	温度 T/℃	活化能/(kJ/mol)
<0.10	390～450	214
613	435～475	352
1867	450～480	377
6265	470～495	469

此外气氛对固相反应也有重要的影响。它可以通过改变固体吸附特性而影响表面反应活性。对于一系列能形成非化学计量的化合物 ZnO、CuO 等，气氛可

直接影响晶体表面缺陷的浓度、扩散机构和扩散速率。

四、矿化剂及其他影响因素

在固相反应体系中加入少量的非反应物物质或某些可能存在于原料中的杂质常会对反应产生特殊的作用，这些物质被称为矿化剂，它们在反应过程中不与反应物或反应产物起化学反应，但它们以不同的方式和程度影响着反应的某些环节。实验表明，矿化剂可以产生如下作用：a. 改变反应机构，降低反应活化能；b. 影响晶核的生成速率；c. 影响结晶速率及晶格结构；d. 降低体系共熔点，改善液相性质等。例如，在 Na_2CO_3 和 Fe_2O_3 反应体系加入 $NaCl$，可使反应转化率提高 $1.5 \sim 1.6$ 倍之多。而且颗粒尺寸越大，这种矿化效果越明显。关于矿化剂的一般矿化机理是复杂多样的，可因反应体系的不同而完全不同，但可以认为矿化剂总是以某种方式参与到固相反应过程中去的。

以上从物理化学的角度对影响固相反应速率的诸因素进行了分析讨论。实际生产科研过程中遇到的各种影响因素可能会更多更复杂。工业性的固相反应除了有物理化学方面的影响因素外，还有工程方面的影响因素。例如，水泥工业中的碳酸钙的分解速率，一方面受到物理化学基本规律的影响，另一方面与工程上的换热传质效率有关。在同温度下，普通旋窑中的分解率要低于窑外分解炉中的，这是因为在分解炉中处于悬浮状态的碳酸钙颗粒在传质换热条件上比普通旋窑好得多。因此从反应工程的角度考虑传质传热效率对固相反应的影响具有同样的重要性，尤其是硅酸盐材料生产通常都要求高温条件，此时传热速率对反应进行的影响极为显著。例如，把石英砂压成直径为 $50mm$ 的球，以约 $8℃/min$ 的速率进行加热使之进行相变，约需 $75min$ 完成。而在同样的加热速率下，用相同直径的石英单晶球做实验，则相变所需时间仅 $13min$。产生这种差异的原因除两者的传热系数不同外 [单晶体 $5.23W/(m^2 \cdot K)$，石英砂球 $0.58W/(m^2 \cdot K)$]，还由于石英单晶是透明辐射的，其传热方式不同于石英砂球，即不是传导机构连续传热而可以直接进行透射传热。因此相变反应不是依次向球中心推进的界面上进行，而是在具有一定的厚度范围内以至于在整个体积内同时进行，从而大大加速了相变反应的速度。

习　题

10-1　名词解释：

(1) 无序扩散和晶格扩散；

(2) 本征扩散和非本征扩散；

(3) 自扩散和互扩散；

(4) 稳定扩散与不稳定扩散；

(5) 空位机构和间隙机构；

（6）范特霍夫规则。

10-2 欲使 Mg^{2+} 在 MgO 中的扩散直至 MgO 的熔点（2825℃）都是非本征扩散，要求三价杂质离子有什么样的浓度？（已知 MgO 肖特基缺陷形成能为 6eV）

10-3 试讨论从室温到熔融温度范围内，氯化锌添加剂（摩尔分数为 10^{-6}）对 NaCl 单晶中所有离子（Zn^{2+}、Na^+ 和 Cl^-）的扩散能力的影响。

10-4 试从扩散介质的结构、性质、晶粒尺寸、扩散物浓度、杂质等方面分析影响扩散的因素。

10-5 根据 ZnS 烧结的数据测定了扩散系数。在 450℃ 和 563℃ 时，分别测得扩散系数为 $1.0×10^{-4} cm^2/s$ 和 $3×10^{-4} cm^2/s$。

（1）确定活化能和 D_0。

（2）根据你对结构的了解，请从运动的观点和缺陷的产生来推断活化能的含义。

（3）根据 ZnS 和 ZnO 相互类似，预测 D 随硫的分压而变化的关系。

10-6 实验测得不同温度下碳在钛中的扩散系数分别为 $2×10^{-9} cm^2/s$（736℃），$5×10^{-9} cm^2/s$（782℃），$1.3×10^{-8} cm^2/s$（838℃）。

（1）请判断该实验结果是否准确。

（2）请计算扩散活化能，并求出在 500℃ 时碳的扩散系数。

10-7 试从结构和能量的观点解释为什么 $D_{表面} > D_{晶面} > D_{晶内}$。

10-8 碳、氮、氢在体心立方铁中扩散的激活能分别为 84kJ/mol、75kJ/mol 和 13kJ/mol，试分析这些差异的原因。

10-9 纯固相反应在热力学上有何特点？范特霍夫规则的使用条件是什么？

10-10 MoO_3 和 $CaCO_3$ 反应时，反应机理受到 $CaCO_3$ 颗粒大小的影响。当 MoO_3：$CaCO_3 = 1:1$，$r_{MoO_3} = 0.036mm$，$r_{CaCO_3} = 0.13mm$ 时，反应是扩散控制的；当 MoO_3：$CaCO_3 = 1:15$，$r_{CaCO_3} < 0.03mm$ 时，反应是升华控制的。试解释这种现象。

10-11 固相反应过程中，解释说明反应物的颗粒尺寸如何影响固相反应过程。

10-12 试比较杨德尔方程、金斯特林格方程和卡特方程的优缺点及其适用条件。

10-13 如果要合成镁铝尖晶石，可提供选择的原料为 $MgCO_3$、$Mg(OH)_2$、MgO、$Al_2O_3 \cdot 3H_2O$、γ-Al_2O_3、α-Al_2O_3。从提高反应速率的角度出发，选择什么原料较好？说明原因。

第十一章　烧　结

本章知识框架图

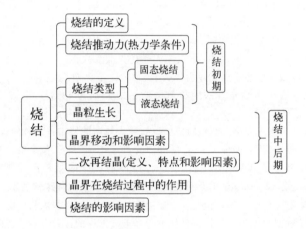

本章内容简介

烧结是一个古老的工艺过程，可以把粉状物料转变为致密体，中国古代劳动人民就利用这个工艺来生产陶瓷、粉末冶金、耐火材料、超高温材料等，从古代的秦砖汉瓦到现代的精细陶瓷都可以采用烧结工艺制备。烧结是继原料配方、粉体粒度、成型等工序完成以后，使材料获得预期的显微结构和充分发挥材料性能的关键工序。通常情况下，粉末经过成型后，通过烧结可得到具有多晶结构的致密体，其显微结构由晶体、玻璃体和气孔组成。烧结过程直接影响显微结构中晶粒尺寸、气孔尺寸及晶界形状和分布。

目前，对烧结的基本原理和各种传质机理高温动力学的研究已经比较成熟，但是烧结是一个复杂的物理过程，想要完全定量地描述复杂多变的烧结还存在一定的困难。烧结理论仍然需要随着科学技术的发展而进一步深入研究。

本章简要介绍了烧结过程的现象和机理，着重阐述了固态烧结和液态烧结的烧结过程、机理及动力学，烧结过程中的晶粒长大与再结晶以及烧结影响因素等基础理论知识。

本章学习目标

1. 了解烧结过程特点、物理变化过程以及烧结推动力。
2. 掌握固态烧结初期（蒸发-凝聚和扩散传质）的动力学模型。
3. 了解液态烧结的特点和动力学关系。
4. 重点掌握二次再结晶和晶粒生长的概念、特点和区别，以及二次再结晶的影响因素和控制方法。
5. 重点掌握粉末粒度、外加剂、原料活性、烧结温度和时间、烧结气氛和成型压力等烧结的影响因素。

第一节　烧结的概述

一、烧结的定义

宏观定义：粉体原料经过成型、加热到低于熔点的温度，发生黏结、气孔率下降、收缩加大、致密度提高、晶粒增大的情况，变成坚硬的烧结体，这个现象称为烧结。

微观定义：固态中分子（或原子）间存在相互吸引，通过加热质点获得足够的能量进行迁移，使粉末体产生颗粒黏结，产生一定机械强度并导致致密化和再结晶的过程称为烧结。

二、烧结的过程

粉料成型后颗粒之间只有点接触，形成具有一定外形的坯体，坯体内一般包含气体（35%～60%）（图 11-1）。在高温下颗粒间接触面积扩大，颗粒聚集，颗粒中心距逼近，逐渐形成晶界，气孔形状变化，体积缩小，从连通的气孔变成各自孤立的气孔并逐渐缩小，以致最后大部分甚至全部气孔从晶体中排除，这就是烧结的主要物理过程。

烧结体宏观上出现体积收缩、致密度提高和强度增加的现象，因此烧结程度可以用坯体收缩率、气孔率、吸水率或烧结体密度与理论密度之比（相对密度）等指标来表示。如图 11-2 所示，粉末压块的性质也随这些物理过程的进展而出现坯体收缩、气孔率下降、致密度提高、强度增加、电阻率下降等变化。

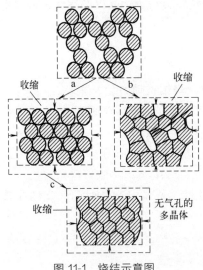

图 11-1　烧结示意图

a—气体以开口气孔排除；b—气体封闭在
闭口气孔内；c—无闭口气孔的烧结体

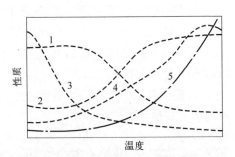

图 11-2　粉末压块性质与烧结温度的关系

1—气孔率变化曲线；2—密度变化曲线；
3—电阻变化曲线；4—强度变化曲线；
5—晶粒尺寸变化曲线

三、相关概念

1. 烧成

在多相系统内会产生一系列的物理和化学变化，如脱水、坯体内气体分解、多相反应和熔融、溶解、烧结等。因此，烧成是在一定的温度范围内烧制成致密体的过程。

2. 烧结

烧结指粉料经加热而致密化的简单物理过程，不包括化学变化。烧结仅仅是烧成过程的一个重要部分，是在低于固态物质的熔融温度下进行的。

3. 烧结与固相反应的区别

烧结和固相反应均在低于材料熔点或熔融温度之下进行，并且自始至终都至少有一相是固态。然而，固相反应发生化学反应必须至少有两组元参加，如 A 和 B，最后生成化合物 AB。烧结不发生化学反应，它可以只有单组元，也可以是两组元参加，但两组元并不发生化学反应，在表面能驱动下，由粉体变成致密体。烧结体除可见的收缩外，微观晶相组成并未变化，仅仅是晶相显微组织上排列致密和结晶程度更完善。

但是需要注意的是实际生产中往往不可能是纯物质的烧结。烧结和固相反应往往是同时穿插进行的。

四、烧结推动力

粉体颗粒表面能是烧结过程推动力。

为了便于烧结，通常会将原料制备成超细粉末，因为粉末越细，比表面积就越大，表面能也越高，颗粒表面活性也越强，这样成型体就更容易烧结成致密的陶瓷。烧结过程推动力具体表现在烧结过程中的能量差、压力差、空位差。

1. 能量差

能量差是指粉状物料的表面能与多晶烧结体的晶界能之差。

粉料在粉碎与研磨过程中消耗的机械能以表面能形式储存在粉体中，又由于粉碎引起晶格缺陷和表面积增加，粉体具有较高的活性。近代烧结理论研究认为，粉体经烧结后，晶界能取代了表面能，粉末体与烧结体相比是处在能量的不稳定状态。

粒度为 $1\mu m$ 的材料烧结时自由能降低约 $8.3J/g$。而 α-石英转变为 β-石英时能量变化为 $1.7kJ/mol$，一般化学反应前后能量变化超过 $200kJ/mol$。因此烧结推动力与相变和化学反应的能量相比还是极小的。烧结不能自发进行，必须对粉体加以高温，才能促使粉末体转变为烧结体。

常用晶界能 γ_{GB} 和 γ_{SV} 表面能之比来衡量烧结的难易，某材料 γ_{GB}/γ_{SV} 愈小愈容易烧结，反之则难以烧结。为了促进烧结，必须使 $\gamma_{GB} < \gamma_{SV}$。一般 Al_2O_3 粉的表面能约为 $1J/m^2$，而晶界能为 $0.4J/m^2$，两者之差较大，比较易烧结。而一些共价键化合物如 Si_3N_4、SiC、AlN 等，它们的 γ_{GB}/γ_{SV} 比值高，烧结推动力小，同时由于共价键材料原子之间强烈的方向性而使 γ_{GB} 增高，因而不易烧结。

2. 压力差

颗粒弯曲的表面与烧结过程出现的液相接触会产生压力差。粉末体紧密堆积以后，烧结产生的液相，在这些颗粒弯曲的表面上由于液相表面张力的作用而造成的压力差为：

$$\Delta P = 2\gamma/r \tag{11-1}$$

式中，γ 为粉末体表面张力（液相表面张力与表面能相同）；r 为粉末球形半径。

若为非球形曲面，可用两个主曲率 r_1 和 r_2 表示：

$$\Delta P = \gamma\left(\frac{1}{r_1} + \frac{1}{r_2}\right) \tag{11-2}$$

式（11-1）和式（11-2）表明，弯曲表面上的附加压力与球形颗粒（或曲面）曲率半径成反比，与粉料表面张力（表面能）成正比。由此可见，粉料愈细，表面能愈大，由曲率面引起的烧结动力愈大，推动烧结的力量就愈大。

3. 空位差

颗粒表面上的空位浓度与内部的空位浓度之差称空位差。

颗粒表面上的空位浓度一般比内部的空位浓度大，两者之差可以由下式描述：

$$\Delta c = \frac{\gamma \delta^3}{\rho RT} c_0 \qquad (11\text{-}3)$$

式中，Δc 为颗粒内部与表面的空位差；γ 为表面能；δ^3 为空位体积；ρ 为曲率半径；c_0 为平表面的空位浓度。

粉料越细，曲率半径就越小，颗粒内部与表面的空位浓度差就越大，表面能也越大，由式（11-3）可知空位浓度差 Δc 就越大，烧结推动力就越大。所以，空位浓度差导致内部质点向表面扩散，推动质点迁移，可以加速烧结。

五、烧结模型

烧结分烧结初期、中期、后期。由于烧结历程的不同，各个阶段的烧结模型也各不相同，很难用单一模型来描述。烧结初期因为是从初始颗粒开始烧结，可以看成是球形颗粒的点接触，其烧结模型可以有图 11-3 所示的三种形式。

图 11-3 中，图（a）是球形颗粒的点接触模型，烧结过程的中心距离不变；图（b）是球形颗粒的点接触模型，但是烧结过程的中心距离变小；图（c）是球形颗粒与平面的点接触模型，烧结过程中心距离变小。由简单的几何关系可以计算颈部曲率半径 ρ、颈部体积 V、颈部表面积 A。

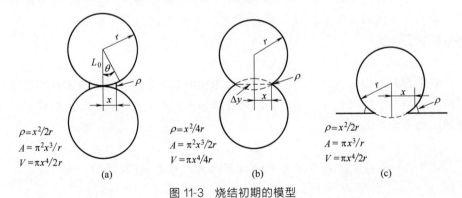

图 11-3　烧结初期的模型

(a) $\rho = x^2/2r$, $A = \pi^2 x^3/r$, $V = \pi x^4/2r$；(b) $\rho = x^2/4r$, $A = \pi^2 x^3/2r$, $V = \pi x^4/4r$；

(c) $\rho = x^2/2r$, $A = \pi x^3/r$, $V = \pi x^4/2r$

双球模型便于测定原子的迁移量，从而更易定量地掌握烧结过程，并为进一步研究物质迁移的各种机理奠定基础。粉末压块是由等径球体作为模型，随着烧结的进行，各接触点处开始形成颈部，并逐渐扩大，最后烧结成一个整体。由于颈部所处的环境和几何条件相同，所以只需确定两个颗粒形成颈部的生长速率就能代表整个烧结初期的动力学关系。

这三个模型对烧结初期一般是适用的，但随着烧结的进行，球形颗粒逐渐变形，因此在烧结中、后期此模型便不再适用。

第二节　固态烧结

固态烧结完全是固体颗粒之间的高温固结过程，没有液相参与。固态烧结的主要传质方式有蒸发-凝聚和扩散传质。

一、蒸发-凝聚传质

1. 概念

蒸发-凝聚传质过程是指由于固体颗粒表面曲率不同，在高温时必然在系统的不同部位有不同的蒸气压，质点通过蒸发，再凝聚实现质点的迁移，促进烧结的过程。这种传质过程仅仅在高温下蒸气压较大的系统内进行，如氧化铅、氧化铍和氧化铁的烧结。蒸发-凝聚传质采用的模型如图 11-4 所示。在球形颗粒表面有正曲率半径，而在两个颗粒连接处有一个小的负曲率半径的颈部，根据开尔文公式可以得出，物质将从蒸气压高的凸形颗粒表面蒸发，通过气相传递而凝聚到蒸气压低的凹形颈部，从而使颈部逐渐被填充。

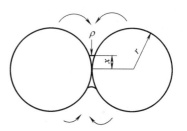

图 11-4　蒸发-凝聚传质模型

2. 颈部生长速率关系式

根据开尔文公式和朗格缪尔公式，可以推导出球形颗粒接触面积颈部生长速率关系式：

$$\frac{x}{r} = \left(\frac{3\sqrt{\pi}\gamma M^{3/2} P_0}{\sqrt{2} R^{3/2} T^{3/2} d^2} \right)^{1/3} r^{-2/3} t^{1/3} \tag{11-4}$$

式中，x/r 为颈部生长速率；x 为颈部半径；r 为颗粒表面能；M 为相对分子质量；P_0 为球形颗粒表面蒸气压；R 为气体常数；T 为温度；t 为时间。

3. 实际应用验证

金格尔等曾以氯化钠球进行烧结试验，氯化钠在烧结温度下有很高的蒸气压。实验证明式（11-4）是正确的，实验结果用线性坐标图 11-5（a）或对数坐标图 11-5（b）两种形式表示。

从方程式（11-4）可见，接触颈部的 x/r 随时间 t 的 1/3 次方变化。在烧结初期可以观察到这样的速率规律，如图 11-5（b）所示。由图 11-5（a）可见颈

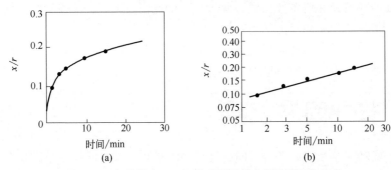

图 11-5　氯化钠在 750℃时球形颗粒之间的颈部生长

（a）线性坐标；（b）对数坐标

部增长只在开始时比较显著，随着烧结的进行，颈部增长很快就停止了，因此对这类传质过程用延长烧结时间的方法不能达到促进烧结的效果。

4. 蒸发-凝聚传质的特点

蒸发-凝聚传质的特点有：坯体不发生收缩，烧结时颈部区域扩大，球的形状改变为椭圆，气孔形状改变，但球与球之间的中心距不变，也就是在这种传质过程中坯体不发生收缩；坯体密度不变，气孔形状的变化对坯体的一些宏观性质有明显的影响，但不影响坯体密度。气相传质过程要求把物质加热到可以产生足够蒸气压的温度。对于几微米的粉末体，要求蒸气压最低为 $1\sim10Pa$，才能看出传质的效果。而烧结氧化物材料达不到这样高的蒸气压，如 Al_2O_3 在 1200℃时蒸气压只有 $10^{-41}Pa$，因而一般硅酸盐材料的烧结过程并不按照这种传质方式进行。

二、扩散传质

对于大多数固体材料的烧结过程，由于高温下蒸气压低，传质更易通过固态内质点扩散过程来进行。

1. 颈部应力分析

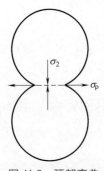

两个相互接触的晶粒系统处于平衡，如果将两晶粒看作弹性球模型，根据应力分布分析可以推测，颈部的张应力 σ_p 与两个晶粒接触中心处同样大小的压应力 σ_2 平衡（图 11-6）。

经分析可知，应力分布如下：a. 无应力区，即球体内部；b. 压应力区，两球接触的中心部位承受压应力；c. 张应力区，颈部承受张应力。

在烧结前的粉末体如果是同径颗粒堆积而成的理想紧密堆积，颗粒接触点上最大压应力相当于外加一个静压力。在真实系统中，由于球体尺寸不一、颈部形状不规则、堆积方

图 11-6　颈部弯曲表面的应力分析

式不相同等原因，接触点上应力分布产生局部的应力。因此在剪应力作用下可能出现晶粒彼此沿晶界剪切滑移，滑移方向由不平衡的应力方向而定。烧结开始阶段，在这种局部应力和流体静压力的影响下，颗粒间出现重新排列，从而使坯体堆积密度提高，气孔率降低，坯体出现收缩，但晶粒形状没有变化。颗粒重排不可能导致气孔完全消除。

2. 颈部空位浓度分析

在扩散传质中要使颗粒中心距离缩短必须有物质向气孔迁移。气孔作为空位源，空位进行反向迁移，颗粒点接触处的应力促使扩散传质中物质的定向迁移。

在无应力的晶体内空位浓度 c_0 是温度的函数，可写作：

$$c_0 = \frac{n_0}{N} \exp\left(-\frac{E_v}{kT}\right) \tag{11-5}$$

式中，N 为晶体内原子总数；n_0 为晶体内空位数；E_v 为空位生成能。

颗粒接触的颈部受到张应力，而颗粒接触中心处受到压应力。由于颗粒间不同部位所受的应力不同，不同部位形成空位所做的功也有差别。在颈部区域和颗粒接触区域由于有张应力和压应力的存在，空位形成所做的附加功如下：

$$E_t = -\frac{\gamma}{\rho}\Omega = -\sigma\Omega$$

$$E_n = \frac{\gamma}{\rho}\Omega = \sigma\Omega \tag{11-6}$$

式中，E_t 和 E_n 分别为颈部受张应力和压应力时，形成体积为 Ω 空位所做的附加功。

在颗粒内部未受应力区域形成空位所做功为 E_v。因此在颈部或接触点区域形成一个空位做功 E_v' 为：

$$E_v' = E_v \pm \sigma\Omega \tag{11-7}$$

在压应力区（接触点）：$\qquad E_v' = E_v + \sigma\Omega$

在张应力区（颈表面）：$\qquad E_v' = E_v - \sigma\Omega$

由式（11-7）可见，在不同部位形成一个空位所做的功的大小次序为：张应力区 < 无应力区 < 压应力区。由于空位形成功不同，因而不同区域会引起空位浓度差异。

若 $[c_n]$、$[c_0]$ 和 $[c_t]$ 分别代表压应力区、无应力区和张应力区的空位浓度。则：

$$[c_n] = \exp\left(-\frac{E_v'}{kT}\right) = \exp\left(-\frac{E_v + v\Omega}{kT}\right) = [c_0]\exp\left(-\frac{\sigma\Omega}{kT}\right)$$

若 $\sigma\Omega/(kT) \ll 1$，当 $x \to 0$，$e^{-x} = 1 - x + \frac{x^2}{2!} - \frac{x^3}{3!} + \frac{x^4}{4!}\cdots$，则 $\exp\left(-\frac{\sigma\Omega}{kT}\right) = 1 - \frac{\sigma\Omega}{kT}$

$$[c_n]=[c_0]\left(1-\frac{\sigma\Omega}{kT}\right) \tag{11-8}$$

$$[c_t]=[c_0]\left(1+\frac{\sigma\Omega}{kT}\right) \tag{11-9}$$

由式（11-8）和式（11-9）可以得到颈表面与接触中心处之间空位浓度的最大差值 $\Delta_1[c]$：

$$\Delta_1[c]=[c_t]-[c_n]=2[c_0]\frac{\sigma\Omega}{kT} \tag{11-10}$$

由式（11-10）可以得到颈表面与内部之间空位浓度的差值 $\Delta_2[c]$：

$$\Delta_2[c]=[c_t]-[c_0]=[c_0]\frac{\sigma\Omega}{kT} \tag{11-11}$$

由以上计算可见，$[c_t]>[c_0]>[c_n]$，$\Delta_1[c]>\Delta_2[c]$。这表明颗粒不同部位的空位浓度不同，颈表面张应力区空位浓度大于晶粒内部，受压应力的颗粒接触中心的空位浓度最低。空位浓度差是颈至颗粒接触点大于颈至颗粒内部。系统内不同部位空位浓度的差异对空位扩散的迁移方向是十分重要的。扩散首先从空位浓度最大的部位（颈表面）向空位浓度最低的部位（颗粒接触点）进行，其次是颈部向颗粒内部扩散。空位扩散即原子或离子的反向扩散，因此，扩散传质时，原子或离子由颗粒接触点向颈部迁移，从而达到气孔充填的结果。

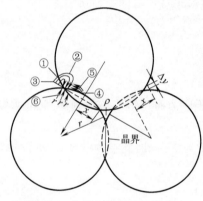

图 11-7 烧结初期物质扩散路线

3. 扩散传质途径

图 11-7 为扩散传质途径，从图中可以看到扩散可以沿颗粒表面进行，也可以沿着两颗粒之间的界面进行或在晶粒内部进行，即按照表面扩散、界面扩散和体积扩散进行。不论扩散途径如何，扩散的终点是颈部。烧结初期物质迁移路线如表 11-1 所示。

表 11-1 烧结初期物质迁移路线

编号	迁移路线	迁移开始点	迁移结束点	编号	迁移路线	迁移开始点	迁移结束点
①	表面扩散	表面	颈部	④	晶界扩散	晶界	颈部
②	晶格扩散	表面	颈部	⑤	晶格扩散	晶界	颈部
③	气相转移	表面	颈部	⑥	晶格扩散	位错	颈部

当晶格内结构基元（原子或离子）移至颈部，原来结构基元所占位置成为新的空位，晶格内其他结构基元补充新出现的空位，就这样物质以"接力"方式向内部传递而空位向外部转移。空位在扩散传质中可以在三个部位消失：自由表

面、内界面（晶界）和位错。随着烧结进行，晶界上的原子（或离子）活动频繁，排列很不规则，因此晶格内的空位一旦移动到晶界上，结构基元的排列只需稍加调整，空位就易消失。随着颈部填充和颗粒接触点处结构基元的迁移，出现了气孔的缩小和颗粒中心距逼近，宏观表现为气孔率下降和坯体的收缩。

4. 扩散传质三个阶段

扩散传质过程按烧结温度及扩散进行的程度可分为烧结初期、中期和后期三个阶段。

(1) 初期阶段

在烧结初期，表面扩散的作用较显著，表面扩散开始的温度远低于体积扩散。例如 Al_2O_3 的体积扩散约在 900℃ 开始（即 $0.5T_m$），表面扩散约 330℃（即 $0.26T_m$）。烧结初期坯体内有大量的连通气孔，表面扩散使颈部充填（此阶段 $x/r < 0.3$），促使孔隙表面光滑和气孔球形化。由于表面扩散对孔隙的消失和烧结体的收缩无显著影响，因而该阶段坯体的气孔率大，收缩约在 1%。

经过推导可得颈部生长速率为：

$$\frac{x}{r} = \left(\frac{160\gamma\Omega D^*}{kT}\right)^{\frac{1}{5}} r^{-\frac{3}{5}} t^{\frac{1}{5}} \tag{11-12}$$

在扩散传质时除颗粒间接触面积增加外，颗粒中心距逼近的速率为：

$$\frac{\Delta V}{V} = 3\frac{\Delta L}{L} = 3\left(\frac{5\gamma\Omega D^*}{kT}\right)^{\frac{2}{5}} r^{-\frac{6}{5}} t^{\frac{2}{5}} \tag{11-13}$$

式（11-12）和式（11-13）是扩散传质初期动力学公式，这两个公式的正确性已由实验验证。

在以扩散传质为主的初期烧结中，影响因素主要有以下几方面。

① 烧结时间。接触颈部生长速率（x/r）与时间的 1/5 次方成正比，颗粒中心距逼近速率与时间的 2/5 次方成正比，即致密化速率随时间增长而稳定下降，并产生一个明显的终点密度。从扩散传质机理可知，随细颈部扩大，曲率半径增大，传质的推动力空位浓度差逐渐减小。因此以扩散传质为主要传质手段的烧结，用延长烧结时间来达到坯体致密化的目的是不妥当的。对这一类烧结宜采用较短的保温时间。

② 原料的起始粒度。由式（11-12）可见，即颈部生长速率与粒度的 3/5 次方成反比。大颗原料在很长时间内也不能充分烧结（x/r 始终小于 0.1），而小颗粒原料在同样时间内致密化速率很高（x/r 接近 0.4）。因此在扩散传质的烧结过程中，起始粒度的控制是相当重要的。

③ 温度对烧结过程有决定性的作用。由式（11-12）和式（11-13）知，温度（T）出现在分母上，似乎温度升高，$\Delta L/L$ 和 x/r 会减小。但实际上温度升高扩散系数 D^* 明显增大，因此升高温度必然加快烧结的进行。

如果将式（11-12）和式（11-13）中各项可以测定的常数归纳起来，可以写成：

$$Y^P = Kt \tag{11-14}$$

式中，Y 为烧结收缩率 $\Delta L / L_j$ K 为烧结速率常数。在此式中颗粒半径 r 也归入 K 中，t 为烧结时间。将式（11-14）取对数得：

$$\lg Y = \frac{1}{P}\lg t + K' \tag{11-15}$$

用收缩率 Y 的对数和时间对数作图，应得一条直线，其截距为 K'（截距 K' 随烧结温度升高而增加），而斜率为 $1/P$（斜率不随温度变化）。

烧结速率常数和温度关系与化学反应速率常数与温度关系一样，也服从阿伦尼乌斯方程，即

$$\ln K = A - \frac{Q}{RT} \tag{11-16}$$

式中，Q 为相应的烧结过程激活能；A 为常数。在烧结实验中通过式（11-16）可以求得烧结的扩散激活能。

在以扩散传质为主的烧结过程中，除体积扩散外，质点还可以沿表面、界面或位错等处进行多种途径的扩散，相应的烧结动力学公式也不相同。综合各种烧结过程的典型方程为：

$$\left(\frac{x}{r}\right)^n = \frac{F(T)}{r^m}t \tag{11-17}$$

式中，$F(T)$ 为温度的函数。不同的烧结机构包含不同的物理常数，如扩散系数、饱和蒸气压、黏滞系数和表面张力等，这些常数均与温度有关。各种烧结机制的区别反映在指数 m 与 n 的不同上。其值如表 11-2 所示。

表 11-2　式（11-17）中的指数

传质方式	黏性流动	蒸发-凝聚	体积扩散	晶界扩散	表面扩散
m	1	1	3	2	3
n	2	3	5	6	7

(2) 中期阶段

烧结进入中期，颗粒开始黏结。颈部扩大，气孔由不规则形状逐渐变成由三个颗粒包围的圆柱形管道，气孔相互连通，晶界开始移动，晶粒正常生长。这一阶段以晶界和晶格扩散为主。坯体气孔率降低 5%，收缩达 80%～90%。

经过初期烧结后，由于颈部生长，球形颗粒逐渐变成多面体形。此时晶粒分布及空间堆积方式等均很复杂，使定量描述更为困难。科布尔提出一个简单的多面体模型。他假设烧结体此时由众多十四面体构成。十四面体顶点是四个晶粒交汇点，每个边是三个晶粒交界线。它相当于圆柱形气孔通道，成为烧结时的空位

源。空位从圆柱形空隙向晶粒接触面扩散，而原子反向扩散使坯体致密。根据十四面体模型确定烧结中期坯体气孔率（P_c）随烧结时间（t）变化的关系式：

$$P_c = \frac{10\pi D^* \Omega \gamma}{KTL^3}(t_f - t) \tag{11-18}$$

式中，L 为圆柱形空隙的长度；t 为烧结时间；t_f 为烧结进入中期的时间。

由式（11-18）可见，烧结中期气孔率与时间 t 成一次方关系，因而烧结中期致密化速率较快。

（3）后期阶段

烧结进入后期，气孔已完全孤立，气孔位于四个晶粒包围的顶点，晶粒已明显长大。坯体收缩达 $90\% \sim 100\%$。

根据十四面体模型，此时气孔已由圆柱形孔道收缩成位于十四面体的 24 个顶点处的孤立气孔。根据此模型科布尔导出后期孔隙率为：

$$P_t = \frac{6\pi D^* \Omega \gamma}{\sqrt{2}KTL^3}(t_f - t) \tag{11-19}$$

因此烧结中后期并无显著的差异，当温度和晶粒尺寸不变时，气孔率随烧结时间而线性地减少。

例题 11-1： 分析说明固相烧结的主要传质方式。

答： 固相烧结主要的传质方式是蒸发-凝聚和扩散传质。

蒸发-凝聚传质： 粉末体球形颗粒凸面（具有正曲率半径，其饱和蒸气压较高）与颗粒接触点颈部凹面（具有负曲率半径，蒸气压低于凸面）之间有蒸气压差。物质将从蒸气压高的凸面蒸发，通过气相传递而凝聚到蒸气压低的凹形颈部，从而使颈部逐渐被填充。

扩散传质： 是大多数固相烧结的传质方式。它产生的主要原因是颗粒不同部位空位浓度差。扩散首先从空位浓度最高的部分（颈表面）向空位浓度最低的部分（颗粒接触点）进行。其次是由颈部向颗粒内部扩散。空位扩散即原子或离子的反向扩散，因此扩散传质时，原子或离子由颗粒接触点向颈部迁移，达到气孔填充的效果。

第三节　液态烧结

一、液态烧结特点

1. 液态烧结概念

凡有液相参加的烧结过程称为液态烧结。

由于粉末中总含有少量的杂质，因而大多数材料在烧结中都会或多或少地出现液相。即使在没有杂质的纯固相系统中，高温下仍会出现"接触"熔融现象。因此，要实现纯固态烧结实际上并不容易。在无机材料制造过程中，液态烧结的应用范围很广泛，如长石质瓷、水泥熟料、高温材料（如氮化物和碳化物）等都采用液态烧结原理。

2. 液态烧结与固态烧结的异同点

共同点：液相烧结与固态烧结的推动力都是表面能。烧结过程也是由颗粒重排、气孔填充和晶粒生长等阶段组成。

不同点：由于流动传质速率比扩散传质快，因而液相烧结致密化速率高，可使坯体在比固态烧结温度低得多的情况下获得致密的烧结体。此外，液相烧结过程的速率与液相数量、液相性质（黏度和表面张力等）、液相与固相润湿情况、固相在液相中的溶解度等有密切关系。因此，影响液相烧结的因素比固相烧结更为复杂。

3. 液态烧结模型

金格尔（Kingery）液相烧结模型：在液相量较少时，溶解-沉淀传质过程在晶粒接触界面处溶解，通过液相传递扩散到球形晶粒自由表面上沉积。

LSW（Lifshitz-Slyozow-Wagner）模型：当坯体内有大量的液相而且晶粒大小不等时，晶粒间曲率差导致小晶粒溶解通过液相传质到大晶粒上沉积。

二、流动传质机理

对于液态烧结，因为液相的存在，质点的传递可以流动的方式进行。液态烧结有黏性流动和塑性流动两种传质机理。

1. 黏性流动

(1) 黏性流动传质

在液相烧结时，由于高温下黏性液体（熔融体）出现牛顿型流动而产生的传质称为黏性流动传质（或黏性蠕变传质）。

在高温下依靠黏性液体流动而致密化是大多数硅酸盐材料烧结的主要传质过程。对于无机材料粉体的烧结，可以发现，当扩散路程分别为 $0.01\mu m$、$0.1\mu m$、$1\mu m$ 和 $10\mu m$ 时，对应的宏观黏度分别为 $10^8 dPa \cdot s$、$10^{10} dPa \cdot s$、$10^{13} dPa \cdot s$ 和 $10^{14} dPa \cdot s$，而烧结时宏观黏度系数的数量级为 $10^8 \sim 10^9 dPa \cdot s$，所以在烧结时黏性蠕变传质仅限于路程为 $0.01 \sim 0.1\mu m$ 数量级的扩散，即晶界区域或位错区域，尤其是在无外力的作用下。烧结晶态物质形变只限于局部区域。如图11-8所示，黏性蠕变使空位通过对称晶界上的刃型位错攀移而消失。然而当烧结体内出现液相时，由于液相中扩散系数比结晶体中大几个数量级，因而整排原子的移动甚至整个颗粒的形变也是能发生的。

（2）黏性流动初期

在高温下物质的黏性流动可以分为两个阶段：首先是相邻颗粒接触面增大，颗粒黏结直至孔隙封闭；然后封闭气孔的黏性压紧，残留闭气孔逐渐缩小。弗仑克尔导出黏性流动初期颈部增长公式：

$$\frac{x}{r}=\left(\frac{3\gamma}{2\eta}\right)^{\frac{1}{2}}r^{-\frac{1}{2}}t^{\frac{1}{2}} \quad (11\text{-}20)$$

式中，r 为颗粒半径；x 为颈部半径；η 为液体黏度；γ 为液-气表面张力；t 为烧结时间。

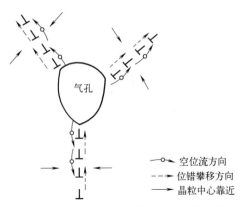

图 11-8　空位移动和位错攀移的烧结过程

由颗粒间中心距逼近而引起的收缩是：

$$\frac{\Delta V}{V}=\frac{\Delta L}{L}=\frac{9\gamma}{4\eta r}t \quad\quad\quad\quad\quad\quad (11\text{-}21)$$

（3）黏性流动全过程的烧结速率公式

随着烧结进行，坯体中的小气孔经过长时间烧结后，会逐渐缩小形成半径为 r 的封闭气孔。这时，每个闭口孤立气孔内部有一个负压力等于 $-2\gamma/r$，相当于作用在坯体外面使其具有致密的一个相等的正压。麦肯基等推导了带有相等尺寸孤立气孔的黏性流动坯体内的收缩率关系式。利用近似法推导出的方程式为：

$$\frac{d\theta}{dt}=\frac{3}{2}\times\frac{\gamma}{r\eta}(1-\theta) \quad\quad\quad\quad\quad (11\text{-}22)$$

式中，θ 为相对密度，即为体积密度/理论密度；r 为颗粒半径；η 为液体黏度；γ 为液-气表面张力；t 为烧结时间。式（11-22）是黏性流动传质全过程的烧结速率公式。

根据硅酸盐玻璃致密化的一些试验数据作的曲线如图 11-9 所示。图中实线是由方程式（11-22）计算而得。起始烧结速率用虚线表示，它们是由方程式（11-21）计算而得。由图可见，随温度升高，因黏度降低而导致致密化速率迅速提高。图中空心圆点代表实验结果，它与实线很吻合，说明式（11-22）适用于黏性流动的致密化过程。

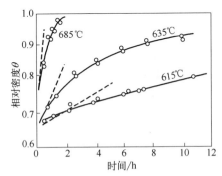

图 11-9　硅酸盐玻璃的致密化

由黏性流动传质动力学公式可以看出，决定烧结速率的三个主要参数是颗粒起始粒径、黏度和表面张力。对于常见的硅酸盐玻璃，其表面张力不会因组分变化而有很大的改变。颗粒尺寸从 $10\mu m$ 减少至 $1\mu m$，烧结速率增大 10 倍。黏度随温度的迅速变化是需要控制的最重要因素。比如钠钙硅玻璃，若温度变化 $100℃$，黏度约变化 1000 倍。如果某坯体烧结速率太低，可以采用加入黏度较低的液相组分来提高烧结速率。

2. 塑性流动

塑性流动：当坯体中液相含量很少时，高温下流动传质不能看成是纯牛顿型流动，而类似于塑性流动型，即只有作用力超过屈服值（f）时，流动速率才与作用的剪应力成正比。此时式（11-22）改变为：

$$\frac{d\theta}{dt} = \frac{3}{2} \times \frac{\gamma}{\eta} \times \frac{1}{r}(1-\theta)\left[1 - \frac{fr}{\sqrt{2}\,\gamma}\ln\left(\frac{1}{1-\theta}\right)\right] \tag{11-23}$$

式中，η 为作用力超过 f 时液体的黏度；r 为颗粒原始半径。f 值愈大，烧结速率愈低。当屈服值 $f=0$ 时，式（11-23）即为式（11-22）。当方括号中的数值为零时，而 $d\theta/dt$ 也趋于零，此时即为终点密度。为了尽可能达到致密烧结，应选择最小的 r，η 和较大的 γ。

三、溶解-沉淀传质机理

1. 溶解-沉淀传质概念

在有固液两相的烧结中，当固相在液相中有可溶性时，烧结传质过程为部分固相溶解而在另一部分固相上沉积，直至晶粒长大和获得致密的烧结体。

2. 发生溶解-沉淀传质的条件

有显著数量的液相，固相在液相内有显著的可溶性，液体润湿固相。

3. 溶解-沉淀传质过程的推动力

颗粒的表面能是溶解-沉淀传质过程的推动力。由于液相润湿固相，每个颗粒之间的空间都组成一系列毛细管。表面能（表面张力）以毛细管力的方式使颗粒拉紧，毛细管中的熔体起着把分散在其中的固态颗粒结合起来的作用。微米级颗粒之间有 $0.1\sim1\mu m$ 直径的毛细管，如果其中充满硅酸盐液相，毛细管压力达 $1.23\sim12.3MPa$。可见毛细管压力所造成的烧结推动力是很大的。

4. 溶解-沉淀传质过程

(1) 过程 1——颗粒重排

在该过程中，随烧结温度升高，出现足够量的液相。分散在液相中的固体颗粒在毛细管力的作用下，发生相对移动，重新排列，堆积更加紧密。在被薄液膜分开的颗粒之间搭桥，那些点接触处有高的局部应力，导致塑性变形和蠕变，促进颗粒进一步重排。

颗粒在毛细管力的作用下，通过黏性流动或在一些颗粒间接触点上由于局部力的作用而进行重新排列，结果得到了更紧密的堆积。在这阶段可粗略地认为，致密化速率是与黏性流动相对应，收缩与时间呈线性关系。

$$\frac{\Delta L}{L} \sim t^{1+x}$$ (11-24)

式中，指数 $1+x$ 的意义是约大于 1，这是考虑到烧结进行时，被包裹的小尺寸气孔减小，作为烧结推动力的毛细管压力增大，所以略大于 1。

颗粒重排对坯体致密度的影响取决于液体的数量。如果溶液数量不足，则溶液既不能完全包围颗粒，也不能填充粒子间空隙。当溶液由甲处流到乙处后，在甲处留下空隙，这时能产生颗粒重排但不足以消除气孔。当液相数量超过颗粒边界薄层变形所需的量时，在重排完成后，固体颗粒约占总体积的 60%～70%，多余的液相可以进一步通过流动传质、溶解-沉淀传质，达到填充气孔的目的。这样可使坯体在这一阶段的烧结收缩率达总收缩率的 60%以上。

颗粒重排促进致密化的效果还与固-液两面角及固-液的润湿性有关。当两面角愈大，熔体对固体的润湿性愈差，对致密化愈不利。

(2) 过程 2——溶解-沉淀

由于较小的颗粒在颗粒接触点处溶解，通过液相传质在较大的颗粒表面上沉积，出现晶粒长大和晶粒形状的变化，同时颗粒不断进行重排而致密化。溶解-沉淀传质根据液相数量不同包括金格尔模型（颗粒在接触点处溶解到自由表面上沉积）或 LSW 模型（小晶粒溶解至大晶粒处沉淀）。其原理都是由于颗粒接触点处（或小晶粒）在液相中的溶解度大于自由表面（或大晶粒）处的溶解度。这样就在两个对应部位上产生化学势梯度 $\Delta\mu$，使物质发生迁移，通过液相传递而导致晶粒生长和坯体致密化。

金格尔运用与固相烧结动力学公式类似的方法并作了合理的分析，导出溶解-沉淀过程收缩率为：

$$\frac{\Delta L}{L} = \frac{\Delta \rho}{r} = \left(\frac{K \gamma_{LV} \delta D c_0 V_0}{RT} \right)^{\frac{1}{3}} r^{-\frac{4}{3}} t^{\frac{1}{3}}$$ (11-25)

式中，$\Delta\rho$ 为中心距收缩的距离；K 为常数；γ_{LV} 为液-气表面张力；D 为被溶解物质在液相中的扩散系数；δ 为颗粒间液膜厚度；c_0 为固相在液相中的溶解度；V_0 为液相体积；r 为颗粒起始粒度；t 为烧结时间。

式（11-25）中 γ_{LV}、δ、D、c_0、V_0 均是与温度有关的物理量，因此当烧结温度和起始粒度固定以后，上式可写为：

$$\frac{\Delta L}{L} = K t^{\frac{1}{3}}$$ (11-26)

由式（11-25）和式（11-26）可以看出溶解-沉淀致密化速率与时间 t 的 1/3 次方成正比。影响溶解-沉淀传质过程的因素还有颗粒起始粒度、粉末特性（溶

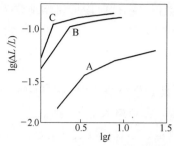

图 11-10 MgO+ 2%（质量分数）
高岭土在 1730℃ 下的烧结情况

烧结前 MgO 的粒度为：

A—3μm，B—1μm，C—0.52μm

解度、润湿性）、液相数量、烧结温度等。

图 11-10 列出 MgO+2‰（质量分数）高岭土在 1730℃ 时测得的 $\lg(\Delta L/L)$-$\lg t$ 关系图。由图可以明显看出液相烧结三个不同的传质阶段。开始阶段直线斜率约为 1，符合颗粒重排过程即方程式（11-24）。第二阶段直线斜率约为 1/3，符合方程式（11-26），即溶解-沉淀传质过程。最后阶段曲线趋于水平，说明致密化速率更缓慢，坯体已接近终点密度。此时高温反应产生的气泡包入液相形成封闭气孔，只有依靠扩散传质充填气孔。若气孔内气体不溶入液相，则随着烧结温度的升高，气泡内气压增高，抵消了表面张力的作用，烧结就停止了。

四、各种传质机理分析比较

在本章中分别讨论了四种烧结传质过程，在实际的固相或液相烧结中，这四种传质过程可以单独进行或几种传质同时进行，但每种传质的产生都有其特有的条件。表 11-3 对各种传质过程进行了对比。

表 11-3 各种传质产生原因、条件、特点等综合比较

项目	蒸发-凝聚	扩散	流动	溶解-沉淀
原因	压力差 Δp	空位浓度差 Δc	应力-应变	溶解度 Δc
条件	$\Delta p > 1 \sim 10\text{Pa}$ $r < 10\mu m$	空位浓度	黏性流动 η 小 塑性流动 $\tau > f$	可观的液相量 固相在液相中溶解度大 固-液润湿
特点	凸面蒸发-凹面凝聚 $\Delta L/L = 0$	空位与结构基元相对扩散 中心距缩短	流动同时引起颗粒重排 致密化速率最高	接触点溶解到平面上沉积 小晶粒处溶解到大晶粒沉积 传质同时又是晶粒生长过程
工艺控制	温度（蒸气压）粒度	温度（扩散系数） 粒度	黏度 粒度	粒度 温度（溶解度） 黏度 液相数量

从固态烧结和液态烧结的传质机理讨论可以看出烧结无疑是一个很复杂的过程。前面的讨论主要是限于单元纯固态烧结或纯液相烧结，并假定在高温下不发生固相反应，纯固态烧结时不出现液相，此外烧结动力学分析过程中是以十分简单的两颗粒球形模型为基础。这样就把问题简化了许多，这对于纯固态烧结的氧化物材料和纯液相烧结的玻璃料来说，情况还是比较接近的。但是在材料制备的实际过程中问题常常要复杂得多，就以固态烧结而论，实际上经常是几种可能的

传质机理相互起作用，有时条件改变传质方式也随之变化。例如 BeO 材料的烧结，气氛中的水汽就是一个重要的因素。在干燥的气氛中，扩散是主导的传质方式，当气氛中水汽分压很高时，蒸发凝聚变为传质主导方式。又例如，长石瓷或滑石瓷都是有液相参与的烧结，随着烧结进行，几种传质往往是交替发生的。

总之，烧结体在高温下的变化是很复杂的，影响烧结体致密化的因素也是众多的，产生典型的传质方式都是有一定条件的。因此，必须对烧结全过程的各个方面（原料、粒度、粒度分布、杂质、成型条件、烧结气氛、温度时间等）都有充分的了解，才能真正掌握和控制整个烧结过程。

第四节　晶粒生长与二次再结晶

烧结中、后期的传质过程中往往发生晶粒生长和二次再结晶。

一、晶粒生长

晶粒生长：无应变的材料在热处理时，平衡晶粒尺寸在不改变其分布的情况下，连续增大的过程。在烧结的中后期，细晶粒要逐渐长大，而一些晶粒生长过程也是另一部分晶粒缩小或消灭的过程，其结果是平均晶粒尺寸都增长了。这种晶粒长大并不是小晶粒的相互黏结，而是晶界移动的结果。在晶界两边物质的自由能之差是界面向曲率中心移动的驱动力。

1. 界面能与晶界移动

图 11-11（a）表示两个晶粒之间的晶界结构，弯曲晶界两边各为一晶粒，小圆点代表各个晶粒中的原子。对凸面晶粒表面 A 处与凹面晶粒的 B 处而言，曲率较大的 A 点自由能高于曲率小的 B 点。位于 A 点晶粒内的原子必然有向能量低的位置跃迁的自发趋势。当 A 点原子到达 B 点并释放出 ΔG^* ［图 11-11（b）］的能量后就稳定在 B 晶粒内。如果这种跃迁不断发生，则晶界就向着 A 晶粒的曲率中心不断推移，导致 B 晶粒长大而 A 晶粒缩小，直至晶界平直化，界面两侧自由能相等为止。

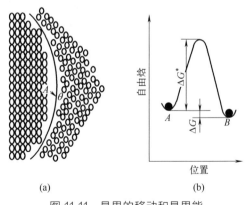

(a)　　　　　　　(b)

图 11-11　晶界的移动和晶界能

（a）两个晶粒间的晶界结构；（b）位置-自由焓曲线

由此可见晶粒生长是晶界移动的结果，而不是简单的晶粒之间的黏结。

由许多颗粒组成的多晶体界面移动情况如图 11-12 所示。从图 11-12 看出大

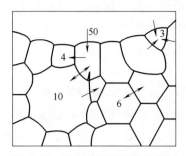

图 11-12　多晶体界面的移动情况

多数晶界都是弯曲的。从晶粒中心往外看，大于六条边时边界向内凹，由于凸面界面能大于凹面，因此晶界向凸面曲率中心移动。结果小于六条边的晶粒缩小，甚至消灭，而大于六条边的晶粒长大，总的结果是平均晶粒增长。

2. 晶界移动的速率

晶粒生长取决于晶界移动的速率。图 11-11（a）中，A、B 晶粒之间由于曲率不同而产生的压力差为：

$$\Delta P = \gamma \left(\frac{1}{r_1} + \frac{1}{r_2} \right)$$

式中，γ 为表面张力；r_1、r_2 为曲面的主曲率半径。

由热力学可知，当系统只做膨胀功时：

$$\Delta G = -S \Delta T + V \Delta P$$

当温度不变时：

$$\Delta G = V \Delta P = \gamma \overline{V} \left(\frac{1}{r_1} + \frac{1}{r_2} \right)$$

式中，ΔG 为跨越一个弯曲界面的自由能变化；$\overline{V}$ 为摩尔体积。

晶界移动速率还与原子跃过粒界的速率有关。原子由 A→B 的频率 f 为原子振动频率（υ）与获得 ΔG^* 能量粒子的概率（P）的乘积。

$$f = P_\upsilon = \upsilon \exp \left(\frac{\Delta G^*}{RT} \right)$$

由于可跃迁原子的能量是量子化的，即 $E = h\upsilon$，一个原子平均振动能量 $E = kT$，$R = Nk$，所以：

$$\upsilon = \frac{E}{h} = \frac{kT}{h} = \frac{RT}{Nh}$$

式中，h 为普朗克常数；k 为玻尔兹曼常数；R 为气体常数；N 为阿伏伽德罗常数。

原子由 A→B 跳跃频率为：

$$f_{AB} = \frac{RT}{Nh} \exp \left(\frac{-\Delta G^*}{RT} \right)$$

原子由 B→A 跳跃频率为：

$$f_{BA} = \frac{RT}{Nh} \exp \left[\frac{-(\Delta G^* + \Delta G)}{RT} \right]$$

晶界移动速率 $\upsilon = 2\lambda$，λ 为每次跃迁的距离。

$$\nu = \lambda(f_{AB} - f_{BA}) = \frac{RT}{Nh}\lambda \exp\left(-\frac{\Delta G^*}{RT}\right)\left[1 - \exp\left(-\frac{\Delta G}{RT}\right)\right]$$

因为

$$1 - \exp\left(-\frac{\Delta G}{RT}\right) \approx \frac{\Delta G}{RT}$$

式中

$$\Delta G = \gamma \overline{V}\left(\frac{1}{r_1} + \frac{1}{r_2}\right)$$

和

$$\Delta G^* = \Delta H^* - T\Delta S^*$$

所以

$$\nu = \frac{RT}{Nh}\lambda\left[\frac{\gamma\overline{V}}{RT}\left(\frac{1}{r_1} + \frac{1}{r_2}\right)\right]\exp\frac{\Delta S^*}{R}\left(-\frac{\Delta H^*}{RT}\right) \tag{11-27}$$

由式（11-27）得出晶粒生长速率随温度成指数规律增加。因此，晶界移动的速率是与曲率以及系统的温度有关。温度愈高，曲率半径愈小，晶界向其曲率中心移动的速率也愈快。

3. 晶粒长大的几何学原则

① 晶界上有晶界能的作用，因此晶粒形成一个在几何学上与肥皂泡沫相似的三维阵列。

② 晶粒边界如果都具有基本上相同的表面张力，则界面间交角成120°，晶粒应呈正六边形。实际多晶系统中多数晶粒间界面能不等，因此从一个三界汇合点延伸至另一个三界汇合点的晶界都具有一定的曲率，表面张力将使晶界移向其曲率中心。

③ 在晶界上的第二相夹杂物（杂质或气泡），如果它们在烧结温度下不与主晶相形成液相，则将阻碍晶界移动。

4. 晶粒长大平均速率

晶界移动速率与弯曲晶界的半径成反比，因而晶粒长大的平均速率与晶粒的直径成反比。晶粒长大定律为：

$$\frac{dD}{dt} = \frac{K}{D}$$

式中，D 为时刻 t 时的晶粒直径；K 为常数，积分后得：

$$D^2 - D_0^2 = Kt \tag{11-28}$$

式中，D_0 为时间 $t = 0$ 时的晶粒平均尺寸。当达到晶粒生长后期，$D > D_0$。此时式（11-28）为 $D = Kt^{1/2}$。用 $\lg D$ 对 $\lg t$ 作图得到直线，其斜率为 1/2。然而一些氧化物材料的晶粒生长实验表明，直线的斜率常常在 1/2～1/3，且经常更接近 1/3。主要原因是晶界移动时遇到杂质或气孔而限制了晶粒的生长。

5. 晶粒生长影响因素

(1) 杂质和气孔等夹杂物的阻碍作用

经相当长时间的烧结后，多晶材料应当烧结至一个单晶，但实际上由于存在第二相夹杂物如杂质、气孔等阻碍作用，晶粒长大受到阻止。晶界移动时遇到夹杂物如图 11-13 所示。晶界为了通过夹杂物，界面能被降低。通过障碍以后，弥补界面又要付出能量，结果使界面继续前进能力减弱，界面变得平直，晶粒生长就逐渐停止。

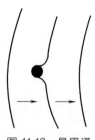

图 11-13 晶界通过夹杂物的形态示意图

随着烧结的进行，气孔通常位于晶界上或三个晶粒交汇点上。气孔在晶界上是随晶界移动还是阻止晶界移动，与晶界曲率有关，也与气孔直径、数量、气孔作为空位源向晶界扩散的速度、包围气孔的晶粒数等因素有关。当气孔汇集在晶界上时，晶界移动会出现如图 11-14 所示的情况。在烧结初期，晶界上气孔数目很多，气孔牵制了晶界的移动，如果晶界移动速率为 V_b，气孔移动速率为 V_p，此时气孔阻止晶界移动，因而 $V_b = 0$ [图 11-14（a）]。烧结中后期，温度控制适当，气孔逐渐减少。可以出现 $V_b = V_p$，此时晶界带动气孔以正常速率移动，使气孔保持在晶界上，如图 11-14（b）所示，气孔可以利用晶界作为空位传递的快速通道而迅速汇集或消失。

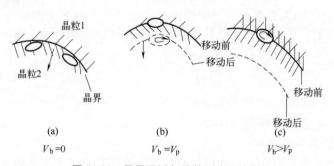

(a)　　　　　　(b)　　　　　　(c)
$V_b = 0$　　　　$V_b = V_p$　　　　$V_b > V_p$

图 11-14 晶界通过气孔的形态示意图

当烧结达到 $V_b = V_p$ 时，烧结过程已接近完成，严格控制温度是十分重要的。继续维持 $V_b = V_p$，气孔易迅速排除而实现致密化，如图 11-15 所示。此时烧结体应适当保温，如果再继续升高温度，晶界移动速率随温度而呈指数增加，必然导致 $V_b > V_p$ [图 11-14（c）]，晶

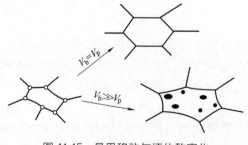

图 11-15 晶界移动与坯体致密化

界越过气孔而向曲率中心移动，一旦气孔包入晶体内部（图11-15），只能通过体积扩散来排除，这是十分困难的。在烧结初期，当晶界曲率很大且晶界迁移驱动力也大时，气孔常常被遗留在晶体内，结果在个别大晶粒中心会留下小气孔群。烧结后期，若局部温度过高或以个别大晶粒为核出现二次再结晶，由于晶界移动太快，也会把气孔包入晶粒内，晶粒内的气孔不仅使坯体难以致密化，而且还会严重影响材料的各种性能。因此，烧结中控制晶界的移动速率是十分重要的。

气孔在烧结过程中能否排除，除了与晶界移动速率有关外，还与气孔内压力的大小有关。随着烧结的进行，气孔逐渐缩小，而气孔内的气压不断增高，当气压增加至 $2\gamma/r$ 时，即气孔内气压等于烧结推动力时，烧结就停止了。如果继续升高温度使气孔内气压大于 $2\gamma/r$，这时气孔不仅不能缩小反而膨胀，对致密化不利。烧结如果不采取特殊措施是不可能达到坯体完全致密化的，必须采用气氛或真空烧结和热压烧结等方法。

（2）晶界上液相的影响

约束晶粒生长的另一个因素是有少量的液相出现在晶界上。少量的液相使晶界上形成两个新的固-液界面，从而界面移动的推动力降低，扩散距离增加。因此少量的液相可以起到抑制晶粒长大的作用。例如，95% Al_2O_3 中加入少量石英、黏土，使之产生少量硅酸盐液相，阻止晶粒异常生长。但当坯体中有大量液相时，可以促进晶粒生长和出现二次再结晶。

例题 11-2： 分析说明杂质、气孔和液相因素对晶粒生长的影响？

答：（1）夹杂物如杂质、气孔等阻碍作用

晶界为了通过夹杂物，界面能被降低，降低的量正比于夹杂物的横截面积，通过障碍以后，弥补界面又要付出能量，结果使界面继续前进能力减弱，界面变得平直，晶粒生长就逐渐停止。

在烧结初期，晶界上气孔数目很多，气孔牵制了晶界的移动，此时气孔阻碍了晶界的移动。烧结中后期，温度控制适当，气孔逐渐减少，此时晶界带动气孔以正常速率移动，使气孔保持在晶界上，此时气孔可以利用晶界作为空位传递的快速通道而迅速汇集或消失。

当烧结过程接近完成时，严格控制温度是十分重要的，继续维持晶界和气孔移动速率相同，气孔易迅速排除而实现致密化。

（2）晶界上液相的影响

少量的液相使晶界上形成两个新的固-液界面，从而界面移动的推动力降低，扩散距离增加，因此少量的液相可以起到抑制晶粒长大的作用。但当有大量的液相时，可以促进晶粒生长和出现二次再结晶。

例题 11-3：在烧结过程中，哪些情况可能会导致气孔出现，如何将气孔排除以得到致密的烧结体？

答：成型样品中的缝隙，烧结过程中水分的蒸发、缺陷和位错的移动等都会导致气孔的出现。气孔的排除需要控制不同烧结时期的晶界移动。

二、二次再结晶

1. 二次再结晶的定义

二次再结晶：在细晶消耗时，成核长大形成少数巨大晶粒的过程。

当正常的晶粒生长由于夹杂物或气孔等阻碍作用而停止以后，如果在均匀基相中有若干大晶粒，这个晶粒的边界比邻近晶粒的边界多，晶界曲率也较大，导致晶界可以越过气孔或夹杂物而进一步向邻近小晶粒曲率中心推进，使大晶粒成为二次再结晶的核心，不断吞并周围小晶粒而迅速长大，直至与邻近大晶粒接触为止。

2. 二次再结晶的推动力

二次再结晶的推动力是表面能差，即大晶粒晶面与邻近高表面能的小曲率半径的晶面相比有较低的表面能。在表面能驱动下，大晶粒界面向曲率半径小的晶粒中心推进，造成大晶粒进一步长大与小晶粒的消失。

3. 晶粒生长与二次再结晶的区别

晶粒生长与二次再结晶的区别在于前者坯体内晶粒尺寸均匀地生长；而二次再结晶是个别晶粒异常生长，不服从式（11-28）。晶粒生长是平均尺寸增长，界面处于平衡状态，界面上无应力；二次再结晶的大晶粒界面上有应力存在。晶粒生长时气孔都维持在晶界上或晶界交汇处，二次再结晶时气孔容易被包裹到晶粒内部。

4. 二次再结晶影响因素

(1) 晶粒晶界数

大晶粒的长大速率开始取决于晶粒的边缘数。在细晶粒基体中，少数晶粒比平均晶粒尺寸大，这些大晶粒成为二次再结晶的晶核。如果坯体中原始晶粒尺寸是均匀的，在烧结时，晶粒长大按式（11-28）进行，直至达到极限尺寸为止。此时烧结体中每个晶粒的晶界数为 $3\sim7$ 或 $3\sim8$ 个，晶界弯曲率都不大，不能使晶界超过夹杂物运动，晶粒生长停止。如果烧结体中有大于晶界数为 10 的大晶粒，当长大到某一程度时，大晶粒直径（d_g）远大于基质晶粒直径（d_m），即大晶粒长大的驱动力随着晶粒长大而增加，晶界移动时快速扫过气孔，在短时间内第一代小晶粒被大晶粒吞并，生成含有封闭气孔的大晶粒。这就导致晶粒生长不连续。

（2）起始物料颗粒的大小

当由细粉料制成多晶体时，二次再结晶的程度取决于起始物料颗粒的大小。粗起始粉料的二次再结晶程度要小得多，图11-16为BeO晶粒相对生长率与原始粒度的关系。由图可推算出：起始粒度为$2\mu m$，二次再结晶后晶粒尺寸为$60\mu m$；而起始粒度为$10\mu m$，二次再结晶粒度约为$30\mu m$。

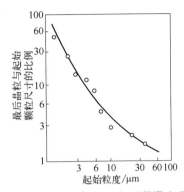

图11-16　BeO 在 2000℃下保温 0.5h
晶粒相对生长率与物料粒度关系

（3）工艺因素

从工艺控制考虑，造成二次再结晶的原因主要是原始粒度不均匀、烧结温度偏高和烧结速率太快。其他还有坯体成型压力不均匀、局部有不均匀液相等。为避免气孔封闭在晶粒内，避免晶粒异常生长，应防止致密化速率太快。在烧结体达到一定的体积密度以前，应该控制温度来抑制晶界移动速率。

5. 控制二次再结晶的方法

防止二次再结晶的最好方法是引入适当的添加剂，它能抑制晶界迁移，有效地加速气孔的排除。如 MgO 加入 Al_2O_3 中可制成达到理论密度的制品。当采用晶界迁移抑制剂时，晶粒生长公式（11-28）应写成以下形式：

$$G^3 - G_0^3 = Kt \tag{11-29}$$

烧结体中出现二次再结晶，大晶粒受到周围晶界应力的作用或本身易产生缺陷，结果常在大晶粒内出现隐裂纹，导致材料机电性能恶化，因而工艺上需采取适当的措施防止其发生。但在硬磁铁氧体 $BaFe_{12}O_{14}$ 的烧结中，在形成择优取向方面利用二次再结晶是有益的。在成型时通过高强磁场的作用使颗粒取向，烧结时控制大晶粒为二次再结晶的核心，从而得到高度取向、高磁导率的材料。

三、晶界在烧结中的应用

晶界是多晶体中不同晶粒之间的交界面，据估计，晶界宽度为 $5\sim 60nm$，晶界上原子排列疏松混乱。在烧结传质和晶粒生长过程中晶界对坯体致密化起着十分重要的作用。

晶界是气孔（空位源）通向烧结体外的主要扩散通道。如图 11-17 所示，在烧结过程中坯体内空位流与原子流利用晶界作相对扩散，空位经过无数个晶界传递最后排泄出表面，同时导致坯体的收缩。接近晶界的空位最易扩散至晶界并消失。

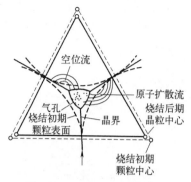

图 11-17 晶界上气孔的排除

晶界上溶质的偏聚可以延缓晶界的移动，加速坯体致密化。为了从坯体中完全排除气孔获得致密烧结体，空位扩散必须在晶界上保持相当高的速率。只有通过抑制晶界的移动才能使气孔在烧结时始终都保持在晶界上，避免晶粒的不连续生长。利用溶质易在晶界上偏析的特征，在坯体中添加少量的溶质（烧结助剂），就能达到抑制晶界移动的目的。

晶界对扩散传质烧结过程是有利的。在多晶体中晶界阻碍位错滑移，因而对位错滑移传质是不利的。

例题 11-4：在制造透明 Al_2O_3 材料时，原始粉料粒度为 $2\mu m$，烧结至最高温度保温半小时，测得晶粒尺寸为 $10\mu m$，试问保温 2h，晶粒尺寸多大？为抑制晶粒生长加入 $0.1\%MgO$，此时若保温 2h，晶粒尺寸又有多大？

解：(1) 已知：$D_0 = 2\mu m$，$D = 10\mu m$，$t_1 = 0.5h$，$t_2 = 2h$

由晶粒长大定律 $D^2 - D_0^2 = Kt$ 得：$10^2 - 2^2 = K \times 0.5$ $K = 192$

$D^2 - 2^2 = 192 \times 2$

$D = (192 \times 2 + 4)^{1/2} = 19.7\mu m$

(2) 加入 MgO 作晶界迁移抑制剂，由晶粒生长公式 $D^3 - D_0^3 = Kt$ 得：

$10^3 - 2^3 = K \times 0.5$ $K = 1984$

$D^3 - 2^3 = 1984 \times 2$

$D = (1984 \times 2 + 8)^{1/3} = 15.8\mu m$

第五节　烧结的影响因素

一、原始粉料的粒度

在固态或液态的烧结中，细颗粒增加了烧结的推动力，缩短了原子扩散距离，提高了颗粒在液相中的溶解度而导致烧结过程的加速。如果烧结速率与起始粒度的 1/3 次方成比例，从理论上计算，当起始粒度从 $2\mu m$ 缩小到 $0.5\mu m$，烧结速率增加 64 倍。这结果相当于粒径小的粉料烧结温度降低 150～300℃。

有资料报道 MgO 的起始粒度为 $20\mu m$ 以上时，即使在 1400℃ 保持很长时间，也仅能达到相对密度的 70% 而不能进一步致密化；若粒径在 $20\mu m$ 以下，温度为 1400℃，或粒径在 $1\mu m$ 以下，温度为 1000℃ 时烧结速率很快；如果粒径在 $0.1\mu m$ 以下时，其烧结速率与热压烧结相差无几。

从防止二次再结晶考虑，起始粒径必须细而均匀，如果细颗粒内有少量的大颗粒存在，则易发生晶粒异常生长而不利于烧结。一般氧化物材料最适宜的粉末粒度为 $0.05\sim0.5\mu m$。原料粉末的粒度不同，烧结机理有时也会发生变化。例如 AlN 烧结，当粒度为 $0.78\sim4.4\mu m$ 时，粗颗粒按体积扩散机理进行烧结，而细颗粒按晶界扩散或表面扩散机理进行烧结。

二、外加剂的作用

在固相烧结中，少量的外加剂（烧结助剂）可与主晶相形成固溶体促进缺陷增加，在液相烧结中外加剂能改变液相的性质（如黏度、组成等），因而都能起促进烧结的作用。外加剂在烧结体中的作用现分述如下。

1. 外加剂与烧结主体形成固溶体

当外加剂与烧结主体的离子大小、晶格类型及电价数接近时，它们能互溶形成固溶体，致使主晶相晶格畸变、缺陷增加，便于结构基元移动而促进烧结。一般地说，它们之间形成有限置换型固溶体比形成连续固溶体更有助于促进烧结。外加剂离子的电价和半径与烧结主体离子的电价和半径相差愈大，晶格畸变程度愈大，促进烧结的作用也愈明显。例如 Al_2O_3 烧结时，加入 3% 的 Cr_2O_3 形成连续固溶体可以在 1860℃ 烧结，而加入 1%～2% 的 TiO_2 只需在 1600℃ 左右就能致密化。

2. 外加剂与烧结主体形成液相

外加剂与烧结体的某些组分生成液相。由于液相中扩散传质阻力小、流动传质速率快，因而降低了烧结温度，提高了坯体的致密度。例如，在制造 95% Al_2O_3 材料时，一般加入 CaO 和 SiO_2，在 CaO：SiO_2=1 时，由于生成 CaO-Al_2O_3-SiO_2 液相，而使材料在 1540℃ 即能烧结。

3. 外加剂与烧结主体形成化合物

在烧结透明的 Al_2O_3 制品时，为抑制二次再结晶，消除晶界上的气孔，一般加入 MgO 或 MgF_2。高温下形成镁铝尖晶石（$MgAl_2O_4$）而包裹在 Al_2O_3 晶粒表面，可抑制晶界移动速率，充分排除晶界上的气孔，对促进坯体致密化有显著作用。

4. 外加剂阻止多晶转变

ZrO_2 由于有多晶转变，体积变化较大而使烧结发生困难。当加入 5% CaO 以后，Ca^{2+} 进入晶格置换 Zr^{4+}，由于电价不等而生成阴离子缺位固溶体，同时抑制晶形转变，使之致密。

5. 外加剂能扩大烧结温度范围

加入适当外加剂能扩大烧结温度范围，给工艺控制带来方便。例如，锆钛酸铅材料的烧结范围只有 20～40℃，如加入适量的 La_2O_3 和 Nb_2O_5 以后，烧结范围可以扩大到 80℃。

必须注意的是外加剂只有加入量适当时才能促进烧结,如不恰当地选择外加剂或加入量过多,反而会引起阻碍烧结的作用。因为,过多量的外加剂会妨碍烧结相颗粒的直接接触,进而影响传质过程的进行。

三、烧结温度和保温时间

在晶体中晶格能愈大,离子结合也愈牢固,离子的扩散也愈困难,所需烧结温度也就愈高。各种晶体键合情况不同,因此烧结温度也相差很大,即使对同一种晶体烧结温度也不是一个固定不变的值。提高烧结温度无论对固相扩散还是对溶解-沉淀等传质都是有利的。但是单纯提高烧结温度不仅浪费燃料,很不经济,而且还会促进二次再结晶而使制品性能恶化。在有液相的烧结中温度过高会使液相量增加,黏度下降,制品变形。因此不同制品的烧结温度必须通过仔细试验来确定。

由烧结机理可知,只有体积扩散导致坯体致密化,表明扩散只能改变气孔形状而不能引起颗粒中心距的逼近,因此不出现致密化过程。在烧结高温阶段主要以体积扩散为主,而在低温阶段以表面扩散为主。如果材料的烧结在低温时间较长,不仅不引起致密化,反而会因表面扩散改变了气孔的形状而给制品性能带来损害。因此从理论上分析应尽可能快地从低温升到高温以创造体积扩散的条件。高温短时间烧结是制造致密陶瓷材料的好方法,但还要结合考虑材料的传热系数、二次再结晶温度、扩散系数等各种因素,合理制定烧结温度。

四、盐类的选择及其煅烧条件

在一般情况下,初始原料通常以盐的形式添加,经过加热后转化为氧化物进行烧结。盐类具有层状结构,当其分解时,这种结构通常无法完全破坏。原料盐类与生成物之间若保持结构上的关联性,那么盐类的种类、分解温度和时间将影响烧结氧化物的结构缺陷和内部应变,从而影响烧结速率与性能。

1. 煅烧条件

关于盐类的分解温度与生成氧化物性质之间的关系有大量的研究。例如,$Mg(OH)_2$ 分解温度与生成 MgO 性质的关系,低温下煅烧所得的 MgO,其晶格常数较大、结构缺陷较多,随着煅烧温度升高,结晶性较好,烧结温度相应提高。随 $Mg(OH)_2$ 煅烧温度的变化,结果显示在 900℃煅烧 $Mg(OH)_2$ 所得的烧结活化能最小,烧结活性较高。可以认为,煅烧温度愈高,烧结性愈低的原因是由于 MgO 的结晶良好,活化能增高。

2. 盐类的选择

比较用不同的镁化合物分解制得活性 MgO 的烧结性能,随着原料盐种类的不同，所制得的 MgO 烧结性能有明显差别，由碱式碳酸镁、醋酸镁、草酸镁、氢氧化镁制得的 MgO，其烧结体可以分别达到理论密度的 82%～93%，而由氯化镁、硝酸镁、硫酸镁等制得的 MgO，在同样条件下烧结，仅能达到理论密度的 50%～66%，如果对煅烧获得的 MgO 性质进行比较，可以发现用生成粒度小、晶格常数较大、微晶较小、结构松弛的 MgO 的原料来制备 MgO，其烧结性良好；反之，用生成结晶性较高、粒度大的 MgO 的原料来制备 MgO，其烧结性差。

五、气氛的影响

烧结气氛一般分为氧化、还原和中性三种，在烧结中气氛的影响是很复杂的。一般地说，在由扩散控制的氧化物烧结中，气氛的影响与扩散控制因素有关，与气孔内气体的扩散和溶解能力有关。例如，ABO_3 材料是由阴离子（O^{2-}）扩散速率控制烧结过程。当它在还原气氛中烧结时，晶体中的氧从表面脱离，在晶格表面产生很多氧离子空位，使 O^{2-} 扩散系数增大，导致烧结过程加速。用透明氧化铝制造的钠光灯管必须在氢气炉内烧结，就是利用加速 O^{2-} 扩散使气孔内气体在还原气氛下易于逸出的原理来使材料致密，从而提高透光度。若氧化物的烧结是由阳离子扩散速率控制，则在氧化气氛中烧结，表面积聚了大量氧使阳离子的空位增加，有利于阳离子扩散加速而促进烧结。

进入封闭气孔内气体的原子尺寸愈小愈易扩散，气孔消除也愈容易。如氩或氮那样的大分子气体，在氧化物晶格内不易自由扩散最终残留在坯体中。但若像氢或氦那样的小分子气体，扩散性强，可以在晶格内自由扩散，因而烧结与这些气体的存在无关。

当样品中含有铅、锂、铋等易挥发物质时，控制烧结时的气氛更为重要。如锆钛酸铅材料烧结时，必须控制一定分压的铅气氛，以抑制坯体中铅的大量逸出，并保持坯体严格的化学组成，否则将影响材料的性能。

六、成型压力的影响

粉料成型时必须加一定的压力，除了使其有一定形状和一定强度外，同时也导致颗粒间紧密接触而促进烧结，使其烧结时扩散阻力减小。一般地说，成型压力愈大，颗粒间接触愈紧密，对烧结愈有利。但若压力过大使粉料超过塑性变形限度，就会发生脆性断裂。适当的成型压力可以提高生坯的密度，而生坯的密度与烧结体的致密化程度成正比。

习　　题

11-1　名词解释：

(1) 烧成；

(2) 烧结；

(3) 体积密度；

(4) 理论密度；

(5) 液相烧结；

(6) 固相烧结；

(7) 晶粒生长；

(8) 二次再结晶。

11-2 叙述烧结的推动力。

11-3 烧结过程中的物理变化过程有哪些？

11-4 设粉料粒度为 $5\mu m$，若经 2h 烧结后，$x/r=0.1$。如果不考虑晶粒生长，若烧结至 $x/r=0.2$，并分别通过蒸发-凝聚、体积扩散、黏性流动和溶解-沉淀传质，则各需多少时间？若烧结 8h，各个传质过程的颈部增长 x/r 又是多少？

11-5 晶界遇到夹杂物时会出现几种情况？从实现致密化目的的考虑，应如何控制晶界的移动？

11-6 解释说明蒸发-凝聚、表面扩散对坯体致密化影响不大的原因。

11-7 试分析二次再结晶过程对材料性能有何种效应。

11-8 试说明气氛对材料烧结的影响。

11-9 影响烧结的因素有哪些？

11-10 为什么在烧结粉末中加入少量添加物可促进烧结？

11-11 在 1500℃，MgO 正常的晶粒长大期间，观察到晶体在 1h 内直径从 $1\mu m$ 长大到 $10\mu m$，在此条件下，要得到直径 $20\mu m$ 的晶粒，需烧结多长时间？如已知晶界扩散活化能为 60kcal/mol（1kcal=4.1868kJ），试计算在 1600℃ 下 4h 后晶粒的大小。为抑制晶粒长大，加入少量杂质，在 1600℃ 下保温 4h，晶粒大小又是多少？

参 考 文 献

[1] 胡志强. 无机材料科学基础教程. 北京：化学工业出版社，2011.

[2] 宋晓岚，黄学辉. 无机材料科学基础. 3 版. 北京：化学工业出版社，2020.

[3] 陆佩文. 无机材料科学基础（硅酸盐物理化学）. 武汉：武汉工业大学出版社，1996.

[4] 黄勇，杨金龙，汪长安. 无机非金属材料题解指南. 北京：清华大学出版社，2017.

[5] 潘金生，田民波，全健民. 材料科学基础. 北京：清华大学出版社，2011.

[6] 宋晓岚. 无机材料科学基础辅导与习题集. 北京：化学工业出版社，2020.

[7] 胡赓祥，蔡珣，戎咏华. 材料科学基础. 上海：上海交通大学，2000.

[8] 赵长生，顾宜. 材料科学与工程基础. 3 版. 北京：化学工业出版社，2019.

[9] 石德珂，王红洁. 材料科学基础. 3 版. 北京：机械工业出版社，2022.

[10] 冯瑞，师昌绪，刘志国. 材料科学导论. 北京：化学工业出版社，2002.

[11] 杜丕一. 材料科学基础. 北京：中国建筑工业出版社，2002.

[12] 罗绍华. 无机非金属材料科学基础. 北京：北京大学出版社，2010.

[13] 田健. 硅酸盐晶体化学. 武汉：武汉大学出版社，2010.

[14] 罗绍华. 无机非金属材料科学基础. 北京：北京大学出版社，2013.

[15] 白至民，邓雁希. 硅酸盐物理化学. 北京：化学工业出版社，2018.

[16] 金格瑞，鲍恩，乌尔曼. 陶瓷导论. 清华大学新型陶艺与精细工艺国家重点实验室，译. 北京：高等教育出版社，2010.

[17] 赵珊茸. 结晶学及矿物学. 北京：高等教育出版社，2017.

[18] B. K. 伐因斯坦. 现代晶体学（第 1 卷）晶体学基础：对称性和结构晶体学方法. 吴自勤，孙霞，译. 合肥：中国科学技术大学出版社，2018.

[19] 曾燕伟. 无机材料科学基础. 3 版. 武汉：武汉理工大学出版社，2023.

[20] 李蔚，李永生. 无机非金属材料科学基础. 武汉：武汉理工大学出版社，2024.

[21] 刘敬肖，王晴. 无机材料科学基础. 北京：中国建材工业出版社，2024.